中国生态文明研究与促进会

生态文明·绿色发展

建设人与自然和谐共生的美丽中国

——中国生态文明论坛南昌年会资料汇编·2022

中国生态文明研究与促进会　编

中国环境出版集团·北京

图书在版编目（CIP）数据

生态文明·绿色发展：建设人与自然和谐共生的美丽中国. 中国生态文明论坛南昌年会资料汇编：2022/中国生态文明研究与促进会编. —北京：中国环境出版集团，2023.8

ISBN 978-7-5111-5559-7

Ⅰ. ①生… Ⅱ. ①中… Ⅲ. ①生态环境建设—中国—文集 Ⅳ. ①X321.2-53

中国国家版本馆 CIP 数据核字（2023）第 130592 号

出 版 人 武德凯
责任编辑 赵楠婕
封面设计 彭 杉

出版发行 中国环境出版集团
（100062 北京市东城区广渠门内大街 16 号）
网 址：http://www.cesp.com.cn
电子邮箱：bjgl@cesp.com.cn
联系电话：010-67112765（编辑管理部）
010-67147349（第四分社）
发行热线：010-67125803，010-67113405（传真）
印 刷 玖龙（天津）印刷有限公司
版 次 2023 年 8 月第 1 版
印 次 2023 年 8 月第 1 次印刷
开 本 787×1092 1/16
印 张 28
字 数 593 千字
定 价 236.00 元

生态文明·绿色发展

建设人与自然和谐共生的美丽中国

——中国生态文明论坛南昌年会资料汇编·2022

编 委 会

前　言

生态文明建设是关系中华民族永续发展的根本大计。在全国上下深入学习贯彻党的二十大精神之际，来自全国生态文明建设和生态环境保护领域的同人相聚在山清水秀、人杰地灵的红色英雄城市——南昌，于 2022 年 11 月 19—20 日召开了中国生态文明论坛南昌年会。年会以“生态文明·绿色发展　建设人与自然和谐共生的美丽中国”为主题，深入学习贯彻党的二十大精神和习近平生态文明思想，围绕生态文明建设和生态环境保护的新理念、新要求、新部署，交融智慧、分享成果、凝聚力量，取得了积极成效，得到了与会领导、代表及社会各界人士的广泛好评。

中国生态文明论坛南昌年会由生态环境部和江西省人民政府指导，中国生态文明研究与促进会主办，南昌市人民政府和江西省生态环境厅承办，江西洪城环境股份有限公司协办，绿色动力环保集团股份有限公司支持。年会设置了开幕式与高峰论坛，“生态文明示范建设论坛”“‘绿水青山’与‘金山银山’双向转化路径与实现机制论坛”“生态产品价值实现论坛”“生态旅游论坛”“生态保护与修复论坛”“区域再生水循环利用论坛”“美丽河湖美丽海湾论坛”“美丽乡村论坛”“绿色交通论坛”“共建绿色‘一带一路’国际论坛”“生态美学论坛”“区县长论坛”“农业农村环境治理论坛”12 个平行分论坛以及闭幕式。年会还通过了《生态文明·南昌宣言》，首次对所有由交通、餐饮、住宿、现场能源消耗等产生的碳排放进行了核算，并通过购买碳减排量进行中和，实现了“零碳会议”。

年会邀请了来自国家相关部委、地方政府等的多位省部级领导，两院院士，不同地区和领域的党政领导、专家学者、企业家、国际组织及友好国家代表、基层一线代表等，基本涵盖了生态文明建设各领域的人士，参会者围绕年会主题和各分论坛议题，进行了深入研讨和交流。大家一致倡议，坚持人与自然和谐共生，践行“绿水青山就是金山银山”理念，推动生态环境质量持续改善，促进经济社会发展全面绿色转型，加强美丽中国建设示范引领。

中央电视台的《新闻联播》和《新闻直播间》、《人民日报》、《光明日报》、《经济日报》等主流媒体均对本次年会进行了报道。本次年会首次采用了线上、线下相结合的方式，线下参加年会的嘉宾达 1 100 余位，线上观看大会开幕式的直播人数达 164.7 万人次。微博话题“中国生态文明论坛南昌年会”登上热搜榜第 10 名，该话题总浏览量近 70 万次，百度搜索关于“中国生态文明论坛南昌年会”的页面记录达 131 万条。年会上的一些热点内容还被制作成短视频在今日头条、抖音等新媒体平台上广泛传播。

本书收录了大部分参会领导、专家及代表的讲话、致辞、发言、采访和倡议等各类文章、稿件。为尊重参会领导和专家的个人意见，部分领导、专家及代表的发言未予收录或摘选发布，在此予以说明。

江西省南昌市为论坛成功举办作出了巨大的努力和贡献。尤其在全国新冠疫情较为严重的情况下，周密部署、精心安排，确保了大会期间没有发生疫情传播。在此，我们向对本届论坛给予支持指导以及参与论坛筹备和会务工作，付出了辛勤劳动的各级领导、全体工作人员表示诚挚感谢！

中国生态文明研究与促进会秘书处

2022 年 12 月

目 录

一、开幕式与高峰论坛

二、生态文明示范建设论坛

三、"绿水青山"与"金山银山"双向转化路径与实现机制论坛

四、生态产品价值实现论坛

五、生态旅游论坛

六、生态保护与修复论坛

七、区域再生水循环利用论坛

八、美丽河湖美丽海湾论坛

九、美丽乡村论坛

十、绿色交通论坛

十一、共建绿色“一带一路” 国际论坛

十二、生态美学论坛

十三、区县长论坛

十四、农业农村环境治理论坛

十五、闭幕式

十六、南昌宣言

一、开幕式与高峰论坛

在中国生态文明论坛南昌年会开幕式上的欢迎辞

江西省委常委、南昌市委书记 李红军

尊敬的黄润秋部长、易炼红书记、叶建春省长，各位领导、各位来宾，女士们、先生们、朋友们：

大家上午好！

在全国上下深入学习贯彻党的二十大精神之际，中国生态文明论坛南昌年会隆重开幕，这是南昌生态文明建设进程中的一件盛事，充分体现了生态环境部，中国生态文明研究与促进会，江西省委、省政府以及兄弟城市和国内外各界朋友对南昌生态文明建设的充分肯定和大力支持。在此，我代表中共南昌市委、南昌市人民政府和643万南昌人民，向莅临会议的各位领导、各位来宾、各位朋友表示热烈的欢迎！向大家长期对南昌的关心和支持表示衷心的感谢！

南昌自古就有“物华天宝、人杰地灵”之誉，拥有“一江十河串百湖”的丰富水系资源，水域面积占全市面积的29.8%，城市绿化率达到42.5%，是鄱阳湖生态经济区核心城市、中国首批低碳试点城市，获“国际湿地城市”“水生态文明城市”“国家森林城市”等荣誉称号。

近年来，南昌市深入践行习近平生态文明思想，坚持生态优先、绿色发展理念，大力保护绿色环境、发展绿色经济、倡导绿色生活，走出了一条发展与生态相融、生态与经济“双赢”的绿色发展新路子。环境质量逐年趋好，空气质量优良率连续多年位居全国省会城市“第一方阵”。特别是，时隔40余年“微笑天使”江豚又再次溯江而上，戏水扬子洲、逐浪八一桥；“水中大熊猫”桃花水母在军山湖再次出现；全球98%以上的白鹤在鄱阳湖越冬……人与自然和谐共生的美好画卷正在徐徐展开。

本次年会以“生态文明·绿色发展　建设人与自然和谐共生的美丽中国”为主题，紧扣习近平总书记和中央关于生态文明建设的新要求、新目标和新部署，共商生态文明建设之计，共谋生态环境保护之策，共寻生态绿色发展之路，为南昌进一步学习借鉴生态文明建设理念、经验提供了广阔平台。我们将珍惜这次难得的机会，加强交流、深入学习、认真借鉴、推动合作，努力实现经济社会高质量发展与生态环境高水平保护协同推进，为建设美丽中国“江西样板”贡献南昌力量。

最后，预祝本次年会取得圆满成功！祝愿各位领导、各位来宾、各位朋友身体健康、工作顺利、生活愉快、万事胜意！

谢谢大家！

在中国生态文明论坛南昌年会开幕式上的致辞

江西省委书记、省人大常委会主任　易炼红

在全党全国深入学习宣传贯彻党的二十大精神之际，生态环境部和中国生态文明研究与促进会在南昌举行中国生态文明论坛年会，以“生态文明·绿色发展　建设人与自然和谐共生的美丽中国”为主题进行研讨交流、思想碰撞，这是学习贯彻党的二十大精神的具体行动，也是深入落实习近平生态文明思想、加快推进美丽中国建设的务实举措，给予我们极大的支持和鼓舞。

习近平总书记视察江西时强调，绿色生态是江西最大财富、最大优势、最大品牌，要做好治山理水、显山露水的文章，打造美丽中国“江西样板”。江西作为全国第一批国家生态文明建设示范区之一，近年来，我们深入贯彻习近平生态文明思想，始终坚持生态文明建设，牢记“国之大者”，坚持把良好生态环境作为高质量跨越式发展的支撑点、提升人民生活品质的增长点、展现美丽江西形象的发力点，高标准打造美丽中国“江西样板”，努力以江西之美为全国增色添彩。

一是坚持以系统思维推进生态环境治理，持续提升“美丽江西”的“绿色颜值”。我们坚持山水林田湖草沙一体化保护，全面推进“五河两岸一湖一江”全流域治理，深入打好污染防治攻坚战，坚决守护蓝天、碧水、净土，生态系统质量不断巩固提升。江西空气、水等生态环境质量持续稳居全国前列，森林覆盖率稳定在63.1%左右，是国家森林城市、园林城市。高标准推进长江经济带“共抓大保护、不搞大开发”攻坚行动，着力打造长江最美岸线，有效应对鄱阳湖流域连年发生的超大洪水和超历史干旱，全面提升生态系统多样性、稳定性、持续性。全球98%以上的白鹤、95%以上的东方白鹳、60%以上的鸿雁在鄱阳湖越冬，“微笑天使”江豚时隔40余年溯游而上、频现赣江。如今的江西，绿色底色越来越亮、生态特色越发彰显，呈现出一派天地万物和合相生、人与自然和谐共生的美好图景。

二是坚持以务实举措构建生态产业体系，不断加强“美丽江西”的绿色动能。我们牢固树立“绿水青山就是金山银山”的理念，全面推广“一产利用生态、二产服从生态、三产保护生态”的发展模式，大力发展低碳循环的绿色工业、生态有机的绿色农业、集约高效的绿色服务业，加快推动产业向绿色化、低碳化、循环化发展。积极抢抓国家生态产品价值实现机制试点机遇，加快排污权、用能权、用水权、碳排放权市场化交易步伐，不断畅通生态产品价值实现多元化路径，努力将生态优势转化为发展胜势。科学有序推进碳达峰碳中和，协同推进降碳、减污、扩绿，积极调整优化产业结构、能源结构、交通运输结构，“十三五”末期万元生产总值用水量、能耗和二氧化碳排放量较“十二五”末期分别下降了 33.54%、18.30%和 22.25%，经济发展的“含绿量”全面提高。

三是坚持以全局思维完善生态文明制度，着力夯实“美丽江西”的绿色保障。我们深入推进国家生态文明试验区建设，强化生态文明制度改革创新，在全国率先制定省级层面的生态环境保护工作责任制度，成立由党政主要领导任“双主任”的省、市、县三级生态环境保护委员会，构建以五级“河长制”“湖长制”“林长制”为核心的全要素全领域监管体系，全面完成市县生态机构管理体制调整和监测监察机构改革，35 项生态文明制度改革举措及经验做法被列入国家推广清单，具有江西特色的生态文明制度体系基本构建，为以制度赋能美丽中国提供了“江西方案”、贡献了“江西智慧”。

四是坚持以高度自觉培育生态文明风尚，广泛凝聚“美丽江西”的绿色共识。我们不断深化对生态文明建设规律性的认识，把培育、弘扬生态文化作为基础性工程来抓，着力增强全民节约意识、环保意识、生态意识，倡导简约适度、绿色低碳的生活方式，形成全社会共同参与生态文明建设的强大合力。广泛开展各类创建活动，创建了 20 个国家生态文明建设示范区、6 个“绿水青山就是金山银山”实践创新基地、5 个国家生态县。举办了鄱阳湖国际观鸟周等活动，推动生态文明建设交流合作，共建人与自然和谐共生的美丽家园。

党的二十大报告强调，中国式现代化是人与自然和谐共生的现代化，人与自然是生命共同体，必须站在人与自然和谐共生的高度谋划发展。我们将以此次南昌年会为契机，深入学习贯彻党的二十大精神，全面落实习近平生态文明思想，以更高站位、更大力度、更实举措，全方位、全地域、全过程推进生态文明建设，高标准打造美丽中国“江西样板”，努力走出一条经济社会发展全面绿色转型之路，为建设人与自然和谐共生的美丽中国做出新的更大贡献。

深入学习贯彻党的二十大精神
建设人与自然和谐共生的美丽中国

习近平生态文明思想研究中心主任
生态环境部环境与经济政策研究中心党委书记、主任 钱 勇

一、深入学习贯彻党的二十大精神

党的二十大精神集中体现在二十大报告中。下面向大家介绍七个方面的情况。一是党的二十大的主题；二是过去五年的工作和新时代十年的伟大变革；三是马克思主义中国化时代化；四是新时代新征程中国共产党的使命任务；五是全面建设社会主义现代化国家的目标任务；六是坚持党的全面领导和全面从严治党；七是应对风险挑战。这七个方面也是中央这次安排学习贯彻党的二十大精神中央宣讲团到各地区、各有关单位宣讲时，明确要求要讲清楚的。

在讲这七个方面之前，笔者先同大家一起梳理一下党的二十大报告的整体框架，这样有助于理解报告的相关部署和要求。

报告共十五个部分，可分为三大板块。

第一个板块，是总论，也是政治宣言。这一板块包括导语、大会的主题，强调了“三个务必”，包含了报告的第一部分至第三部分。

第二个板块，是分论，也是行动纲领。这一板块包括报告的第四部分至第十四部分，是党和国家对各项事业部署的展开，分别对经济建设、政治建设、文化建设、社会建设和生态文明建设作出了全面部署和战略安排。这个板块还明确了国防和军队建设、港澳台和外交工作的大政方针。此外，这次报告还有一个突出亮点，就是把教育、科技、人才、全面依法治国和坚决维护国家安全，各列为一个部分进行安排部署，这是极具深谋远虑的战略考量。全面深化改革贯穿分论的各个部分，每个部分都有相应的要求。

第三个板块，包括报告的第十五部分和结束语。第十五部分专门讲了全面从严治党和推进新时代党的建设这一新的伟大工程，彰显了党全面领导的把舵定向和根本保障作用。结束语强调了“五个必由之路”，这是我们党在长期实践中得出的至关紧要的规律性认识，必须倍加珍惜、始终坚持。报告突出强调要团结奋斗，并对广大青年提出了希望，

明确了要求，最后发出了依靠新的伟大奋斗创造新的伟业的号召。

以上就是对党的二十大报告整体结构的梳理和主要内容的介绍。下面，笔者向大家介绍与“七个讲清楚”有关的内容。

第一，党的二十大的主题。报告提出，中国共产党第二十次全国代表大会的主题是高举中国特色社会主义伟大旗帜，全面贯彻习近平新时代中国特色社会主义思想，弘扬伟大建党精神，自信自强、守正创新，踔厉奋发、勇毅前行，为全面建设社会主义现代化国家、全面推进中华民族伟大复兴而团结奋斗。这个主题非常鲜明，郑重宣示了中国共产党和中国人民举什么旗走什么路、以什么样的精神状态朝着什么样的目标继续前进。这一主题是党的二十大报告统摄全局的灵魂。

第二，过去五年的工作和新时代十年的伟大变革。党的十九大以来的五年，是极不寻常、极不平凡的五年。我们党团结带领人民，攻克了许多长期没有解决的难题、办成了许多事关长远的大事要事、推动党和国家事业取得了举世瞩目的重大成就。其中就包括了大力推进生态文明建设。党的二十大报告用“3+16+4”的结构总结了新时代十年来的伟大变革。“3”是指十年来，我们经历了三件大事：一是迎来中国共产党建党 100 周年；二是中国特色社会主义进入新时代；三是完成了第一个百年奋斗目标，全面建成了小康社会，告别了绝对贫困。这是我们党领导人民团结奋斗的历史性胜利，是彪炳史册的历史性胜利，也是深刻影响世界的历史性胜利。

“16”是指报告从十六个方面总结了新时代十年来党和国家事业取得的历史性成就、发生的历史性变革。其中的第十一个方面总结了生态文明建设和生态环境保护取得的巨大成就，可以说我们创造了举世瞩目的生态奇迹和绿色发展奇迹。报告指出，我们坚持绿水青山就是金山银山的理念，坚持山水林田湖草沙一体化保护和系统治理，全方位、全地域、全过程加强生态环境保护，生态文明制度体系更加健全，污染防治攻坚向纵深推进，绿色、循环、低碳发展迈出坚实步伐，生态环境保护发生历史性、转折性、全局性变化，我们的祖国天更蓝、山更绿、水更清。

报告在充分肯定生态文明建设成就的同时也深刻地指出，十年前面临的形势是“资源环境约束趋紧、环境污染等问题突出”，当前也还存在一些不足，面临不少困难和问题，“生态环境保护任务依然艰巨”。

“4”是指报告提出的新时代十年的伟大变革，它们在党史、新中国史、改革开放史、中华民族发展史上具有里程碑意义：一是走过百年奋斗历程的中国共产党在革命性锻造中更加坚强有力；二是中国人民的前进动力更加强大、奋斗精神更加昂扬、必胜信念更加坚定，焕发出更为强烈的历史自觉和主动精神；三是改革开放和社会主义现代化建设深入推进，实现中华民族伟大复兴进入了不可逆转的历史进程；四是科学社会主义在 21 世纪的中国焕发出新的蓬勃生机，中国式现代化为人类实现现代化提供了新的选择。

第三，马克思主义中国化时代化。马克思主义是我们立党立国、兴党兴国的根本指导思想。党的十八大以来，针对国内外形势新变化和实践新要求，我们党不断深化对中国共产党执政规律、社会主义建设规律、人类社会发展规律的认识，推动党的理论创新取得了重大成果，集中体现为创立了习近平新时代中国特色社会主义思想，实现了马克思主义中国化时代化新的飞跃。我们党更加深刻地认识到，坚持和发展马克思主义，不仅要继续做到把马克思主义基本原理同中国具体实际相结合，还要做到同中华优秀传统文化相结合。由过去的“一个结合”转变为现在的“两个结合”。继续推进实践基础上的理论创新，我们要深刻把握习近平新时代中国特色社会主义思想的世界观和方法论，坚持好、运用好贯穿其中的立场、观点和方法。针对党的十九大以来习近平新时代中国特色社会主义思想的新发展，党的二十大报告总结提炼出“六个必须”，形成了一项重大理论贡献：一是必须坚持人民至上，体现了根本立场；二是必须坚持自信自立，体现了精神特质；三是必须坚持守正创新，体现了理论品格；四是必须坚持问题导向，体现了实践要求；五是必须坚持系统观念，体现了思想方法；六是必须坚持胸怀天下，体现了世界大同。

第四，新时代新征程中国共产党的使命任务。党的二十大报告指出，从现在起，中国共产党的中心任务就是团结带领全国各族人民全面建成社会主义现代化强国、实现第二个百年奋斗目标，以中国式现代化全面推进中华民族伟大复兴。

党的二十大报告还强调，中国式现代化既有世界各国现代化的共同特征，更有基于自己国情的中国特色。对共同特征，报告没有展开讲。针对中国特色，报告指出，中国式现代化一是人口规模巨大的现代化，二是全体人民共同富裕的现代化，三是物质文明和精神文明相协调的现代化，四是人与自然和谐共生的现代化，五是走和平发展道路的现代化。报告还提出了中国式现代化的九条本质要求，“促进人与自然和谐共生”就是其中一条。

前进道路上，必须增强忧患意识，坚持底线思维，随时准备经受风高浪急甚至惊涛骇浪的重大考验。必须牢牢把握五条重大原则：一是坚持和加强党的全面领导，二是坚持中国特色社会主义道路，三是坚持以人民为中心的发展思想，四是坚持深化改革开放，五是坚持发扬斗争精神。

第五，全面建设社会主义现代化国家的目标任务。党的二十大报告明确指出，全面建成社会主义现代化强国需要分成两步走。对生态文明建设来说，到 2035 年的主要目标任务是广泛形成绿色生产和生活方式，碳排放达峰后稳中有降，生态环境根本好转，美丽中国目标基本实现。今后五年，要推动实现城乡人居环境明显改善、美丽中国建设成效显著的目标。

在经济建设方面，党的十九大首次提出了一个重要的理念——高质量发展。高质量发展是全面建设社会主义现代化国家的首要任务。围绕加快构建新发展格局、着力推动高质量发展，党的二十大报告从构建高水平社会主义市场经济体制、建设现代化产业体系、全面推进乡村振兴、促进区域协调发展、推进高水平对外开放五个方面作出了部署。

在政治建设方面，突出强调全过程人民民主。人民民主是社会主义的生命，全过程人民民主是社会主义民主政治的本质属性，也是最广泛、最真实、最管用的民主。围绕发展全过程人民民主、保障人民当家做主，报告从加强人民当家做主制度保障、全面发展协商民主、积极发展基层民主、巩固和发展最广泛的爱国统一战线四个方面作出了部署。这次党的二十大报告的起草过程，充分彰显了全过程人民民主。在报告征求意见稿出炉之前，党中央就二十大议题征求了 109 个部门和单位的意见，并安排 54 个部门完成了涉及 26 个专题的 80 份调研报告。报告征求意见稿成形后，征求党内外有关方面意见和建议的人数达 4 700 多人。此外，还花了一个月时间，在网上公开征求意见和建议。这在党的全国代表大会报告起草工作中是第一次。

在文化建设方面，围绕推进文化自信自强、铸就社会主义文化新辉煌，报告从建设具有强大凝聚力和引领力的社会主义意识形态、广泛践行社会主义核心价值观、提高社会文明程度、繁荣发展文化事业和文化产业、增强中华文明传播力影响力五个方面作出了部署。

在社会建设方面，围绕增进民生福祉、提高人民生活品质，报告从完善分配制度、实施就业优先战略、健全社会保障体系、推进健康中国建设四个方面作出了部署。

在生态文明建设方面，报告提出了许多新理念新思想新战略。例如，“尊重自然、顺应自然、保护自然，是全面建设社会主义现代化国家的内在要求”“站在人与自然和谐共生的高度谋划发展”“推动经济社会发展绿色化、低碳化是实现高质量发展的关键环节”，等等。围绕推动绿色发展，促进人与自然和谐共生，报告从加快发展方式绿色转型，深入推进环境污染防治，提升生态系统多样性、稳定性、持续性，积极稳妥推进碳达峰碳中和四个方面作出了部署。

在教育、科技和人才方面，报告强调科技是第一生产力、人才是第一资源、创新是第一动力。教育、科技、人才是全面建设社会主义现代化国家的基础性、战略性支撑。围绕实施科教兴国战略、强化现代化建设人才支撑，报告从办好人民满意的教育、完善科技创新体系、加快实施创新驱动发展战略、深入实施人才强国战略四个方面作出了部署。

在全面依法治国方面，围绕坚持全面依法治国、推进法治中国建设，报告从完善以宪法为核心的中国特色社会主义法律体系、扎实推进依法行政、严格公正司法、加快建设法治社会四个方面作出了部署。

在国家安全方面，围绕推进国家安全体系和能力现代化、坚决维护国家安全和社会稳定，报告从健全国家安全体系、增强维护国家安全能力、提高公共安全治理水平、完善社会治理体系四个方面作出了部署。

第六，坚持党的全面领导和全面从严治党。这是报告的最后一部分——第十五部分。围绕坚定不移全面从严治党、深入推进新时代党的建设新的伟大工程，报告从七个方面作出了部署：坚持和加强党中央集中统一领导、坚持不懈用习近平新时代中国特色社会主义思想凝心铸魂、完善党的自我革命的制度规范体系、建设堪当民族复兴重任的高素质干部队伍、增强党组织政治功能和组织功能、坚持以严的基调强化正风肃纪、坚决打赢反腐败斗争攻坚战持久战。

第七，应对风险挑战。当前，世界百年未有之大变局加速演进，疫情延宕起伏、影响深远，新一轮科技革命和产业变革深入发展，世界之变、时代之变、历史之变正在以前所未有的方式展开，世界经济复苏乏力，和平赤字、发展赤字、治理赤字、安全赤字加重，世界进入新的动荡变革期。此外，笔者认为全球生态赤字，旧账未还、又欠新账。世界又一次站在了历史的十字路口。这是自改革开放以来从未遇到过的情况，给我国现代化建设提出了一系列新课题、新挑战，直接考验我们的斗争勇气、战略定力、应对能力。

从国际上看，风险挑战主要来自美国遏华阻华的政治战略。我们要做好心理准备，美国把我国当作竞争对手，实施极限打压不是短期的，也不是我们忍一忍、让一让就过去了，其将一直伴随中国现代化和中华民族伟大复兴的整个进程。历史经验表明，以斗争求安全则安全存，以妥协求安全则安全亡。我们别无选择。唯有丢掉幻想，敢于斗争、善于斗争，勇于同美国“扭抱缠斗”，在斗争中求安全、保发展。不斗争不可能有安全，不发展是最大的不安全。从国内来看，当前我国经济社会发展面临不少新的矛盾和风险挑战。2021 年以来，需求收缩、供给冲击、预期转弱三重压力并存，2022 年受到超预期因素影响，这些压力不仅没有减弱，反而有所加剧。各种“黑天鹅”“灰犀牛”事件随时都有可能发生。必须妥善应对和处置，坚决守住不发生系统性风险的底线。

二、坚持以习近平生态文明思想为指导

上文向大家介绍了党的二十大报告。下面向大家简要阐述习近平生态文明思想的渊源基础、理论品格和重大意义。

第一，习近平生态文明思想的渊源基础。习近平生态文明思想，是我们党创新理论的最新成果，是习近平新时代中国特色社会主义思想的重要组成部分。这一重要思想不是凭空产生的，是来源于实践、指导实践的科学理论。一切脱离实际的理论都是苍白无力的，一切不解决问题的理论都是没有生命力的。习近平生态文明思想之所以能够创立，

主要得益于五个方面：一是习近平总书记作为主要创立者，从 1969 年梁家河插队开始，在陕西、河北、福建、浙江和上海等地工作 38 年的经验，再加上 2007 年到中央工作后的体会，习近平总书记多年的工作经历、亲身实践和理性思考，是孕育产生这一重要思想的源头活水。二是坚持把马克思主义中关于人与自然关系的内容同中国具体实际相结合，产生了许多符合中国实际和时代要求的原创性理念。三是坚持把马克思主义立场观点方法同中华优秀传统生态文化相结合，推动古代先哲的生态智慧创造性转化、创新性发展。四是自中华人民共和国成立以来，党的几代领导人不断探索人与自然的相处之道，逐步积累了一系列对人口、资源、环境与发展关系的规律性认识。在此基础上，结合新时代坚持和发展中国特色社会主义的伟大实践，集大成形成了习近平生态文明思想。五是借鉴全球可持续发展的宝贵经验成果。联合国于 1972 年开启人类环境议程，后来上升为全球可持续发展议程，中国从一开始就参与其中。特别是进入 21 世纪以后，中国特色社会主义进入新时代，我国生态文明建设取得的理论成果、制度成果、实践成果，既借鉴了国际社会关于环境与可持续发展的一切有益经验，又融入了中国实际和中华传统生态智慧，超越了国际可持续发展理论和实践框架。

第二，习近平生态文明思想的理论品格。习近平生态文明思想的理论品格集中体现为“六个性”。一是科学性和真理性。这一重要思想，是坚持马克思主义基本原理、做到“两个结合”的典范，是马克思主义中国化时代化的最新成果。二是人民性和实践性。这一重要思想源于实践、指导实践，是被全国各地实践反复证明、为人民造福的创新理论。三是开放性和时代性。这一重要思想，是洞察时代大势、勇立时代潮头、开放包容、与时俱进的科学体系，它在指导实践中不断丰富、深化和拓展，回答了“世界怎么了、我们怎么办”等时代之问。

第三，习近平生态文明思想的重大意义。习近平生态文明思想的重大意义集中体现在五个方面。一是政治意义。这一重要思想，是我们党的创新理论，是关于正确处理人与自然关系的最新成果，科学指明了生态环境保护和生态文明建设的前进方向、根本遵循。二是理论意义。这一重要思想，是 21 世纪马克思主义、当代中国马克思主义的自然观和生态观，也是中华传统生态文化和中国精神的时代精华。三是历史意义。这一重要思想，吸取古今中外文明因生态而兴衰的历史经验教训，把绿色发展和良好生态环境作为支撑中华民族永续发展的绿色底色和生态根基，助推中华民族伟大复兴。四是实践意义。这一重要思想，科学指引中国共产党的生态文明建设，使其谋篇布局更加成熟，引领生态环境保护发生历史性、转折性、全局性变化，使中华大地天更蓝、山更绿、水更清。五是世界意义。这一重要思想，致力于推动构建人类命运共同体，坚持共谋全球生态文明建设之路，坚持绿色低碳，为共同建设一个清洁美丽的世界提供中国智慧、中国方案、中国力量。

第四，习近平生态文明思想的科学内涵。党中央批准出版的《习近平生态文明思想学习纲要》明确了这一重要思想的科学内涵，并将之集中体现在“十个坚持”上：一是坚持党对生态文明建设的全面领导，这是根本保证。二是坚持生态兴则文明兴，这是历史依据。三是坚持人与自然和谐共生，这是基本原则。四是坚持“绿水青山就是金山银山”，这是核心理念。五是坚持良好生态环境是最普惠的民生福祉，这是宗旨要求。六是坚持绿色发展是发展观的深刻革命，这是战略路径。七是坚持统筹山水林田湖草沙系统治理，这是系统观念。八是坚持用最严格的制度、最严密的法治来保护生态环境，这是制度保障。九是坚持把建设美丽中国转化为全体人民的自觉行动，这是社会力量。十是坚持共谋全球生态文明建设之路，这是全球倡议。

习近平生态文明思想是指导生态文明建设的总方针、总依据、总要求，是我们做好工作的定盘星、指南针和金钥匙。要完整准确全面贯彻这一重要思想，在学懂弄通做实上下功夫。一是深刻把握习近平生态文明思想的科学性和真理性、人民性和实践性、开放性和时代性；二是系统掌握贯穿其中的马克思主义立场观点方法；三是准确理解其中蕴含的中国之问、世界之问、人民之问、时代之问；四是深思细悟领会其精神实质、核心要义和实践要求；五是不断提高认识问题、分析问题、解决问题的政治能力、战略眼光和专业水平。

新时代的十年，生态文明建设和生态环境保护之所以取得历史性成就、发生历史性变革，最根本的原因在于有以习近平同志为核心的党中央的坚强领导，有习近平生态文明思想的科学指引。我们要更加深刻领悟“两个确立”的决定性意义，进一步增强“四个意识”、坚定“四个自信”、做到“两个维护”。

三、准确理解和把握新时代新征程生态文明建设的新部署新任务新要求

党的二十大报告对新时代新征程生态文明建设作出了全面部署，提出了许多新理念新思想新战略新要求。这些部署和要求不仅体现在第十部分“推动绿色发展，促进人与自然和谐共生”中，也在其他各相关部分有相应的体现。经过梳理，笔者认为需要深刻理解和掌握“五个一”。

第一，把握一个重大逻辑，就是要深刻理解目标任务之间的逻辑联系。党的二十大报告明确提出，我们党的中心任务是全面建成社会主义现代化强国、实现第二个百年奋斗目标。尊重自然、顺应自然、保护自然，是全面建设社会主义现代化国家的内在要求。高质量发展是全面建设社会主义现代化国家的首要任务。推动经济社会发展绿色化、低碳化是实现高质量发展的关键环节。从中心任务到内在要求，再到首要任务和关键环节，环环相扣、紧密相连，绿色低碳发展、高质量发展和中国式现代化，在理论逻辑、任务

逻辑、行动逻辑上，更加紧密且相互融合。从这个意义上讲，可以说党的二十大把生态文明建设和绿色发展摆上了前所未有的战略高度。

第二，落实一个战略要求，就是要站在人与自然和谐共生的高度谋划发展。2021 年 4 月 30 日，习近平总书记主持十九届中央政治局第二十九次集体学习时强调，要站在人与自然和谐共生的高度来谋划经济社会发展。这次党的二十大报告把“经济社会”四个字去掉，有着深远的战略考虑。笔者认为，不仅仅是经济建设、政治建设、文化建设、社会建设，包括生态文明建设等在内的各方面各领域各环节，都要站在这个高度来谋划并做好顶层设计。因为人与自然和谐共生是我们追求的目标，各方面都要做有利于促进人与自然和谐共生的事情，这是中国式现代化的本质要求。

第三，锚定一个奋斗目标，就是要推进美丽中国建设。党的二十大报告强调，我们要推进美丽中国建设。这也是党的十八大以来一以贯之的目标要求。党的十八大首次把大力推进生态文明建设单列专章进行部署，并提出努力建设美丽中国的目标。党的十九大首次把“美丽”纳入社会主义现代化强国目标，把“生态文明建设”纳入“五位一体”总体布局，把“人与自然和谐共生”纳入新时代坚持和发展中国特色社会主义基本方略。在生态文明建设上，我们就是要推进美丽中国建设，让生产空间更加集约高效、生活空间更加宜居适度、生态空间更加山清水秀。

第四，坚持一个思想方法，就是要更加注重系统观念在生态文明建设实践中的深化和科学运用。系统观念是一种基础性的思想和工作方法。我们在实践中深刻认识到，生态是统一的自然系统，是相互依存、紧密联系的有机链条。生态保护和污染防治密不可分、相互作用，必须统筹推进、协同发力。党的二十大报告在安排部署推动绿色发展任务时，对坚持系统观念提出了许多要求。“一体化保护”“系统治理”“统筹”“协同推进”是一组关键词，更是一套“组合拳”，清晰地勾画出了实现美丽中国建设目标的路径策略。在战术路径上，报告还提出，“坚持精准治污、科学治污、依法治污”“加强污染物协同控制”“统筹水资源、水环境、水生态治理”等要求。在实践中，我们要牢牢把握系统观念的思想方法，在协同推进降碳、减污、扩绿、增长等多重目标的同时，探索寻求最佳平衡点。最重要的是，要做到安全降碳，在经济发展过程中推动绿色低碳转型，在绿色转型过程中推动经济实现质的有效提升和量的合理增长，从而实现更高质量、更大规模、更有效率、更加公平、更可持续、更为安全的发展。

第五，推进一系列重大任务，就是要抓好四大举措落实落地。党的二十大报告进一步明确了推动绿色发展，促进人与自然和谐共生涉及发展方式转型、污染防治、生态保护和“双碳”工作四大领域的战略任务。明确把碳达峰碳中和纳入了生态文明建设整体布局和经济社会发展全局，进一步坐实了降碳作为生态文明建设重点战略方向的地位。党的二十大报告还首次提出，要健全资源环境要素市场化配置体系。这里的资源环境要素是指碳排放权、排污权、用能权、用水权等。随着绿色发展的深入推进，资源环境要素有望成为重要的生产要素，被纳入要素市场化配置改革总盘子，激励更多的市场主体投资降碳、减污、扩绿等绿色低碳发展领域。推动经济发展的“含金量”“含绿量”持续增加，“美丽经济”越来越多，“高碳经济”“黑色经济”越来越少。生态环境保护也由“要我做”的外部压力和公益性倡导，转变为“我要做”的思想自觉和行动自觉，汇聚成更加强大的社会合力，推动生态环境保护真正成为人人参与、人人建设、人人享有的崇高事业。

遵循自然法则　促进生态文明建设

中国工程院院士、清华大学水质与水生态中心主任
中国生态文明研究与促进会副会长
曲久辉

作为一个从事水环境研究的人，谈到生态文明，笔者想到的第一个问题是水来自自然；说到对生态文明的理解，考虑的第一个问题是水的自然属性。任何文明，包括农业文明、工业文明，都离不开水，也都不能脱离“水来自自然”的法则。

习近平总书记深刻指出“生态兴则文明兴”，这句话明确了生态与文明的本质联系。事实上，生态和文明从来都不是割裂的，建设生态文明最重要的就是确定人与自然的关系，使人与自然和谐共生。所以，习近平总书记提出“绿水青山就是金山银山”“既要绿水青山，也要金山银山”的科学论断，这是对自然、生态与人及人类社会发展之间关系的高度概括，绿水青山既是自然财富，又是社会财富和经济财富。山水林田湖草沙是生命共同体，人与自然也是生命共同体，而我们追求生态文明的宗旨，就是要实现人与自然的和谐、人与社会的和谐，而最为基础的和谐，就是人与自然的和谐。人与自然的和谐要求我们深入认识自然规律、掌握科学利用自然的方法。正如恩格斯所说，“在自然界和人以外不存在任何东西”。恩格斯在他的著作《自然辩证法》中指出，“人离开动物越远，他们对自然界的影响就越带有经过事先思考的、有计划的、以事先知道的一定目标为取向的行为特征”。所以，“人不仅在实践中，而且在思维运动中确证和表现自己与自然的关系”。他阐述的人和自然之间的紧密联系，就是我们今天讲的，人和自然是生命共同体，山水林田湖草沙也是生命共同体。

基于此，笔者认为自然是生态文明的载体、供体和受体。自然是生态文明载体的意思是没有自然就没有生态，没有文明，更没有生态文明。自然是生态文明供体的意思是有好的自然，才会有好的生态，自然供给人类的生态服务才是人类健康的保障。我们今天享受生态服务，如生态系统中生产的物质（我们叫它生态产品）、生态产品的增值、生态系统为人类提供的健康保证及为其他生物提供的生存所必需的物质和环境等都来自自然。自然是生态文明的受体意味着建设生态文明对人类行为提出了更高的要求，我们应采用文明的方式对待自然、对待生态；生态文明建设改变了人类对待自然的态度，使人类对自然反馈了更多的尊重、更好的保护和更谨慎的干预，这就是我们所说的，自然、生态和文明是保障人类可持续发展的基础。所以，要建设生态文明，就要敬畏自然、顺应自然、保护自然、道法自然。这应该是我们建设生态文明的基本准则，

只有遵循这一准则才能建设、建成生态文明。

一、敬畏自然——生态文明建设的理念基础

以水为例。天然水体是一个生命共同体，简单地讲，从营养物质、浮游植物，到植食性鱼类，再到肉食性鱼类；或从菌类，到浮游动物，再到肉食性鱼类，都是自然形成的食物链，而这个食物链当中任何一个敏感物种或任何一个个体的损伤都可能会使水生态系统受到影响或遭到破坏。因此，自然系统的生物多样性和完整性，是保障生态健康的重要基础。对此，我国已经采取了一些主动措施。例如，从 2021 年 1 月起，长江开始了十年禁渔，这实际上是根据长江生态系统演变，为提升其健康水平所采取的一种“休养生息”的措施，是落实习近平总书记关于“共抓大保护、不搞大开发”重要指示的生态策略，是生态文明建设的具体行动，也是人类尊重自然的主动作为。

二、顺应自然——生态文明建设的行为准则

我们要了解自然变化的规律，以及人与自然交互影响下生态系统的变化规律。如果对此不了解，就可能无休止地破坏自然和盲目地改造自然。大家知道，鄱阳湖、太湖都有一些水生态问题，如蓝藻问题、缺水问题，我们所看到的是水环境发生了某种变化，产生了某种我们意想不到的结果，但实际上这些都是人与自然不和谐的结果。部分学者和管理者对此都还缺乏深入了解。不了解这些规律，我们就不能顺应自然、保护自然。保护自然生态系统不能强迫性地改造自然、破坏性地修饰自然和过渡地利用自然。同时，人类所为要与生态系统的规律相合，要有恢复和保护生态系统完整性的自觉性并采取适宜的措施。

所以，人类应该顺应自然系统变化，即人应该是自然的顺从者而不是违背者。这并不是说我们对自然环境什么都不做、什么都不能做。顺应自然也需要为保证自然生态系统的健康提供一些主动服务，包括适宜的生态要素保护和生态质量改善行为。例如，通过调控水体生产力水平促进水生态健康。如果生产力低，生态系统可能是不健康的；但如果某种生产力过剩，也可能导致生态系统负荷太高。所以，对生产力有节律地调控也是顺应自然的一种理性行为，这涉及对生态系统能量的供给与输出能力、初级生产力的放大能力、生态系统自组织和自修复能力、水体自净化能力、保障生物多样性和生态系统完整性的能力、保障生产者和消费者供需平衡的能力等的调控。

顺应自然还需要控制可容纳、可承载的环境排放负荷，如污水厂的排放负荷等。很多地方采用地表水环境质量的Ⅲ类标准，或类Ⅲ类、类Ⅳ类标准来限制城市污水处理厂主要污染物的排放，以此来保障受纳水体的生态安全。虽然这种做法在某种程度上可以控制水体污染，但缺乏对生态系统响应和健康保障的考量。所以，采用保证受纳水体可

接受、可容纳、可承载的指标和标准才是科学合理的。我们的目标就是要实现水与人和谐、水与生态系统和谐、生态系统与生物多样性和谐、生物多样性与生态系统完整性和谐，使进入受纳水体的处理后的再生水不再是不得已排入的污水，而是对环境和生态用水的必要补给；对污水的排放不应只关注控制污染，而应强调对水环境、水生态功能的修复；进入地表或地下的再生水不应是陌生的“外来者”，而应是可以与原有水生态系统高度融合的共同体。

三、保护自然——生态文明建设的质量保证

保护自然，既要护，也要养。养的概念更注重呵护自然，更多的是从生命共同体的角度来维护自然。养和护的目标，都是保障生态系统健康及生态完整性，也就是我们经常讲的，要通过科学有效的调控和保护来实现水体、生态环境的物理完整性、化学完整性和生物完整性。有效地保护自然才能保障和提升生态系统的自组织能力、生态损伤的自修复能力、水体和环境的自净化能力、本地生物的主导能力、生物的多样性和自然对健康的提升能力。

保护自然是一个系统工程（如水生态系统保护就需要养水护水），包括五个方面的要点。核心——养生态、护生态；认知——了解生态系统的健康水平；关键——对生态系统生产力的平衡与调控；逻辑——生态优先、善待自然；目标——生态系统完整性保护与恢复。2021 年编制的“长江流域水生态考核（试点）指标体系”就强调了生态系统完整性，强调了水体的生物评价，其中的难点是生物完整性评价。即使在最早开展水生态系统完整性评估的美国，生物完整性评价也是难点。目前，美国有 22 个州在准备做水生态系统评估，但实际上只有 12 个州做了生物完整性评价。他们也在进行国家河流及溪流的生态调查，从生物状况、化学胁迫因子、物理生境胁迫因子、人类健康指标四个方面进行评价，确定了基于评估结果、以水生生物保护为目的的一系列修复对象。他们还基于最大日负荷总量（TMDL）确定了 43 200 多个受损水体，并选定了需要修复的物理、化学、生物指标，实现了很好的修复效果。这也是美国在执行《清洁水法案》时，为改善水生态系统采取的主动行为，是我们应该借鉴的做法。

四、道法自然——生态文明建设的技术法则

利用自然的方法来修复和治理生态环境成为国际共识。基于自然，就不能人工化，而要生态化，也就是要尊重自然规律，利用自然过程，强化生态系统的自组织和自修复能力，减小人为干扰的频率和强度，绝不在治理环境的同时破坏生态。

近年来，基于自然的净水方法受到了更多的关注和应用。例如，荷兰等欧洲国家利用可再生能源和河岸过滤、净化饮用水，经基于自然预处理后，只需简单的水厂处理，

水就可以直接送给用户饮用。基于自然、简化净水流程，即是一种道法自然的方式。

生态文明不是孤立的文明，也不仅仅是自然的胜利，它关联着政治、文化、社会、经济、科技、人才等多个方面，是人类命运共同体这一理念的系统化成果，它在诸多要素中具有统领作用。无论如何，自然都应该是基础、是要素、是准则、是约束、是保障，是生态文明的载体、供体和受体。

只有遵从自然法则，才能兴生态、兴文明、兴生态文明。

二、生态文明示范建设论坛

共建生态文明　共赏绿色未来

南昌市委副书记、市人民政府市长　万广明

习近平总书记强调，生态文明是人类文明发展的历史趋势，建设绿色家园是人类的共同梦想。在美丽中国建设的大实践中，我们始终坚持生态优先、绿色发展。在示范建设中，打造生态文明示范区的“南昌样板”。“落霞与孤鹜齐飞，秋水共长天一色。”人与自然和谐共生的美丽景象在南昌真实演绎。这里自然资源禀赋优异、城区绿化覆盖率达43%，水域面积占比近30%，在全国省会城市中排名第一。空气质量连续8年保持中部省会城市第一。特别是近年来，南昌市累计投入580多亿元用于湿地保护修复、实施赣抚尾闾综合整治工作，玉带河、象湖等湿地生态系统呈现多样性、稳定性、持续性。“微笑天使”江豚憩息扬子洲，逐浪八一桥（八一大桥）；“水中大熊猫”桃花水母出现在青山湖；全球98%以上的白鹤、95%以上的东方白鹳、70%以上的白枕鹤在鄱阳湖越冬。“四面青山三面水，一城山色半城江”，蓝天、碧水、净土共同构筑了南昌这座城市亮丽的底色。

“绿水青山不曾改，金山银山次第来。”生态文明理念与生态发展理念的共同实践，在南昌得到充分彰显。南昌市深入贯彻落实习近平生态文明思想，扎实推进“绿水青山就是金山银山”的理论实践，突出抓好生态环境问题整治，高标准打造美丽中国“南昌样板”，在荣获了国家卫生城市、全国文明城市、国家水生态文明城市等一张张亮丽名片的基础上，2022年南昌市又得到了国际湿地城市这一重量级荣誉，再添一张世界级生态名片。南昌市扎实推行产业发展、绿色转型，全市三大国家级开发区全部迈入千亿元行列。第五代移动通信技术（5G）、虚拟现实（VR）、人工智能技术等未来产业快速崛起，世界级VR中心城市品牌形象逐渐形成。南昌市还积极创建国家生态文明建设示范区，国家级生态乡镇以及江西省“绿水青山就是金山银山”省级实践创新基地，谱写了国家级生态文明示范区的“南昌篇章”。

“问渠那得清如许？为有源头活水来。”绿色生活与低碳生活共兴的文明风尚在南昌示范引领人们的生活。南昌全面落实生态环保党政同责、一岗双责，管发展必须管环保，管行业必须管环保，管生产必须管环保，大力倡导节约集约绿色低碳的生活方式，顺利完成垃圾分类国家试点任务，在全国率先实现城市向乡村延伸的生活垃圾填埋制度，绿色公交车辆比例从33%提高到77%。南昌市还获评“国家公交公司建设示范城市”，社会生态环境共商、共建、共治新格局逐渐形成，绿色宜居的美丽家园极大地满足了人们对美好生活的向往。

“人不负青山，青山定不负人。”新时代、新征程，我们将坚定不移贯彻落实党的二十大精神，坚定践行习近平生态文明思想，保持历史耐心和战略定力，保护好南昌的山水林田湖草沙，绘就一幅山水齐聚英雄城的优美画卷，真诚地期盼各位领导、行业翘楚、业界精英给南昌更多的关心、关爱、支持和帮助。

高水平保护和高质量发展助力建设美丽中国“江西样板”迈出坚实步伐

江西省人大常委会副主任、党组成员　张小平

江西地处长江中下游南岸，因唐代设江南西道而得名，又因赣江纵贯全省而简称赣。全省土地面积 16.69 万 km^2，总人口 4 500 万人，辖 11 个设区市和 100 个县（市、区）。江西毗邻长三角、珠三角和海峡西岸经济区，素有“物华天宝、人杰地灵”的美誉。江西拥有绿色生态这个最大的财富、最大的优势、最大的品牌，是全国森林覆盖率最高、生态示范建设最早的省份之一，具备持续开展生态文明示范建设的基础和良好条件。

习近平总书记对江西生态文明建设高度重视，寄予了厚望，明确要求江西做好治山理水、显山露水的文章，走出一条经济发展水平与生态文明水平提高相辅相成、相得益彰的路子，打造美丽中国“江西样板”。

江西全省上下始终牢记习近平总书记的殷殷嘱托，贯彻落实习近平生态文明思想，牢固树立“绿水青山就是金山银山”的理念，坚定不移走生态优先、绿色发展之路。

美丽中国“江西样板”建设迈出坚实步伐，取得显著成效。2020 年和 2021 年，江西连续两年国家污染防治攻坚战成效考核优秀。2021 年，全省人均地区生产总值（GDP）突破 1 万亿美元大关，主要经济指标增幅持续保持在全国前列。2022 年前三季度，GDP 同比增长 5%，增幅居全国第三位，全省高水平保护和高质量发展齐头并进的态势强劲。江西省突出依法治污，强力推动高水平保护，全力抓好生态法治建设，以法治理念、法治方式推进生态文明建设，相继制定了《江西省环境污染防治条例》《江西省大气污染防治条例》《江西省土壤污染防治条例》等地方性法规，建立健全由党政主要领导任双主任的省、市、县三级环委会制度，不断完善生态环境保护责任体系、组织体系、保障体系，凝聚企业、党委、政府，以全社会强大活力推进生态文明建设，推动形成共建、共治、共享的整体格局。我们坚持保护优先，全力打造高标准生态，全面推进美丽江西建设，不断巩固江西生态环境质量。

2021 年，江西省森林覆盖率达 63%，位居全国第二，空气优良天数比例达 96%，在中部地区最高，断面水质优良比例达 95.5%，赣江干流 33 个断面、长江干流江西省内 10 个断面稳定保持Ⅱ类水质。如今的江西天更蓝、山更绿、水更清，我们注重绿色低碳，大力推进高质量发展，全面贯彻新发展理念，持之以恒推动经济社会绿色低碳发

展，持续拓宽“绿水青山”和“金山银山”双向转化通道，努力打造绿色发展高地。

2021 年，江西省战略性新兴产业和高新技术产业增加值占规模以上工业增加值的比例分别达到 23.2%和 38.5%，数字经济占 GDP 的比重达 35%，绿色已成为美丽江西最鲜明、最厚重、最牢靠的底色。江西省聚焦气候变化，努力推进高效能治理，深入实施生态示范创建和一体化保护修复，不断加强生态环境保护实践、自然保护地生态环境监管，切实加强生物多样性保护，成功创建国家生态文明建设示范区 24 个、“绿水青山就是金山银山”实践创新基地 8 个，生态质量指标连续多年位居全国前列。江西“风景这边独好”的品牌形象不断提升，江西省的生态文明建设奋力创造高品质生活，着重抓好中央生态环境保护督察反馈问题、长江经济带生态环境警示片披露问题等的整改，两轮中央生态环境保护督察及回头看等反馈的问题共 167 个，已完成整改 138 个。2018 年到 2021 年，4 年长江经济带生态环境警示片披露问题 62 个，已完成整改 55 个，其余也均达到持续记录要求。依托江西数字赣服通平台，专门设立了人大生态环境监督服务专区，已累计解决群众诉求 912 件，全省公共生态环境满意度从 2017 年的 83.6%上升到 2021 年的 90%，提高了 6.4 个百分点。

党的二十大对建设美丽中国，推动绿色发展，促进人与自然和谐共生提出了一系列新理念、新任务、新要求，作出了一系列新战略、新安排、新部署。江西省一定按照党的二十大的最新部署和要求，聚焦做示范、勇争先的目标定位，为建设美丽中国作出江西应有的贡献。

结合实际 统筹兼顾 规划引领 助推生态文明示范创建

生态环境部总工程师、水生态环境司司长
中国生态文明研究与促进会会长
张 波

党的二十大报告指出，“中国式现代化是人与自然和谐共生的现代化”。这一论断明确了生态文明建设在“全面推进中华民族伟大复兴”中的重要使命，彰显了新时代新征程党中央全面提升生态文明、建设美丽中国的坚定决心。

生态文明示范创建是生态环境部贯彻落实习近平生态文明思想、推进生态文明建设的重要载体和抓手。多年来，生态环境部在推动生态文明示范创建过程中开展了一系列具有探索性、创新性的工作，推出了一大批生态文明建设示范地区和“绿水青山就是金山银山”实践创新基地，树立了一大批生态文明先进集体和个人典型，形成了一批具有推广价值的实践模式和优秀案例，引领带动全国各地深入推进生态文明建设，为推动绿色发展、建设美丽中国积累了宝贵经验，发挥了重要作用。为进一步做好这项工作，提三点建议。

一是紧密结合地方实际，在深入学习贯彻党的二十大精神上做表率。党的二十大报告对生态文明建设和生态环境保护工作进行了全面总结和系统部署，我们要以学习贯彻党的二十大精神为契机，立足各地实际，坚持目标导向、问题导向、结果导向，勇于担当，扎实推进，在推动解决具体问题的过程中形成亮点和特色。让各地生态文明示范建设在党的二十大精神指引下迈开新步子、做出新成绩、树立新标杆。

二是坚持统筹兼顾，在协同推进降碳、减污、扩绿、增长上做表率。党的二十大报告明确要求，统筹产业结构调整、污染治理、生态保护、应对气候变化，协同推进降碳、减污、扩绿、增长。“十四五”期间，我国生态文明建设进入了以降碳为重点战略方向、促进经济社会发展全面绿色转型、实现生态环境质量改善由量变到质变的关键时期。降碳可以促进减污，减污中也有降碳问题。扩绿不仅是植树造林、保护生态，更重要的是促进产业结构和发展方式的绿色转型。要通过高水平的降碳、减污、扩绿，引导和推动高质量发展，最终转化为实实在在的经济增长。这里关键是要做到统筹兼顾、协同推进，各地的示范创建工作要深入领会和贯彻党的二十大精神，工作中防止出现单兵突进、畸重畸轻，努力在协同推进降碳、减污、扩绿、增长上做表率。

三是坚持规划引领，在完善机制、持续推进生态文明建设上做表率。生态文明建设是一个系统工程，是全社会共同的责任。做好示范创建工作，要做到规划先行，把编制、实施好创建规划作为推动各地统筹兼顾、持续推进生态文明建设的重要抓手。要充分发挥我国政治体制优势，着力形成“党政主导、部门联动、社会参与”的大格局。要积极探索建立长效工作机制，坚持“政府有为，激发市场有效”的工作原则，在持续推进示范创建上做表率。

我们一定要围绕黄润秋部长对深入学习贯彻党的二十大精神和充分发挥先进典型在美丽中国建设中的样板和示范作用提出的明确要求，认真学习领会并结合各地实际抓好落实，努力以扎扎实实的生态文明示范创建工作，为建设人与自然和谐共生的美丽中国作出积极贡献！

推动绿色创建　共享美丽生活

生态环境部原国家生态环境保护督察专员　夏　光

开展示范区和实践基地等绿色创建是具有中国特色的制度创新和实践行动，对探索人与自然和谐共生的中国式现代化具有积极意义。

一、绿色创建，探索中国式现代化之路

绿色创建是目标导向性工作，通过设置一定的绿色发展目标或指标，引导各地选择适合本地情况的路径，经过努力达到预定的生态文明建设目标，为全国推动生态文明建设提供样板和标杆。

1．绿色创建的特点

——绿色引领，有的放矢，整体目标与具体途径相结合。

——本地特色，各美其美，原则性与灵活性相结合。

——标杆作用，互惠共赢，国家意志与地方利益相结合。

2．绿色创建的亮点

多年来，绿色创建在我国广泛开展、风生水起，成为生态文明建设新标杆。这些创建活动因地制宜、丰富多彩，各有各的高招、各有各的亮点：

——有的发挥生态优势，养护绿水青山，发展特色产业；

——有的调整产业结构，淘汰落后产能，腾出发展空间；

——有的系统治理污染，补齐基础设施，改善环境质量；

——有的延长产业链条，发展循环经济，提高资源效率；

——有的增加绿色植被，建立湿地廊道，建设花园城市；

——有的革新生产技术，改进生产工艺，建立绿色工厂；

——有的助力脱贫攻坚，经营生态农业，发展有机食品；

——有的守护生态系统，救护珍稀物种，改善区域生境；

——有的注重农村改造，补齐卫生短板，改善人居环境；

——有的发展绿色贸易，降低资源消耗，建设低碳港口；

——有的重视国情教育，动员公众参与，建设绿色社区；

……

绿色创建的共同点是统筹经济社会发展与生态环境保护，努力寻找二者的最佳结合

点和均衡值，这些实践创新为探索中国式现代化之路作出了有益的尝试。

3. 绿色创建的经验

——战略上：坚持环境保护这一基本国策，把绿色发展作为地方发展理念，保持战略定力。

——实施中：制定务实可行的目标指标。建立落实责任的体制机制和制度体系。

——方法论：认真学习借鉴国内外先进经验和教训，重视绿色技术创新。

——行动者：充分发挥政府、市场和社会的作用，全民行动。

二、创造美丽生活是美丽中国的深层诉求

习近平总书记指出，“人民对美好生活的向往，就是我们的奋斗目标”。

什么是“美好生活”？可以形象地将“美好生活”理解为“美生活”加上“好生活”，或者说在“好生活”的基础上创造“美生活”。

在这里，“好生活”偏重客观的、物质的丰裕和便捷，而“美生活”偏重主观的、精神的满足和愉悦。

经过几十年改革开放和艰苦奋斗，我国已经进入了全面小康社会，与此同时，生态环境持续改善，城乡面貌日新月异，生活品质越来越好。在此基础上，人们也更加追求精神的升华。创造美，享受美，是美丽中国的深层诉求。

党和国家回应人民群众的所求所盼，提出了在 2035 年基本建成美丽中国的宏伟愿景和战略部署。

“美生活”至少应该满足景观美、建筑美、情趣美、历史美等几个方面的要求。让人们在享受物质生活快乐的同时也能丰富精神生活，这种对“美生活”的追求是我国达到一定发展水平后的必然趋势，也是建设美丽中国的深层含义。

把这种历史趋势放到中华民族伟大复兴的征程中看，中华民族在经历了站起来、富起来、强起来后，正在努力变得美起来。

也就是说，建设美丽中国将是对中国社会的又一次重大改造，其意义是深远的。

牢记嘱托描绘美丽江西“安义画卷”

江西省南昌市安义县委副书记、县长　罗国栋

党的二十大报告指出，推动绿色发展，促进人与自然和谐共生，必须牢固树立和践行“绿水青山就是金山银山”的理念，站在人与自然和谐共生的高度谋划发展。中国生态文明论坛南昌年会的举办，就是对这一论断第一时间的贯彻和生动实践。

安义县坐落在梅岭西麓，是南昌市下辖县，与南昌城区一山之隔。全县土地总面积为 660 km^2，人口有 30.7 万人，被梅岭、三爪仑、圣水堂三个国家级森林公园环抱。近年来，安义县始终坚持“绿水青山就是金山银山”的发展理念，牢记习近平总书记在视察江西时提出的“绿色生态是江西最大财富、最大优势、最大品牌”这一殷殷嘱托，积极探索生态优先、绿色发展的高质量发展新路径。

一、深入实施“生态立县”战略

坚持“一套体系”管全县。成立了以县主要领导担任“双主任”的生态环境保护委员会，系统推进生态文明建设。发挥考核指挥棒作用，生态文明指标分值占比提升至25%。坚持“一张蓝图”绘到底。科学编制并出台了《安义县国家生态文明建设示范县规划》《安义生态县建设规划》等规划。编制了“三线一单”，划定生态保护红线 98.38 km^2，实行最严格的管控制度。坚守每一道关口，严格执行环境影响评价和“三同时”制度，健全生态环境公益诉讼制度，推进完善“河长+检察长+警长”和“林长+检察长+警长”制度。

二、持续筑牢“生态强县”根基

头顶一片蓝天，实施重点行业废气处理、除尘设施改造升级、工地扬尘防治专项行动。连续 4 年 $PM_{2.5}$、PM_{10} 平均浓度达到二级标准。2021 年，安义县空气质量优良天数为 336 天，优良率达 92.0%，创历史新高。手捧一杯清水，坚持源头防污、工程治污、管理控污。投入近 4 亿元，建成城市污水管网 68.5 km、园区污水管网 38 km，城区、园区基本实现雨污分流。完成了污水处理厂扩容提标改造，排污企业在线监测系统、进出境断面水质自动监测站的建设，断面水质月均值达到Ⅱ类标准。脚踏一方净土，全面加强生活垃圾，农村面源污染，固体废物、危险废物综合治理。实施城乡环卫保洁一体化，垃圾无害化处理率达 100%。强力推进工业固体废物堆存场所排查整治，危

险废物安全处置率为100%。

三、有效激发“生态兴县”活力

一产“增绿”。形成了一朵油菜花、一盘生态水果、一碟绿色蔬菜、一片花卉苗木、一袋有机大米、一座古村群“六个一”产业，全县共有绿色农产品13个、有机农产品25个、地理标志保护产品3个，获评全国农业全产业链典型县、全国农村创新创业典型县。二产“护绿”。投入98亿元，实施了55个节能项目，工业能耗、用水量有效下降。大力推进标准厂房建设，单位生产总值建设用地使用面积下降10.4%。工业园区成功创建了省级循环化改造园区、省级绿色园区、省级高新园区。三产“添绿”。大力打造“文旅+生态”融合的发展模式，形成了书画墨山、水韵白沙等一批具有文化底蕴和产业支撑的精美乡村旅游点，推动全域旅游格局成形，成功创建省级全域旅游示范区。

四、全力擦亮“生态活县”颜值

“生态乡镇”全覆盖。深入推进农村人居环境整治，全县10个乡镇全部被评为省级生态乡镇，3个乡镇被评为国家级生态乡镇。先后荣获“全国村庄清洁行动先进县”“全省美丽宜居示范县”等称号。“水美乡村”全覆盖。投入4.6亿元，实施了2021年全省唯一一个全国水系连通及水美乡村试点县项目。完成了122个村级水环境治理项目，实现了建制村污水处理设施全覆盖。“路美乡村”全覆盖。农村公路总里程达到1 352.48 km，全县所有乡镇、建制村和自然村100%通水泥公路，成功创建“四好农村路”全国示范县。

砥砺奋进新征程，凝心聚力再出发！安义县将全面学习贯彻党的二十大精神，践行习近平生态文明思想，以更高的标准、更实的举措接续推进国家生态文明示范区建设，奋力描绘美丽江西“安义画卷”！

林海参乡　幸福抚松

吉林省白山市抚松县委书记　曾钒胜

抚松县位于吉林省东南部，土地总面积为 6 159 km^2，是著名的中国人参之乡、中国蓝莓之乡、中国椴树蜜之乡和中国矿泉城。这里生态环境美如画卷，坐拥名山大川：长白山和松花江，被公认为地球同一纬度带原始状况保持最好、生物物种最多的自然生物圈和物种基因库，拥有 10 万 hm^2 的长白山国家级自然保护区，全县森林覆盖率高达 85.76%，空气中每立方米负氧离子含量高达数千个甚至几万个，堪称天然氧吧。“21℃的夏天”“森林城市”“冰雪运动天堂”都是其独特的生态旅游名片。这里自然资源禀赋优异，素有“长白山立体资源宝库”之称，境内的野生脊椎动物有 440 余种，野生植物有 3 900 余种，是中国三大中药材基因库之一，是道地人参的原产地和主产区，蓝莓、蜂蜜、鹿茸等知名特产远近闻名。抚松县地处世界三大天然矿泉水富集区之一，境内现已探明天然矿泉水水源地 46 处，允许开采量高达 1 800 万 m^3/a。这里交通区位优势明显，是东北亚“金三角”和渤海湾经济区两个区域的发展中心和制高点，县内有中国首个森林旅游机场——长白山机场，抚长高速、鹤大高速、201 国道和 302 省道纵贯全境，沈白高铁预计 2025 年建成通车，集高速公路、铁路、航空于一体的立体交通网络已经形成。

基于优良的生态资源禀赋，在县委、县政府多年的努力下，2020 年抚松县被生态环境部命名为第四批“绿水青山就是金山银山”实践创新基地；2021 年作为“发展生态产业推动生态产品价值实现案例”成功入选自然资源部第三批典型案例。2022 年顺利成为全国第六批生态文明建设示范区。这些沉甸甸的荣誉，得益于吉林省生态环境厅各位领导的悉心指导，饱含着全县干部群众的汗水和心血，得来不易。回顾多年发展历程，抚松也总结了一些心得体会，在这里抛砖引玉，与大家一同交流分享。

一、以生态文明思想为引领，牢固树立绿色发展理念

作为国家重点生态功能区，全县 94.1%的面积属于禁止开发区域和限制开发区域。面对保障国家生态安全和发展县域经济两大任务，抚松县历届党政班子深入践行习近平生态文明思想，始终坚持生态优先、绿色发展，于 2015 年提出了创建国家生态文明示范区的发展目标，并将其作为推动抚松绿色转型高质量发展的基本思路，一张蓝图绘到底，一任接着一任干。在 2021 年中国共产党抚松县第十六次党员代表大会上，科学提

出了奋力打造高质量“绿水青山就是金山银山”实践创新的“抚松样板”的发展目标，为深入贯彻落实党的二十大精神，精准对接中央和省市发展战略，持续推进生态文明建设明确了方向，提供了科学指导，逐步走出一条独具长白山区特色的绿色低碳循环可持续发展之路。

二、以强化保护和修复为基础，坚决筑牢生态安全屏障

生态是抚松县最大的优势、最大的品牌，也是最亮丽的发展底色。多年来，抚松县坚持人与自然和谐共生，逐渐形成了尊重自然、顺应自然、保护自然的生态理念；全面实行林长制、河长制、田长制；大力实施长白山森林植被恢复、万里绿水长廊等重大生态保护修复工程；坚决打好蓝天、碧水、青山、净土保卫战；突出抓好大气污染防治，空气质量优良率常年超过95%；严格保护水资源和水源地，全县2个河流考核断面和2处县级以上集中式饮用水水源地水质达标率为100%；深入实施“林长制”和天然林保护工程，“十三五”期间完成植树造林3.23万亩（1亩≈666.67 m^2），抚育森林1.97万亩；全面实施产业准入负面清单，坚决淘汰、关闭影响生态环境的“三高”产业，形成“面上保护、有序开发”的产业空间布局。生态环境的持续向好，为抚松县争创国家生态文明建设示范区，打造“绿水青山就是金山银山”实践创新基地，推动绿色转型高质量发展夯实了生态基础。

三、以打通“绿水青山”和“金山银山”转化通道为路径，着力构建生态产业体系

巍巍长白山、滔滔松花江，优越的生态环境和富集的自然资源为抚松县谋求发展提供了殷实“家底”。抚松县始终把打通“绿水青山”和“金山银山”的转化通道作为推动产业发展的突破口，充分发挥世界级生态资源优势，加快健全完善生态产品价值实现机制，最大限度地把生态优势转化为产业优势、经济优势和发展优势。一是推动人参医药健康产业加快转型。抚松有着1 500多年的野山参采挖历史和450多年的人参人工栽培历史，于1986年被命名为“中国人参之乡”，拥有省部共建的亚洲最大人参交易集散地——万良国家级长白山人参市场。近年来，抚松县积极推进人参产业的全产业链发展，形成了人参饮品、保健品、化妆品、药品及食品五大系列600余种精深加工产品。“抚松人参”位列中国农产品区域公用品牌影响力前十，其种植区成功申报了中国特色农产品优势区、国家级区域性良种繁育基地及国家级现代农业产业园。2022年9月，由民革中央、中共吉林省委、吉林省人民政府、吉林省政协共同主办的2022人参产业高质量发展大会在抚松盛大开幕，为抚松县推动人参产业发展注入了强大动力，抚松将牢牢把握这一重大发展机遇，加快实现由“中国人参之乡”向“中国人参城”蝶变的发展目标，

不断做大做强“抚松人参”品牌，推动人参产业实现跨越式发展。二是推动矿泉饮品产业迅速壮大。抚松拥有储量丰富、品质一流的长白山天然矿泉水资源，2013 年被中国矿业联合会授予“中国矿泉城”称号。近年来，抚松县以品牌化、高端化为引领，以矿泉水园区建设为基础，积极引入有实力的矿泉水企业，矿泉水产业得到快速发展。农夫山泉高端矿泉水成为二十国集团（G20）峰会和“一带一路”高峰论坛指定用水，泉阳泉矿泉水成为联合国教科文组织“2019 人与生物圈计划青年论坛”和第五届“中国国际进口博览会”官方指定用水，被评为“中国驰名商标”，抚松县矿泉水的品牌知名度得到全面提升。三是推动旅游产业蓬勃发展。作为全国首批全域旅游示范区创建单位，抚松着力整合县域旅游资源，不断扩大“一山一江”知名度和影响力，编制完成了《抚松县全域旅游产业发展规划》，开启了“旅游+”全产业链发展新模式，以大项目建设推动旅游产业迅速发展。积极引进了总投资为 230 亿元的万达长白山国际度假区和总投资为 169 亿元的吉林鲁能漫江生态文化旅游综合开发等大项目，产业集群投资规模逐渐向千亿级迈进，实现了旅游产业的“井喷式”发展。为充分释放松花江旅游品牌效应，抚松县正在全力推进松花江旅游带开发建设，积极谋划吸引一批知名度高、带动力强的松花江旅游项目，以项目的高质量、高效率实施坚定投资者信心，力争把抚松建设成环长白山区域旅游产业高质量发展的重要节点城市。

四、以提升人民幸福指数为目标，共享生态文明创建成果

抚松始终把普惠生态红利作为生态文明创建工作的出发点和落脚点，全力改善生态环境、建设生态乡村、培育生态文化，让全乡百姓切实感受到了生态文明创建所带来的巨大变化。多年来，随着绿色产业体系的不断壮大，“绿水青山”带来的经济效益也不断增加。2021 年，抚松县的绿色产业占全县地区生产总值的比重达到 73%，带动就业 10 万人，真正让人民群众鼓起了“钱袋子”。同时，抚松县致力于城乡环境改善和人民生活方式转变，着力推动环境全域改善、基础全域巩固、治理全域见效，积极开展“生态两山抚松城，幸福文明全域游”等生态文明主题实践活动，使人民群众得到更多绿色收益，使生态文明理念深入人心，真正形成了人人、事事、处处、时时崇尚生态文明的社会新风尚。

“人不负青山，青山定不负人。”站在全面开启建设社会主义现代化新征程的起点上，抚松将深入贯彻党的二十大精神，持之以恒践行习近平生态文明思想，高举“绿水青山就是金山银山”的发展大旗，以创造性实践推动高水平生态文明建设和高质量绿色发展，为实现“双碳”目标、建设美丽中国贡献抚松力量。

践行“绿水青山就是金山银山”理念 打造生态文明建设全国典范

围场满族蒙古族自治县人大常委会主任、党组书记　曹旭永

围场是京津冀水源涵养功能区和生态环境支撑区，是塞罕坝精神的发源地，具有“连京津邻辽蒙”的区位优势和独特的生态优势。2021 年 8 月，习近平总书记视察承德塞罕坝时强调，“要传承好塞罕坝精神，深刻理解和落实生态文明理念，再接再厉、二次创业，在实现第二个百年奋斗目标新征程上再建功立业”。围场满族蒙古族自治县坚持以习近平生态文明思想为指导，认真贯彻落实习近平总书记重要讲话精神，牢牢守好生态和发展两条底线，走出了一条“生态优先、绿色发展”的新路子。2021 年 10 月，围场满族蒙古族自治县被生态环境部命名为“绿水青山就是金山银山”实践创新基地，在此基础上，以创建为引领，进行了全新探索。

一、实施“一把手”工程，多级联动保障创建工作扎实开展

成立县委书记、县长任“双组长”的创建工作领导小组，把生态文明建设新理念、新内容纳入县委常委会、县政府常务会和各级党委、党组集体学习、研讨、议事的范畴，累计组织召开县级专题调度会 8 次、行业部门论证会 12 次、专家团队研讨会 13 次。同时，研究制定了《围场满族蒙古族自治县国家生态文明建设示范区规划（2021—2030 年）》，全力抓好各项创建任务的落实。对照《国家生态文明建设示范区管理规程（修订版）》《国家生态文明建设示范区建设指标（修订版）》，围场满族蒙古族自治县各项指标均已达到创建标准。

二、牢固树立系统治理理念，高标准推进生态文明建设

大力推进山水林田湖草沙系统治理，一年以来，新增绿化造林面积 16.9 万亩，修复退化草地 4.5 万亩，五年累计完成绿化造林 95.45 万亩、退化草地治理 19.5 万亩、保护湿地 9 852 亩，森林覆盖率达到 60.25%，每年可为京津地区蓄水 2.23 亿 m^3，空气质量优良天数连续五年达到 300 天以上，被誉为“中国天然氧吧”，被评为“中国生态魅力县”。塞罕坝机械林场荣获联合国最高荣誉“地球卫士奖”和“土地生命奖”。

三、促进资源优势转化为经济优势，培育壮大绿色产业

全力打造旅游康养、食品医药、能源环保三大产业集群。旅游康养产业向全域、四季转变，成功承办第三届河北省旅发大会，建成国家“一号风景大道”、小滦河国家湿地公园等旅游新地标，被评为“全国森林旅游示范县”。食品医药产业向中高端迈进，在全省率先启动了功能农业建设，“三品一标”基地认证面积达到 32 万亩，产业化经营率达到 68.5%，成功创建“国家农业可持续发展试验示范区”。能源环保产业向集约型发展，风、光、电等清洁能源装机容量突破 400 万 kW，以生态板材、沸石新材料、伊利石功能材料为主的环保新型材料产业快速发展，年产值可达 10 亿元以上。

四、聚焦乡村振兴战略有效实施，全面加快美丽乡村建设

建成省级美丽乡村建设重点村 79 个，御道口村被评为“中国美丽休闲乡村”，御道口草原生态小镇和哈里哈皇家猎苑小镇跻身河北省百个旅游特色小镇。大力推动生态林业、乡村旅游、光伏电站等产业化项目建设，发展高效种植业 105 万亩、经济林 194 万亩，打造林果、种苗产业专业村 266 个，乡村旅游示范村 23 个，创新推广了“一林生四财”（林上花果、林中旅游、林下种养、分享林业政策红利）、“一地生四金”（土地流转获租金、资金入股变股金、就地打工挣薪金、年终分红得现金）等生态增益、绿色富民模式，带动 3 万余户农户实现稳定增收。

近年来，围场县始终秉持“生态优先、绿色发展”理念不动摇，坚持生态惠民、生态利民、生态为民，生态环境持续改善，城乡面貌发生了巨大变化，实现了人与自然和谐共生，山水含情，相生相伴。这些成绩的取得，得益于党和国家的关注与关怀，得益于生态环境部的多年包联，以及国家有关部委和社会各界人士的大力支持。今后，围场满族蒙古族自治县将以成功创建示范区为动力，坚持以习近平新时代中国特色社会主义思想为指导，认真贯彻落实党的二十大精神，坚决扛起“水源涵养、生态支撑”两区建设责任，锲而不舍抓紧抓实生态文明建设各项工作，持续全方位推动经济社会高质量发展，努力在生态文明建设上创造新的业绩。

坚定践行“绿水青山就是金山银山”理念 持续走山区特色绿色崛起之路

山东省日照市五莲县委书记 武光锋

五莲县位于山东半岛西南部，是典型的山区县，山地丘陵面积达86%。多年来，五莲县牢固树立和践行“绿水青山就是金山银山”理念，聚焦建设富强、秀美、精致、活力的现代化锦绣五莲，把“生态强县”摆到县域发展“四大战略”首位，把建设“绿水青山就是金山银山”实践创新新高地作为“五大定位”之一，探索出了一条具有山区特色的绿色崛起之路，先后成功创建了国家重点生态功能区、国家级生态示范县、中国最美县域、国家园林县城、全国绿化模范城市（区），2022年还成功入选了国家生态文明建设示范区。

一、持续宣战穷山恶水，涵养“绿水青山”

五莲山多地少，大小山峰3 300多座，1947年建县初期，森林覆盖率不足10%，而且十年九旱、地力贫瘠，群众生产生活条件恶劣，收入微薄，发展受限。为此，县委、县政府一届接着一届“唱山戏”“走山路”，咬定生态优先发展战略不动摇，矢志不渝抓生态建设，成为山东省绿化造林的一面旗帜。全县森林覆盖率近 40%，高于全国平均水平 15 个百分点；果树种植面积突破 50 万亩，全县人均 1 亩果树。特别是在荒山多、裸岩多、缺水少土的莲西区域，土层不到20 cm，“玉米不秀穗儿、地瓜打光棍儿”是真实写照。在这种情况下，五莲县通过国企介入撬动社会资本投入等模式，一举将 2 万多亩荒山全部绿化，彻底改变了过去“年年造林不见林、年年栽果不见果”的现象。在该区域，县属国企建设了弘丰生态林，通过持续绿化改造，现在已栽植3 000亩生态林、2 000亩黄桃经济林，真正实现了“荒山变青山、叶子变票子”。在与穷山恶水战天斗地、改天换地的伟大实践中形成的自力更生、艰苦创业、绿山不止、拼命实干的“五莲精神”成为持续涵养“绿水青山”的力量源泉和精神动力。为弘扬五莲精神、推广绿化经验，山东省委、省政府先后 6 次在五莲召开现场会，省委原书记吴官正曾高度评价：“五莲人民很伟大，五莲干部很能干，五莲精神不简单。”

二、持续改善生态环境，守护“绿水青山”

习近平总书记强调，环境就是民生，青山就是美丽，蓝天也是幸福。五莲始终把生态保护作为各项工作的底线、红线，将守护绿水青山作为首要责任，强力推进蓝天、碧水、净土“三大攻坚战”，生态环境持续优化，空气质量优良天数常年保持在 300 天以上，重点河湖全部达到Ⅱ类水质，蓝天白云、繁星闪烁成为常态。同时，五莲还大力推进农村人居环境整治，探索出了全域景区化、节点特色化、村庄精致化、管理网格化的“四化”路径，将村庄打造成“处处花香、移步换景”的乡村美术馆，省级、市级美丽乡村达到 410 个，占村庄总数的 2/3，成为全国清洁村庄行动先进县、山东省“整县域推进乡村生态振兴”重点县。

三、持续深挖生态潜力，培植“金山银山”

深耕美丽经济，做强生态旅游。五莲依托秀美“绿水青山”，着眼“青山变金山”，以创建“国家全域旅游示范区”为抓手，深入推进生态和旅游的深度融合，在全县 80%以上的林水项目中融入采摘游、民宿游、体育运动等元素，是全国最美旅游生态示范县、全国休闲农业和乡村旅游示范县、中国旅游竞争力百强县。特别是立足“绿水青山”主题，每年都举办中国・五莲“绿水青山”运动会，线上线下吸引了 5 万余人参赛。聚焦农业向绿，做强生态农业。五莲坚持把有机、绿色、生态作为农业发展方向，目前绿色农产品和有机农产品的产值分别占 30%以上，五莲杜鹃、五莲国光苹果、五莲板栗、五莲小米、五莲樱桃获得国家农产品地理标志认证，“三品一标”农产品达到 135 个，五莲成为山东省生态循环农业示范县、省级农业“新六产”示范县。同时，为集聚生态农业发展力量，五莲大力推行党支部领办合作社，探索土地入股、果树入股、乡村游入股等多种模式，党支部领办合作社达到 620 家，实现了行政村全覆盖，带动村集体收入全部突破 10 万元。

四、持续发挥生态优势，招引“金山银山”

在抓好大保护的基础上，抢抓国家支持山东省绿色低碳高质量发展的机遇，立足生态资源产业化，全面系统地梳理县域待开发生态资源，组建了 5 个开放招引工作专班，尽锐出战京津冀、长三角、珠三角、胶东经济圈和中西部区域，并在北京、上海、深圳、青岛、武汉等城市建设了锦绣五莲形象展示旗舰店，全力做好招商引资抢答题、推介必答题、好品营销附加题。围绕生态工业、生态农业、生态文旅，吸引了一大批绿色低碳、技术领先的“四新”项目。其中，总投资 60 亿元的白鹭湾美术馆小镇就是五莲县挖掘生态资源“双招双引”的成功案例，该项目紧跟“用艺术振兴乡村”的世界前沿潮流，聘请多位世界知名设计师规划建设了 12 个各具特色的美术馆，将自然生态与建筑相融、与艺术相融、与生活相融，把一片山野荒滩催生为具有国际水准的美术馆小镇，生态美学在白鹭湾绽放异彩，成为乡村生态振兴示范样板，并成功争创山东省特色小镇、首批省级乡村振兴示范区。

五、持续开辟生态新路，转化“金山银山”

为架起“绿水青山”通往“金山银山”的桥梁，五莲县成立了县委生态文明建设办公室，组建了“绿水青山就是金山银山”理念实践创新新高地工作专班，强化顶层设计、系统谋划。在统筹开展县、乡、村三级生态系统生产总值（GEP）核算的基础上，依托国企搭建了“绿水青山就是金山银山”生态价值转化实体化平台，集中收储并规模化开发生态资源，创新生态价值多元转化路径，推动生态产品从“无价”到“有价”，争创山东省建立健全生态产品价值实现机制试点县。创新绿色生态金融产品，推出了林果飘香贷等一批“生态价值贷”，累计发放贷款 4.09 亿元，有力助推了生态产业的发展。聚焦探索高颜值生态、高质量经济协同发展道路，出台《打造“近零碳”乡村示范区的实施意见》，选取集中连片试点村庄进行整体打造，“绿水青山”和“金山银山”价值转化再添新路。

五莲在践行“绿水青山就是金山银山”理念和推动绿色崛起方面做了一些探索和实践，但与先进地区相比还有不少差距。下一步，我们将树牢“绿水青山就是金山银山”理念，聚焦绿色崛起，持续探索创新、争当先行，不断开辟生态文明建设的五莲新路径。

生态赋能长寿乡　绿色发展新钟祥

湖北省荆门市钟祥市委书记　周　军

钟祥市位于湖北中部、汉江中游，总土地面积为 4 488 km^2，总人口为 103 万人，是世界长寿之乡、世界文化遗产明显陵所在地、国家历史文化名城、中国优秀旅游城市、国家园林城市，位列中部县域经济百强第 30 位。近年来，钟祥市坚持“绿水青山就是金山银山”的理念，优化生态谋发展、增福祉，画出了“生态赋能长寿乡、绿色发展新钟祥”的生动画卷。

一、综合保护，让汉江更好滋养于民

长江一级支流汉江流经钟祥市，市内汉江全长为 144 km，在这段母亲河上，县乡村 110 名河长履职担责，70 万名群众积极参与，用心、用情、用力守护一江清水。全面整治修复。开展长江大保护十大标志性战役和十四大专项行动，48 家沿江化工企业全部关改搬转，379 个入河排污口全部完成溯源整治，“清四乱”工作被全省通报表彰，汉江水质常年稳定在Ⅱ类，城镇饮用水水源的水质达标率为 100%。全域配套减污。完成了城区 2 座污水处理厂的改造，5 座工业污水处理厂、17 个乡镇污水处理厂以及配套管网全部建成并投入使用，城镇污水处理率达到 96%、污泥处理率达到 100%。全力执法保护。创新综合执法机制，整合水利、农业、公安、生态等部门执法力量，实行水里岸上协同治、水鱼沙林一体护，珍稀濒危物种鳡鱼、鳍鱼、鯮鱼的资源量分别比 2018 年增加了 8%、5%、3%，禁捕退捕工作获得农业农村部表彰。

二、系统整治，让磷矿更好致富于民

钟祥是中原磷都，是全国磷复肥的重要生产基地，但一度的粗放发展损伤了生态。近年来，钟祥市全力推动磷化产业绿色化、精细化、高端化。一抓磷石膏变废为宝。完成了 12 座磷石膏渣场（库）的标准化建设，磷石膏的综合利用率由原来的 15%提高到了 51%，2022 年 1 月，钟祥市被国家发展改革委选为全国大宗固体废弃物综合利用示范基地。二抓磷化工换道奔跑。完成了钙镁磷肥、过磷酸钙企业的整合重组，中高端磷复肥占比达到 60%以上；新上的年产 30 万 t 的磷酸铁项目实现了磷化工转型升级的突破。三抓化工园整治提升。投入 2.2 亿元，实现了功能设施标准化、应急管控平台智能化和环保设施规范化，3 个化工园区全部通过合规确认。“十三五”期间，全市万元 GDP 能耗下降 29.61%，优于湖北平均水平 11 个百分点；PM_{10}、$PM_{2.5}$ 浓度分别下降 23.0%、

18.6%。近年来，空气优良天数均在310天以上，优良率达到88%以上。

三、科学发展，让绿色更好造福于民

紧盯“双碳”目标，在生态固碳上出实招，在清洁替代上下功夫，在绿色业态上求实效。涵养绿生态。开展“绿满荆楚”“精准灭荒”系列行动，植树造林21.9万亩，汉江及主要支流岸线绿化达218 km，森林蓄积量实现五连增，获评“湖北省‘绿满荆楚’行动先进县市”“‘精准灭荒’行动突出贡献县市”“全国森林旅游示范县”。引建绿能源。全力推进水、风、光、氢等新能源项目建设，总装机180 MW的碾盘山水利枢纽工程基本建成，总装机223.5 MW的4座风电厂全部并网，国能长源百万千瓦级水光一体化基地项目开工建设，英特利公司的电解水制氢整流设备为北京冬奥会、冬残奥会供应氢气。发展绿业态。秉持好生态出产好原料、好原料生产好产品的观念，大力发展长寿食品产业，举办稻虾节、葛根养生节、萝卜节等特色节庆活动，打造出果、豆、油、乳、菌加工集群。钟祥市先后获评全国农业产业化示范基地、农产品加工示范基地、农产品质量安全市、农村产业融合发展试点县市。

四、文明创建，让城乡更好服务于民

将生态文明融入全国文明城市创建，全民参与护生态、城乡一体建家园，共建共治共享“大美钟祥”。全市人均寿命达81.3岁，比全国平均寿命高3.1岁，现有百岁老人118名。让文明走进心里。抢抓“全国美好环境与幸福生活共同缔造活动”试点机遇，引导群众把净化当家事办、把绿化当产业干、把文明当家常饭，城市生活垃圾收集率和无害化处理率均达到100%。钟祥市获评全国村庄清洁行动先进县、农村生活垃圾分类和资源化利用示范市。让城市更加宜居。实施投资22亿元的“一江两湖”生态综合治理PPP（政府与社会资本合作）项目，让城区最大的烂泥潭变成了宜人的滨水公园，让被污水侵蚀的护城河变成了水美岸绿的生态走廊，钟祥市被评为湖北省县城黑臭水体治理试点县市、生态文明示范市。投资12亿元，建成莫愁湖湿地公园、镜月湖带状游园等各类公园游园157个，人均公园面积达到12.6 m^2，超出国家指标44.8%。让乡村充满魅力。一手抓群众的方便，新建农村公厕503座、户厕15万座，农厕“设施坏了有人修、粪渣满了有人抽、抽了粪污有地用”；一手抓“美丽”的方向，打造了43个省级美丽乡村示范村、258个市级美丽乡村示范村，培育了1个全国乡村旅游重点镇，宜居乡村建设工作经验受到国务院通报表扬，入选“中国最美30县”。

“道阻且长，行则将至；行而不辍，未来可期。”我们将以这次论坛为契机，牢固树立和践行“绿水青山就是金山银山”的理念，以美丽钟祥建设的实际成效，在人与自然和谐共生中显担当、做贡献！

坚持绿色发展　厚植生态底色
努力建设更高水平生态工业园区

张家港市发展和改革委员会主任、党组书记　袁政国

张家港经济技术开发区（以下简称经开区）自创建以来，始终坚持生态优先，绿色发展，持之以恒、久久为功，逐步形成了以低碳经济发展为主导、产业与生态相得益彰、人与自然和谐共生的生态园区。在创建中，着力于做好以下三个方面的工作。

一、突出转型升级，构建特色鲜明的生态化产业集群

紧扣生态工业园区发展定位，坚持“有所为、有所不为”。坚持“链式化”集聚产业。围绕新能源汽车、智能装备、集成电路等七大生态工业，补链引资、链式发展，有效集聚了宝马光速、采埃孚等头部企业16家，关联企业超100多家，打通完善了生态及产业间的物质通道。坚持“高新化”提质增效。以氢能、核能、液化天然气（LNG）设备和光伏设备为重点，大力培育低碳经济产业，逐步构建低碳产业集聚地，围绕产业链布局人才链，引进和培育国家级人才12位、省“双创”人才（团队）58个，国家高新技术企业242家，区内海陆重工获得国家“绿色工厂”称号、江苏龙杰特种纤维股份有限公司“涤纶FDY”获得“绿色设计产品”称号。坚持“绿色化”招商选资。园区长期遵循循环经济理念、工业生态学原理和清洁生产要求，实施项目准入评价机制和环保一票否决制，按照“一个优先、双重控制、六类不批”原则（优先准入绿色、节能、低碳项目；实行环境容量、排污总量双重控制；对不符合规划、不符合清洁生产、耗水耗能耗材量大、扩建项目污染物总量不削减，以及增加排污的《产业结构调整指导目录》禁止类、限制类、淘汰类六类项目坚决不批），严把项目准入绿色关，近年来拒批了170个不符合绿色发展导向的项目，其中超亿元项目11个。

二、突出高点定位，打造绿色低碳的循环化产业体系

紧扣“生态效率”原则，构建企业、园区到社会三个层面的循环经济体系。实施“清洁生产”，推动节能减排降碳。出台张家港经开区高质量发展政策25条，助推企业清洁生产改造，园区超2/3规模以上工业企业完成了设备升级改造，有效提升了企业资源利用率，减少了污染排放。2020年，创建区单位工业增加值化学需氧量（COD）、SO_2、

CO_2 排放量分别为 0.018 kg/万元、0.002 5 kg/万元、404.15 kg/万元，较 2015 年减少了近 50%。注重规划引领，推动园区低碳建设。搭建培育企业间物质流、能源流生态链，构建锂电池再制造、能源梯级利用、园区企业内部资源（代谢物）梯级利用等生态工业链，不断降低园区能源和物质消耗，园区 2020 年单位工业增加值综合能耗为 0.17 t 标准煤/万元。张家港再制造产业示范基地已形成“以汽车关键零部件再制造为主，光电设备、数控装备等为辅”的绿色生态工业链，成为国家循环化改造示范试点园区。强化体系建设，推动社会资源循环利用。以危险废物全生命周期管理为重点，推动一般工业固体废物、建筑垃圾、生活垃圾、厨余垃圾收集、输送、处理、再利用系统的建设。深入推动生活污水处理厂、工业污水处理厂（4+2）的湿地化改造和资源化利用，推广骏马集团中水回用、购物公园污水源热泵空调中水回用等 4 个区域污水处理厂水资源社会化循环生态链示范案例，每年节水超 1 500 万 t。

三、打造生态亮点，建设美丽宜居低碳园区

深入贯彻新发展理念，以实际举措落实碳达峰、碳中和目标。探索能源、互联网行业转型。试点“区域+企业”能源管控平台体系建设，推动能源互联网创新成果转化，全面实行电网节能管理，提升能源运行智能化水平，降低园区碳排放水平。开展“炉窑革命”，淘汰创建区内的燃煤炉窑或使用清洁能源替代燃煤，实现燃气锅炉低氮改造全覆盖。依托数字技术构建虚拟产业链。积极推进产业数字化，深入推进优势行业、重点企业的数字化、智能化改造，用数字技术为产业赋能增值，搭建数字经济服务平台，构建虚拟产业链，培育了江苏耐维思通科技有限公司的“港口冶金行业设备智能化及流程数字化平台”、江苏腾瑞智联数字科技有限公司的“腾讯云（张家港）工业云平台”等省级工业互联网平台。以“零供地”的方式助推节约集约发展。树立节约用地、集约经营的理念，采取“腾”“换”“集”“控”等科学灵活的措施，推动资源要素高效利用。实施“淘汰落后”“三优三保”工程，关停淘汰印染、电镀小区 5 个，低效企业 404 家，“腾笼换凤”，盘活土地 4 601 亩，腾出挥发性有机物环境容量近 1 000 t，减少煤炭消费总量超 10 万 t，污水减排超 300 万 t/a，有效削减、释放了区域环境容量。

张家港经开区将继续深入贯彻习近平生态文明思想，坚持以生态工业园区建设为抓手，探索生态、生产、生活相融共生的特色发展新路径，建设“基础强、产业优、生态好、民众赞”的现代化生态园区。

牢记"庆元嘱托"　奋力打造美丽中国"最生态窗口"

浙江省丽水市庆元县委书记　蔡　昉

浙江省庆元县地处江浙之巅，总面积 1 898 km^2，是华东地区重要的生态屏障，是百山祖国家公园的核心区。2005 年 4 月 5 日，时任浙江省委书记的习近平同志在生态省建设领导小组会议上寄语庆元，"保护好生态就是最大政绩"。17 年来，庆元始终遵循习近平总书记的殷切嘱托，坚定不移走好"绿水青山就是金山银山"的发展之路，相继创建了国家级生态县、国家重点生态功能区、中国天然氧吧；使庆元县的 GDP 和城镇居民收入年均增长了 10%，农民收入年均增长了 13%。

一、坚持"护绿固本"，变最优生态为最美花园

致力把绿水青山建得更美，像保护眼睛一样保护生态环境。坚决当好生态卫士。持续打好污染防治攻坚战，将每年 4 月 7 日定为"庆元生态日"，连续 17 年开展"植绿护绿，增花添彩"行动，森林覆盖率从 2005 年的 82.4%提高到 2021 年的 86.1%，稳居浙江第一、全国前列。2022 年上半年，庆元环境空气质量、地表水环境质量综合指数均位居浙江第一。全域建设国家公园。高质量完成地役权改革、生态搬迁等硬核任务，国家公园创建工作通过体制试点评估验收。累计建成 2 个国家 4A 级旅游景区、3 个省级美丽城镇样板镇、4 条省级美丽河湖。全县 60%的行政村成为 A 级以上景区村。大力开展生物保护。在浙江率先完成全域生物多样性本底调查，发现百山祖角蟾等全球新物种 3 个、中国新记录种 27 个、浙江新记录种 99 个，物种多样性位居浙江第一。经过不懈努力，全球最濒危的 12 种植物之一、曾经仅存 3 株的国宝百山祖冷杉已成功野外繁殖 4 000 余株。

二、坚持"变绿为宝"，变美丽颜值为经济价值

致力把金山银山做得更大，加快推动生态经济化、经济生态化。以原生态催生"农耕+"。借助独特生态优势，大力发展庆元香菇、甜橘柚、荒野茶等山区特色农业和历史经典产业，全产业链产值达百亿元。黄坛村作为庆元甜橘柚主产区，人均收入和村集体经济收入较种植甜橘柚前分别增长了 17 倍和 720 倍，已连续两年上榜全国特色产业亿元村。以高海拔催生"运动+"。依托 6 万亩海拔 800 m 以上的高山台地资源和 500 多座千米山峰，发展高原运动和户外徒步项目，每年吸引上万人参加廊桥越野赛、冬泳邀请

赛等赛事。建成“浙西南亚高原运动基地”，承办各类专业训练、学生夏令营等，带动周边民宿、餐饮业等从业人员增收致富。以大公园催生“旅游+”。积极释放国家公园溢出效应，催生避暑经济、帐篷经济、房车经济等新业态。2022 年，超 90 万人次到百山祖国家公园宿山巅、观星空、赏日出。近 5 年，全县生态旅游业收入保持了年均 25%的增长。

三、坚持“点绿成金”，变绿色财富为生态共富

致力于让生态红利更好、更充分地惠及人民群众，探索生态共富之路。以林兴农。创新实施“国乡合作”机制，建成造林基地 28.5 万亩，累计为村集体和林农创造价值 8.6 亿元，分红收益 1.6 亿元。开辟林下发展空间，建成 46 个 50 亩以上的连片中药材基地，种植中药材 2 万亩，为示范村集体增加收入 20 多万元。以聚促富。深入实施“小县大城”战略，久久为功推进生态搬迁，引导近 5 万名群众搬迁下山，同步开展腾退空间有效利用和下山农民技能培训，搬迁群众人均年收入超 3.5 万元，高出全县农民人均年收入 1.5 万元。以菇惠民。作为世界人工栽培香菇的发源地，庆元持续举办香菇文化节、国际食用菌大会等活动，建成了全国最大的食用菌交易市场，年交易额近 30 亿元，并推动庆元林-菇共育系统构建，使其被评为全球重要农业文化遗产。目前，“庆元香菇”品牌价值近 50 亿元，8 年蝉联中国食用菌第一品牌，菇农人均年收入达 2.6 万元。

庆元的发展变化印证了“绿水青山就是金山银山”的真理力量和实践伟力。习近平总书记赋予浙江建设“高质量发展建设共同富裕先行示范区”的光荣使命。面向未来，庆元县将以“绿水青山就是金山银山”实践创新基地成功创建为新的起点，着眼人与自然和谐共生的现代化，努力在中国式现代化道路上展现东部沿海山区县的生态共富实践，奋力打造美丽中国“最生态窗口”。

邵武是个好地方　绿色发展高颜值

福建省南平市邵武市委书记　陈显卿

福建是习近平生态文明思想的重要孕育地和践行地，是全国首批国家生态文明试验区之一。邵武市又称铁城，地处福建省西北部、武夷山南麓，土地面积为 2 860 km^2，辖 19 个乡镇（街道），户籍人口 30.4 万人，习近平总书记在福建工作期间，先后 3 次到邵武调研，赞誉“邵武是个好地方”，好在人杰地灵、好在红色基因、好在绿色生态、好在工业强市、好在开放文明。近年来，邵武牢记习近平总书记的殷切嘱托，坚持以习近平新时代中国特色社会主义思想为指导，牢固树立和践行“绿水青山就是金山银山”的理念，坚持走生态“高颜值”、发展“高素质”的道路，一任接着一任干、一年接着一年干，全力推动生态优势、资源优势转化为产业优势、经济优势，先后被评为国家生态文明建设示范市、平安中国建设示范市（县）、全国文明城市提名城市、全国“百佳深呼吸小城”。邵武市的做法可概括为以下三个方面。

一、坚持机制引领，完善“绿水青山”和“金山银山”转化的“邵武机制”

健全目标共进责任共担机制。成立了以市委书记为组长的生态文明建设领导小组、生态环境保护委员会等综合组织架构，构筑了“党委政府推动，人大、政协监督，部门企业担责，乡镇（街道）配合，全民积极参与”的责任体系，党政领导生态环境保护目标责任书综合考核连续 3 年均为优秀等次。

健全、实化项目推进机制。立足武夷山国家公园南大门的定位，主动融入国家生态文明试验区建设，组建“争创国家‘绿水青山就是金山银山’实践创新基地”工作专班，将生态文明建设纳入国民经济和社会发展规划，策划形成 50 项总投资 235.3 亿元的环武夷山发展带储备项目，为推进生态文明建设和生态环境保护工作打牢基础。

健全全民共建共治共享机制。坚持群众主体地位，开展生态文明教育进企业、进农村、进社区、进校园活动，创新“惩治、修复、联防、教育”四位一体生态司法“邵武模式”，探索建立“补种复绿”机制，推动形成“特色在生态、优势在生态、出路在生态”的发展共识，不断提升人民群众生态环境获得感、幸福感、安全感。

二、坚持绿色引领，打造“绿水青山”和“金山银山”转化的“邵武样板”

激活生态产业新引擎。按照习近平总书记加快工业领域低碳工艺革新和数字化转型，大力发展循环经济的指示要求，邵武充分发挥新材料技术含量高、附加值高、污染低、能耗低、绿色低碳等特点，与中国科学院海西研究所、中国兵器工业第二〇四研究所、福州大学签订战略协议，引进三爱富、新宙邦等 5 家全球氟新材料领域前 20 强的企业入园，推动远翔新材料成功在创业板上市，全力打造新材料 500 亿级产业集群。坚持“一乡一业，一村一品”，用好国家农业科技园区、闽台农业融合发展产业园等平台优势，抓好烟叶、种业、中药材、茶叶等特色农业，培育无公害农产品 17 个、绿色食品 19 个、有机食品 16 个，获得地理认证标志 12 个。特色农业成为撬动“绿水青山”转化为“金山银山”的“金杠杆”。

绘就生态宜居新画卷。以创建全国文明城市和持续改善生态环境质量为抓手，扎实打好蓝天、碧水、净土保卫战，推进生态保护修复，系统推进生态景观绿道圈建设，统筹推进美丽城市、美丽城镇、美丽乡村建设，创建“绿盈乡村”112 个，建设公园、绿地 75 个（处），森林覆盖率达 78.95%，让城乡有“颜值”更有“品质”。

锚定生态文化新坐标。持续走好“生态+文化”融合发展之路，推动和平古镇、金坑、云灵山等生态旅游资源和与李纲、张三丰、黄峭等相关优秀文化资源深度融合。特别是 2022 年，抢抓习近平总书记来和平考察 20 周年重大契机，整合串联了 9 个 3A 级以上的旅游景区，打造了“和平灵境”、苏区纪念馆等文旅 IP，策划实施了 12 个总投资 10 亿元的历史文化保护项目，完成了 3 条历史文化街区、12 个传统村落和 74 处历史建筑的挂牌保护，努力推动生态与文化产品的价值转化。

三、坚持示范引领，探索“绿水青山”和“金山银山”转化的“邵武路径”

打造“三产融合”生态农业模式。充分挖掘邵武作为闽北“林海粮仓”优势，逐渐形成以二都林场林下中药种植带动森林康养、大竹镇果蔬直供促进现代农业发展和金坑乡研学教育“红古绿”协调发展的生态农业。

打造“美丽经济”生态旅游模式。立足生态美景和历史文化特色，打造肖家坊森林康养小镇、桂林诗画小镇、水北体育小镇、和平古镇等特色小镇，推动“好风景”走向“好经济”。

打造“绿色本底”生态修复模式。以山水林田湖草沙系统治理与修复为抓手，大力开展富屯溪流域邵武段生物多样性保护，重点推进富屯溪、古山溪“两溪四岸”20 km

滨河景观建设，实现城乡颜值和产业价值双提升。

打造“点绿成金”生态金融模式。探索实施村民入股和合伙经营路径，发放全省首本“林下经营权证”和首笔“林下经营权证”抵押贷款，实现生态增效、资本增值、农民增收。

打造“低碳循环”生态工业模式。聚力绿色发展和“双碳”工作要求，构建以新材料、林产加工、文旅康养为主导的千亿绿色产业新体系，金塘园区先后被评为省级绿色园区、省级循环经济示范园区，实现了“绿水青山”和“金山银山”的高效转化。截至 2022 年，邵武市共有制造业单项冠军企业 5 家，国家级高新技术企业 13 家，省级科技小巨人领军企业 14 家，省级“专精特新”企业 9 家，拥有各类专利技术（发明）2 035 件，居南平 10 县（市、区）首位。1—10 月，27 家战略性新兴产业企业产值同比增长 50.2%，14 家高技术企业产值同比增长 33.8%。

下一步，邵武市将以党的二十大精神为引领，深入学习贯彻习近平生态文明思想，像保护眼睛一样保护自然和生态环境，坚定不移走生产发展、生活富裕、生态良好的文明发展道路，做实做好“邵武是个好地方”这张城市名片，着力打造“绿水青山就是金山银山”的“邵武样板”，为建设美丽中国、实现人与自然和谐共生的现代化作出邵武贡献。

心存敬畏　绿水青山友为邻
绿满汶川　金山银山入画来

四川省阿坝藏族羌族自治州人民政府副州长、汶川县委书记　李建军

汶川是习近平总书记十分牵挂的地方，两次亲临视察、寄予厚望；汶川是全国人民十分关心的地方，各方大爱给予了它无忧新生的希望和力量。如今的汶川，羌山含笑、岷水欢腾、群众无忧。从灾后重建到脱贫攻坚、乡村振兴，再到现代化新征程，汶川始终厚植“绿水青山友为邻”的自然底色，书写“金山银山入画来”的美丽篇章。

近年来，汶川始终坚持以习近平新时代中国特色社会主义思想为指导，时刻牢记习近平总书记“灾区人民更要注重生态与人和谐发展”的殷切嘱托，牢固树立“绿水青山就是金山银山”的理念，踔厉奋发、笃行不怠，入选全国首批生态综合补偿试点县、四川省首批天府旅游名县、四川省首批全域旅游示范区和四川省首批生态县。这些成绩，给了我们极大的信心，也让我们坚信，汶川值得被看见、值得被期待。党的二十大报告指出，“必须牢固树立和践行绿水青山就是金山银山的理念”。我们始终感恩“天不言而四时行，地不语而百物生”的无私馈赠，坚持从植一棵树、护一片林、净一处水做起，坚定不移将“绿水青山就是金山银山”理念学在深处、谋在新处、干在实处，让绿色成为汶川发展最鲜明、最动人的底色。多年来的实践创新，让“绿水青山就是金山银山”理念在汶川结出了硕果、开出了繁花，汶川走出了一条生态美、产业兴、百姓富的和谐共生之路。

这条敢为人先的“绿水青山就是金山银山”实践路，发端于伟大的历史传承。汶川是华夏文明的发祥地之一，是古蜀文明传播的重要节点。4 000 多年前，大禹从这里出发，带领先民疏通江河、兴修沟渠、发展农业，三过家门而不入，建立了拯救苍生的丰功伟绩。2 000 多年前，李冰父子在岷江之畔，“深淘滩，低作堰”，与洪水相抗争，为后世造就了天府之国。进入新时代，汶川大力弘扬大禹公而忘私的“一治岷江”精神、李冰父子锲而不舍的“二治岷江”精神，坚决扛起当代共产党人“三治岷江”的担当，全面推进岷江流域综合整治。汶川用传承的心、感恩的心守护绿水青山、建设美好家园。如今的汶川，受惠于天空的恩荫，感恩于大地的养育，生命郁郁葱葱。

这条万物共生的“绿水青山就是金山银山”发展路，来源于美好的熊猫之约。汶川县始终站在人与自然和谐共生的高度谋划发展，从 1963 年设立国家第一个大熊猫保护

特区、1980 年成立第一个大熊猫保护研究中心、1983 年建立四川省卧龙自然保护区（前为卧龙特别行政区），到 2000 年成立草坡自然保护区，再到 2021 年正式设立大熊猫国家公园，汶川始终秉承“保护大熊猫就是保护人类自己”的理念，走出了一条符合汶川县情、具有汶川特质的生态文明建设之路。目前，全县大熊猫野外种群数量居世界第一位，野生大熊猫数量居全国第二位，大熊猫栖息地面积居全国第三位。如今的汶川，野生大熊猫时常“造访”街头、“做客”农家，诠释了人与自然和谐共生的美好约定。

这条强势崛起的“绿水青山”和“金山银山”转换路，得益于不竭的绿色动能。汶川县完整、准确、全面地贯彻新发展理念，积极探索点绿成金、转绿为金、添绿增金的“绿水青山”和“金山银山”转换路径，以“高颜值”生态推动高质量发展，生态优先、绿色发展之路越走越宽广。威州镇布瓦山因地制宜探索“生态农业+旅游产业”的生态发展之路，实现了既长“叶子”又长“票子”，从过去的沉睡撂荒山蜕变为无忧花果山；水磨镇借灾后重建契机，以壮士断腕决心“腾笼换鸟”，完成从高污染工业区到国家 5A 级旅游景区的华丽转身，被联合国评为“全球灾后重建最佳范例”；映秀镇坚持将生态文明建设作为教育教学之首，用生态文明之光点亮爱国主义教育基地，让“心泊熊猫家园 • 迈向共生成长”成为社会共识、成为自觉行动；岷江流域汶川段河道因灾壅塞，我们痛定思痛，厘清采砂与疏浚的关系，全面优化岷江河道砂石管理，推动“变废为宝、变害为利”，实现了岷江清水向东流。如今的汶川，生态系统生产总值（GEP）达 515.37 亿元，是地区生产总值（GDP）的 8.3 倍，近 5 年 4 次被四川省委、省政府评为重点生态功能区、县域经济发展先进县，“生态梦”“经济梦”和“发展梦”“复兴梦”多梦同圆。

生逢盛世当不负盛世，我们正处在一个十分美好的时代、一个团结奋斗的时代。我们坚信，在以习近平同志为核心的党中央坚强领导下，在习近平生态文明思想的科学指引下，我们必将以前所未有的矫健步伐、前所未有的历史主动、前所未有的时代创造，绘就“青山不墨千秋画，绿水无弦万古琴”的崭新画卷，奋力将汶川建设成为构建人与自然生命共同体的实践创新样板。

生态之光点亮科学之城

广东省深圳市光明区区长 邱浩航

光明区成立于 2018 年 9 月，是深圳最年轻的行政区，承载着建设大湾区综合性国家科学中心先行启动区的重大使命，是一座科学之城、未来之城。同时，光明区山水林田湖草自然生态资源丰富、生态本底优越，也是一个环境优美的生态之城、绿色之城。在深圳市委、市政府的坚强领导下，光明区抢抓深圳“双区”驱动、“双区”叠加、“双改”示范等重大历史机遇，努力建设绿色生态的世界一流科学城和深圳北部中心，先后投入 200 多亿元推动生态文明建设，深入打好污染防治攻坚战。经过几年的努力，在光明区发展质量大幅提升、城区面貌焕然一新的同时，光明区的生态环境改善幅度也位居全市前列，奋力跑出了社会经济与生态环境协同发展的“绿色加速度”。借此机会，笔者将有关做法概括为“建、谋、治、管”四个方面，在下文具体介绍。

一、立足于“建”，建章立制强体系，构建齐抓共管的大环保格局

2021 年 4 月，习近平总书记在中共中央政治局集体学习时指出，要提高生态环境治理体系和治理能力现代化水平，健全党委领导、政府主导、企业主体、社会组织和公众共同参与的环境治理体系。光明区通过建章立制，构筑三大体系，着力打造了责任清晰、齐抓共管的大环保格局。

构建“纵向到底”的组织体系。光明区在深圳市率先成立了区、街道、社区三级生态环境保护委员会，打造调度及时、运转高效的“统—转—督”组织运行体系，推进街道、社区环委会实体化运作。聚焦重点任务，成立了水污染治理、大气污染防治等 20 多个工作专班，采取“表格化、项目化、数字化、责任化”模式推进 189 项生态环境治理任务全部落实。

压实“横向到边”的责任体系。构建了生态环境保护“长制久优”机制，先后出台了 1 个实施意见、1 个责任清单和 5 个配套制度文件，层层厘清党政机关、园区企业等多方职责，将监管责任、主体责任、属地责任有效捏合，推动政府、企业、专业机构、社会组织等多方实现生态环境保护责任全覆盖。

打造“人人共管”的全民行动体系。让环保工作从“一家管”变成“大家事”。实施“百千万”工程，以百余名环保骨干培训千余名园区环保负责人，推动责任主体“会管”。开展美丽光明全民行动，广泛发动环保志愿者、民间河长、“河小二”参与环境保

护，推动社会“愿管”。打造“生态环境大课堂”“环保夜校”“开工第一课”等一批生态环境宣传教育品牌，将环保理念纳入企业制度和村规民约，推动全民“想管”。

二、聚焦于“谋”，谋篇布局提标准，引领辖区绿色低碳发展

光明区始终坚持“科学+生态+产业+城市”的协同发展理念，将生态文明建设、碳达峰碳中和与科学城建设同谋划、同布局，着眼于强化开发建设的源头管控，制定更严格的行业标准，引领辖区绿色发展。

编制高标准的规划。编制全区节能降碳总体实施方案，开发建设生态环境保护体系规划、自然资源保护与利用专项规划，系统构建 11 条通风廊道、23 处生物廊道，明确工业园区环境基础设施功能空间用地保障要求，有序提高生态环境准入标准，从开发建设源头强化生态环境保护。

探索更低碳的路径。推动区域绿色低碳化，制定《光明科学城空间规划纲要》，构建“一心两区、绿环萦绕”总体空间格局，划定的生态控制线面积占比保持在 53%，单位地区生产总值能耗、单位地区生产总值二氧化碳排放分别控制在全国平均水平的 1/3 和 1/5。推动产业绿色低碳化，出台“1+1+5+1”（1 个总领性文件、1 个支撑性文件、5 个专项办法和 1 套建筑设计指南）产业空间政策体系，出台工业园区高质量、高颜值建设指引，实施“绿岛”战略，推动新改扩建工业园区绿化率高于 30%，鼓励支持工业园区“减碳排、增碳汇”。

推行更严格的标准。出台工地扬尘防治“1+6”（1 为《深圳市光明区施工工地扬尘防治长效管理工作方案》，6 为《房屋和市政基础工程扬尘污染防治工作指引》《交通工程扬尘污染防治工作指引》等 6 项相关工作指引）工作指引，率先制定“1+16”涉水面源污染长效治理工作指引、“小废水”企业“六个一”标准化建设指引，在道路建设、园林绿化、城市建筑等 8 个重点领域出台一系列要求更高的“光明标准”。

三、着眼于“治”，治山理水抓攻坚，打赢污染防治“三大战役”

结合实际。光明市紧紧抓住水、大气、固废三大关键要素奋力攻坚，纵深推进辖区生态环境实现质的飞跃。

攻坚治水。以巴掌大的黑臭水体都不能有的决心决战水污染防治攻坚战，以实现黑臭水体治理、面源管控、正本清源等“十个全覆盖”为目标，实行全流域治理、全要素管控，实现清洁雨水进河湖、废水污水进处理厂、面源脏水进调蓄池、尾水资源全利用。贯穿光明全境的深圳第一大河——茅洲河实现了从“墨汁河”向“全国美丽河湖”的跨越，如今已具备承办全市 X9 赛艇联赛的条件。由于铁腕治水，光明区一名水务科长被评为全国“人民满意的公务员”。

精准治气。开展控排、控尘、控车、控油、控不利天气影响“五控”攻坚行动，对辖区1 298家挥发性有机物（VOCs）企业开展分级分类整治，对重点企业开展深度治理；对非道路移动机械实行“身份证”式贴标管理，推行国Ⅲ及以上排放标准；辖区所有街道均布设标准空气监测子站，所有社区周边均布设空气检测微站，实现空气监测全覆盖。空气质量达到10年来最优水平。

统筹治废。在全区土地资源供给紧缺的情况下，加速建设生活垃圾焚烧、餐厨垃圾处置等六大类固体废物处置基础设施，建成泥渣净化厂、高浓度污水净化站并正常运营，“一证式”危险废物转运中心实现投产，辖区企业废水、危险废物处置难的困境得到缓解，“无废城区”基础设施短板被有效补齐。

四、致力于“管”，管服并重求长效，提升生态环境治理现代化水平

光明区加快推动基层环保治理模式由“以罚代管”向“管服并重”转变，使问题发现有精度、整治执法有力度、专业服务有温度。

问题发现有精度。切实汇聚各层级监管力量，依托环保专业网格，整合水务网格以及街道基础网格，全面推行“网格化环境管理模式”。积极探索科学治污新模式，建设智慧环保“天眼”系统，重点企业、重点园区、重点工地基本实现远程监管全覆盖；搭建“探头站岗、鼠标巡逻、系统派单”的生态环境数字化监管平台，实现环境问题“一网统管”。

整治执法有力度。以“拦退引”综合施策的模式整治“散乱污”企业近4 000家，淘汰低端落后企业1 200余家。依托“利剑”系列行动，持续保持对环境污染违法行为“零容忍”的高压态势，达到“打击一处，震慑一片”的警示效果。

专业服务有温度。首创“环保顾问”制度，党员干部联合专家团队组建环保顾问队伍，无偿为企业解决环保难题1.8万余个，荣获2021年“新时代全国机关基层党建新成就百优奖”，比如在疫情期间，环保顾问提前介入指导审批，使某家国家级高新技术生物制品企业提前了两周投产；率先实施覆盖光明科学城全域的区域环评改革，划框子、定标准，可使区域内90%的建设项目豁免环评手续，助力优质项目快速落地。

接下来，光明区将持续深入践行“绿水青山就是金山银山”理念，打造湖光山色入城、蓝绿活力交织的一流生态科学城，为深圳市成为可持续发展先锋和建设美丽中国示范城市贡献力量。

生态优先　留住乡愁　绿色发展引领美丽乡村建设

云南省大理白族自治州大理市湾桥镇中庄村党支部书记　杜彦乐

2015 年 1 月 20 日，习近平总书记来到大理市湾桥镇中庄村的古生自然村并赞美，“这里环境整洁，又保持着古朴形态，这样的庭院比西式洋房好，记得住乡愁”。多年来，我们沿着习近平总书记指引的方向，坚定“守住绿水青山、留住最美乡愁”共识不动摇，以打响“最美乡愁”品牌为抓手，全力推进乡村振兴，中庄村成功发展为洱海之滨让人“记得住乡愁”的美丽乡村典范和生态乡村示范样板。我们主要从以下四个方面开展工作。

一、坚持生态优先，守住一方绿水青山

为了不让中庄村的一滴污水流入洱海，我们坚持把“生态优先、绿色发展”作为核心理念，并将其融入村庄规划建设全过程，全力打造引领绿色发展的高质量生态环境。在各级党委、政府的关心和支持帮助下，我们以洱海环湖截污管网建设为契机，建成环湖截污管网 11 km，完成 32 项基础设施建设，电力、通信、排污“三线”全部入地，全村的厨房、卫生间、圈舍等排放的废水全部接入管网。同时，我们结合洱海保护“三线”划定，“绿线”范围内 53 户农户全部搬迁腾退，拆除临湖建筑面积 6 112.5 m^2，恢复新建湿地 3 000 多 m^2，治理穿村而过的入湖河道和沟渠 3.2 km，昔日中庄村洱海岸边私搭乱建、杂物乱堆、污水乱排的乱象彻底消失，取而代之的是美丽的洱海廊道和亲水岸滩。洱海岸边的古生自然村，每年吸引着全国各地的游客纷纷前往打卡，寻找乡愁。

二、坚持绿色发展，走出富民强村之路

长久以来，中庄村人多地少，主要产业为传统农业，村民主要以种植水稻、烤烟和常规蔬菜为生。绿色发展为中庄村高质量发展带来了历史机遇，注入了强大动力。结合洱海保护治理及流域转型发展，在古生自然村引入中国农业大学、云南农业大学成立了洱海流域农业绿色发展研究院、科技小院。2022 年，由中国工程院院士张福锁领队的科研团队，几乎全年扎根在古生自然村的实验示范区，攻坚洱海流域种植体系绿色不高值、高值不绿色的难题。团队的入驻，不仅为中庄村绿色发展注入了科学理念，而且通过实验示范让村民坚定了绿色发展的信心和决心。古生自然村 400 余户的耕地全部实现集中

流转，1 220 亩绿色生态种植作物通过了中国绿色食品发展中心审核认定，达到绿色食品 A 级标准，成功打造了“古生牌”这一粮油品牌，实现了农业生态产品的大幅增值。

三、坚持活态传承，留住村庄最美乡愁

在中庄村，古院、古物、古树随处可见。我们始终像爱惜生命一样爱惜这些历史文化遗产，按照“保护古建、引导在建、规范未建、改造老建、打击违建”的工作思路，编制完成了村庄白族民居建筑风格整治控制性详细规划，对建于明清时期的福海寺、凤鸣桥、龙王庙、古戏台等文物古迹进行重点保护修复，严格控制新增建筑物的规划布局、建筑风格和建筑高度，全面推进建筑风貌整治，村庄保持了整体青瓦白墙斜屋顶、绘有淡墨画的白族民居风格。我们坚持把保护村庄的自然水系摆在突出位置，大力实施水系连通、河渠清障、清淤疏浚、岸坡整治等综合治理措施，完成 5 条穿村河渠的治理，因地制宜打造溪水景观节点，勾勒了一幅溪水环绕、绿树成荫的美丽图景。同时，我们每年定期举行独具特色的本主节、放生节，保护和传承白族节庆、婚庆等习俗，组建了 5 支洞经古乐队和民族文化展演队，有效地把留住乡愁与村规民约、民风民俗、生态保护、文明建设等结合在一起。

四、坚持党建引领，汇聚保护强大合力

在发展过程中，我们以建设“环洱海党建长廊”为统揽，建立健全“组织为龙头、党员作表率、干群齐参与”的工作机制，构建全覆盖的党建网格责任区，发挥党员在洱海保护、乡村振兴等重点工作中的带头示范作用，打通为民服务的“最后一米”，汇聚了生态环境保护和洱海保护治理的强大合力。在此基础上，中庄村持续深化包括镇、村、组、党员、农户五级的网格化管理责任制，对洱海滩地、河道、村内主干道，实行定人、定时、定点的保洁制度，完善“村收集、镇清运”的垃圾清运机制，实现了村庄垃圾收集的全覆盖和常态化。如今，“美丽村庄是我家、保护建设靠大家”的观念在中庄村深入人心，全体村民自觉参与村容村貌整治和美丽乡村建设，形成了生态保护“人人都是参与者，人人都是受益者”的生动局面。

沿着“绿水青山就是金山银山”理念指引的方向，我的家乡山更绿了，水更清了，街巷更美了，人民群众更幸福了。中庄村将牢记习近平总书记的嘱托，不忘初心，砥砺前行，努力把村庄建设得更美丽、更绿色，让村民在绿色发展中得到更多实惠。

赓续发扬森林卫士精神　贯彻习近平生态文明思想 走内涵式发展路线　当好美丽中国护绿先锋

昆明市森林消防支队副支队长　于　鑫

云南省素有“动植物王国”“天然基因库”“旅游打卡胜地”等美誉。拥有除海洋、沙漠外的所有类型的生态系统，特殊的地理位置、复杂的地质条件、多样的地形地貌、立体的气候类型等自然生态条件使云南成为我国生物多样性最丰富的省份，是全球生物多样性热点地区的核心区域。2021 年 10 月，《生物多样性公约》第十五次缔约方大会（COP15）第一阶段会议在昆明成功举办，习近平主席以视频方式出席会议并发表主旨讲话，会议通过了《昆明宣言》，为全球生物多样性保护注入强劲动力。云南的美，美在大自然的丰厚馈赠，美在人与自然和谐共生的多彩底蕴。昆明市森林消防支队自 1994 年入滇组建以来，一代代指战员与森林为伴、以山河为歌，在坚定的守卫中与这片土地结下了不解之缘。有用双脚巡护山川林海的静谧祥和，也有旷日持久与火魔鏖战的惊心动魄，还有见证人与自然和谐共生的豁然开朗。

2021 年 5 月 27 日，支队接到了一个特殊的任务——派员监测 15 头离家出走的亚洲象。担负监测任务的支队指战员，星夜兼程守护 116 天，先后转场玉溪、昆明、红河、普洱 4 州市 10 县（区），利用无人机空地跟踪 2 390 h，监测象群活动 1 266 km，为全程保护大象北上南归架起了“空中之眼”。监测过程中，任务分队把确保人象平安作为根本使命，把讲好云南生物多样性保护故事、传播生态环境保护知识作为重要任务，克服种种艰难险阻一路护象，先后 25 次与象群近距离接触，最近的一次距离不到 5 m。象群夜间活动频繁，监测队员每天睡眠不足 3 h，象群最远时一晚行进近 10 km，分队一夜无眠，翻山越岭机动超过 50 km 紧盯目标，确保不跟丢象群。实时进行定位，全方位的数据收集和影像采集为国家开展相关研究提供了有力支撑。为了真实立体全面展示中国生物多样性保护的举措和成效，监测分队代表先后参加了央视《焦点访谈》《东方时空》等多个栏目的采访录制，并在 COP15 上接受了现场采访，配合拍摄制作《与象同行》《一路象北》《同象行》《寻象记》《迁徙之旅》《北游记》《象前脉动》7 部共 22 集纪录片，在国内外引起了强烈反响。据不完全统计，超过 1 500 家国内媒体对云南亚洲象北移进行了报道。在微博、抖音、今日头条等社交信息聚合平台，该话题累计点击量超过 110 亿次。对中国亚洲象群北移进行报道的海外媒体超过 1 500 家，相关报道超过 3 000 余篇，覆盖全球180多个国家和地区。可以说，亚洲象北上南归的旅程，向全世界讲述了人与自然和谐共生的中国故事，讲好了人象和谐的中国生态环境保护的故事。在COP15大会上，习近平主席向全世界提及了云南亚洲象北上南归之旅，指出这是中国保护野生动物的成果。

支队全体指战员秉承“扎根林海心向党、忠诚使命为人民”的森林卫士精神，积极主动扛起筑牢西南生态安全屏障的责任担当。近年来，先后完成151起防火执勤、48起森林火灾扑救，是森林消防队伍出动最频繁、任务最繁重的支队之一。2020年昆明安宁“5•9”火场，支队鏖战6天5夜；2021年跨区增援丽江石头乡“4•23”灭火作战，历时9天8夜；2022年8月跨区增援重庆山火扑救任务，紧急驰援上千千米，在超过45℃的极限高温环境下持续奋战5天4夜，在缙云山核心区“以火攻火”取得一锤定音的效果；10月又星夜驰援广西桂林阻击山火，连续转战3个火场，历时11天10夜。一处处肆虐的山火得以平息，一场场战斗让人刻骨铭心。丽江老君山国家公园、重庆缙云山国家级自然保护区的巍巍林海得以保全，桂林天然形成的美丽山水不再受火魔摧残，支队全体指战员用坚定信念与无情火魔殊死搏斗，在血与火的考验中彰显了绿色卫士风采，在生与死的洗礼中践行了习近平总书记“对党忠诚、纪律严明、赴汤蹈火、竭诚为民”的授旗训词精神。

支队坚持引导指战员牢固树立“绿水青山就是金山银山”“像保护眼睛一样保护生态环境，像对待生命一样对待生态环境”的价值观。3年来，开展10余批次大规模防火专项行动，普及森林防火常识、宣传生态环境保护知识，受教育群众达100余万人次。在COP15第一阶段会议期间，开展“喜迎COP15　守护吉‘象’家园”森林防火主题宣传周活动，举办大型防火科普图片展和森林防火宣传主题摄影展，取得了较好的社会反响。同时，大力弘扬杨善洲精神、塞罕坝精神，积极开展“植绿护绿、关爱自然”义务植树宣传活动，义务植树16次，栽种树苗1万余株。先后参加清理入滇河道淤泥、螳螂川河道环境治理等行动25次，为守护七彩云南的蓝天白云、绿水青山、良田沃土贡献了积极力量。

“乘风破浪潮头立，扬帆起航正当时。”森林消防队伍在推进中国特色生态文明建设的过程中不断发展壮大，昆明市森林消防支队将持续学习贯彻好习近平总书记关于生态文明建设的重要指示精神。党的二十大报告中提出了推动绿色发展，促进人与自然和谐共生的要求，支队始终同广大人民群众一道为推进美丽中国建设踔厉奋发、勇毅前行，以实际行动当好人民的“守夜人”，用忠诚奉献守卫好祖国的绿水青山。

三、“绿水青山”与“金山银山”双向转化路径与实现机制论坛

长寿之乡 康养胜地 铜鼓县践行“绿水青山就是金山银山”理念 走稳绿色发展之路

江西省宜春市铜鼓县委副书记、县长 熊小亮

铜鼓位于江西省西部、湘赣边界，地处南昌、长沙、武汉三个省会城市的中心位置。因城东有一块巨石，颜色如铜，形状似鼓，击之有声，故名铜鼓。铜鼓是一座养身之城。全县土地面积 1 552 km^2，总人口 14 万人，这里群山环绕、绿水长流，空气负氧离子多达 7 万个/cm^3，在铜鼓，人们每天都生活在“天然氧吧”里。铜鼓拥有 1 个全国第二：全县森林覆盖率高达 88.04%，位居全国 3 000 多个县（区）第二、江西省第一；2 个全省第一：除了刚才介绍的森林覆盖率，铜鼓的地表水水质综合指数连续 4 年位列全省第一；3 个“中国之乡”：中国长寿之乡（全县人均预期寿命高出全国平均水平 2 岁）、中国南方红豆杉之乡（县内拥有 100 万株野生红豆杉）和中国黄精之乡（黄精产业正由第一产业种植向第二产业精深加工和第三产业康养观光延伸）；4 张国家级生态名片：国家生态县、国家重点生态功能区、国家生态文明建设示范县、“绿水青山就是金山银山”实践创新基地。铜鼓是一座养心之城。铜鼓是赣西唯一的客家县，全县 80%的居民是客家人。热情好客的客家人、朴素生动的客家山歌、干净整洁的客家民居、风味独特的客家美食在铜鼓随处可见。1927 年，毛泽东同志莅临铜鼓，领导指挥了著名的秋收起义，并留下了“一脚踏两省，四圆定乾坤”的传奇经历；彭德怀、滕代远等老一辈无产阶级革命家，在铜鼓创建了湘鄂赣革命根据地。革命年代，全县有名有姓的烈士近 2 万人，这些烈士为中国革命作出了巨大贡献。浓郁的客家文化、厚重的红色文化，时时滋养着这一方山水和人民。铜鼓是一座“养眼”之城。“铜鼓不大，风景如画；人口不多，美女帅哥；历史不长，声名远扬”，一位到过铜鼓的朋友，曾用这三句话表达感受。全县有国家 4A 级景区 3 处，省级旅游度假区 1 处，国家森林公园 1 个，自然保护区 1 个。春，可踏青赏花；夏，可漂流避暑；秋，可摘果登山；冬，可泡泉滑雪，一到铜鼓就犹如置身于一幅“水在城中、城在山中、人在景中”的山水画卷之中。

历届铜鼓县委、县政府高度重视生态环境保护，始终保持“生态立县”的战略定力，坚持一任接着一任干，一张蓝图干到底，特别是近年来，铜鼓县以习近平生态文明思想为指导，深入贯彻落实新发展理念，探索出了一条革命山区县践行“绿水青山就是金山

银山”理念的发展新路子，成功创建“绿水青山就是金山银山”实践创新基地。深入打好蓝天、碧水、净土提升攻坚战，持续巩固、提升环境质量，城乡人居环境质量居全省前列；在江西省第一批开展 GEP 核算试点，给绿水青山贴上“资产标签”；率先探索森林碳汇交易，即将发放到江西省的第一笔碳汇贷款金额为 1 000 万元；“靠山吃山唱山歌”，大力发展以黄精、菌菇为代表的林下经济，带动群众致富；积极探索“以竹代塑”的产业道路，在全国首创竹键盘、竹鼠标等产品，畅销欧美地区，实现了“一根竹子价值翻了几十倍”的裂变奇迹。

绿水青山是大自然和先辈们馈赠给铜鼓最珍贵的礼物、最宝贵的资源。铜鼓县将坚决贯彻落实好习近平生态文明思想，保护好、利用好、发展好这一方青山绿水，持续探索“绿水青山”和“金山银山”转化的新路径，努力打造美丽中国“铜鼓样板”。冬天的铜鼓是最宜人的，借此机会，诚挚地邀请大家来“长寿铜鼓，康养胜地”做客。白天在“南方雪村”七星岭滑雪，晚上在“世外桃源”汤里享受温泉。

依托生态文明示范创建　打造美丽中国“江西样板”

江西省生态环境厅一级巡视员　石　晶

2016年以来，习近平总书记两次踏上赣鄱大地，充分肯定了江西省良好的生态环境，对江西生态文明建设寄予厚望。习近平总书记强调，绿色生态是江西最大财富、最大优势、最大品牌，提出了“作示范、勇争先”的目标定位和打造美丽中国“江西样板”的更高要求。江西省委、省政府始终牢记习近平总书记的殷殷嘱托，坚定走生态优先、绿色发展之路，着力打好自然生态保护攻坚战，不断深化生态示范创建工作。在生态环境部的精心指导下，江西省已创建国家生态文明建设示范区 24 个、“绿水青山就是金山银山”实践创新基地 8 个；还创建了 6 批 41 个省级生态县（市、区），5 批 36 个“绿水青山就是金山银山”省级实践创新基地，15 批 927 个省级生态乡镇，进一步擦亮了绿色品牌，厚植了生态底色。

一、咬定“作示范、勇争先”的目标定位，以高规格协调机制促责任落实

一是领导高度重视添动力。江西省委、省政府高度重视生态示范创建工作，省委书记易炼红专门作出“要扛起责任，履行使命，作出贡献”的批示；省长叶建春和副省长陈小平等省领导多次作出指示批示，明确要求要继续奋勇当先、努力进位赶超。2022年，省政府工作报告中提出了包含开展生态文明示范创建专项行动在内的新八大标志性战役 30 项专项行动，切实将其作为践行“绿水青山就是金山银山”理念、打造美丽中国“江西样板”的有力举措，高位推动生态示范创建工作。

二是高位部署调度强推进。按照江西省委、省政府提出的“政治引领、创新驱动、改革攻坚、开放提升、绿色崛起、兴赣富民”的 24 字工作方针，江西省生态环境厅全力推进生态示范创建工作。2021 年 12 月，全省生态文明示范创建现场会召开，6 个生态示范创建典型介绍了经验，同时组织与会者现场观摩已获命名地区的创建成效。积极争取财政专项资金支持，2021 年江西省对成功获评国家级生态创建荣誉的市（县），共拨付了 1 240 万元奖补资金。

三是各方齐抓共管聚合力。通过督促指导，各地形成了由申报地方党委、政府主要领导亲自调度，分管领导靠前指挥，各部门、各乡镇共同参与的工作机制。在地方党委领导下，各地将生态示范创建工作任务层层分解，责任落实到人，通过凝聚各方力量、

增强整体合力，构建了任务明晰、责任明确、上下联动、齐抓共管的创建格局。

二、健全“管根本、谋长远”制度体系，以高标准建设管理促规范运行

一是构建自下而上的“促选优”体系。加强顶层设计，构建省、市、县三级创建工作体系，系统推进创建工作。坚持自下而上、层层遴选、逐级审核、择优推荐，打造国家级创建“样板工程”。持续开展省级生态市县、省级“绿水青山就是金山银山”基地、省级生态乡镇创建，抓牢省级“精品工程”创建工作。积极指导各设区市立足实际，主动作为，不断夯实创建基础，抓好市级创建“细胞工程”。

二是制定横向互连“促引领”的规划。将生态文明建设规划作为推动各地统筹谋划创建工作的先决条件，要求创建地区对标中央和省委新部署、新要求和创建指标体系，同时结合当地经济社会发展规划及其他相关规划纲要，科学编制生态示范创建规划，发挥规划引领作用，确保各项指标落地落实。

三是完善部门共建，规范相关制度。自 2008 年江西省启动省级生态县（市、区）创建以来，坚持与时俱进、开拓创新，不断规范程序要求，健全指标体系。会同发改、住建、林业等部门，先后修订了省级生态示范创建标准和技术指南，出台了省级生态市县管理规程、建设指标和规划编制指南等制度文件。在生态环境部开展首批“绿水青山就是金山银山”实践创新基地建设后，翌年江西省生态环境厅会同文旅部门率先在全省开展省级“绿水青山就是金山银山”实践创新基地创建，制定了建设管理规程、“绿水青山就是金山银山”评估指标体系和建设实施方案编制大纲，推动形成了一批具有示范推广价值的实践模式，打造了一批“绿水青山”和“金山银山”转化的典型样板。

三、把握“重统筹、盯关键”原则要求，发挥高水平典型样板示范引领作用

一是坚持聚焦“三个重点”。关注重点区域，指导自然生态好、资源禀赋优，以及在践行“绿水青山就是金山银山”理念、坚持绿色发展方面成效明显的地区，推动其继续走前列、做表率。紧盯重点指标，尤其是约束性指标，确保其达到目标要求，同时关注地级市碳排放强度指标和国家标准修订后的新增指标达标情况。抓住重点环节，从严落实规划评审、指标测评、现场核查等制度，确保创建工作环环相扣、关关相连、有序推进。

二是严格把住“三个关口”。严把技术关，坚持“好中选优”原则，完善生态示范专家库创建工作，邀请省内生态领域权威专家指导，层层把住技术准入关口。严把审核关，以规范化、制度化为抓手，严格按照申报管理规定、建设指标以及工作程序，对生

态示范创建的每个节点进行严格审核，确保流程规范。严把监管关，强化动态管理，制定印发省级示范创建复核评估工作规范和技术导则，对现有已获命名地区开展抽查、检查，组织“回头看”复核，实行红黄牌警示制度，以强有力监管杜绝重创建、轻管理现象。

三是正确处理“三对关系”。处理好发展与保护的关系。以创建为契机，各地以高水平保护促进高质量绿色发展的意识越来越强，坚持在保护中发展、在发展中保护，推动生产生活生态协调发展，实现经济发展与生态保护“双赢”。处理好存量和增量的关系。以创建为抓手，精心呵护现有的生态存量，多措并举加强生态修复工作，积极推进矿山绿化、十年禁渔、退耕还林等保护与修复工程，全力扩大生态“增量”，不断拓展全省“生态容量”，更好地增进百姓福祉。处理好生态与产业的关系。以创建为平台，持续打通“绿水青山”和“金山银山”双向转换通道，坚持“生态优势+产业发展”的发展模式，加快推动产业生态化、生态产业化，激活生态价值转换新动能，推动一、二、三产业融合发展。

四、强化“惠民生、助发展”效果导向，以高质量创建促统筹

一是与污染防治攻坚战相结合。在创建过程中统筹打好污染防治攻坚战相关工作，以更高标准打好蓝天、碧水、净土保卫战，扎实推进中央和省级生态环境保护督察反馈问题整改，不断提升生态环境质量。2021 年，江西省空气、水环境质量均创历史最高水平。国家级和省级“绿水青山就是金山银山”实践创新基地、生态文明建设示范区的环境质量大多位居全省前列，生态环境状况指数均达到优良以上。

二是与改善城乡人居环境相结合。各创建地区通过生态示范创建，城乡人居环境得到全面提升。特别是通过生态乡镇创建，推动了乡镇（村）面貌改善提升工程的实施，推进了乡镇及村庄污水、垃圾处理设施建设，农村人居环境大为改观。将省级生态乡镇比例达到 60%作为省级生态县（市、区）创建的基本条件，进一步夯实了细胞工程基础。

三是与生态产品价值实现机制相结合。在全国率先出台《关于建立健全生态产品价值实现机制的实施方案》，争做生态产品价值实现的排头兵，全力推动江西省高质量跨越式发展。国家级“绿水青山就是金山银山”实践创新基地、生态文明建设示范区资溪县以生态示范创建为抓手，在全国第一批建立生态产品价值实现机制，积极探索价值核算、生态贷、林业碳汇等的实现路径。抚州市在总结资溪县经验的基础上，也成为全国生态产品价值实现机制试点市。

五、推广“可复制、可借鉴”经验模式，以高密度宣传教育促全民参与

一是充分挖掘特色，扩大宣传的“亮”度。指导各地积极探索符合自身实际的有效模式，凝练富有特色的典型做法。例如，靖安县的一产利用生态、二产服从生态、三产保护生态，婺源县的全域旅游，井冈山市的挖掘生态“好钱景”，崇义县的生态三产融合发展，浮梁县“生态+”模式，资溪县的打通“绿水青山”和“金山银山”转化新通道，武宁县的“山更青、权更活、民更富”的林业与产业发展相融合的绿色发展之路，铜鼓县的“红色传承、绿色发展、红绿融合”发展模式等，均在全省乃至全国有一定影响力，且大部分县（市、区）在全国生态文明论坛上介绍过经验做法。

二是利用各种媒介，扩大宣传的广度。在省内外主流媒体、“双微一端”等新媒体平台，对获得国家级荣誉的样板工程的经验模式进行全方位、多层次宣传报道，不断提升示范创建的品牌价值。在江西省第十五次党代会召开期间，《江西日报》整版集中刊登 6 个国家级“绿水青山就是金山银山”实践创新基地创建经验；全省融媒体中心全网推送《“两山”理念在江西的生动实践》，等等，充分展示了全省各地生态示范创建成果。

三是借助各项活动，扩大宣传的力度。积极利用六五环境日、“5·22”国际生物多样性日等重要时机，开展形式多样、内容丰富的宣传活动，挖掘推荐多名生态环境保护相关人员参评“江西最美环保人”并最终获得该称号，持续发出生态环境保护江西好声音，讲述生态环境保护江西好故事，向全省乃至全国展示生态文明示范创建的典型案例。

“人不负青山，青山定不负人。”下一步，江西省将深入贯彻习近平生态文明思想，积极践行“绿水青山就是金山银山”理念，广泛学习借鉴兄弟省份好经验、好做法，按照生态环境部的部署和要求，高质量推进江西省生态示范创建工作，高标准打造美丽中国“江西样板”！

贯彻落实习近平生态文明思想　促进“绿水青山”更好转化为“金山银山”

生态环境部自然生态保护司副司长　蔡　蕾

“绿水青山就是金山银山”是习近平生态文明思想中的核心重要内容。习近平总书记指出：“绿水青山和金山银山的关系，是实现可持续发展的内在要求，也是我们推进现代化建设的重大原则。”我们要不断学习和深刻理解“绿水青山就是金山银山”理念的意义及价值，准确把握“绿水青山就是金山银山”理念的内涵，把“绿水青山就是金山银山”理念当作正确处理经济发展和生态环境保护关系、增进民生福祉、实现美丽中国建设目标的根本遵循。

党的十八大以来，在以习近平同志为核心的党中央坚强领导下，全国各地积极践行“绿水青山就是金山银山”理念，夯实绿色发展底色、提升绿色发展成色，美丽中国建设步伐坚定，人民群众获得感、幸福感显著提升。

“绿水青山就是金山银山”实践创新基地是践行“绿水青山就是金山银山”理念的实践平台，旨在创新探索“绿水青山”与“金山银山”转化的制度实践和行动实践，总结推广典型经验模式。“绿水青山就是金山银山”实践创新基地建设的重点在“点”，以乡镇、村或小流域、小功能区为“点”，这些“点”是生态文明示范建设体系中最具多样性和创造力的“细胞”。

自 2017 年以来，生态环境部命名了六批共 187 个“绿水青山就是金山银山”实践创新基地，为全国生态文明建设提供了更加形式多样、更加鲜活生动、更具针对性、更有价值的参考借鉴。

“绿水青山”与“金山银山”双向转化路径与实现机制论坛上，就有许多来自“绿水青山就是金山银山”实践创新基地的代表，他们来自不同区域不同省份，在资源禀赋、发展阶段、区位条件、功能定位等方面各不相同。各地在全面贯彻落实习近平生态文明思想和中央部署的前提下，勇于探索、敢于创新，充分结合自身优势，因地制宜进行探索，将生态优势转化为经济优势，将生态资本变现为“金山银山”，探索形成了一批适合当地条件的“绿水青山”和“金山银山”转化模式。

一是“守绿换金”模式。这类地区往往是生态功能十分重要、人为干扰程度低、植被覆盖度高的生态安全屏障地区，以守护“绿水青山”为核心定位。一方面，这类地区依托重要的生态功能，通过建立健全重点生态功能区转移支付、横向生态补偿机制等，将不动的“绿水青山”换成“金山银山”，从而增加了地方财政收入；另一方面，这类地区依托退耕还林还草、退牧还草、天然林保护等国家重大生态建设工程，设立生态管护员工作岗位，通过开展森林、草原、湿地、沙化土地管护挣“生态钱”，实现生态惠民、生态富民。

二是“添绿增金”模式。这类地区生态环境本底较差或生态环境脆弱，以改善生态环境质量、提升生态资产、增值生态资本为主要任务和举措，通过坚持不懈地开展复绿、增绿等生态环境保护与建设工作，久久为功，将沙漠变绿洲、荒漠变林海，不断夯实绿色可持续发展的生态根基，筑牢经济社会发展的生态基础，推动生态资产、绿色资本不断增值、累积和变现，将自然财富、生态财富转变为社会财富、经济财富，实现了生态文明与脱贫攻坚、乡村振兴的协同发展。

三是“点绿成金”模式。这类地区生态环境本底好、特色产业比较发达，以发展“生态+”产业、推动新业态融合和打造生态品牌为主要抓手，通过发展绿色有机、生态循环的农业，延伸上下游产业链，提升产业绿色化水平，实现大生态与大数据、大健康、大旅游等协同发展，将生态优势直接转化为高质量发展优势。

四是“借绿生金”模式。这类地区生态环境优良、资源丰富、区域生态文明体制改革创新能力较强，以建立绿色资本市场、发展绿色金融为主要路径和突破口。一方面通过搭建生态产品及其价值交易的市场平台，盘活生态资源，实现生态产品的市场化运作和交易；另一方面探索绿色价值的金融化、资本化手段，将生态资源股权化、证券化、债券化、基金化，打通了“绿水青山”和“金山银山”的双向转化通道，实现了生态效益与经济效益互促共赢。

生态环境导向的开发模式创新与实践

生态环境部科技与财务司副司长　逯元堂

为深入贯彻落实党中央、国务院关于全面加强生态环境保护、深入打好污染防治攻坚战的决策部署，推进生态环境治理体系和治理能力现代化，创新环境治理模式，提升环保产业可持续发展能力，2020 年 9 月，生态环境部、国家发展和改革委员会、国家开发银行联合印发《关于推荐生态环境导向的开发模式试点项目的通知》，开启了生态环境导向的开发（ecology-oriented development，EOD）模式试点工作。截至目前，征集批准了两批共 94 个试点。自试点工作开展以来，各地积极响应，部分项目取得了较好的效果，部分地区也摸索出了一些经验。

一、什么是 EOD 模式

EOD 是以生态文明建设为引领，以可持续发展为目标，以生态保护和环境治理为基础，以特色产业运营为支撑，以区域综合开发为载体，采取产业链延伸、联合经营、组合开发等方式，推动公益性较强、收益性差的生态环境治理项目与收益较好的关联产业有效融合，统筹推进，一体化实施，将生态环境治理带来的经济价值内部化的创新性项目组织实施方式。

EOD 模式是实现保护与发展融合共生的创新实践。EOD 模式并没有改变现有的项目组织实施管理体系，而是通过统筹生态环境治理与产业发展、区域开发与持续运营、投融资与项目实施等，在项目组织实施模式上进行探索和创新，以生态环境治理提升产业开发价值，以产业收益反哺生态环境治理，找到保护与开发间的平衡点。

EOD 模式是生态产品价值实现的有效路径。通过实施生态环境治理项目改善生态环境质量，提升发展品质，推动生态优势转化为产业发展优势，实现产业的增值溢价。

EOD 模式是加强生态环境治理投融资的有效机制。推动生态环境治理由公益性项目转变为具有开发价值的经营性项目，为社会资本和金融机构参与生态环境治理创造条件，达到加强生态环境治理投入和多元参与的目的。

总体来说，EOD 模式是"绿水青山"和"金山银山"转化在项目运作层面的具体应用，是推动实现生态环境资源化、产业经济绿色化，促进生态环境高水平保护和区域经济高质量发展的重要措施。

二、为什么要推广 EOD 模式

当前，生态环境治理重大项目的实施面临两个方面的主要问题。

一方面，随着污染防治攻坚战持续深入，对生态环境治理的资金需求越来越大，但缺乏资金来源和渠道，总体投入不足。

生态环境治理项目大多具有较强的公益性特征，像污水、垃圾、危险废物处置等具有收费机制的项目非常少，绝大部分项目还是以政府投资为主，主要依靠中央转移支付或地方财政投入。当前，在各级财政支出压力比较大的情况下，仅依靠政府显然是难以持续的。

另外，公益性生态环境治理项目缺乏有效的融资渠道。近年来，金融资金逐步收紧，PPP 模式、专项债这些原有渠道的使用范围已经非常窄了，纯公益性的、以政府付费为主的 PPP 项目已经很难入库。

很多公益性项目，比如饮用水水源地保护、水体治理等，迫切需要实施，也迫切需要找到一些新的投融资渠道，为公益性生态环境治理项目提供资金保障。

另一方面，生态环境治理的外部经济性非常强，治理效益却难以内部化，生态环境治理与关联产业发展割裂，环境效益难以转化为经济收益。

例如，河道水质改善后，周边环境质量提升，会对商业开发、生态旅游、生态农业等有明显的价值释放和提升作用。这个价值增量就是生态环境治理的外部经济性。亟须找到一种把生态环境治理效益和生态产品价值内部化的方式。

EOD 模式就是把生态环境治理和与之关联的产业深度融合，让市场化主体把这些产业未来的收益提前投入到生态环境治理中，然后通过后期的产业价值增值，把治理成本收回来。

基于以上问题，在设计 EOD 模式时遵循这样的底层逻辑：以降低公益性生态环境治理财政投入为目标，以生态环境治理给关联产业带来的外部经济性（增值收益）内部化为途径，以产业开发反哺生态环境治理为主线，以产业融合发展提升反哺动力，以一体化实施保障反哺实现。

三、EOD 模式的四个关键点

第一个关键点是深度融合。生态环境治理与关联产业开发项目要有效深度融合，相互促进、相互增值。只有这样，在前期开发项目还没有收益时，市场主体才有动力，愿意投入资金进行生态环境治理，产业开发获得收益后，也有动力继续投入推进项目的运营维护。深度融合是 EOD 项目中非常关键的点，如果前期没有设计好，整个 EOD 项目可能会半途而废。

第二个关键点是在项目层面实现产业开发对生态环境治理投入的增值反哺。某些地方政府在EOD项目谋划过程中提出，项目完成以后会改善周边生态环境，会引来更多的产业落地，会增加地方政府的税收，地方政府再拿这个钱来反哺项目。这样的大循环不是EOD模式所倡导的。EOD模式倡导的是，在整个项目层面，边界范围要清晰，成本收益也要非常明确，在项目边界范围内力争实现整体收益与成本平衡，减少政府资金投入。

第三个关键点是生态环境治理与关联产业开发项目以一体化方式实施。生态环境治理和产业开发在项目中是一个整体，生态环境治理作为整个项目的投入要素与产业开发一体化推进。一个主体实施，为了实现总体收益与成本平衡，保障反哺实现，整个项目必须由一个市场主体来统筹实施。建设、运营一体化实施，生态环境治理的涉及建设和后续运营，以及产业开发涉及的建设和运营，要在整个项目周期里融合设计、一体化实施。

第四个关键点是EOD项目一定是以“E”为基础，解决突出生态环境问题。首先，在项目谋划阶段，要识别实施紧迫性强、生态环境效益高的生态环境治理及其关联产业开发项目；其次，整个项目实施之后，应能够确保生态环境质量的改善和持续向好。

四、EOD模式需要关注的几个问题

基于现阶段EOD模式的试点工作，EOD项目在实施过程中需要关注几个问题。

第一，因地制宜，探索差异化路径。每个地方的情况不同，EOD项目的实施内容和组合方式也是千差万别的。例如，环境治理有的是河道治理，有的是水环境质量良好水体保护；关联的产业有的是生态旅游，有的是生态农业。所以不能生搬硬套，需要因地制宜，挖掘特色产业，探索差异化路径。

由此衍生出一个问题，因为EOD项目的差异化和多样性，涉及的职能部门也不同，有可能是住房和城乡建设、水利、生态环境等部门，也有可能是林业和草原、自然资源、农业农村等部门，所以EOD项目必须由市（县、区）人民政府或园区管委会来牵头和统筹，鼓励地方政府或园区管委会与试点依托的项目承担单位联合申报与实施。

第二，守正创新，守住红线底线。EOD模式是一种在守正基础上的创新。EOD模式的创新体现在项目组织实施方式上，并没有改变目前的投资和项目管理政策。不能以EOD的名义去突破现有的政策约束，尤其在红线管控、自然资源管理、土地政策等方面。

EOD模式试点的意义在于，以一种新的项目组织实施方式，探索环境治理与产业开发的融合创新、实施路径创新、投融资模式创新。通过试点工作总结经验，再把这些经验复制推广到其他项目中。

第三，明确模式适用范围，不泛化、不异化。在试点申报过程中发现，有些地方因为有治理或开发的需求，就“包装”EOD项目，“包装”的过程中无限泛化项目收益，这很可能造成整个项目后续难以实施。EOD模式只是在特定条件下适用的一种模式，不能把它泛化异化到所有项目中。

EOD 模式有它的适用范围。在治理项目选择过程中，要选择紧迫性强的、生态环境效益高的项目；在关联产业选择过程中，要选择契合当地经济社会发展实际、生态环境关联度高、获利能力强的项目；治理需求与关联产业之间要有深度融合的可能，努力达到成本收益平衡。

着力打造小而美的 EOD 项目。大片区开发项目的落地和实施很困难，边界和收益不清晰，所需要素难以保障，项目综合成本与总体收益的整体账也很难测算。同时，EOD 项目也有项目规模要与市场主体资信评级、地方财政能力相宜的融资要求。

第四，加强项目谋划，重“谋”不重“编”。EOD 项目最关键的还是谋划，如果没有做好前期项目谋划，方案靠编，靠硬捆、拼凑，是很难获得融资的，将来也实施不好。

EOD 项目的实施是一个复杂而严谨的过程，需要做好以下几个方面的工作：①统筹谋划，项目搭配必须合理，这是基础，也是关键。②系统安排，项目各要素都要得到保障。③综合测算，明确成本收益，评估能否收支平衡。④优化调整，在成本收益不能平衡的情况下，适当优化调整项目边界范围。⑤依法依规立项和实施，明确对治理成效的要求，建立健全评价考核机制，加强对项目实施过程的监管。

五、EOD 模式试点工作进展和下一步工作安排

试点工作进展。自 EOD 模式试点工作开展以来，生态环境部会同国家发展和改革委员会、国家开发银行开展了两批共 94 个试点。按照生态环保金融支持项目储备库入库管理的要求，截至目前，生态环境部已经向金融机构推送了两批共 118 个 EOD 项目入库，包括前期支持的 94 个试点和后来各地申报上来的 24 个项目，投资总额 6 721.2 亿元，融资需求 4 520.4 亿元。随着入库工作的持续推进，入库项目数量也会持续增加。截至 2022 年 9 月，已获得金融机构授信额度 1 329.9 亿元，发放贷款 302.4 亿元。

除此之外，很多省份也开始积极开展省级 EOD 试点工作，包括江苏、山东、安徽、福建等省都建立了省级 EOD 项目库。在前期两批试点项目中，有部分项目，如重庆广阳岛、山东日照水库、内蒙古库布齐沙漠等，取得了比较好的效果。下一步将加强经验总结，筛选典型案例。

下一步工作安排：①加强调研指导，扎实推进 EOD 项目落地见效。对目前入库的 118 个 EOD 项目逐步开展现场指导工作。②引导金融机构，加大多元资金精准支持力度。依托金融项目储备库，与国家开发银行、中国农业发展银行、中国银行等 10 家金融机构建立合作机制，加强金融资金精准支持。③总结经验，加快形成 EOD 模式示范案例，加强对案例的宣传和推广。④完善 EOD 相关政策体系，规范 EOD 项目的实施管理。

持续探索"绿水青山"和"金山银山"转化新路径 努力打造美丽中国"铜鼓样板"

中共铜鼓县委副书记　巫晓怡

铜鼓地处修河源头，是国家级生态县、国家重点生态功能区、国家生态文明建设示范县和全省首个中国长寿之乡、中国南方红豆杉之乡、中国黄精之乡。党的十八大以来，铜鼓县深入贯彻落实习近平生态文明思想，始终坚持"生态立县"发展战略，以实际行动践行"绿水青山就是金山银山"理念，稳妥有序推进碳达峰碳中和，加快畅通"绿水青山"和"金山银山"间的双向转化通道，立足生态优势、发展生态经济，走出了一条生态美、产业兴、百姓富的绿色发展新路子。

一、走稳生态路，以系统思维抓保护

我们始终保持"生态立县"的战略定力，统筹推进山水林田湖草沙综合治理。县财政每年配套生态补偿资金 1 200 万元，推进全域封山育林，封山育林面积达 172 万亩，占全县总面积的 85%。深入开展农村生活垃圾专项治理，农村清洁工程实现全覆盖，乡村垃圾收集率、处理率都超过了 95%。深入开展污染防治八大标志性战役和 30 个专项行动，对全县范围内所有污染源实行全天候监测，从严从重打击破坏生态环境的违法行为。制定并严格执行国家重点生态功能区产业准入负面清单，先后否决了大唐发电、正邦饲料等投资亿元以上项目，累计拒绝外来投资达 30 多亿元。目前，铜鼓县已初步构建了"从城区到农村、从山上到水中、从空中到土里"的立体化环境管控体系，空气和水质综合评价始终保持在全省前列、全市第一。

二、吃定生态饭，以生态理念促转化

铜鼓县充分发挥良好生态资源优势，与国务院发展研究中心开展合作，把铜鼓作为国家级生态文明建设调研点，为铜鼓"绿水青山"和"金山银山"间的转化精准把脉、全程指导。一是做大"林文章"，让林农不砍树也能致富。大力发展林下经济，通过"林下+食用菌""林下+中药材""林下+养蜂""林下+康养"等多种模式，带动农民持续增收，助力乡村产业振兴。目前，全县林下经济种植利用林地面积已达 10 万余亩，发展了品种 20 余个，林下经济总产值达 15.6 亿元。二是做强"碳文章"，让"好空气"也能卖钱。与上海交典环保科技有限公司签订林业碳汇资源开发项目，在全省率先落实碳汇开发，把空气变成可交易、可收储、可贷款的“真金白银”。目前，该项目正在与省农发行对接，争取发放全省第一笔碳汇贷款1 000万元。三是做活新能源文章，让“资源”变“银圆”。充分利用风、光、水等生态资源禀赋，大力发展新能源项目，全力引进光伏、风电、林光互补项目。目前已与中水北方勘测设计有限责任公司、中车株洲电力机车研究所有限公司、龙源风力发电有限公司、淮安嘉洲能源等公司签订了抽水蓄能、风电、光伏、共享储能等一批新能源项目。

三、巧打生态牌，以资源禀赋创特色

一是打造中国长寿之乡品牌。铜鼓县空气质量优良率位列全市第一，水质综合指数连续多年位居全省第一，88.04%的森林覆盖率稳居全省第一位。充分发挥“一片好山、一川碧水”的优势，整县发展有机农产品，把有机农业发展作为农业增效、农民增收的突破点。目前，全县已完成天然富硒土地认证60万亩，有机农产品认证63个，富硒有机农业产值超7.6亿元。“铜鼓黄精”“铜鼓宁红”获国家农产品地理标志登记保护，先后荣获“全国茶叶百强县”“省级绿色有机农业示范县”等称号。二是打造中国黄精之乡品牌。铜鼓县自古以来有种植黄精的传统。而今，铜鼓县在精选培育的基础上，采取“公司+合作社+农户”的模式建立种植基地，以产业发展的经营模式大力发展黄精产业。全县种植黄精总面积达5万亩，引进龙头企业开发黄精系列食品加工项目，研发了黄精酒、黄精果脯等10多个产品，年产值近2亿元，生态黄精正蝶变成致富“黄金”。三是打造省级全域旅游示范区品牌。我们以打造赣西精美山城为目标，以创建国家级全域旅游示范区为抓手，大力实施“文旅兴县”发展战略，按照全域旅游理念，把全县作为一个大景区规划建设，形成了以秋收起义为代表的“红色研学游”、以汤里温泉为代表的“绿色康养游”、以客家民俗为代表的“特色风情游”三大品牌，打造了以“春踏青赏花、夏漂流避暑、秋摘果登山、冬泡泉滑雪”为主题的“四季”旅游项目，实现了时时可游、人人爱游、处处畅游。

以下简要介绍铜鼓县“绿水青山就是金山银山”实践创新基地创建的三个典型案例。

第一个是科技赋能，助力竹产业美丽蝶变。铜鼓县竹林面积约46万亩，活立竹5 500万根，是中国毛竹之乡，竹材蓄积、产量以及竹产品数量均居国内前列。我们将竹精深加工定位为主导生态产业，现有规模以上生产企业5家，年均产值达22亿元，年销售额达16.6亿元。通过对竹牙签产品技术和包装设计的提升，使竹牙签产品价格由每吨9 000元提高到每吨3万元，增收2倍多。目前，铜鼓牙签占浙江省义乌批发市场80%的市场份额。铜鼓县鼓励竹制品龙头企业加大科技研发力度，奔步科技发展有限公司研发的竹键盘、竹鼠标、竹音箱在市场十分走俏，远销欧美20多个国家和地区，实现了一根毛竹价值由20元提高至1 000元的“华丽转身”。

第二个是多元融合，打造研学游特色品牌。铜鼓县充分发挥绿色生态、红色文化、客家民俗等优势，积极打造“红色研学游”文旅品牌，打响了多元融合的“来吧！铜学”研学品牌。专业打造研学旅游精品目的地、精品课程、精品研学线路，做优特色研学产业产品，使产业向特、精、优的方向转变。目前，全县已建成21个研学文旅目的地，构建了“红色、绿色、金色、蓝色”四大板块十大主题的多彩研学课程体系，打造了云上坪田、五彩梁塅、秋收起义等10条精品研学线路和3条特色红军线路，实现多产业综合收入4 000余万元，直接带动近千农户，人均增收近2 000元。

第三个是立足优势，重塑乡村振兴新样板。铜鼓县的大塅镇，充分利用自身的资源禀赋和良好的生态优势，构建了“一心两翼三带”绿色发展空间：以镇城区为核心；以天柱峰和汤里两大景区为带动经济腾飞的两翼；沿220省道建设十里风光带，从天柱峰至汤里建设生态文明示范带，从公益村至交山村建设产业示范带。依托天柱峰景区、汤里温泉，带动发展一批民宿、农家乐，旅游从业人员近千人，人均增收3 000余元。在公益村、隘口村、交山村等地建成1万亩有机白茶种植基地、5 000亩黄精种植基地以及5 000亩中药材基地。结合田园综合体、休闲农庄、家庭康养等打造康养产业，开发康养产品，带动就业2 000余人，人均增收3 000～5 000元。

借势借力EOD模式　打造“绿水青山”和“金山银山”兼得“齐河样板”

山东省德州市齐河县委常委、副县长　葛富义

刚刚召开的党的二十大，系统总结了新时代10年来的伟大变革，指出“生态环境保护发生历史性、转折性、全局性变化”，充分印证了习近平总书记“绿水青山就是金山银山”理念的前瞻性和科学性。近年来，齐河县深入践行习近平生态文明思想，以实施黄河重大国家战略为牵引，借势借力EOD模式，走出了一条“绿水青山”和“金山银山”相得益彰的发展路子。体现在生态保护上，齐河县荣获“国际花园城市”“国家生态文明建设示范区”等生态领域国家级荣誉13项，昨天齐河县被授予了“‘绿水青山就是金山银山’实践创新基地”称号。体现在高质量发展上，齐河县连续7年跻身全国综合实力百强县，同步被评为高质量发展、绿色发展、投资潜力百强县，实现优质均衡发展。下面，介绍一下齐河县三个方面的做法。

一、坚持生态优先，厚植“绿水青山”和“金山银山”双向转化的“绿色本底”

齐河县拥有63.4 km黄河生态廊道、3万亩黄河湿地、5万亩湖泊水系，良好生态一直是最亮的金字招牌、最大的发展潜力。我们始终坚持保护与治理，系统、整体、协同提升，全域厚植绿色本底。一方面，协同推进大治理。聚焦打好蓝天、碧水、净土保卫战，实施压煤、抑尘、控车、除味、增绿五大工程，$PM_{2.5}$削减幅度在山东省内陆县（市、区）居首位。推进饮用水水源、黑臭水体、工业废水、城镇污水、农村排水“五水共治”，国控断面水质稳定达标，获评全国农村生活污水治理示范县。加强建筑垃圾、生活垃圾、危险废物、畜禽养殖、工业固体废物“五废联治”，坚决守好生态环境改善这一底线。另一方面，共同抓好大保护。实施山水林田湖草沙系统治理，系统推进22条河道综合治理，成为全国水系连通及水美乡村建设试点县。聚焦构建生态湿地保护体系，建成70 km^2黄河国际生态城，聚焦构建生物多样性保护体系，率先开展全域生物多样性调查，优良生态引来极度濒危物种青头潜鸭等120余种陆生野生动物，使齐河县成为黄河下游重要生态功能区。

二、坚持绿色发展，激活"绿水青山"和"金山银山"双向转化的产业动能

坚持以新发展理念引领高质量发展，以好生态引来好业态，实现产业生态化、生态产业化。一是重农固本振兴乡村。开展粮食绿色增产模式攻关，率先实现 20 万亩全国最大面积集中连片"吨半粮"生产能力，全国春季农业生产现场会在齐河县召开；高标准建设国家农业现代化示范区、国家现代农业产业园、黄河流域现代农业科学城，建立无公害农产品基地 17 个，通过"三品一标"认证基地 87 万亩，打造绿色优质高效农业强县。二是动能转换塑成优势。大力推行绿色制造、清洁生产，中国 500 强永锋集团与宝武集团共建德瑞智能制造产业园，中国绿色化工百强金能科技推进产业延链，打造千亿级绿色产业生态圈；同步培强高端装备制造、生命健康等新兴产业，抢占新领域新赛道，建设现代化新型工业强县。三是文旅融合提质增效。做好"生态+文旅"文章，建成 A 级旅游景区 7 处、集群布局重大文旅项目 22 个，形成千亿元文旅康养产业集群，获得"国家全域旅游示范区""中国县域旅游发展潜力百佳县"称号，加快建成享誉全国的文旅强县。

三、坚持先行先试，探索"绿水青山"和"金山银山"双向转化的改革路径

齐河县作为山东省 EOD 模式试点县，在生态环境部、中国生态文明研究与促进会、山东省生态环境厅和国家开发银行的大力支持下，启动总投资 95.7 亿元的以齐河城镇为发展主轴的生态环境导向开发项目，积极探索生态产品价值转化新机制。重点实施四大类 11 个项目：一是沿黄生态廊道建设项目。把生态保护修复作为"先手棋"，打造沿黄生态保护和高质量发展的样板典范。其中，沿黄生态走廊项目，推动沿黄防护林生态功能、区域价值"双提升"；城市生态水系修复项目，促进水资源有效利用，打造健康和谐水系生态网；城市绿道绿廊建设项目，持续提高城区植被覆盖率，使生态系统更加稳定。二是城市人居环境品质提升项目。坚持以一线城市标准规划、建设、管理齐河县，构建集约高效、智能绿色、安全便捷的市政公用基础体系。其中，雨污分流改造项目，将根治城市内涝、消除黑臭水体、提升水环境质量；智慧城市项目，让城市治理各环节更智慧、更快捷；热源互联互通工程，推进清洁供热，提高热源热网保障能力；城区综合管廊项目，在保障城市安全的同时，促进土地集约化利用。三是生态资源产业项目。充分挖掘生态资源，推动高质量发展。其中，生态城康养中心，为老年群体提供优质康养服务，实现经济效益、社会效益"互促共赢"；乡村旅游综合体，推动红色资源传承，助力乡村振兴。四是生态友好型产业项目。培强具有比较优势的绿色产业，持续提升核

心竞争力。其中，黄河文化博物馆群项目，被中宣部列为国家文化产业发展项目库首批入库项目，该项目含生态文明宣传教育基地和中国环保影像博物馆建设，促进传统文化与生态价值观深度融合；新能源载体项目，打造新能源汽车全链条生态体系，建设国内重要的新能源汽车研发制造基地。经测算，11 个项目运营期经营成本 176.8 亿元、营业收入 384.8 亿元、预计缴纳税金 34.5 亿元，形成了“生态环境改善推动产业增值、产业收益反哺生态环境治理”的良性闭环，将实现政府零投入式的生态环境保护。

我们将以中国生态文明论坛南昌年会为契机，牢固树立和践行“绿水青山就是金山银山”理念，加快实施 EOD 模式，努力在绿色低碳高质量发展实践中，探索更多可复制、可借鉴的路径和经验，为美丽中国建设贡献更多齐河力量。

"绿水青山就是金山银山"理念落地生根 绘就美丽丰台画卷

北京市丰台区人民政府副区长　孔钢城

丰台区位于北京中心城区南部，是首都南大门、城南腹地，辖区面积为 306 km^2。作为首都中心城区的一部分，丰台是带动北京南部地区发展的增长极，也是京津冀协同发展的重要战略门户。

这里有"世界上独一无二的桥"卢沟桥，也有千年古镇长辛店，还有五朝皇家苑囿南苑。丰台，不仅是北京建都的见证地、红色革命文化的传承地，还是古都生态文化的涵养地、中国航天事业的孕育地、传统戏曲文化的传播地。

一、守护绿水青山，做好"如画山水入眼来"的生态文章

近年来，丰台区在市委、市政府的领导下，牢固树立"绿水青山就是金山银山"理念，认真落实市委"妙笔生花看丰台"指示要求，厚植生态优势，坚持山水林田湖草沙一体化保护和系统治理，厚植超大规模城市生态底色，生态环境质量实现全局性、历史性、突破性好转。环境空气质量明显改善，空气污染重要指标全面达标，蓝天白云、繁星闪烁成为常态，"北京蓝"被联合国环境规划署誉为"北京奇迹"。水环境质量取得历史性好转，断流 25 年的永定河在 2020 年实现全线通水，永定河畔打磨出一串串亮丽的"生态珍珠"，清水绿岸、鱼翔浅底的美景再现。

丰台区积极打造"首都绿色客厅、京南锦绣花城"，建设"一轴一廊一屏障，百路百园百社区"的森林城市，震旦鸦雀、星头啄木鸟等近 150 种鸟类翱翔在丰台的天空，黑斑侧褶蛙等 110 余种野生动物在丰台安家，"青山绿水绕城过，移步易景入画来"正逐渐成为丰台百姓的现实生活。

二、厚植生态底色，推动"绿水青山就是金山银山"理念落地生根发新芽

天蓝、水清、山绿的美丽丰台有了底气，在 2021 年大胆尝试，成为北京市第一个开展"绿水青山就是金山银山"实践创新基地创建的非生态涵养区。

"绿水青山就是金山银山"理念在丰台的土地上生根发芽，从"靠山吃山"到守护

"绿水青山"，再到转化为"金山银山"，丰台坚持以天清地清、山清水清、人清政清"六清"为理念，以森林绕城、绿道连城、碧水穿城、湿地润城、公园遍城、农田留城、花果香城、生物汇城、景观靓城"绿城九法"为路径，以生产、生活、生态"三生融合"为目标，探索出 7 个"绿水青山"和"金山银山"转化模式，享受到了"美丽中国"带来的巨大红利，打造出了北京市生态文明建设新高地，探索形成了超大规模城市绿色高质量发展的崭新模式，走出了一条生态优先、绿色发展的丰台道路，实现了首都生态文明创建由生态涵养区向中心城区的跨越，为全国超大城市践行"绿水青山就是金山银山"理念贡献了丰台路径、丰台模式和丰台智慧。

三、探索"绿水青山"和"金山银山"转化，走出高质量发展新路径

"人不负青山，青山定不负人。"绿水青山既是自然财富，又是经济财富，但"绿水青山"不会自动转为"金山银山"。丰台化被动为主动，"砸笼换绿、腾笼换鸟、开笼引凤"，闯出一条超大城市生态发展的特色之路。

以下分享丰台三个典型转化成果。

（一）千灵山矿山生态修复，带动"农文旅"产业融合发展

丰台王佐境内的千灵山溯及元、明、清时期，一直是赫赫有名的石灰产地，村里基本上是捧着"灰饭碗"靠山吃山。

从 1999 年开始，丰台先后关闭了王佐镇 70 多个非煤矿山，实施千灵山山体修复工程，由靠山吃山到护山养山。2018 年，陆续实施了 6 个废弃矿山修复治理项目，治理面积约 69.84 hm^2，森林覆盖率从 1999 年的 5%增加到目前的 95%。多年的艰苦努力，换回了千灵山的盈盈绿色，让村民告别"灰头土脸"，拥抱"青山绿水"。

丰台以"绿水青山"激活"金山银山"，开发建设了千灵山旅游风景区，建成全市首家灰窑遗址公园，再现石灰工业的变迁。充分发挥紧邻千灵山的生态优势和区位优势，盘活农村土地资源，打造出绿野仙踪郊野乐园、向阳花公社等生态旅游产品，仅西庄店村集体每年就增加收入 100 余万元，还解决了村民就业，带动"农文旅"产业融合发展，实现了生态效益、经济效益和社会效益的良性循环。

（二）"败景"变风景，园博园化环保压力为绿色发展机遇

北京园博会开创历届园博会先河，首次选址城市建筑垃圾场，创造性地将飞沙走石的风沙源、危险源变成鸟语花香的大花园、生态园。

园博园的锦绣谷曾经是采砂场、建筑垃圾填埋场。丰台匠心独运化腐朽为神奇，取传统"燕京八景"的精髓，将废弃地变为精品园林，将大沙坑改造成下沉式景观花园。园博园湿地公园由"浊"变"清"，是目前亚洲最大的功能性潜流型人工湿地。园博园

“脱胎换骨”，“败景”变风景。

丰台秉承“风景中的生活”理念，采取“政府主导、市场运作”的方式，将园博园打造成一个新兴人文景区。成功承办中国戏曲文化周、国际铁人三项赛等各类大型活动，引进西博园文化创意产业园等戏曲文化产业、体育文化产业，引入医疗技术、能源科技等业态的注册公司 246 家，其中亿元企业 19 家。2022 年 10 月 26 日，北京园博数字经济产业园开工，园博园文化产业、数字科技产业的集群效应愈加显现。

（三）强化创新驱动，打造绿色低碳产业发展新标杆

丰台积极打造国内首个园林式金融商务区——丽泽金融商务区，规划绿地面积 2 808 亩，实现“一步一风景，一景一陶然”，使身在其中的企业员工和其他百姓感受到满满的获得感和幸福感。

“一渠碧水穿城过，绿色丽泽入画来”，从早年间的杂草丛生到现在绿意盎然的园林式商务区，丽泽逐渐成为具有国际影响力的全球新兴金融高地。截至 2021 年底，丽泽金融商务区入驻企业 742 家，绿色金融产业加速聚集。2021 年实现税收 49.09 亿元，吸引中国广播电视网络集团、华为、中国银河证券、中国农再保险等一批重量级企业落户丽泽，民生福祉的增进显而易见。

“栽下梧桐树，引得凤凰来。”以上就是丰台探索“绿水青山”和“金山银山”的转化路径和转化成果。

“绿水青山”和“金山银山”转化的木兰溪实践与探索

福建省莆田市生态环境局党组书记、局长 陈龙贤

莆田位于福建沿海中部，素有“海滨邹鲁”“文献名邦”的美誉。

木兰溪是莆田人民的母亲河，是一条各生态要素齐全的市域内河流。木兰溪流域面积 1 732 km^2，占莆田市域面积的 42%。

习近平总书记在福建工作 17 年半，先后 10 次关心、调研木兰溪治理工作，亲自擘画、推动治理木兰溪水患。1999 年 12 月 27 日，木兰溪下游防洪工程开工的当天，时任福建省委副书记、代省长的习近平同志来到木兰溪，参加当年全省冬春修水利建设义务劳动，强调“使木兰溪今后变害为利、造福人民”。

为深入践行习近平总书记关于治理木兰溪的重要指示，莆田在国内首次创建以流域为单元的国家“绿水青山就是金山银山”实践创新基地，力争为全国流域“绿水青山就是金山银山”实践提供借鉴与先行示范。本文主要从水安全、水环境、水生态、水经济、水制度五个方面进行介绍。

一、科学治水洪水归槽，水安全得到长效保障

历史上的木兰溪水患频发，莆田人民谈溪色变。据资料统计，1952 年到 1999 年的近 50 年，木兰溪平均每 10 年发生一次大洪水，每 4 年发生一次中洪水，小灾几乎年年有。

在习近平总书记的亲自擘画、推动下，历届市委、市政府 20 多年来坚持不懈深化拓展木兰溪治理工程，木兰溪实现了从水患频发到“变害为利、造福人民”的转变，下游 21.5 万亩兴化平原、70 多个行政村和近百万人口不再受水患困扰，莆田也从“福建省内唯一一个洪水不设防的设区市”跃升为“全国水生态文明建设试点城市”。

2018 年，《人民日报》、新华社、中央电视台、中央人民广播电台等多家中央媒体集中报道了莆田木兰溪治理的生动实践。木兰溪先后获评最美家乡河、全国首批示范河湖，木兰溪生态文明建设实践被成功选入中央组织部组织编选的《贯彻落实习近平新时代中国特色社会主义思想在改革发展稳定中攻坚克难案例·生态文明建设》一书，并成为中国浦东干部学院案例课内容。木兰溪综合治理还写入《中华人民共和国国民经济和社会发展第十四个五年规划和 2035 年远景目标纲要》，作为党的百年奋斗历程成果亮相中国

共产党历史展览馆。

二、精准管控全域治理，水环境保持优良

为了把木兰溪全流域生态系统治理好，莆田市在监管上采用“监管吹哨、管养报到”的方式，在源头管控上全省首创“污水零直排区”，在工作推进上实行“4+3”指标百分制量化考评。经过 20 多年的不懈努力，近年来木兰溪国控、省控断面劣Ⅴ类水质全部消除，流域水质达到历年最高水平。2021 年木兰溪流域国控、省控断面水质优良比例为 94.4%，高于全国平均水平 9.5 个百分点。

得益于木兰溪水质的不断提升，依托良好的水环境以及自然生态禀赋、深厚历史文化底蕴等优势，莆田市统筹推进乡村振兴战略实施，不断改善农村人居环境，在木兰溪沿溪打造出不少乡村旅游“明星村”。比如，后黄社区以“乡愁”资源打造了“后黄样板”，这个社区素有“南洋风情，梦里老家”的美誉，先后荣获“中国最美乡村”“中国传统村落”等称号；澳东村依托“打响闽中第一枪”的红色资源和生态资源，通过建设生态景点、整合红色亮点，让原本贫穷落后的革命老区“旧貌换新颜”，入选中组部第三批红色美丽村庄试点。

水环境的持续改善，离不开治理模式的不断创新。在木兰溪最大支流延寿溪，莆田市深入探索以生态环境为导向的开发模式（EOD 模式）。绶溪片区入选第二批国家 EOD 模式试点，总投资 67 亿元，将打造“山水林田湖草城”有机融合的“城市客厅”。重点抓好“四个创新”：

一是创新整体开发理念，将近 3 000 亩的荔枝林和 2 000 多亩低效工业用地、民居村落，整合形成面积 5 759 亩的区域，统筹区域规划建设，整合多功能区，进行整体开发。

二是创新多元融资方式，流转片区内果林、民居、农田等资源，争取国家开发银行融资，通过土地整理出让获益 150 亿元，全部用于片区开发。

三是创新更新改造模式，保留古渡口、古桥、古民居，以及荔枝林带、农田，再现荔林水乡风貌。活化利用超 60 万 m^2 的特色民居。把拆除下来的建筑旧料用于片区建设，实现资源重复利用，有效减少碳排放和能耗。

四是创新市场运维管理，不断做大做强特色业态，策划实施夜游绶溪、中国状元第一村、浦头度假渔村等项目，将生态环境治理与经营性产业开发一体化实施，实现产业收益对生态环境治理的反哺。

三、保护修复齐头并进，水生态不断优化

莆田市着力抓好木兰溪上游的生态保护，设立了总面积 180 km^2 的木兰溪源省级自

然保护区，保护区森林覆盖率达到 97.9%，同时莆田市也蕴藏着丰富的碳汇资源。2017 年出台了《莆田市木兰溪流域生态补偿办法》，按照上年度市财政总收入 3‰筹措补偿金（每年约 6 000 万元），反哺上游地区生态保护和环境治理。

在木兰溪下游，正在实施木兰溪下游水生态修复与治理工程，总投资 29 亿元，是全国首批水生态修复与治理示范项目、国家 150 项重大水利工程之一。当前，莆田秉承习近平总书记治理木兰溪的重要理念，正在集成实施“千古木兰溪、百里江山图、十里风光带”工程，打造统揽莆田高质量发展、造福人民的生态带、文化带、健康带、产业带、创新带，开启了木兰溪治理新征程。

水生态的不断优化，让越来越多的市民切实感受到“生态红利”。前不久开通运营的“水上巴士”，穿越了城市生态绿心，串联了千年历史文脉，打造出了市民家门口的“诗与远方”。莆田被携程网列为 2022 年国庆十大“本地游新锐目的地”，排名全国第二。

四、依托优势绿色发展，水经济多元推进

莆田市以生态筑美城乡，以木兰溪综合治理统筹推进城乡一体化发展，推动从“拥溪发展”到“跨溪融合”，跨溪南进建设高铁新城，城市建成区面积已经从 2012 年的 69.24 km^2 增长到 2021 年的 142.24 km^2，城镇化率也提升到了 63.5%。

莆田市着力做好绿色的“加减法”，坚定不移发展绿色经济，做优存量，做大增量，不断提高产业的含金量、含新量、含绿量，培育了华峰、三棵树、永荣、赛得利、英博雪津等一批绿色智能制造企业，2021 年绿色经济增加值达 1 629 亿元，占 GDP 的比重为 56.5%。全市 2021 年 GDP 是治水工程启动年 1999 年的 17.5 倍。

莆田市坚持改善生态与惠顾民生并举，20 年来，城乡居民可支配收入分别增加了 4.2 倍和 5.4 倍。昔日的水患之地如今已是“水清岸绿、河畅景美”的宜居之城。

木兰溪上游仙游县大力推动林下经济发展，在茫茫青山里打造了生态型“聚宝盆”。全县林下经济经营和种植面积达 8 666 hm^2，参与农户 2 100 多户，年产值 1.45 亿元。

莆田的“大水缸”东圳水库所在地——常太镇，依托优良生态环境发展枇杷种植、旅游等生态产业，调整优化了农业产业结构，擦亮了“中国枇杷之乡”的金字招牌。

木兰溪下游立足百威雪津啤酒特色产业，在全国率先打造啤酒小镇，从 2000 年 20 万 t 产能起步，发展成为亚洲单体产能最大的啤酒工厂，年产能达 200 万 t，位居全球前列。

五、改革创新落实到位，生态环境相关制度日趋完备

莆田市注重以改革创新开路，逐步健全生态环境保护配套法规，先后出台《莆田市东圳库区水环境保护条例》《莆田市湄洲岛保护管理条例》《莆田市城乡环境卫生管理条

例》《莆田市城市生态绿心保护条例》《莆田市木兰溪流域保护条例》《莆田市山体保护条例》六部地方性法规。

其中，2021 年底正式颁布实施的《莆田市木兰溪流域保护条例》，从建设节水、安全、生态、洁净、文化、智慧的“六水木兰”的角度进行制度设计，对木兰溪流域水资源保护、水质、生态环境修复和管理机制建设等方面作出了规定。

除此之外，莆田市不少机制创新都走在了全省乃至全国前列：①在全国率先对单条流域开展专项巡察；②首创了流域双河长、企业河长、委员河长、网络河长等制度；③全面建立市、县、乡、村四级林长责任体系，以林长制实现林长治；④成功申报国家区域再生水循环利用试点，致力为南方缺水城市的再生水循环利用提供典型示范。

下一步，莆田市将大力弘扬木兰溪治水精神，进一步总结木兰溪治理与绿色发展经验，在践行“绿水青山就是金山银山”理念、推进“绿水青山”和“金山银山”转化中贡献莆田力量，努力让绿水青山永远成为福建的骄傲。

做好城市生态保护 促进“绿水青山”和“金山银山”双向转化

北京市生态环境局生态处副处长 王海华

近年来，在生态环境部的精心指导和大力支持下，北京市深入贯彻习近平生态文明思想和关于北京的一系列重要讲话精神，坚持绿色发展、减量发展，加强城市生态保护，推动“绿水青山”和“金山银山”的双向转化。截至目前，平谷等5个生态涵养区实现了“绿水青山就是金山银山”实践创新基地全覆盖，中心城区丰台区也成功创建。在这里，有几点体会和大家交流。

一、高位统筹，狠抓生态文明建设和全市生态保护工作

北京市委、市政府高度重视生态文明建设和“绿水青山就是金山银山”实践创新基地建设工作。在机构改革方面，增加“自选动作”，组建生态文明建设委员会，加强市委对生态文明建设的领导，从制度上加大了统筹协调和督促落实力度。各相关区也高标准成立区委生态文明建设委员会，加强区委对生态文明建设和“绿水青山就是金山银山”实践创新基地创建工作的领导。在实践指导方面，市委、市政府领导多次调研生态涵养区，强调要坚持生态优先、绿色发展。在北京市第十三次党代会上强调，要深化“绿水青山就是金山银山”实践创新基地创建工作。制定实施《北京市生态涵养区生态保护和绿色发展条例》，为生态保护和绿色发展提供法治保障。

二、把握“绿水青山就是金山银山”理论精髓，抓好城市生态保护

北京是世界上生物多样性最丰富的大都市之一。我们紧紧围绕党中央、国务院批复的《北京城市总体规划（2016—2035）》这个首都发展的法定蓝图，突出减量集约发展。在规划引领上，北京市编制了首个多部门协同的生物多样性保护规划，以市委办公厅、市政府办公厅名义印发实施，有力地提升了统筹保护水平。北京市发布实施《生态环境质量评价技术规范》（DB 11/T 1877—2021），构建了符合超大城市特色的“1+3”（1是指行政区，3是指集中建设区、生态保护红线等重要生态空间、重点生态修复工程）生态环境质量评价指标体系，将生态环境质量评价结果（生态环境状况指数，EI）纳入市政府对各区政府绩效考评，以考评结果促生态质量提升。在空间管控上，强化“两线三

区”全域空间管控，将市域的73%划定为生态控制区，禁止城市空间进入重要生态空间。着力降低平原地区开发强度，推动建设用地负增长。在生态治理上，瞄准建成“在生态方面具有广泛和重要国际影响力的城市”的宏伟目标，结合城乡建设用地的“减法”，做好环境扩容的“加法”，深入打好污染防治攻坚战，连续实施两轮平原地区百万亩造林工程，规划建设城市公园绿地中的自然带，全市生态环境状况指数连续7年稳定向好，天蓝、水清、土净、地绿的美丽北京加快形成。

三、发挥生态产品价值，促进转化“金山银山”

延庆区紧抓世园会、冬奥会、冬残奥会的机遇，坚持文化创新、科技创新“双轮驱动”，发展冰雪运动等绿色“高精尖”产业，打造“两山小院”，凝练形成“点绿成金”的延庆经验，超过30%的农村劳动力实现了生态就业。延庆区开展了对生态产品价值核算和价值实现的探索，并将其经验纳入“绿水青山就是金山银山”建设，实现GEP持续增长，并将典型案例上报国家发展和改革委员会。

怀柔区以生态涵养为核心，发展科技创新、会议休闲、影视文化三大板块，搭建“国际会都”，打造“中国影都”，建设“怀柔科学城”，推进“1+3”（“1”是指怀柔绿水青山的发展背景，“3”是指3张国家级金名片）融合发展新格局，助推“绿水青山就是金山银山”理念落地，成为首都高质量发展新窗口。

密云区守住“一盆净水”，积极探索“生态+”模式，实现生态产品的经济转化。“生态+农业”涌现出销售额千万元以上电商企业12家，带动2 000余户农民就业。积极探索开展中华蜜蜂养殖，形成了全国最大的中华蜜蜂崖壁蜂场，初步形成了集蜜蜂种业、蜜蜂养殖业、蜜蜂文化等于一体的完整产业链。

门头沟区由资源奉献向绿色发展转变，基本完成煤矿和非煤矿山的退出，实施废弃矿山生态修复，开展永定河生态治理，打造“绿水青山门头沟”品牌，特别是形成了清水镇梁家庄村“农旅融合+文旅融合”、妙峰山镇炭厂村“生态旅游开发+创新组织管理分配”等可复制、可推广的“绿水青山”和“金山银山”的双向转化模式。

平谷区推进农业中关村建设，打造种业之都。加快国家农业科技园区、国家现代农业（畜禽种业）产业园建设，成功培育“平谷荞麦1号”。成功举办北京·平谷世界休闲大会，走出一条具有首都特色的乡村振兴之路。

丰台区立足“首都中心城区和首都核心功能主承载区”功能定位，以疏解非首都功能为总牵引，加快建设丽泽金融商务区，建好南苑森林湿地公园，实现南中轴大红门地区的“华丽转身”，积极探索城区创建“绿水青山就是金山银山”的实现路径。

四、深化补偿机制，反哺“绿水青山”

在资金支持上，对生态涵养区不再考核GDP，加大补偿支持力度，建立生态涵养区与平原区结对协作机制，在生态环境保护、公共服务提升、绿色产业发展等方面精准合作，共同守护好山好水好风光，加快宜居宜业宜游的绿色发展。在补偿机制上，推进建立健全生态保护红线区、生态涵养区等重点区域的生态补偿机制，让看山、护林、保水的人民群众“不吃亏、能受益”。

为进一步做好“绿水青山就是金山银山”实践创新基地创建工作，提出以下两点参考建议：一是建议“绿水青山就是金山银山”实践创新基地创建关注具备条件的城市区域。鼓励城市生态保护修复，鼓励生态进城、创建进城，探索城市中的“绿水青山就是金山银山”实现路径，鼓励城市中的“绿水青山”和“金山银山”相互转化，改善城市生态系统质量，提升人民群众幸福感获得感，助力高质量发展。二是抓住“绿水青山就是金山银山”实践创新基地创建的有利平台。探索开展GEP核算，推动生态质量指数（EQI）和GEP双提升，推进生态产品价值实现，实施生态保护补偿，反哺绿水青山，形成“绿水青山”和“金山银山”双向转化的良性循环机制。

我们将持续深入学习贯彻党的二十大精神，严格落实《北京城市总体规划（2016—2035）》，不断提升城市发展质量、人居环境质量、人民生活品质，持续推进“绿水青山”和“金山银山”双向转化，实现城市可持续发展，为建设国际一流的和谐宜居之都而不懈努力！

山东省高标准推进生态文明示范创建工作的举措和建议

山东省生态环境厅生态处处长　王　青

在生态环境部、中国生态文明研究与促进会的大力指导与支持下，2022 年，山东省在生态文明示范创建工作上取得了一系列重要成果。有 8 个生态文明示范区、2 个“绿水青山就是金山银山”实践创新基地获得命名；1 个集体、2 人获得第三届中国生态文明奖；1 人获选“2020—2021 绿色中国年度人物”，2 人获得提名。下面，总结分享山东省在生态文明示范创建工作中采取的五个方面的举措。

一是高度重视、高位推进。为提升山东省生态文明示范创建水平，山东省生态环境厅主要负责同志亲自部署、亲自谋划，研究改进工作方式方法，把创建工作融入生态环境保护重点工作，统筹实施，一体化推进。在创建过程中紧盯重点指标，将环境质量核心指标排名情况作为省级评选、国家级推荐的重要参考。在 2022 年向生态环境部推荐第六批国家生态文明建设示范区和“绿水青山就是金山银山”实践创新基地名单时，将推荐原则确定为，首先要符合国家生态文明示范建设管理规程和建设指标体系规定的申报条件，同时重点参考 2022 年 1—8 月 $PM_{2.5}$ 浓度和同比改善幅度（细颗粒物是山东省目前生态环境质量改善的重点工作）。比如，2022 年获得“绿水青山就是金山银山”实践创新基地的威海荣成市和齐河县均为申报地区中 2022 年 1—8 月 $PM_{2.5}$ 浓度最低和同比改善幅度最大的。

二是健全机制、确保创建质量。强化准入管理，制定发布了生态文明示范建设“一票否决”重大情形目录。强化动态管理，制定并发布了《山东省生态文明示范建设负面清单（2022 年版）》，规定了给予警告或撤销称号的重大情形，建立了常态化的年度“退出”机制，若出现生态环境质量明显下降、环保督察发现重大问题、发生重特大突发环境事件、发生生态环境领域重大舆情、因工作不力被上级点名通报批评等情况，该地区必须迅速摘牌。强化日常管理，对于已命名地区建立环境质量排名月通报制度，实行红黄牌警示，对累计月 $PM_{2.5}$ 浓度大于所在市平均浓度且同比反弹的生态文明示范创建地区给予黄牌警告，受到黄牌警告后，连续 3 个月单月出现 $PM_{2.5}$ 浓度反弹的，给予红牌警告。排名情况发至各市、县（市、区）人民政府并报省政府分管领导。通过系列措施倒逼示范创建提质增效，解决生态文明建设重创轻建问题，提高示范引领作用。

三是两级联建、全面开花。山东在全国率先开展了省级生态文明示范创建工作，制定了省级创建规范性文件，以省级创建促进国家级创建，推动生态文明示范建设厚积成势，取得重大突破。

四是考核导向、经济激励。将创建情况作为加分项纳入县域经济高质量发展差异化评价。对创建成功的地区实施生态资金奖补。2022 年出台了生态文明强县财政激励政策，连续 3 年，每年评选 10 个县，每个县区给予 1 000 万元的资金支持。

五是宣传推介、营造氛围。山东省生态环境厅与省文化和旅游厅签订战略合作协议，联合开展省级生态旅游区评选推介工作，每年开展一次促进生态文明示范创建地区生态旅游发展的系列活动。与山东广播电视台合作，举办《生态山东》栏目等，讲好山东故事。充分利用自媒体、省级媒体和国家媒体进行广泛、深度宣传，全社会生态文明示范创建氛围日益浓厚。

下一步，山东省将通过建设省级“绿水青山就是金山银山”实践创新基地储备库、对获得命名满 3 年的示范区开展复核与评估、优化省级各类评选工作方式方法等，推动相关工作更上一个台阶。特别是在推动“绿水青山”和“金山银山”双向转化方面，需要探索更加有效的机制。开展 GEP 核算，是量化“绿水青山”价值、评价绿色发展成效的重要方法，也是推动“绿水青山”和“金山银山”转化的基础工作。目前，山东省已经开展了全省尺度的 GEP 核算工作，而且正在探索建立山东省 GEP 核算体系，目前这项工作仍处于起步阶段，GEP 核算与实践应用工作仍需进一步加强。特别是要推进 GEP 核算成果进决策、进项目、进政策、进规划，比如，将 GEP 作为一项评价指标，纳入生态文明示范创建工作中，将 GEP 作为依据探索生态产品抵押和质押贷款等绿色金融业务，拓宽金融助推打通“绿水青山”和“金山银山”转化通道，或逐步将 GEP 作为约束性指标，纳入国民经济和社会发展规划、国土空间规划和生态环境保护规划中，发挥“绿色指挥棒”作用。这些工作在省级层面还没有取得突破，建议有关部门从国家层面探索出台政策文件或指导地方开展试点，推动这些工作逐步落地。

以打造世界级旅游城市为契机
探索"绿水青山"和"金山银山"转化路径

广西壮族自治区生态环境厅生态处处长　郑里华

近年来，在生态环境部的指导和支持下，广西壮族自治区坚持以习近平生态文明思想为指引，深入学习贯彻党的二十大精神，认真贯彻落实习近平总书记视察广西重要讲话精神，以打造桂林世界级旅游城市为契机，厚植生态环境优势，以实际行动当好保护广西壮族自治区山山水水的"二郎神"。

一、抓治理促优良的自然禀赋更上一层楼

广西壮族自治区深入打好污染防治攻坚战，生态环境质量进一步改善，全区环境质量总体优良，森林覆盖率 62.5%，全国排名第三位。2022 年 1—10 月，全区城市环境空气质量优良天数占比 94.4%，国家地表水考核断面水质优良比例达到 98.2%以上；近岸海域优良水质面积比例 94.1%。在 2022 年 1—9 月地级及以上城市国家地表水考核断面排名中，广西壮族自治区有 7 个市跻身前 10 名（柳州市位居全国第一、桂林市位居全国第三）。漓江入选生态环境部公布的"美丽河湖"提名案例，桂林市因漓江流域生态环境保护工作、柳州市因水环境治理工作成效显著被推为生态环境部 2020 年度和 2021 年度生态环境领域真抓实干成效明显的市并被通报表扬。

二、主要的做法

（一）领导高度重视，组织高效有力

自治区生态环境厅党组高度重视生态文明建设工作，主要领导亲自抓，分管领导具体抓，各申报县区均成立党委政府领导为组长的工作领导小组，制订创建申报工作方案，积极安排部署落实，有效地推进了申报工作，取得了很好的效果。

（二）规划先行，科学谋划创建工作

自治区生态环境厅积极谋划，科学指导全区 52 个市县开展生态文明建设示范区规划的编制工作，其中 48 个已经印发实施，为全区创建工作打下了坚实的基础。

（三）统筹指导，严格审核申报对象

自治区生态环境厅设立生态文明示范创建专家指导组，加强对全区创建的帮扶，采

取自下而上方式（县级自查自评、市级推荐、自治区审核），层层把关审核，遴选申报对象，确保申报对象申报条件符合、建设指标达标，优中选优，提高创建申报的成功率。

（四）推动绿色发展，不断巩固创建成果

推动创建工作不仅仅为创建品牌，而是要更好地推进全区经济绿色转型发展。多次组织召开已获得国家生态文明建设示范区和“绿水青山就是金山银山”实践创新基地的地区参与绿色转型发展座谈会，邀请知名专家进行绿色转型发展培训，开展经验交流，组织县（市、区）编制绿色转型创新发展规划，17 个县（市、区）完成了规划编制，进一步推动生态产品价值转化。

（五）加强宣传，提升示范创建引领

自治区生态环境厅利用各种媒体进行宣传，包括在广西生态环境 App 平台建立交流学习平台、召开创建工作现场推进会、举办业务培训班，宣传生态文明示范创建成效，充分发挥示范区的典型引领作用。

三、主要的成效

（一）“绿水青山就是金山银山”理念促发展，绿了青山富了民

2020 年获得“绿水青山就是金山银山”实践创新基地命名的桂林市龙胜县，在“绿水青山就是金山银山”理念的指导下，积极创建国家全域旅游示范区和龙脊梯田国家 5A 级旅游景区，生态旅游扶贫大环线全线贯通，龙脊湿地公园科普馆建成开馆；金竹民宿、平安壮寨、黄洛瑶寨、张家苗寨等乡村旅游示范点 350 余家农家乐旅游项目脱颖而出。龙胜旅游品牌效应凸显，先后荣获“中国品牌节庆示范基地”“广西特色旅游名县”等称号；龙胜温泉森林度假区被评为广西生态旅游示范区，泗水乡布尼梯田景区被评为广西五星级乡村旅游区。

龙胜也通过“一田生五金”模式，让群众“有租金、享股金、挣现金、得奖金、发薪金”，带动群众增收致富，走出一条“打梯田牌，赚梯田金”的旅游产业振兴之路，许多村寨从过去的“救济村”“贫困村”变成远近闻名的“富裕村”，实现了“绿水青山”和“金山银山”的完美蜕变。

（二）坚守自然生态，林下绽放“致富花”

金秀瑶族自治县位于大瑶山区，森林覆盖率达 87.91%。金秀依托自然生态优势，探索发展生态产业，林下绽放“致富花”。出身瑶医世家的金秀返乡创业青年带领群众种植中草药，并创建金秀圣康生态农业开发有限公司，仅通过种植七叶一枝花和黄精，就带动 528 户群众创业致富。

瑶山特色休闲旅游是金秀绿色发展的亮点之一。2021 年，该县共接待游客 616.11 万人次、旅游消费总额达 58.06 亿元，昔日贫穷的瑶山村寨，正成为网红打卡村，山水和生态已成为村民的“金饭碗”。

（三）系统谋划，创新“绿水青山”和“金山银山”双向转化新路径

2021年获得“‘绿水青山就是金山银山’实践创新基地”称号的巴马瑶族自治县，围绕“长寿之乡，瑞圣之地”的品牌效益和资源禀赋，积极发展健康食品、健康科技和健康服务三个业态，与深圳市合作建立“深圳巴马大健康合作特别试验区”，着重打造天然饮用水、长寿食品、民族医药、特色医养、生物科技等产业，第三产业占GDP比重逐年提高，对经济增长贡献率保持在42%以上。

邕宁区以“矿山生态修复+景观旅游”模式建设南宁园博园，将矿山修复、综合开发为邕宁区山水田园旅游新亮点，在建设过程中不占用基本农田、不推山、不填湖，保持40%以上原有自然山水风貌，盘活废弃矿坑、贝丘遗址等资源，形成“三湖六桥十八岭”山水园林景观布局，打造出国内独具特色的矿坑采石场生态修复示范园。

四、下一步工作及建议

广西壮族自治区将认真学习贯彻党的二十大精神，坚持以习近平生态文明思想为指导，深入贯彻落实习近平总书记视察广西发表的“4·27”重要讲话精神和对广西工作作出的重要指示，牢固树立和践行“绿水青山就是金山银山”理念，加强生态文明强区建设，不断开创生态文明建设新局面。

一是自治区生态环境厅将组织专家深入基层，指导和帮扶申报县区做好规划，做实指标，创新模式，将生态文明示范创建工作走深走实。

二是推进广西壮族自治区生态文明建设示范区建设。2022年9月，广西壮族自治区政府办公厅印发了《广西生态文明建设示范区创建工作方案》，由自治区党委、自治区人民政府进行审定命名，每年开展广西生态文明建设示范区的评选命名工作。

三是推动获得命名的示范区绿色转型发展。自治区生态环境厅持续以绿色转型发展为契机，推进生态产业化和产业生态化，打造更多的绿色转型典型案例，助力经济高质量、高水平发展。

广西壮族自治区已经探索了一些“绿水青山就是金山银山”实践的成功经验，建议将生态产品纳入国内生产总值核算范围，真正实现“绿水青山就是金山银山”；同时建议有关部门从国家层面探索推动生态产品价值实现机制，探索生态产品价值实现路径。

“人不负青山，青山定不负人。”习近平总书记视察广西强调，“广西生态优势金不换”。我们坚决扛起保护好广西山山水水的历史责任，良好的生态环境是最普惠的民生福祉，让绿色成为新时代中国特色社会主义壮美广西的亮丽底色，让绿水青山成为秀甲天下的亮丽名片。

四川省生态文明示范建设的体制机制创新探索

四川省生态环境厅生态处处长 王 忠

经过 6 年的努力，四川省已有 40 个市（县）被命名为生态文明建设示范区和“绿水青山就是金山银山”实践创新基地。四川省守正创新，在生态文明示范建设和生态保护监管上不断探索，总结了以下几个方面的经验和建议。

一、生态文明示范创建探索实践

四川省委、省政府以建设生态省为目标，出台了《四川省省级生态县管理规程》和《四川省省级生态县建设指标》。近年来，四川省积极按要求开展生态文明示范创建工作，一方面大力守绿护绿，另一方面推动“点绿成金”，在生态文明体制机制上积极创新，采取了以下措施。

一是坚持党政主导。各地生态文明示范创建工作由省委、省政府主抓，将生态文明示范创建作为推动各地高水平保护和高质量发展的总抓手。

二是坚持规划引领。目前，全省 183 个县（市、区）中，已有 121 个县（市、区）完成了国家生态文明建设示范县（市、区）规划、“绿水青山就是金山银山”实践创新基地工作方案编制，另有成都、巴中等 7 个市（州）人民政府通过了国家生态文明建设示范市（州）规划审查。

三是严格验收标准。四川省每年对各地党委政府上报的自评报告通过初选、复审、现场考核、征求相关厅局和公众意见、生态环境厅内集体审议决定等程序进行严格把关。2022 年四川省有 63 个市（县）政府申报生态文明建设示范区和“绿水青山就是金山银山”实践创新基地，四川省选出了 35 个开展考核验收，经生态环境厅党组审议同意后向生态环境部上报了 15 个国家生态文明建设示范区和 2 个“绿水青山就是金山银山”实践创新基地候选，向省政府推荐了 17 个省级生态县候选。2022 年，四川省有 12 个市（县）被命名为第六批国家生态文明建设示范区或“绿水青山就是金山银山”实践创新基地，数量排名全国前列。目前，全省已累计拥有 32 个国家生态文明建设示范区、8 个“绿水青山就是金山银山”实践创新基地，命名 59 个省级生态县，获得国家级或省级命名的县（市、区）共 76 个，占全省的 42%。

四是把握推荐重点。对建设指标全部达到考核标准的市（州）、县（市、区），四川省坚持以下原则：对省委、省政府真重视、环保督察无硬伤、地方特色亮点突出、民生改善明显的优先推荐上报。对省级生态县中特别优秀、示范效应特别突出的，率先推荐申报国家生态文明建设示范县。2021 年，四川省生态环境厅制定了《川西北生态示范区建设水平评价指标体系》和《川西水生态示范区建设水平评价考核办法》，考核结果排名前 10 的县（市、区），在同等条件下优先推荐申报国家生态文明建设示范县和“绿水青山就是金山银山”实践创新基地，择优命名为省级生态县。

五是严格一票否决。省政府明确要求将重大生态环境案件、重大安全生产事故、生态红线、耕地红线作为考评创建的铁指标、硬杠杠。同时，在建设指标中要求涉及生态保护红线、自然保护地的县（市、区）开展生态系统保护成效评估，启动生物物种调查评估。

六是注重结果运用。第一，将生态文明示范创建作为省委、省政府对地方生态环境保护党政同责目标考核加分事项，对当年被命名为国家生态文明建设示范区的市（州），每个加 0.5 分；被命名为国家生态文明建设示范区和“绿水青山就是金山银山”实践创新基地的，每个县（区）加 0.25 分；被命名为省级生态县的，每个加 0.2 分；通过了省级考核验收但未被命名的，每个加 0.1 分。第二，实施资金激励。对建成国家生态文明建设示范区和“绿水青山就是金山银山”实践创新基地的市级政府，每个给予 1 000 万元生态文明建设提升奖补资金，县级政府给予奖补资金各 800 万元，对建成省级生态县的每个给予 300 万元的奖补资金。四川省每年安排在生态文明示范创建上的奖补资金超过 1 亿元，截至目前已总计安排 3.89 亿元。第三，鲜明干部用人导向。据统计，2017 年以来，被命名为国家生态文明建设示范区或“绿水青山就是金山银山”实践创新基地的地区，当地党政主要领导大部分都得到了提拔重用。

二、生态保护监管探索实践

近年来，四川省生态保护监管工作不断加强，划定并严守生态保护红线，加快建立以国家公园为主体的自然保护地体系，通过中央生态环境保护督察、“绿盾”自然保护地强化监督等工作，严肃查处各类违法违规行为，推动问题整改和生态修复，侵占和破坏生态环境的行为得到有效遏制。

一是科学划定生态保护红线。目前，四川省上报国家部委审查的生态保护红线划定方案中，拟划定生态保护红线面积为 14.87 万 km^2，占全省面积的 30.59%，较 2018 年生态保护红线面积增加 670 km^2，增量位居长江流域各省（自治区、直辖市）前列，做到了生态保护红线面积不减少、功能不降低、性质不改变，实现了一条红线管控重要生态空间，坚决守住自然生态安全边界，不断筑牢长江、黄河上游生态安全屏障。

二是严守生态保护红线。作为全国 5 个试点省份之一，2021 年 11 月，生态环境部移交四川省生态保护红线内疑似生态破坏问题图斑 1 208 个，总面积 1 161.22 hm^2，四川省组织市（州）进行了认真核查处理。2021 年以来，四川省严把建设项目不可避让占用生态保护红线审查关，共对 70 余个重大建设项目进行了论证审查，坚持生态优先、绿色发展，以高水平生态环境保护助力高质量发展。

三是着力构建以国家公园为主体的自然保护地体系。“十三五”期间，四川省建有各级各类自然保护地 530 个，总面积 12.43 万 km^2，占全省土地总面积的 25.57%。2021 年上报国家部委审查的自然保护区整合优化方案中，全省自然保护地优化调整为 478 个，总面积 13 万 km^2，占全省土地总面积的 26.8%。2021 年设立大熊猫国家公园，涉及川、陕、甘三省共 2.2 万 km^2，大熊猫国家公园四川片区涉 7 个市（州）20 个县（市、区），面积 1.93 万 km^2，占整个大熊猫国家公园面积的 87.7%；与甘肃省共建若尔盖国家公园，四川片区初步规划面积 0.83 万 km^2。

四是强化自然保护地整合优化过程监管。四川省生态环境厅与省林草局联合制定了《四川省自然保护区建立、调整及功能区确认管理规定》，规范自然保护区调整审批手续，省生态环境厅制定了《四川省自然保护地优化调整内部审查规则（试行）》，严格落实自然保护地整合优化审查规定，对泸州市佛宝、凉山州泸沽湖等自然保护地的调整提出明确意见，对不科学、不合理或与国家政策法律存在较大冲突的优化调整坚决纠正。

五是开展“绿盾”自然保护地强化监督行动。连续 5 年开展“绿盾”自然保护地强化监督行动（以下简称“绿盾”行动）。“绿盾 2021”行动中，对生态环境部下发的 20 个国家级自然保护区存在的 261 个疑似问题线索进行了调查整改，整改完成率 94.26%。对群众关心的甘孜藏族自治州理塘县“格聂之眼”违规建设活动及时调查处理、坚决叫停，并指导甘孜藏族自治州科学编制生态文化旅游规划，在严格保护的基础上推动“绿水青山”和“金山银山”的双向转化。

六是纳入党政同责环保目标考核。将“严守生态保护红线”作为生态环境保护党政同责目标考核重要内容。辖区生态保护红线内存在重大生态破坏问题的，每发现 1 起扣 0.5 分，扣完为止。将自然保护区调整和“绿盾”行动纳入生态环境保护党政同责目标考核，科学优化调整自然保护区，确保自然保护区总面积及核心区、缓冲区面积原则上不能减少，对未经批准擅自调减自然保护区核心区、缓冲区面积或对具有重要生态保护价值的区域不合理调整的予以扣分。对未按要求开展自然保护地“绿盾”行动的以及自然保护地保护成效评估结果未达到优良的予以扣分。

三、建议

一是建议有关部门加强对各地自然保护地和生态保护红线的现场监督、检查和指导。

二是建议有关部门加强对自然保护地和生态保护红线的监管和评估，出台政策文件，指导地方开展生物物种调查评估和生态系统保护成效评估。

以"绿水青山就是金山银山"基地建设为抓手探索具有湖北特色的"绿水青山"和"金山银山"转化路径和模式

湖北省生态环境厅生态处处长　陈再达

近年来，湖北省牢固树立和践行"绿水青山就是金山银山"理念，立足生态大省资源优势，大力推动"绿水青山"和"金山银山"双向转化，促进经济社会全面绿色转型。湖北省第十二次党代会明确，"要深入践行'绿水青山就是金山银山'的理念""把生态价值转化为经济价值、生态优势转化为经济优势，建设人与自然和谐共生的美丽湖北"，并提出支持恩施土家族苗族自治州建设"绿水青山就是金山银山"实践创新基地。在省政府统筹指导和宣传推广下，各市（县）踊跃探索、先行先试，全省"绿水青山就是金山银山"实践创新基地创建呈现良好局面，已有十堰市、恩施土家族苗族自治州等7个地区先后成功创建国家"绿水青山就是金山银山"实践创新基地。以"绿水青山就是金山银山"实践创新基地创建为抓手，湖北省逐步探索出了一条具有湖北特色的"绿水青山"和"金山银山"双向转化路径和转化模式。

一是"生态补偿"模式。该模式主要通过建立健全生态补偿机制，提升生态系统服务功能，鼓励生态良好的地区提供更清洁的空气、更干净水源、更洁净土壤等优质的具有公共属性的生态产品，推动实现保护者受益目标，以"绿水青山"换来"金山银山"。如丹江口市建立丹江口库区生态补偿机制，大力推进库区生态环境保护，坚持"一库清水送北京"，北京等受水区每年拿出资金对口协作支援库区发展，有效缓解了库区财政压力，增强了库区水安全保障能力。

二是"生态转型"模式。该模式主要以扩容提质和转型发展为核心，对特色工矿业进行绿色化改造和升级，吸引产业、资本、人才、技术等集聚，培育发展资源节约、环境友好的优质产业，推动实现绿色高质量发展。如尧治河村创新实施的"三区"（把矿区变成景区、把山区变成景区、把生活区变成景区）融合发展战略，利用矿渣填平沟壑、矿洞，建成了农耕文化博物馆、中国磷矿博物馆、三界洞天等景点，不仅恢复了矿区生态，还实现了变废为宝、生态富民，推动乡村振兴提档升级。

三是"复合业态"模式。该模式主要通过延伸产业链，促进业态融合，将生态产品以生产要素的形式融入其他商品或服务生产过程，使生态产品成为绿色产业生产要素，形成基于“生态+”的农文旅复合业态体系。如宜昌市五峰土家族自治县探索形成的“林药蜂”产业融合发展模式，在林下种植草本药材、发展养蜂产业，每亩林地增收1万元左右，使森林生态保护与经济效益共赢。

四是“美丽经济”模式。该模式主要依托生态市场，盘活特色资源，发展休闲文化、观光度假游、娱乐休闲游、农家乐、康养、摄影写真等“美丽经济”。如恩施土家族苗族自治州利川市因其独特的气候条件和丰富的森林资源，被誉为“天然氧吧”“避暑凉城”，吸引了众多省内外游客前来游玩，利川市通过扶持民宿产业、建设康养小区、打造旅游小镇等，大力发展“清凉经济”，有效带动了乡村生态产业发展。

五是“生态金融”模式。该模式主要开展用能权、碳排放权、排污权、水权等的市场化运作，搭建生态产品市场交易平台；将生态资源股权化、证券化、债券化、基金化，让绿色生态成为“钱袋子”，源源不断地“生金吐水”。赤壁市注资5亿元，成立两山投资发展有限公司，由公司建立交易平台，整合市域内乡村资源，包括山、水、林、田、湖、草、沙及农村房屋等，转化为资产后，在平台上像商品一样交易。

四、生态产品价值实现论坛

建立健全生态产品价值实现机制 以更高标准打造美丽中国“江西样板”

江西省生态环境厅副厅长　李　军

中国生态文明论坛年会在江西南昌举办，充分体现了生态环境部、中国生态文明研究与促进会对江西革命老区的深情厚爱，江西省倍感荣幸、深受鼓舞。在开幕式上，黄润秋部长、易炼红书记分别致辞讲话，对深入学习贯彻党的二十大精神、贯彻落实习近平生态文明思想、推进生态文明建设和推动生态环境保护事业发展、建设人与自然和谐共生的美丽中国提出了新期望和新要求，江西省要深刻领会，坚定信心，勇挑重担，善作善成。生态产品价值实现论坛将聚焦生态产品价值实现过程中存在的问题和挑战，进一步推动完善生态产品价值实现机制，各位专家、代表为生态产品价值实现路径的建言献策，必将深入推进生态产品价值实现机制的创新，使“绿水青山”向“金山银山”转化的通道更加完善。

习近平总书记在党的二十大报告中强调：“必须牢固树立和践行绿水青山就是金山银山的理念，站在人与自然和谐共生的高度谋划发展。”习近平总书记的讲话深刻揭示了生态环境保护与经济社会发展之间的辩证统一关系。建立健全生态产品价值实现机制，是贯彻落实习近平生态文明思想的重要举措，是践行“绿水青山就是金山银山”理念的关键路径，是从源头上推动生态环境领域国家治理体系和治理能力现代化的必然要求，对推动经济社会发展全面绿色转型具有重要意义。

习近平总书记指出，绿色生态是江西最大财富、最大优势、最大品牌，要做好治山理水、显山露水的文章。近年来，江西省委、省政府始终牢记习近平总书记的殷殷嘱托，坚定走生态优先、绿色发展之路，不断探索生态产品价值实现路径。以体制机制改革创新为核心，紧紧围绕产业化利用、价值化补偿、市场化交易三大重点领域，在确立生态资产产权、构建核算评估体系、探索多元化实现路径、建立健全保障机制等方面不断探索，取得了一定的成效。

当然，江西也深知，生态产品价值实现工作任重道远，江西省将继续认真学习贯彻党的二十大精神，贯彻落实习近平生态文明思想，始终牢记习近平总书记视察江西时的谆谆嘱托，用好本次论坛成果，乘势而上、聚力而为，把生态文明建设作为区域发展的根本大计，坚持一以贯之走绿色发展之路，持续探索生态产品价值实现路径，以高水平生态文明建设助推高质量发展、创造高品质生活，以更高标准打造美丽中国“江西样板”。

汇聚公益力量 践行绿色普惠 积极助力生态产品价值实现

蚂蚁科技集团股份有限公司首席可持续发展官
浙江蚂蚁公益基金会执行理事长
彭翼捷

党的二十大报告，对生态文明建设作出了重要战略部署，明确提出“中国式现代化是人与自然和谐共生的现代化”。蚂蚁科技集团作为企业界的一员，深感有责任、有使命参与其中，积极响应政府号召，为推动绿色发展贡献力量。

自 2016 年起，蚂蚁科技集团开始探索和实践“生态修复保护”工作，我们立足自身特点，积极发挥“公益倡导、平台优势和数字技术”三个方面的实力，为“生态产品价值实现”聚人气、探路径、提效率。

首先，“以公益倡导聚人气”。2016 年，蚂蚁科技集团发起了系列公益项目“蚂蚁森林”，由蚂蚁科技集团等企业向公益机构捐资，支持各地的生态修复和生物多样性保护项目，至今已参与了 19 个省份的生态文明建设。截至 2022 年 8 月，“蚂蚁森林”捐资并联合 20 多家公益组织、专业机构，种下了 4 亿多棵树参与生态修复，同时以守护生物多样性为目标，参与共建了 24 个公益保护地，守护着 1 600 多种野生动植物。在 2022 年 6 月的“世界海洋日”，“蚂蚁森林”又将公益探索延伸到海洋保护领域，积极参与滨海湿地的生态保护和修复工作。

同时，我们也深刻认识到：仅凭企业捐赠所能发挥的力量非常有限，“蚂蚁森林”捐资支持的项目，在全国生态建设工程中只是沧海一粟。企业所要践行的社会责任，不该止步于“一捐了之”。“蚂蚁森林”认为，支持生态建设，尤其是实现生态产品价值，成功的关键在“人”，可持续发展的无穷动力也来自“人”本身。因此，我们尝试创新公益激励机制，用绿色引导最广泛的社会公众参与进来。

“蚂蚁森林”尝试将日常生活中的低碳行为场景化，并采用专业机构提供的碳减排方法进一步量化，从而形成了蚂蚁森林的“绿色能量”积分体系。在这个积分体系中，社会公众的低碳行为越多，获得“绿色能量”的积分奖励就越多。大家可以用这些积分给企业“下任务”，推动企业捐资支持更多的生态项目；相应地，当这些生态项目的效果，通过移动互联网被更多人看见时，就能带动更多人关注生态建设，汇聚更多人的力量。

通过这套创新的公益激励机制，“蚂蚁森林”把社会公众与生态建设联系起来，形成了“互为激励”的正循环。截至 2022 年 8 月，“蚂蚁森林”在吸引超过 6 亿人参与低碳生活的同时，还关注远方的自然生态保护。通过“聚人气”来凝聚生态产品价值实现的群众基础。

在公益倡导聚人气的基础上，我们开始尝试以平台优势探路径。蚂蚁科技集团希望“蚂蚁森林”的生态修复项目，除了改善当地的生态环境，更能成为助力当地探索可持续发展、将生态效益转化为市场效益的公益性事业。

6 年来，“蚂蚁森林”在全国 19 个省份的项目地，累计创造了 329 万个从事种植、养护、巡护等工作的“绿色岗位”。加入蚂蚁森林系列生态公益项目负责具体实施工作的老乡们，已经累计实现劳动增收 4.9 亿元。

此外，“蚂蚁森林”近年来还在各地政府的支持和指导下，联合公益组织、专业机构，带动当地群众在修复保护“绿水青山”的同时，因地制宜地开发本地生态友好型产品，探索挖掘可持续发展的“金山银山”。

比如，梭梭树是“蚂蚁森林”栽种数量最多的树种，在甘肃和内蒙古一些地方，当地群众在政府的支持引导下学习农业技术，精养“蚂蚁森林”捐种的梭梭树，并在梭梭根部接种苁蓉，产出药材、种子后，每亩地年收入可达 2 000 元；在内蒙古清水河县，“蚂蚁森林”捐种的沙棘结出果实，可以加工成原生态果汁，当地农民每年不仅有采集果实的收入，还有机会进入本地加工企业就业；在四川省平武县，与大熊猫同在“蚂蚁森林”公益保护地受到保护的土法养蜂，因绿色天然成为大熊猫国家公园中首批得到认证的原生态农产品，帮当地老乡探索“靠山吃山”的新办法；在山东、福建沿海，“蚂蚁森林”捐资支持的海草床修复、红树林种植公益项目，正在为当地滨海湿地环境的改善及未来生态友好型养殖业的发展打下基础。在一些地方，“蚂蚁森林”捐种树木、植物，参与共建的保护地已经成为当地群众生态增收的“绿色基建”。

同时，我们坚持通过开放“蚂蚁森林”公益品牌的联名合作，将生态产品的收益用于造福原产地群众，或以收益捐赠的方式重新投入生态建设，帮助本地探索可持续发展路径。

例如，在“蚂蚁森林”公益影响力的带动下，甘肃古浪县的“肉苁蓉”、四川省平武县的“熊猫蜜”等已经成为深受喜爱的“网红”农产品；又如，海底捞与“蚂蚁森林”联名，以沙棘为原料推出火锅锅底，消费者每吃一锅，海底捞就给公益机构捐一棵沙棘树，目前已经售出沙棘火锅 85 万份，将有 85 万棵沙棘树苗，在修复生态的同时支持地方发展沙棘产业；而产自内蒙古清水河县“蚂蚁森林”沙棘保护地的“MA 沙棘”饮料，从 2019 年上市至今已经售出 50 万箱，获得超过 2 000 万元的项目收益，全部捐赠给中西部生态修复项目。

蚂蚁科技集团还拿出支付宝平台的流量，为这些“绿色品牌”进行免费推广，所获得的收益，有的直接成为本地老乡生态致富的“底气”，有的则全部通过公益机构再次捐赠给生态项目，可持续地支持当地生态建设。此外，“落户”本地的“蚂蚁森林”，正在成为宁夏回族自治区中卫市、云南省芒杏河镇等地积极谋划生态旅游业，开展“公众自然教育导览”的“绿色名片”。

作为一家互联网科技企业，除了以公益倡导聚人气、以平台优势探路径，蚂蚁科技集团还始终在思考如何发挥数字技术方面的优势，从绿色普惠金融的角度，提高生态产品价值实现的效率。

中共中央办公厅、国务院办公厅发布的《关于建立健全生态产品价值实现机制的意见》指出，要加大绿色金融支持力度。合理降低融资成本，提升金融服务质效。

在人民银行台州市中心支行的指导下，蚂蚁科技集团用自身的数字技术积累，支持了台州市的绿色普惠金融平台建设。通过“线上数据+线下尽调”互补、绿色关键词智能语义解析、建立绿色生产资料库等技术方案，蚂蚁科技集团探索并形成了一整套“认绿”“评绿”的数字化方法模型，从而帮助信贷业务更便捷地实现对小微企业的绿色判别，3 个月内就为台州市范围内的金融机构，进行了 1.3 万笔流动性贷款识别，识别出 350 亿元流动性绿色贷款，推动了台州市辖区内 1 000 万元以下绿色贷款占比翻番。

2022 年，浙江省金融学会发布了《小微企业绿色评价规范》团体标准，这也是全国首个支持小微企业绿色低碳发展的金融标准，由蚂蚁科技集团牵头起草。这个标准正是诞生于蚂蚁科技集团从浙江台州绿色普惠金融中得到的数字技术与实践经验。蚂蚁科技集团希望这个实践形成的标准，能尽快为从事生态产品经营开发的小微企业，带来融资方面的便利和帮助，进一步降低融资成本，提升金融服务效率。

2022 年 10 月，党的二十大胜利闭幕，蚂蚁公益基金会、蚂蚁科技集团的核心团队也在党委的带领下学习了党的二十大精神。其中“推动绿色发展，促进人与自然和谐共生”这一章提出的“协同推进降碳、减污、扩绿、增长”，引起了大家的共鸣。蚂蚁科技集团始终坚信，利用互联网平台可以聚合社会各方力量、促成更多的创新合作、推动数字技术及相关标准的优化改革，将公众、当地保护机构、慈善组织、企业、政府的力量集中起来共同实现“生态产品价值”，通过“聚人气、探路径、提效率”贡献一份来自社会组织和企业的力量。

项目级生态产品价值核算方法学研究

中节能生态产品发展研究中心副总经理兼中节能碳达峰碳中和研究院（绿色发展研究院）副院长 桂 华

中节能生态产品发展研究中心生态产品研究部研究员 杨梦婷 苏 星

一、研究项目级生态产品价值核算的重要意义

党的十八大以来，在习近平生态文明思想引领下，我国生态文明建设发生历史性、转折性、全局性变化。尊重自然、顺应自然、保护自然，是全面建设社会主义现代化国家的内在要求，人与自然和谐共生是中国式现代化的本质特征，“绿水青山就是金山银山”是我国生态文明建设的核心理念。加快推进生态产品价值实现，是推动生态文明建设领域全面深化改革的重大制度安排，是新发展阶段推动经济社会发展全面绿色转型的一项重要创新性举措，有助于破除“绿水青山”转化为“金山银山”的深层次体制机制障碍，有利于走出一条协同推进生态环境保护和经济发展的新路子。习近平总书记高度重视生态产品价值实现工作，多次发表重要讲话。他指出，良好的生态蕴含着无穷的经济价值，能够源源不断地创造综合效益，实现经济社会的可持续发展。“建立生态产品价值实现机制”也被写入党的二十大报告中。

建立生态产品价值评价机制是生态产品价值实现的关键和基础。很多学者在充分借鉴国际核算经验的基础上，对我国生态系统服务评估指标体系做了积极的探索。江西抚州、广东深圳、浙江丽水等地先行先试，出台了 GEP 地方核算标准，并积极推动 GEP 核算成果进规划、进考核、进政策、进项目。2022 年，由国家发展和改革委员会、国家统计局制定的 GEP 统计制度体系正式发布，生态产品价值的量化基本具备了标准化、规范化的可能，为生态产品从“无价”到“有价”提供了科学依据。然而，现阶段生态产品价值核算结果应用到项目层面仍然缺少抓手，难以发挥推动生态产业落地的作用。存在的问题主要有三个：一是当前核算范围主要面向行政区域单元，核算结果分配到具体项目难度较大；二是部分指标虽然从理论上能计算出数值，但不能落实到经济活动中；三是当前核算指标与核算方法主要基于生态系统服务，核算对象主要侧重于生态价值，并没有体现建设工程项目在环境综合治理和资源可持续开发过程中产生的产品和效益。开展项目级生态产品价值核算研究，就是通过全面评价建设工程项目带来的生态产品实物量和价值量变化情况，为生态产品价值核算进项目提供技术支撑。

二、项目级生态产品价值核算的理论基础

（一）相关概念

“生态产品”这一概念在2010年国务院发布的《全国主体功能区规划》（国发〔2010〕46号）中首次被提出，国际上类似的表述是“生态系统服务”（ecosystem services）。国内学术界对生态产品概念和内涵的理解仍不统一，其概念主要分为狭义和广义两种。狭义上的生态产品，是指维系生态安全、保障生态调节功能、提供良好人居环境（包括清新的空气、清洁的水源、生长的森林、适宜的气候等）等看似与人类劳动没有直接关系的自然产品。广义上的生态产品，除狭义生态产品之外，还包括通过清洁生产、循环利用、降耗减排等途径，减少的对生态资源的消耗生产出来的有机食品、绿色农产品、生态工业品等有形物质产品。

本文将生态产品定义为对生态系统进行可持续利用过程中产生的产品和提供的服务。它包括自然生态系统提供的产品和服务；资源节约、环境友好、生态保护行为提供的产品和服务以及因此减少的生态资源的消耗（减少生态资源消耗从另一个方面也可以认为是扩大了生态产品的供给，因此也可以看作一种生态产品）。依据上述定义，本文将项目级生态产品价值定义为：建设工程项目对自然-经济-社会复合系统进行整体保护、系统修复、综合治理和可持续开发的过程中提供的产品价值及产生的综合效益。

（二）理论基础

生态系统服务理论。无节制地开发利用自然使人类面临着严重的生态环境问题，关于生态系统服务功能的学术与政策研究在20世纪末逐渐展开。Daily将生态系统服务定义为生态系统与生态过程所形成的，维持人类生存的自然环境条件及其效用。Costanza等将自然生态系统为人类提供的农产品、原材料等有形物质产品，与提供的清洁水源、清洁空气、气候调节、美学价值和生态旅游等无形服务统称为生态系统服务。联合国发布的《千年生态系统评估报告》中界定的生态系统服务，是指人类从自然生态系统获得的收益，包括有形产品、调节服务、文化服务和支持服务。这些研究成果表明生态系统可以对人类的福祉产生重要影响。

公共物品理论。公共物品具有非排他性和消费上的非竞争性两个本质特征。这意味着公共物品如果由市场提供，则会出现“搭便车”问题，最终导致公共物品的供给不足。共有资源是有竞争性但无排他性的物品，容易产生“公地悲剧”问题，导致这种资源的过度使用，最终导致全体成员的利益受损。生态产品往往属于公共物品或共有资源，需要从公共服务的角度，进行有效的管理，通过相应的制度安排调整生态产品的提供者与受益者之间的利益关系。

（三）方法基础

生态系统服务功能评估。Costanza 等首次对全球生态系统服务价值进行评估，并提出了包括 17 个评估指标在内的生态系统服务分类。生态系统服务在全球范围内的估值为 33 万亿美元/a。2001—2005 年，联合国环境规划署、世界银行等机构共同发起了为期 4 年的千年生态系统评估。2014 年，联合国统计署发布的基于环境经济核算体系（SEEA）的《实验性生态系统核算》（EEA）等成果都从方法学、政策应用方面对生态价值核算做了大量探索。中国学者也高度重视生态系统价值的相关研究，欧阳志云等将生态系统生产总值（GEP）定义为生态系统为人类福祉和经济社会可持续发展提供的产品与服务价值的总和，包括生产系统产品价值、生态调节服务价值和生态文化服务价值。

资源与环境价值评估。环境价值可以分为使用价值和非使用价值。使用价值又可分为直接使用价值和间接使用价值，直接使用价值包括消费性直接使用价值和非消费性直接使用价值，非使用价值包括存在价值和遗赠价值。消费性直接使用价值一般是商品和服务的货币价值，可以基于市场价格进行评价，如环境的单个要素（土地、水、矿产等），可称为自然资源属性。非消费性直接使用价值、间接使用价值、存在价值和遗赠价值难以在市场上直接体现（如环境容量等），可被称为环境资源属性，一般通过环境污染损失和环境治理成本来反映。

三、项目级生态产品价值核算框架及应用

（一）主要目标

为贯彻落实《关于建立健全生态产品价值实现机制的意见》，探索建设工程项目生态产品价值核算方法，应把项目级生态产品价值核算作为推动生态产品价值实现的重要抓手。结合国际经验和中国国内实际，建立项目级生态产品价值核算框架，阐明项目级生态产品价值核算的基本思路与方法，确定基本核算内容，为具体项目核算提供总体框架。

（二）基本原则

科学客观，切实可行。核算方法应具有科学依据，核算结果要客观准确。核算指标应具有明确的实物量和可获得的基础参数，核算时应优先使用实测数据。

适应项目，灵活选择。项目类型和特征不同，提供的生态产品存在很大差异。根据项目的类型和特征选择适用的核算指标，具有较高的可行性和可应用性。

动态调整，逐步完善。项目级生态产品价值核算仍处于探索阶段，将在不同的项目和区域中进行实际应用。核算指标与方法将在实践中完善，并不断吸收生态产品价值核算领域的最新研究成果。

政策融合，市场导向。项目级生态产品价值核算框架及其应用应融入生态文明战略

及其配套政策，促进生态产品保值增值。同时应以市场为导向，推动生态产品价值有效转化。

（三）指标体系

本文从量化工程项目对生态产品的综合影响出发，将生态系统服务的核算指标体系进一步拓展，形成了包含生态价值、资源价值、环境价值 3 个一级指标、12 个二级指标和 30 个三级指标的项目级生态产品价值核算指标体系。资源价值和环境价值已经有相对成熟的市场定价机制，因此项目级生态产品价值核算和现实经济活动衔接更加紧密。该指标体系通过丰富生态产品价值的内涵，扩大了生态产品产业项目的范围，绿色照明等绿色市政工程项目，绿色工厂、绿色园区等建设项目甚至节能技术改造项目，都可以纳入生态产品相关项目的范围，能够让发展生态产品这一战略融入更多应用场景。

生态价值采用了国家发展和改革委员会和国家统计局出台的《生态产品总值核算规范》中的指标体系进行核算，下设物质供给、调节服务和文化服务 3 个二级指标。资源价值下设资源生产、资源节约和资源循环利用 3 个二级指标。环境价值下设大气污染物减排、温室气体减排、水污染物减排、土壤污染物减排、固体废物减排和噪声防治 6 个二级指标。在二级指标下，在指标体系中还设计了 30 个三级指标，见表 1。

表 1　项目级生态产品价值核算指标体系

序号	一级指标	二级指标	三级指标
1	生态价值	物质供给	生物质供给
2		调节服务	水源涵养
3			土壤保持
4			防风固沙
5			海岸带防护
6			洪水调蓄
7			空气净化
8			水质净化
9			固碳
10			气候调节
11			噪声削减
12		文化服务	旅游康养
13			休闲游憩
14			景观增值

序号	一级指标	二级指标	三级指标
15	资源价值	资源生产	可再生能源
16			其他可再生资源
17		资源节约	能源节约
18			水资源节约
19			材料节约
20			土地节约
21			矿产节约
22		资源循环利用	能源梯级利用
23			水资源循环利用
24			材料循环利用
25	环境价值	大气污染物减排	大气污染物减排
26		温室气体减排	温室气体减排
27		水污染物减排	水污染物减排
28		土壤污染物减排	土壤污染物减排
29		固体废物减排	固体废物减排
30		噪声防治	噪声防治

实际核算时，可根据项目的类型和特征选择适用的核算指标，例如生态修复类项目须核算生态价值，节能环保类项目须核算资源价值及环境价值。运用统计调查、机理模型等方法核算各项指标的实物量，在核算实物量的基础上，采用市场价值法、替代成本法、旅行费用法等方法核算各项指标的价值量。对于能从理论上测算但是暂时不能计入经济活动的生态产品价值核算指标，应单独标注。

（四）应用案例

中国节能环保集团旗下山东临沂固体废物生态循环产业园以生活垃圾焚烧热电联产为核心，集餐厨垃圾、动物尸体、污泥等 7 类固体废物协同处置，产业园集沼气利用、污水处理、生物菌剂生产等于一体，将园区内物质流、能量流循环再利用，实现零排放和能源梯级利用。按照本文所述方法核算，2021 年产生资源价值 16 799.2 万元，环境价值 7 592.9 万元，最终的生态产品价值为 24 392.1 万元（表 2）。

表 2　山东临沂固体废物生态循环产业园 2021 年生态产品价值核算结果　单位：万元

一级指标	二级指标	三级指标	价值量
资源价值	资源生产	可再生能源（电力、蒸汽）	12 617.8
		其他可再生资源（油脂等副产品）	4 181.3
	资源循环利用	水资源循环利用	0.1
环境价值	温室气体减排	温室气体减排	4 121.6
	大气污染物减排	大气污染物减排	15.1
	固体废物减排	固体废物减排	3 456.2

四、结论与展望

本文界定了生态产品和项目级生态产品价值的概念，以国内外生态产品及其价值核算的理论和方法为基础，建立了项目级生态产品价值核算指标体系，指标体系包括 3 个一级指标、12 个二级指标和 30 个三级指标。并以山东临沂固体废物生态循环产业园为例，估算了该项目 2021 年产生的生态产品价值，其中资源价值 16 799.2 万元，环境价值 7 592.9 万元，最终的生态产品价值核算数为 24 392.1 万元。该研究表明，项目级生态产品价值可以用来定量评估建设工程项目对生态系统进行可持续利用过程中产生的综合效益。

生态产品定量化、价值化是生态产品商品化、资本化的基础和关键，项目级生态产品价值核算是生态产品价值核算及结果应用的重要方向。项目级生态产品价值核算能够为生态产品定价、生态产品价值评估、工程项目绿色评价提供依据，为政府部门以发展生态产品为抓手制定建设工程项目奖补机制和准入制度提供技术支撑，使生态产品价值核算的结果得到了更广泛的应用。

创新单株碳汇模式　助力贵州生态产品价值实现

中国质量认证中心生态价值评测中心主任、高级工程师　李英本
中国质量认证中心生态价值评测中心业务发展部部长、工程师　王志强

一、单株碳汇工作背景

贵州省作为两江上游的重要生态屏障，森林覆盖率达 61%，9 个中心城市空气质量优良天数比例为 99.2%，地表水优良水质断面比例为 99.3%，生物多样性丰富度位居全国前列。优良的生态环境是“天赐的宝藏”；但贵州仍面临着产业发展薄弱、资源分布不均的问题。

为全面贯彻落实“绿水青山就是金山银山”理念，践行生态扶贫行动，2018 年贵州省开始实施“单株碳汇精准扶贫”项目，项目前期主要服务于贵州省内深度贫困村的建档立卡贫困户。

2020 年为巩固拓展脱贫攻坚成果，并使其同乡村振兴有效衔接，探索推进贵州省生态产品价值实现路径，项目更名为“贵州省单株碳汇”（以下简称“单株碳汇”），并对服务对象进行了调整，由深度贫困村的建档立卡贫困户调整为全省拥有林地的林户。

中国质量认证中心（CQC）作为项目的技术支持方，承担了贵州省单株碳汇方法学研究、贵州省竹林碳汇方法学研究、单株碳汇项目核证等工作，并与贵州省生态环境厅共同签发“单株碳汇核证证书”。

二、“单株碳汇”项目介绍

“单株碳汇”项目主要面向贵州省符合乡村振兴行动条件且拥有相应碳汇林地的林户，将其树木按照树种、大小和碳汇功能（吸收二氧化碳、释放氧气）进行筛选、编号，并为其拍照，将树木信息和林户基本信息一起录入贵州省单株碳汇大数据平台，按每棵树每年碳汇价值 3 元计，建立包含树木基本情况、碳汇价值、林户基本信息等在内的数据库，发动社会公众、企事业单位和社会团体通过手机 App 或微信公众号购买碳汇，购碳资金全额进入林户个人银行账户（图 1）。

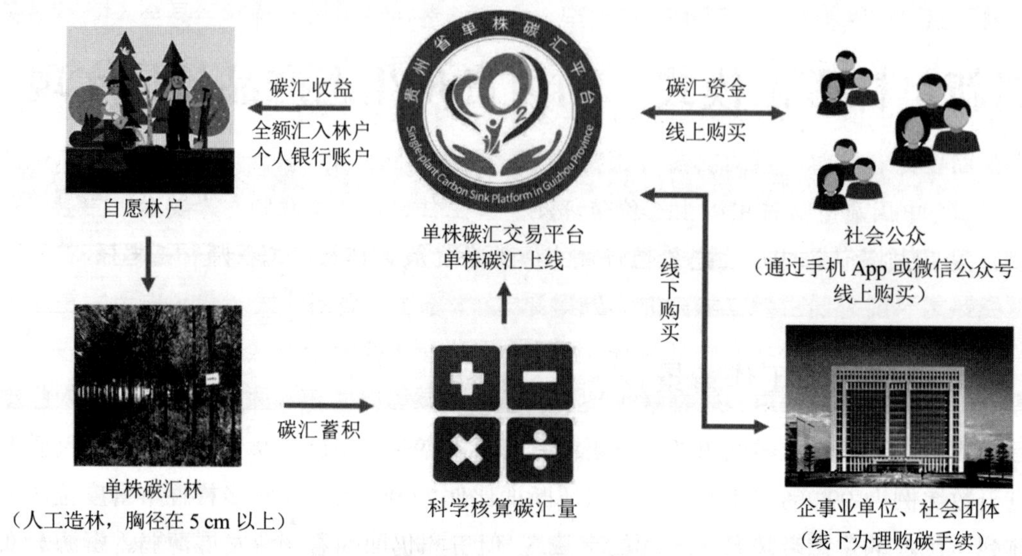

图 1 贵州省“单株碳汇”项目运营机制

（一）“单株碳汇”项目特点

生态助农模式的首创性。“单株碳汇”项目既充分利用了贵州现有生态环境资源和大数据平台，又达到了为农民增收的目的，是将乡村振兴、大数据、大生态三者有机结合的生态助农新模式。

开发方式的独创性。项目在借鉴国内外林业碳汇经验的基础上，结合贵州省退耕还林、封山育林的实际情况，为便于贵州省林户参与，以“株”为单位进行开发，既符合国内外林业碳汇计量通用方法又符合贵州省实际。

计量方式的科学性。编制了科学、合理和具备可操作性的《贵州省单株林木碳汇量计量方法学》（编号：201804-V1）、《贵州省竹林碳汇方法学》（编号：V01-20191129），为单株碳汇项目开发提供理论、方法支撑。

助力乡村振兴的精准性。项目服务对象为贵州省拥有林地的林户，林木信息与林户个人信息、银行卡信息一一对应，所有购碳资金全额转入林户个人银行账户，项目开发过程精准到户，收益精准到户，从而将林木生态价值转化为经济价值。

项目开发的长效性。项目开发周期设定为 6 年，即林户一次挂牌拍照并上传至贵州省单株碳汇平台可在 6 年内持续参与项目。在这 6 年内，参与项目的林户不需要增加其他投入，只需对自己的林地履行好看管义务。

参与模式的便捷性。参与者通过手机微信扫码进入单株碳汇交易平台，可以便利地查阅参与“单株碳汇”项目试点的村、林户和其单株碳汇信息。找到购买对象后，参与者仅需在平台上简便操作便可完成购碳。

（二）基本要求

1．贵州省“单株碳汇”项目面向全省拥有林地的林户，且遵循林户自愿参与的原则。

2．项目活动土地为林户拥有林权证、土地证的林地或者退耕地，项目要求林木为5年以上的人工造林的幼龄林、中龄林或近熟林。

3．为扩大林户受益面，每户参与项目的林地最多2亩，按相关造林技术规程每亩最多225棵，两亩地不超过450棵树。

4．参与者须授权委托省环境厅统筹开发、销售其项目所在地上的单株碳汇。

5．参与者须承诺保护好参与项目的林地，若自然灾害等不可抗力造成森林破坏，需及时报告村委会并补种树木、重传照片。

6．社会各界购碳资金全部汇入林户个人账户，归林户个人所有。

7．项目销售的是林木碳汇，不影响农民对林木的所有权，不影响其将来售卖木材获得收益。

（三）碳汇计算

单株碳汇的测算严格按照《贵州省单株林木碳汇量计量方法学》和《贵州省竹林碳汇方法学》。

1．单株林木碳汇计算

第一步，根据测量林木的胸径（D），以及具体树种的生物量方程［f（D）］、林木地下生物量与地上生物量之比（R）计算林木单株生物量（B）：

$$B_{\mathrm{TREE},i,j,t}=f_j(D_{i,t})\times(1+R_{\mathrm{TREE},j})$$

第二步，将林木生物量（B）换算为碳储量（C）。用林木生物量碳含量（CF）将林木生物量换算为碳储量，再用CO_2与C的分子量之比（44/12）将碳储量换算为二氧化碳当量：

$$C_{\mathrm{TREE},i,j,t}=\frac{44}{12}\times B_{\mathrm{TREE},i,j,t}\times \mathrm{CF}_{\mathrm{TREE},j}$$

第三步，根据计量周期（t_1～t_2）内林木碳储量的变化量（ΔC），计算林木碳汇量：

$$\Delta C_{i,j,t_2-t_1}=C_{\mathrm{TREE},i,j,t_2}-C_{\mathrm{TREE},i,j,t_1}$$

2．竹林碳汇计算

第一步，根据竹子的平均胸径（DBH）、平均高度（H），结合生物量方程计算平均单株地上生物量（B_{AB}）：

$$B_{\mathrm{AB},j} = f_{\mathrm{AB}}(\mathrm{DBH}_j, H_j)$$

第二步，结合单株地上生物量（B_{AB}）、立竹度（N）、竹子含碳率（CF）、每公顷丛数（M），计算单位面积竹林地上生物质碳储量（C_{AB}）：

$$C_{\mathrm{AB},j,t} = B_{\mathrm{AB},j,t} \times N_{j,t} \times M_j \times \mathrm{CF}_{j,B} \times \frac{44}{12} \times 10^{-3}$$

第三步，根据竹林面积（A）、竹林地下生物量与地上生物量之比（R）、竹林年龄（t_a）、竹林到达成林稳定阶段所需的时间（T_{eq}），计算竹林碳储量（ΔC_{P}）：

$$\Delta C_{\mathrm{P},t} = \sum_i \sum_j \begin{cases} A_{i,j,t} \times (C_{\mathrm{AB},i,j,t} - C_{\mathrm{AB},i,j,t-1}) \times (1+R_j) & (t_a \leqslant T_{\mathrm{eq},j}) \\ 0 & (t_a > T_{\mathrm{eq},j}) \end{cases}$$

第四步，根据竹林碳储量计算竹林项目减排量。项目活动所产生的减排量（ΔC_{FP}），等于项目碳汇量（$\Delta C_{\mathrm{ACTUAL}}$）减去基线碳汇量（$\Delta C_{\mathrm{BSL}}$），再减去泄漏量（LK）。

$$\Delta C_{\mathrm{FP},t} = \Delta C_{\mathrm{ACTUAL},t} - \Delta C_{\mathrm{BSL},t} - \mathrm{LK}_t$$

三、“单株碳汇”项目取得的成效

2018 年 7 月 8 日，“单株碳汇精准扶贫”项目在 2018 年生态文明贵阳国际论坛上正式启动。会上为购买碳汇支持精准扶贫和碳中和的企业颁发了碳汇证书并授予“碳中和企业”牌匾。启动当日，单位和个人自愿购买碳汇共计 30 多万元，全部进入贫困林户的个人账户。

2018 年 12 月 21 日，中国质量认证中心联合贵州省发展和改革委员会在贵阳共同主办了“推动单株碳汇·助力脱贫攻坚”主题党建活动。活动得到了中国标准化研究院、重庆长安汽车股份有限公司、四川长虹电器股份有限公司、贵州环境能源交易所有限公司等单位党组织的鼎力支持，覆盖党员近千人，购买单株碳汇 140 382 株，累计购碳金额达 42 万元。

截至 2022 年 10 月，“单株碳汇”项目已在贵州省 9 个市（州）33 个县（市、区），开发 711 个村，涉及 11 793 户，销售金额 1 318 万元，交易单株碳汇 439 万株，户均增收 1 117 元。

“单株碳汇”项目是解决贵州省生态脆弱地区保护与发展矛盾最直接的方式。一方面对在生态环境保护中作出贡献的村民进行合理的经济补偿，另一方面约束参与项目林户在项目周期内不能随意砍伐单株碳汇林木，以此实现生态产品价值和生态环境质量的双提升。

数字赋能生态产品价值实现

北京大学博士后，国研大数据研究院首席研究员　梁盛平
湖南师范大学商学院2021级硕士研究生　丁德辉

中国式现代化是人口规模巨大的现代化、是人与自然和谐共生的现代化，促进生态产品价值实现是中国式现代化的内在要求。随着数字化进程的不断推进，数字技术基于传统的信息技术进行了迭代升级，已在与生态产品价值实现相关的领域广泛应用。建立健全生态产品价值实现机制，是贯彻落实习近平生态文明思想的重要举措，是践行“绿水青山就是金山银山”理念的关键路径。生态产品价值实现是“绿水青山就是金山银山”理念的物质载体和实践抓手，对推动我国经济社会发展绿色转型具有重要意义。

一、数字赋能生态产品价值实现

2010年12月，国务院印发了《全国主体功能区规划》，首次在政府文件中明确了生态产品的定义，文件指出，生态产品是维系生态安全、保障生态调节功能、提供良好人居环境的自然要素。而生态产品价值可理解为自然生态系统在一定时空范围内为人类提供的某项物质产品或非物质服务的货币化价值，其实质是“绿水青山”向“金山银山”的转化。2021年4月，中共中央办公厅、国务院办公厅印发的《关于建立健全生态产品价值实现机制的意见》中，明确了健全生态产品价值实现机制的重要意义、总体要求和主要目标，并提出包括“建立生态产品调查监测机制”在内的六大重点任务和19项具体工作。自此，关于生态产品价值实现的理论研究和实践探索被全面提上日程。

生态产品价值实现是一项系统性工程，建立健全生态产品价值实现机制，需要明确其概念、内涵并建立清晰的理论框架。为避免混淆生态产品价值实现的概念，需区分“生态资产”和“生态产品”。生态资产是指在一定时间、空间范围内和技术经济条件下可以给人们带来效益的生态系统，包括森林、草地、湿地和农田等。生态产品是来源于自然生态过程的自然要素，这是其最具有辨识度的特点，产出和消费方式的差异化，致使生态产品价值体现的方式有所不同，继而影响生态产品价值实现方式的多样化。生态产品价值实现的前提条件是持续推动生态产品要素的转化，让碎片化的资源要素资产化和资本化，但在实现中直接转变的难度很大，数字赋能则可以成为资源要素高效转化的技术支撑和动力引擎。生态资产与生态产品的区别在于，生态资产是存量资本，不依赖人类需求独立存在；而生态产品是增量产品，强调人类对生态系统的需求和利用。

二、数字赋能生态产品价值实现的发展现状

数字技术在拓宽“绿水青山”和“金山银山”转化通道上发挥着重要作用，已成为创新生态环境与经济效益之间的转化模式的重要手段。打通“绿水青山”和“金山银山”转化路径，目的是实现生态产品价值转化，破解资源分散带来的低效率转化问题。数字化改革背景下，数字技术是实现生态产品价值转化最直接、最有效的方式。以英国为代表的一部分国家采用一种基于市场的生态系统价值实现机制实现生态产品价值，中国也与之类似，主要也是以市场化、货币化的支付手段实现生态产品价值，中国生态产品及其价值实现方式目前可分为以下四种。

一是具有俱乐部物品特征的生态产品，这类生态产品在政府监管下通过市场交易实现价值。其实现方式主要适用于风景名胜区、自然文化遗产等。为确保这类生态产品的公益属性，其价格、服务条款等需要受政府监管。

二是具有一般私人物品特征的生态产品，这类生态产品主要通过直接市场交易实现价值。直接市场交易可使生态产品提供者和消费者面对面交易，省去了繁杂的中间环节，是最直接的一种生态产品价值实现路径。目前，此类市场交易主要应用于生态农林产品等的价值实现。

三是具有公共资源特征的生态产品，这类生态产品主要通过产权激励的路径实现价值。产权激励通过明晰公共资源的产权，将其产权分配给特定组织或个人，如当前我国实行的林权制度改革，通过集体林地确权登记，调动了农民保护林地的积极性，可扩大森林生态产品供给。这类生态产品价值实现路径应用还比较少。

四是具有纯公共物品特征的生态产品，这类生态产品主要通过税收、补偿、转移支付等政府路径及排污权交易等生态许可交易方式实现价值。常见的此类生态产品价值实现方式还有生态补偿和财政购买等。针对不同的生态功能类型区，政府可以通过转移支付、财政购买、合同外包等方式实现其生态产品价值，如碳排放权交易、排污权交易等，在通过市场化手段保证生态产品供给的同时，纠正了市场的负外部性。

三、数字赋能生态产品价值实现存在的问题和发展建议

国内关于生态产品价值的认识与我国的社会经济发展水平及自然环境保护情况密切相关，是一个动态发展的过程。由于过去我国长期以经济发展为主要发展目标，生态保护让位于经济增长，生态产品价值实现还存在底数不清、价值核算不规范、实现渠道不顺畅、转化不充分等问题，这些问题在一定程度上限制了“绿水青山”和“金山银山”间的有效转化，主要体现在以下三个方面。

第一，数字化产品开发需要时间，部分环节技术难度大。生态产品价值实现本身存

在“四难”，即度量难、抵押难、交易难和变现难。对于此项工作，目前国内外开展的多为“点状”探索，尚未从面上铺开。数字技术在生态产品价值实现中的应用也未系统化，诸多环节仍存在“空白”。

第二，涉及面广、关联性强，缺乏复合型人才支撑。生态产品价值实现是一项系统性工程，实践要求高，需要社会学、经济学、生态环境和信息技术等领域复合型人才队伍支撑。但从目前高校学科设置、学术论文研究内容来看，对于数字技术与生态产品价值实现融合及创新应用的研究为数较少。

第三，生态产品价值实现机制尚在建立，数字技术市场未有效激发生态保护积极性，生态修复恢复成本高，经济效益不显著。另外，实施周期长，相关制度机制尚不健全，特别是生态保护地与受益地和长江流域上下游地区之间横向生态补偿的长效机制尚未建立。这些综合因素导致生态产品价值实现的积极性难以充分调动，缺乏内生动力。因此，数字技术在生态产品价值实现过程中应用的市场需求尚未充分释放，数字技术服务生态产品价值实现的机制远未成熟。

为了解决当下数字赋能生态产品价值实现存在的问题，中国政府需综合运用多种数字技术，开展生态产品信息普查、动态监测、价值核算和模拟评估等，以有效提高生态产品价值实现效率，加快生态产品价值实现机制建立进程。过程数字化思维引领下的顶层设计对加快“绿水青山”和“金山银山”间的转化和破解转化过程中的一系列难题至关重要。同时也应立足新发展阶段，抓住数字化改革契机，不断加强对数字化技术、思维、认知的研究，把数字化、一体化、现代化贯穿到“绿水青山”和“金山银山”双向转化的全过程。

主要建议：一是加大数字技术在补偿区域瞄准、活动监管、绩效考核等方面的应用，建立立体补偿平台，发挥数字赋能的提质增效作用，用数字技术驱动生态产品价值实现。二是以数字技术驱动传统产业数字化、标准化、资产化，加快推进生态产品价值核算和定价制度建设，提升生态产业核心竞争力和资产变现能力。三是提供数字服务打造环境权益数字平台，完善生态产品调查监测机制，通过数字增效优化生态产品价值。

红树林之城点绿成金
——生态产品价值实现的湛江实践

广东省湛江市政协副主席、湛江市生态环境局局长 关 卉

湛江是全国红树林面积最大的城市，现有红树林 9 960 hm^2，占全国红树林面积的33%，占广东省红树林面积的 78%。湛江红树林国家级自然保护区是拉姆萨尔国际重要湿地、中国人与生物圈保护区之一。近年来，湛江市深入贯彻落实习近平生态文明思想，坚持“绿水青山就是金山银山”理念，正在举全市之力建设“红树林之城”，让湛江红树林成为广东生态文明建设的新名片。

红树林是热带、亚热带海岸带海陆交错区生产能力最强的海洋生态系统之一。近年来，在全世界红树林面积逐年递减的大趋势下，湛江采取强力的有效措施保护和修复红树林，全市红树林面积逆势增长，“十三五”期间新增 380 hm^2，“十四五”期间计划再新增造林和修复面积 4 183 hm^2，这充分显示了湛江自然生态条件独有的优越性。广东省人民政府办公厅于 2022 年 11 月 1 日发布了《广东省建立健全生态产品价值实现机制的实施方案》，协同推进生态环境高水平保护和经济高质量发展，推动“绿水青山”和“金山银山”双向转化，以形成具有广东特色的生态产品价值实现机制。湛江围绕建设“红树林之城”，不断探索红树林等生态产品价值实现的机制和路径，把生态资源优势转化为地方高质量发展优势，创造了更多绿色 GDP，更好地造福湛江人民。

一、大力发展红树林生态游、研学游

红树林是一种独特的生物族群，不但观赏性强，其研究价值也十分突出。红树林长期浸泡在海水中，它是如何呼吸、如何繁衍的？以红树林为载体所形成的海洋生态系统是如何运转的？这些都吸引着人们去思索、去探究。因此，开发红树林生态游、研学游大有市场。

近年来，湛江陆续开发了廉江高桥红树林保护区、霞山特呈岛红树林生态湿地公园、雷州九龙山红树林国家湿地公园、麻章通明港红树林“十里画廊”等红树林旅游景点。深入挖掘红树林旅游价值，科学制定红树林生态旅游发展规划，把红树林生态游景点与滨海旅游、乡村旅游、红色旅游等景点“穿珠成链”，打造一批“一程多站”精品旅游线路，并发掘民俗风情、历史传说和民间戏剧等的文化价值，以独特的乡村文化与良好

的生态环境为旅游赋值，实现旅游生态产品增值。

推动现有的红树林景区提档升级，加快完善红树林主题酒店、红树林特色餐厅、红树林接待中心、往返旅游巴士等配套设施，丰富服务业态，打造国家 3A 级以上红树林生态旅游景区。利用“一湾两岸”的城市格局，打造红树林休闲观光带，建设红树林湿地公园、休闲栈道，让人们能够亲近红树林、观赏红树林、喜欢红树林。

加快建设红树林博物馆、红树林科普宣传基地、红树林研发平台等，并通过这些载体吸引国内外著名学者到湛江进行红树林研究开发工作，扩大湛江红树林的知名度，为红树林科普宣传、研学旅游提供智力支撑。此外，引导高校积极参与红树林科普宣传，鼓励中小学开展丰富多彩的红树林科普研究实践活动，激发和培育湛江红树林研学游市场，打响湛江红树林研学游品牌。

二、充分挖掘红树林生态产品的人文价值

习近平总书记指出，一个国家、一个民族不能没有灵魂。具体到一座城市，同样不能缺少城市精神、城市品格。红树林作为红土之树、生命之树，体现着湛江市的精神内核，也是其象征。红树林深谙生存的智慧，面对严酷的生存环境，进化出叶面泌盐、根系支撑、木质胎生等绝妙功能，令人叹为观止。可以说，红树林精神与湛江人民的精神高度契合、共鸣共生。

建设“红树林之城”，深入挖掘和弘扬红树林精神，将其顽强不屈的意志、激浊扬清的正气、勇于创新的品质、团结奋进的力量，体现在推动湛江发展的生动实践中，激励全市人民奋力走好新时代长征路。

通过拍摄“红树林之城”主题宣传片，启动红树林生态保护公益路演 PPT 项目，举办“国际红树林行动日”系列主题活动，凝聚社会共建力量。扶持创作大型诗画音乐舞台剧《红树林深处的灯塔》，建设红树林文化活动中心，创作“红树林之城”原创主题歌曲，举办首届“红树林之城”主题文创产品设计比赛，营造建设“红树林之城”的浓厚文化氛围，实现红树林生态产品的人文价值。

三、依托红树林“碳汇”功能，开发更多蓝碳交易项目，使红树林变成“金树林”

红树林被誉为“海洋绿肺”，有着极强的碳汇功能，碳汇可达到普通森林的 6 倍，净化海水、净化空气、固碳储碳和减轻污染的能力强大。2021 年 6 月，湛江红树林国家级自然保护区管理局、自然资源部第三海洋研究所和北京市企业家环保基金会，签署“湛江红树林造林项目”首笔 5 880 t 的碳减排量转让协议，这标志着我国首个蓝碳交易项目正式完成，为推动生态优势向发展优势转变积累了宝贵的经验。

目前，湛江正组织专家团队构建红树林碳汇碳普惠方法学，积极促进海洋碳汇资源统筹纳入广东省碳排放权交易市场体系，努力打造海洋碳汇核算方法学的“湛江标准”。依托碳普惠机制，由企业出资修复和营造红树林，将作为一种新模式实现“政府+市场”模式下的多方共赢。企业作为购买方，红树林碳汇资源交易降低了企业的碳减排成本，实现了预期的碳排放目标，同时通过参与节能减排等活动，彰显了企业社会责任和品牌价值；红树林经营部门作为销售方，借助碳交易市场获得了一定的收益，有助于促进其从关注营造数量转向关注质量，进而激发经营主体在抚育红树林、保护自然、修复生态等方面的积极性；政府作为监管方和制度供给方，促进了海洋资源的有效保护和质量提升，同时也为生态良好地区有效盘活“沉睡”的自然资源资产、推动具有公共属性的生态产品的价值实现提供了可推广、借鉴的模式。

促进产业生态化、生态产业化，将“绿水青山”蕴含的生态系统服务盈余和增量转化为“金山银山”，吸纳社会资金支持生态修复，恢复自然生态系统的功能，提升生态产品的质量，增加生态产品的供给，借助生态市场“卖空气”“卖海水”，将“金山银山”转化为“绿水青山”，实现 GEP 与 GDP 的双转化和协调增长。

四、利用红树林生态系统功能，开发新产品新业态，创造新价值

红树林是公认的“海岸卫士”，在防风减浪、固岸护堤、净化海水、固碳储碳、减轻污染等方面发挥着不可替代的作用。同时，红树林是 300 多种鸟类赖以生存的栖息地，也是鱼、虾、蟹、贝类非常重要的产卵场和增殖地，是维持生物多样性的“乐园”。因此，红树林不仅可以让人们观赏游乐，还可以成为为人类创造价值的生产场所。

现在，各地已尝试发展红树林林下经济，开发出一些独特的红树林产品，产生了良好的社会效益和经济效益。例如，深圳西部沙井海上田园滩涂红树林种植-水产养殖系统示范工程让消失 20 多年的沙井蚝重返餐桌，让价格高于阳澄湖大闸蟹几倍的红树林黄油蟹实现可持续生产。2022 年，湛江市争取到省专项资金建设红树林综合利用实验基地，通过探索红树林“种植+养殖”耦合共生的生态型经济，开发出了高附加值的生态产品，打造了“湛字号”标杆海产品牌，形成了产业集群。逐步实现从“人养林”向“林养人”转变，努力走出一条红树林保护和水产产业发展“双赢”的新路子。

红树林是湛江的“金山银山”。加大力度保护和修复红树林，大力挖掘其生态产品价值，必定能够点绿成金，创造出更多有益于人类健康、生态美好的财富，湛江红树林生态产业化、产业生态化的发展之路将越走越宽。

“绿水青山”和“金山银山”转化的抚州案例浅析

江西省抚州市发改委党组成员、副主任　李建光

2019年9月，国家发展和改革委员会正式批复抚州成为全国生态产品价值实现机制试点城市。3年来，抚州市深入学习贯彻习近平生态文明思想和习近平总书记视察江西重要讲话精神，切实担当起国家生态产品价值实现机制试点的重大使命，积极探索、主动作为，筑牢绿色屏障、壮大绿色经济、创新绿色制度、繁荣绿色文化。古村落确权抵押利用、“信用+”多种经营权贷款等4项创新机制入选《国家生态文明试验区改革举措和经验做法推广清单》，实体化运作“两山”转化中心和创新“畜禽智能洁养贷”金融产品入选《长江经济带绿色发展示范和生态产品价值实现机制试点经验做法第一批清单》，碳普惠制度入选第三批国家新型城镇化综合试点等地区经验，先后获批全国林业改革发展综合试点市、国家级全域森林康养试点建设市、“十四五”时期“无废城市”建设市。全市森林覆盖率达67.2%，连续入选中国“氧吧城市”50强。全市拥有自然保护区、风景名胜区、森林公园和湿地公园61处，是国家园林城市、国家森林城市、国家卫生城市。以下从四个方面简要介绍抚州市在“绿水青山”和“金山银山”转化路径上的一些探索。

一、在绿色金融方面，创新古村落金融贷模式

传统村落是文化遗产的重要载体。抚州有中国传统村落96个，占江西省近1/3，其中金溪县就有42个传统村落；抚州还有全国历史文化名镇名村10个。目前，抚州市已全面开展传统村落的保护活化利用工作，充分挖掘古村落金融资产价值，创新推出“古村落金融贷”，解决了古村古建筑保护和活化利用的资金问题。

一是创新古建古村经营权托管流转方式，解决流转问题。成立乡、村两级公司，由古建房屋产权人将经营权托管给村委会，托管期限50～70年，再由公司向村委会进行经营权流转，破解了现行法律法规下房屋使用权租赁最长期限仅为20年的难题。二是建立古村古建筑经营权确权颁证等制度，解决确权问题。将古建筑的所有权、资格权中的使用权单独剥离出来，通过颁发“古村古建证”明晰农村古村古建权益，并在原有确权颁证体系的基础上，对通过托管方式取得经营权的古村古建，颁发古村古建经营权证书，对托管范围、托管内容、经营期限等内容进行了明确界定。三是探索古村古建价值评估，解决评估问题。将土地及地上古建筑在省土地使用权和矿业权网上交易系统公开挂牌，

通过市场化运作初步评估古村古建价值或者采取银行自评与专业评估相结合的方式进行评估定价。四是创新贷款模式，解决资金问题。根据不同客户类型，银行尝试创新开拓了“个人+古建筑生态产品价值”“旅游开发公司+古建筑生态产品价值”“古村保护开发企业+古建筑生态产品价值”“村集体经济+古建筑生态产品价值”等业务；在产品的设计上，也打出了“组合拳”，推出了“古建筑生态产品价值抵押+信用”“古建筑生态产品价值抵押+保证”“古建筑生态产品价值抵押+其他抵押”等多种模式，满足了不同客户群体的需求，丰富了产品内涵，增加了实际可操作性。满足了古建筑产权归属企业、古村落开发保护企业或个人古村落生态环境美化、古建筑保护与利用、古村落休闲旅游融资和古村落文化融资的需求。

截至 2022 年 10 月，抚州已发放古屋贷 29.46 亿元，解决了古村、农房等闲置资源变资产、变资本、变资金问题，促进了农民增收。

二、在绿色制度方面，创新资源转化模式

一是打造“两山”转化中心模式。借鉴银行“零存整取”的理念，创新打造集评估、收储、运营、交易、金融服务等功能于一体的“两山”转化中心，设立生态资产申请（登记）、生态资产（产品）评估、生态产品交易、绿色金融服务、资产收储（运营）、政策服务 6 个窗口。将山林、土地、流域、农房等碎片化资源整合成优质资产，吸引社会资本投资或通过第三方评估向银行融资，推进项目建设。

其中，申请（登记）窗口的主要功能是通过数字化手段合法收集、汇总、梳理全市域内归属国家、集体、企业和个人的生态资产，方便查询申请人名下的生态资产，为下一步生态资产（产品）流转或金融服务提供服务。评估窗口由具有生态资产（产品）评估资质的公司参照市行业主管部门制定的生态资产（产品）价值评估参考价体系，为申请人名下的生态资产（产品）出具评估参考价格（评估报告）。生态产品交易窗口主要包括市公共资源交易中心、南方林业产权交易所生态产品（抚州）运营中心，这些机构依据政府规章或法律法规开展生态产品权益类交易（交易品种目前为《抚州市生态资产交易管理办法》中明确的农地经营权、农业生产设施工具使用权、畜禽养殖经营权、农村集体资产股权、林权、远期林业碳汇、小型农田水利设施、水资源使用权、河道水域经营权、宅基地使用权、古村古建经营权、碳普惠核证减排量、用能权、其他有价值且可评估可交易的生态产品共 14 种）。绿色金融服务窗口的主要功能是由金融机构（保险机构）为融资方提供量身打造的金融服务（包括直接融资和间接融资）。其中，对单个农户以线上产品服务为主，将生态信用与个人信用相结合，开发生态产品专属的金融产品；对家庭农场、村集体生态资产公司、专业合作社、龙头企业等新型经营主体将线上和线下产品服务（重点推荐生态信贷通产品）相结合，积极引导融资方进入“两山”转

化中心进行交易和获取金融服务。有条件的地区可以与普惠金融服务中心共建。资产收储（运营）窗口主要功能是当国有平台控股的运营公司受理的国有、集体或个人名下的生态资产（产品），或融资方发生不良贷款风险时，由金融机构（保险机构）委托国有收储（运营）公司对其名下的生态资产（产品）进行赎买、租赁、托管、股权合作、特许经营等，推动山林、土地、水资源、农房等碎片化资源收储、整合、运营，实现生态资产的保值与增值。政策服务窗口主要是将全市生态资产和生态产品可以争取上级部门的政策、项目、资金等信息通过数字化手段推送给通过“两山”转化中心获得相关服务的申请人。2022 年 1—10 月，生态资产交易平台已完成交易 51.97 亿元。

二是创新水域经营权、水权交易模式。抚州市宜黄县、资溪县、广昌县、乐安县、崇仁县选择小流域水资源丰富、生态条件较好的河段开展河道水域经营权改革，将以前的单一由政府对河道的管理，变为由群众参与的河道保护，达到“以河养河”的目标。其中，宜黄县将河道分段承包到户，130 km 长的河道的经营权通过拍卖，增加村集体收益 70 余万元。宜黄县探索出以县域为单元的农业水价综合改革“宜黄模式”，推行骨干工程集约化管理和物业化维养、田间工程自主管理，政府每亩补贴 22 元，用水户缴纳 7 元，实现了水渠有人管，田里用水更方便，省水省钱不误农时。2021 年 5 月，宜黄县率先完成全国水权交易平台首例工业用水户间水权交易。2022 年，广昌县完成全省首例取水权交易。

三、在品牌打造方面，创建“赣抚农品”区域公共品牌

抚州市围绕“一县一业”“一村一品”特色农产品，以“区域公用品牌+企业产品品牌”的母子品牌战略为主线，以“七大体系”（标准化体系、信用体系、可追溯体系、金融支持体系、营销宣传体系、信息化体系、科技创新体系）为抓手，打造“赣抚农品”区域农产品公共品牌。2022 年 10 月，“赣抚农品”销售额突破 17.37 亿元，产品溢价增值 15%。同时，分别制定《赣抚农品：建设和管理通用要求》抚州市地方标准（2021 年 12 月发布）和《“赣抚农品”建设与管理　通用要求》《赣抚农品：大田作物技术管理规范》《赣抚农品：水果和蔬菜技术管理规范》《赣抚农品：中药材技术管理规范》《赣抚农品：畜禽产品技术管理规范》《赣抚农品：水产品技术管理规范》《赣抚农品：加工食品技术管理规范》7 项团体标准（2020 年 12 月发布）。

四、绿色生活方式方面，打造“绿宝”碳普惠公共服务平台

按照“一个平台、综合功能、面向大众、优政便民”的原则，创新构建并推行了碳普惠公共服务平台——“绿宝”。市民群众只要下载“我的抚州”App，就能打开“绿宝”。“绿宝”实行手机号和身份证实名注册，设置了绿色出行、低碳生活、绿色消费、绿色

公益四大类 13 项低碳应用场景。注册用户在发生绿色行为时平台能自动折算相应碳币，如绿色出行每 2 000 步即可领取 1 个碳币，垃圾分类一次扫码可领取 1 个碳币等。碳币积累通过后台运算，直接存储至个人“碳账户”，实现了自动积碳币。截至 2022 年 10 月底，省市“绿宝”碳普惠公共服务平台累计实名认证会员达 107 万人，累计个人碳积分 4.8 亿分，累计单位碳积分 17 万分，碳普惠联盟中的商家已超过 600 家，根据 ISO 14064、1S1 4067 等国际标准，结合均值法与替代法估算，已累计实现碳减排 9.8 万 t（二氧化碳当量）。

抚州将深入践行“绿水青山就是金山银山”理念，扎实推进生态产品价值实现机制试点工作，努力为全国“绿水青山”和“金山银山”转化路径探索提供可复制、可推广的“抚州经验”。

君子谷的生态资源和生态产业

江西君子谷野生水果世界有限公司董事长　庄席福

江西君子谷野生水果世界有限公司创建于1995年，位于江西省崇义县西部，罗霄山脉东南山区。君子谷野生水果世界由野果和植物保护区、野果种质资源圃、野生刺葡萄种质资源圃、野生刺葡萄选优品系（原生水果）生态种植园、生态食品加工区、野果森林公园，以及农民学校和国际会议中心等区域组成。从1995年建立君子谷野果和植物保护区开始，发展到现在，君子谷野生水果世界有限公司已成为物种种质资源和环境保护、生态种植、农产品精深加工、研学旅游和生态旅游等产业融合发展的生态企业。

一、发展过程

君子谷是笔者小时候放过牛的地方。那里的山花和野果是笔者烙印在脑海里的一份美好记忆。因为这份美好，读书时笔者常遐想这样的画面：静静的山谷中，有一栋小屋，清澈的山泉环绕小屋，小屋周围山花烂漫、野果飘香。这是读书时笔者梦想的生活画面。君子谷野果和植物保护区的创立，最初就是奔着这个梦想去的：希望留住自己记忆中的那份美好。

1995年，为了把小时候吃过、见过的野果保护起来，等到自己年老退休时还可以看得到、吃得到，当时还在广东打工的笔者，就用工资在君子谷山区建立了保护区。当时，给保护区设立的保护范围是：君子谷内的各种原生的野果和植物、君子谷周边地区在“炼山”（一种林业生产方式，“炼山”时先把有商业价值的树木，然后设置防火线，放火烧山清理林地）时要烧掉的野果，以及漂亮的植物。

2003年，建立野果种质资源圃。2005年，建立原生水果生态种植园。2008年，成立江西君子谷野生水果世界有限公司。

二、生态资源

君子谷生态资源的主要特点为物种资源非常丰富，生物多样性和生态环境保护良好，物种的密度很大。罗霄山脉和南岭交会区域的生物多样性特征在君子谷得到了很好的体现，君子谷是一座罗霄山脉和南岭交会区域的“生物岛”。

形成君子谷生态资源特色的主要原因有以下三点。

一是君子谷的区域优势。罗霄山脉的诸广山，位于罗霄山脉和南岭的交会区域，该区域本身就是一个天然的物种宝库。

二是君子谷保护区的设立时间早。20 世纪 90 年代，罗霄山脉的诸广山有很多原始森林，生物多样性保存良好。当时的君子谷野果和植物保护区就像一个“植物避难所”，当君子谷周边山区因为林业生产“炼山”时，大量的物种资源被提前抢救和移栽进了君子谷保护区。

三是当时保护区的保护对象——野果和漂亮的植物。当时，还没有制定《国家重点保护野生植物名录》。君子谷内很多珍稀濒危植物，虽然不是野果，但因为美丽的外表得到了进入君子谷野果和植物保护区的“通行证”。

三、生态产业

从 1995 年设立野果和植物保护区到 2000 年，君子谷保护了大量的植物种质资源，其中也包括一些珍稀濒危植物。在当时，君子谷野果保护区这种保护行为未考虑任何经济回报的。面对大量被保护下来的植物种质资源，2000 年时，笔者就在思考一个问题：怎么才能让这些保护下来的物种资源，不会面临二次毁灭的危机？

从 2000 年开始，我们开始考虑如何让保护区“自我造血”，实现可持续发展。我们把君子谷野果和植物保护区划归富百乐公司管理，作为公司的生物科研基地，探索保护区的生存和可持续发展问题。

2003 年，建立野果种质资源圃。2004 年，建立原生水果（原生水果是 2000 年君子谷野果保护区为区分外来的水果品种创造的水果品类名称，我们把有君子谷原生地基因背景的野果，称为原生水果）深加工实验室。2005 年，建立君子谷野生刺葡萄选优品系（原生水果）生态种植园。2006 年，着手建立生态食品深加工工厂。2008 年，成立君子谷野生水果世界有限公司。

目前，君子谷野生水果世界有限公司是一个物种保护、环境保护、生态种植、农产品精深加工、研学、工业旅游和生态旅游等多种产业融合发展的产业园。其主要产品有原生水果饮料、生态食品、果酒等。

坚持绿色发展　不断探索生态产品价值实现新路径
——罗山县探索生态产品价值实现路径经验材料

河南省罗山县人民政府县长　余国芳

罗山县地处河南省南部，南枕大别山，北依淮河水，总面积 2 070 km^2，辖 3 个街道、17 个乡镇、305 个村（居）委会，总人口 78 万人，是著名的大别山革命老区县。这里山清水秀、鸟语花香、四季分明、土肥水沃，自古就有“江淮宝地”“鱼米之乡”“北国江南”等美称。罗山资源丰富，美丽富饶，是河南省粮食主产区，盛产水稻、小麦、茶叶、花生、芝麻、银杏果、板栗等。水资源充沛，淮河干流流经罗山县北部，支流浉河、竹竿河、小潢河穿境而过，年均降水量 1 149.7 mm，水资源总量 28.09 亿 m^3。已发现各类矿产 30 种，其中金属矿产 11 种、非金属矿产 19 种。全县林地面积达 121.67 万亩，森林覆盖率达 44%。董寨国家级自然保护区是著名的观鸟胜地，鸟类品种繁多，其中以朱鹮、白冠长尾雉为代表的国家重点保护鸟类有 74 种。

习近平总书记指出：“要积极探索推广绿水青山转化为金山银山的路径，选择具备条件的地区开展生态产品价值实现机制试点，探索政府主导、企业和社会各界参与、市场化运作、可持续的生态产品价值实现路径。”在绿色崛起的时代背景下，近年来，作为国家级重点生态功能区的罗山县，坚持环境效益、经济效益、社会效益统筹兼顾，积极探索生态产品价值实现路径，努力提高生态产品供给能力和水平，推动经济效益、社会效益、生态效益同步提升，走出了一条坚持绿色发展的致富路，绿色罗山、红色罗山、生态罗山底色更亮，实力罗山、活力罗山、幸福罗山魅力彰显。

一、践行生态优先，夯实生态产品价值转化基础

罗山县是国家级重点生态功能区和大别山生物多样性保护优先区，生态红线划定保护面积为 550.32 km^2，占土地面积的 26.58%。境内有董寨国家级自然保护区、黄缘闭壳龟省级自然保护区、房县野生金荞麦原生境保护点，被誉为中部地区的“基因库”，保护区内分布着高等植物 189 科 1 903 种，野生陆生脊椎动物 426 种，已见有记载的鸟类 334 种、昆虫类 1 741 种。近年来，罗山县牢固树立生态优先、绿色发展导向，科学运用综合措施，不断扩大环境容量，着力提升环境治理能力，全县生态环境质量持续改善。

一是坚定不移抓好环境保护。始终坚持一手抓环保，一手抓发展，把生态县创建相

关指标纳入全县经济社会发展核心指标体系，坚持方向不变、力度不减、标准不降，筑牢生态安全屏障，切实把环境保护和生态建设摆在重要位置，把环境优先、生态立县方针落到实处。同时，强化源头污染控制，出台《罗山县国家重点生态功能区产业准入负面清单》，将“三线一单”作为招商引资、产业转移、结构调整、项目开发等活动中不可逾越的“红线”。

二是坚定不移抓好绿色崛起。利用好全县生态资源禀赋，放大生态优势，紧抓绿色崛起重大历史机遇，大力推行“生态+”发展模式，加快建立绿色低碳循环发展经济体系，坚定不移把绿色发展作为高质量发展主基调，把碳达峰碳中和的基本思路和主要举措融入经济发展全过程，着力构建绿色低碳循环产业新体系，以生态环境硬约束倒逼产业优化布局、转型升级，推动经济结构战略性调整、增长方式根本性转变；着力构建清洁低碳的现代能源体系，完善能源“双控”制度，大力发展新能源和可再生能源，把节能环保融入每个项目、每家企业、每块土地的生产建设中，努力实现生态效益、经济效益、社会效益“三赢”，全面推进产业绿色崛起。

三是坚定不移抓好体制建设。加强生态环境保护工作的组织领导、投入保障、执法监督、目标考核，把各项基础工作抓得更实，把长效管理抓得更紧，不断推动全县环境质量迈上新台阶。其中，对生态文明制度建设和体制改革、生态环境保护、资源能源节约、绿色发展等方面的考核占比达到了20%以上。进一步加强宣传引导、促进全民参与，每年借助六五环境日、世界湿地日、世界地球日、零废弃日等生态环境保护相关节日大力开展主题活动，引导广大民众参与环境保护，践行绿色生活方式。目前，全域生态环境良好，森林覆盖率达 44%，先后获得“国家农产品质量安全县”“中国十大生态产茶县”“全国绿色种养循环农业试点县”“中国茶旅融合十强示范县”“全国乡村建设评价样本县”称号，被列为河南省第一批“低碳城市”试点县。

四是坚定不移抓好人才引进。深入调研全县高层次人才现状及各类急需紧缺人才情况，面向省内外“高精尖”人才和青年人才、技能人才、高校毕业生等，引进符合本地绿色产业发展方向的人才，用编制吸引人才，北京大学经济学院博士团服务站、中国科学院工程热物理研究所、河南省城乡规划设计研究分院等一批智库在罗山挂牌。同时，积极发动罗山籍的成功人士，打好“乡情牌”“乡愁牌”，念好“招才经”“引智经”，定期邀请高等院校、科研院所教授、专业技术人员到乡村和企业挂职，充分发挥人才在产业中的指导作用，助力绿色经济高质量发展。

二、统筹保护发展，提升优质生态产品供给能力

罗山县始终坚持在保护环境过程中厚植生态优势，突出综合治理、系统治理、源头治理，持续加强环境治理、环境修复、环境保护力度，不断提升优质生态产品可持续供

给能力。

一是加大资金投入。仅“十三五”期间，先后投入资金 20 多亿元，重点支持山水林田湖草一体化保护修复、工矿废弃地修复等自然资源保护与利用工作。同时，强化工业企业排污、扬尘、燃煤散烧等污染的治理，实施饮用水水源地保护工程、绿色矿山治理、竹竿河和养马河河道综合整治、北干渠综合治理、小潢河系统综合治理、淮河源生物多样性保护等多项环境保护项目，坚决打好“蓝天、碧水、净土”保卫战。

二是精准科学治理。全面提升大气污染防治水平，集中对各类工业企业、施工工地、道路交通、矿山开采、城市清洁等产生的扬尘污染问题进行集中整治，推进农机作业扬尘治理，建立全覆盖、网格化的监管体系，严控秸秆和垃圾露天焚烧行为。同时，加装空气监测设备，充分利用无人机、激光雷达等技术，对辖区内空气质量进行全面监测，6 年来，环境空气质量实现“两降一升”，大气环境质量得到明显改善。扎实推进“美丽罗山”建设行动，梯次开展农村生活污水处理，大力推进“厕所革命”，累计完成改厕 4.3 万户，罗山县被确定为全国乡村建设评价样本县、全省农村住房安全巩固提升试点县。统筹推进水资源、水生态、水环境、水灾害“四水同治”，建立“河长+警长+检察长”联合工作机制，地表水水质达标率 100%，城区黑臭水体全部消除，成功成为国家农村黑臭水体治理试点、国家级节水型社会建设达标县。严格建设用地土壤污染风险管控，持续推进农用地分类管理。坚持农业绿色发展，持续开展化肥农药减量增效行动，整县推进种养结合和畜禽粪污资源化利用，实现农药化肥使用量负增长，畜禽粪污资源化综合利用率达 99.18%，全县土壤环境质量始终保持全省前列。

三是开展生态修复。实施林业生态建设、生态廊道建设、森林质量提升等工程，全县林地总面积达 94 917.9 hm^2。其中，山区林地面积达到 51 243.9 hm^2，丘陵地区林地面积达到 31 354.78 hm^2，北部平原地区林地面积达到 12 365.76 hm^2。成功创建国家级生态乡镇 3 个、省级生态乡镇 7 个、省市级生态村 198 个、国家级森林乡村 18 个、省级绿化模范乡镇 3 个、市级森林乡村 23 个。大力开展生态环境修复，实施了人与朱鹮和谐共存的地区环境建设、九龙河水系生态修复和淮河生态修复等项目，淮河生态修复和保护、河道采砂管理模式得到水利部通报表扬。特别是 2014 年，在县城区实施了联合国开发计划署淮河源生物多样性保护与可持续利用项目，杜堰河鹭林湿地城市公园，栖息着各种鸟类，几年中鹭鸶鸟由 9 种增至目前的 13 种，被联合国教科文组织称为“人与自然和谐共生”的典范。

三、发展生态经济，拓展生态产品价值实现路径

罗山县始终坚持“好生态孕育好产品、好产品做成好产业”的理念，把“生态+”融入产业发展，大力培育绿色新兴产业，构建绿色产业体系，形成生态与经济相互促进

的发展格局。

一是做优“生态+旅游”文章。以文旅文创融合为抓手，推动旅游业与其他产业深度融合，精心打造红色历史教育、生态旅游养生研学、乡村旅游休闲、农业观光度假、民俗节庆娱乐等旅游节庆品牌，以生态、文化、康养、美食为引领，通过政府搭台、市场主导、企业唱戏，深入挖掘红色历史、地方美食等，形成了以红色研学、生态观鸟、康养度假、乡村休闲、特色美食、民俗体验为主导的“红绿”旅游体系，打造绿色生态保护与红色基因传承协调发展的典范。投入26.57亿元，建设了全国首座以“长征精神”为核心、具有豫南民居建筑风格的红色教育培训基地——何家冲学院，配套建设中国共产党纪律教育大别山展馆、红二十五军军史馆、乡村振兴探索案例馆、大别山艺术馆、豫南民俗馆和信阳茶文化馆六大展馆，红色旅游品牌享誉全国。按照“因地制宜、因势利导，不大拆大建”的原则，编制相关规划，发挥“红绿”、河湖、茶鸟、农业等资源优势，投入近10亿元，建成了一条超过30 km的1号旅游公路，连接灵山、何家冲2个国家4A级旅游景区，董寨国家级自然保护区是亚洲最大的观鸟基地，灵山、何家冲、董寨三大旅游品牌享誉全国，成功创建省级全域旅游示范区，每年接待游客300万人次，带动周边发展特色乡村旅游农家乐200多家、精品民宿45家、酒店旅馆86家，旅游从业人员约有5万人。加快推进城市节点更新，以点带面、见缝造景，持续完善公共旅游服务功能，县文化中心、龟山湖生态公园、颐园美食街、西城湿地公园、世序园、凤园和如意湖公园等一批街头公园建成投用，城市面貌焕然一新，人民群众的幸福感、获得感不断提升。同时，加快乡村文旅融合发展，聚力打造以有稻山房、鸡笼山桃源居、村人陶舍、红叶生态园、灵山悟园、姜家小院等为代表的未来旅居民宿3.0版本。

二是做精“生态+农业”文章。依托“国家农产品质量安全县”这一金字招牌，打造农旅结合、以旅促农、农旅互动的“好品罗山”区域特色公共品牌，立足优质稻、蔬菜、茶叶、油茶、三坡花生、弱筋小麦等生态农产品，大力推广以优质蔬菜、油茶、麒麟西瓜等为主的“七彩”系列产品和以罗山渔稻米、何家冲豆腐、罗山大肠汤等为主的“八珍”系列产品，建设一批基础设施硬、科技含量高、运行机制灵活、辐射效应明显的集中连片生产示范基地。目前，全县发展稻渔综合种养22万亩，建成100万亩优质稻米生产基地、46万亩弱筋小麦生产基地、45万亩双低油菜生产基地、20万亩紫云英生产基地、10万亩绿色蔬菜生产基地、30万亩信阳毛尖茶生产基地等，共计认定“三品一标”农产品18个、名特优新农产品2个，无公害和有机茶叶认证面积2.4万亩，绿色食品认证基地播种面积20多万亩，“仙灵牌”“申林玉露”“申林薮北”“灵山剑峰”“老寨山茶叶”“健民稻米”“林道静稻虾米”“尤店北李湾萝卜”“朱堂红萝卜”“豫罗红板栗”“石山口鱼”等一大批特色农产品已成为罗山生态农业的“名片”。其中，依托罗山万亩茶园资源优势，深挖茶山、茶园、茶道周边文化，以茶叶专业合作社、生态油茶有限公司为基础，大力发展生态茶园、油茶种植，打造“茶+观光”“茶+休闲”“茶+研学”“茶+节庆”“茶+度假”等多种消费业态，形成了一批集直播带货、茶艺表演、网红打卡融合于一体的茶园景区，走出了一条“以茶兴旅，以旅促茶”的新路子。全县茶叶年产量 560 万 kg，总产值 13.5 亿元以上，规模化茶企 60 余家、茶叶专业合作组织 46 个、家庭农场 52 个，茶叶商标品牌约 20 个。再生稻种植面积达 47.75 万亩，“一种两收”模式被中国水稻研究所专家认定为绿色高效种植模式，被中央电视台财经频道专题报道。

三是做强“生态+工业”文章。积极建设生态工业园区，打响生态产业品牌，推动工业绿色崛起。县先进制造业开发区入驻企业 140 家，初步形成生产民用变压器、线路板、计算机周边配件、薄膜开关、LED 光源五大电子元器件的产业集群，获得了“金星奖”中的河南最具特色产业开发区。电子信息产业园占地达 1 872 亩，重点打造辉贸科技创业园，产业链上入驻大忠、同裕、美讯等电子企业 23 家，营收占比达到 21%。培育国家级高新技术企业 14 家、战略性新兴企业 17 家，实施“三大改造”（高端化、智能化、银色化）的企业 18 家。发展新能源产业，中钢热能金灿新能源科技有限公司、晖阳新能源材料有限公司、中毅高热材料有限公司等优质节能企业纷纷入驻。大力发展循环经济，着力提升能源资源利用效率和再生资源利用水平，引进理昂生物质发电、小蚂蚁金属废弃物再利用等废弃物再利用企业，通过循环利用，实现变废为宝。实施节能减排工程，取缔“双高”企业 20 多家、养殖场 127 家，减少氨氮排放 63.6 t。

四是做好“生态+金融”文章。积极落实碳达峰碳中和，印发《罗山县省级低碳城市试点创建工作实施方案》，在加快构建绿色低碳建筑体系、绿色低碳交通体系、绿色生态碳汇体系、碳汇生态补偿机制、低碳产业扶贫机制等方面先行先试。开展碳排放权交易，申请碳普惠项目，预计年碳汇收益 1 000 万元。2022 年，罗山县生态功能区补偿金达 1 亿元。目前，罗山县正在整体打造区域性绿色金融中心和生态产品交易中心，加快建设大别山（豫南）高效生态经济示范区。

“人不负青山，青山定不负人。”罗山县将深入贯彻党的二十大精神，坚定不移走生态优先、绿色发展之路，完善“绿水青山”和“金山银山”间转化的多元实现路径和体制机制，为经济社会高质量发展源源不断注入“绿色动能”，努力走出罗山生态产品价值转换的新路径。

坚持“四化协同” 推动生态产品价值实现

山东省蒙阴县人民政府县长 苗运全

孟子说，“孔子登东山而小鲁，登泰山而小天下”。东山就是蒙山，是山东省第二高山。蒙阴县因地处蒙山之阴而得名，位于沂蒙革命老区腹地，面积 1 605 km^2，人口 58 万人，是典型的山区县、生态县、老区县。“红色引领，绿色发展”是蒙阴发展的特色。蒙阴是一方文化高地。自西汉初置县，至今有 2 000 多年历史，是秦朝著名将领、毛笔改良人蒙恬和东汉天文历算学家、珠算发明人“算圣”刘洪的故里。蒙阴是一片红色热土。蒙阴是沂蒙精神的重要发源地、孟良崮战役的发生地、支前模范“沂蒙六姐妹”的家乡，是王岐山同志党的群众路线教育实践活动联系点。蒙阴是一块生态福地。全域都是沂蒙山世界地质公园核心区，是中国第五大造型地貌——岱崮地貌所在地、国家主体生态功能区，2018 年成为山东省第一个全国“绿水青山就是金山银山”实践创新基地，2020 年成为国家生态文明建设示范县，2022 年成为山东省生态文明强县、生态产品价值实现机制试点县。

近年来，蒙阴县坚持以习近平生态文明思想为指导，牢固树立“绿水青山就是金山银山”理念，坚定生态立县、生态富民、生态强县“三步走”实践路径，走出了一条“生态好、群众富、可持续”的绿色发展之路。2021 年以来，认真落实中共中央办公厅、国务院办公厅《关于建立健全生态产品价值实现机制的意见》，针对生态产品“难度量、难抵押、难交易、难变现”等问题，依托数字赋能，探索出可量化、金融化、市场化、多元化“四化协同”的新路子，打开了生态产品价值实现新局面。

一是推进绿水青山“可量化”，两套体系建设，解决生态产品难度量问题。与中国环境科学研究院等科研院所合作，搭建起县级生态资源大数据监测体系、生态产品价值核算体系两套体系。以生态资源大数据平台为支撑，将自然资源、生态环境、林业、水利等部门的数据整合起来，借助遥感卫星、无人机航测等手段，实时更新山水林田湖草沙等生态资源的类型、分布、数量、品质等信息，形成生态资源清单、产权清单、管控清单三个清单。紧扣北方山区生态系统特征，构建生态产品价值核算体系。2021 年 9 月，发布了山东省首份村级 GEP 核算报告，桃墟镇安康村、百泉峪村的 GEP 分别为 1 亿元、7 200 多万元。2022 年 8 月，发布了县级 GEP 核算报告，2021 年全县 GEP 为 315 亿元。县、乡、村三级 GEP 核算结果为生态产品价值实现提供了基础依据。

二是推进生态资源“金融化”，三类服务，解决生态产品难抵押问题。依据县、乡、村三级 GEP 核算成果，吸引中国农业发展银行等政策性银行、中国农业银行等国家商业银行、农村商业银行等地方商业银行，以及省农担公司等机构参与。因地制宜推出古树名木“生态贷”、森林资源“碳金融”、整村生态授信“GEP 贷”三种金融服务，发放了山东省首笔碳汇质押贷款 7 000 万元，签订了山东省首单民间林长森林碳汇价值保险合同，打通了生态资源变资本的通道。以全国文明村——桃墟镇百泉峪村为试点，以 GEP 核算结果为生态授信依据，获得整村生态授信 4 300 万元，推动了生态产品开发和文旅产业发展。实施环云蒙湖生态导向开发（EOD）项目，通过政策性银行贷款等方式融资 41.3 亿元，推动了文旅、康养、农业类 7 个产业项目的建设。

三是推进生态产品“市场化”，四种模式，解决生态产品难交易问题。吸引国有企业、社会资本、科研机构参与，搭建生态产品价值实现平台，2021 年 6 月完成了山东省首单林业碳汇交易，2021 年 9 月成立了山东省首家县级“绿色银行”，2022 年 8 月与山东大学合作建立了沂蒙山生态产品价值实现研究中心。通过县、乡、村三级“绿色银行”，集中收储和规模开发生态资源，建立生态产品招商项目库。创新生态产品开发模式，形成了闲散土地利用、山水资源整合、沟域综合开发、生态文旅赋能四种生态产品开发模式，已推出项目包 10 余个。其中，金水河流域综合开发项目，吸引社会资本 30 亿元，建设了金水前城国际旅游度假区，盘活了乡村生态资源。

四是推进生态产业“多元化”，三条路径，解决生态产品难变现问题。坚定“好生态孕育好产品、好产品做成好产业”理念，形成了循环发展、融合发展、开放发展三条绿色低碳高质量发展路径。蒙阴县是中国桃乡、中国蜜桃之都，蜜桃种植面积和产量均居全国县级行政区首位，长三角 60%、珠三角 30%的蜜桃产自蒙阴县。依托果、兔两个居全国县级行政区第一位的农业产业，构建了“兔—沼—果”“果—菌—肥”“农—工—贸”三大循环产业链，做到了全覆盖、高效益、低排放。以大生态为背景，坚持农、商、文、旅、养、学融合发展，发展壮大了生态旅游、生态研学、生态康养等产业，成为全国休闲农业重点县。以“双领双全”模式助力合作社高质量发展，吸引广大涉农主体参与“南接北融”工程，向南对接长三角，向北融入京津冀，不断拓展高端市场。2022 年，蒙阴县蜜桃价格总体上涨 30%，全县人均存款 6.28 万元。

回望蒙阴县推动生态产品价值实现的历程，有三点体会：一是路径自信是根本。无论形势如何变幻，都要始终保持战略定力，坚定绿色发展不动摇，通过“绿水青山”和“金山银山”的转化富民强县。二是融合发展是重点。只有将生态优势与发展需求、产业方向、群众期盼融合起来，才能夯实生态产品价值实现的基础，赢得群众支持。三是改革创新是关键。只有以创新的精神、改革的手段，切实强化组织领导、考核导向、价值取向，才能推进生态产品价值实现。

下一步，蒙阴县将坚持以习近平生态文明思想为指引，着力开发更多品质好、附加值高的生态产品，持续拓宽生态产品价值实现路径，努力形成更多经验、贡献更多智慧。

五、生态旅游论坛

持续拓宽“绿水青山”与“金山银山”的转化通道推动江西旅游业高质量发展

江西省生态环境厅党组成员、驻厅纪检监察组组长　李鹏云

在生态环境部的指导下，在南昌召开了这次全国性的生态文明领域专业论坛——中国生态文明论坛南昌年会，这是贯彻落实党的二十大精神特别是习近平生态文明思想的具体举措。论坛已经举办了十届，经过精心培育，已经枝繁叶茂、硕果累累，这不仅向世界展示着习近平生态文明思想建设成果，而且为推动绿色发展，促进人与自然和谐共生提供了重要的学习借鉴平台，也为建设美丽中国提供了智慧和力量。

习近平总书记强调，“保护生态和发展生态旅游相得益彰”。党的二十大报告中明确指出：“推动绿色发展，促进人与自然和谐共生”“草木植成，国之富也”“人不负青山，青山定不负人”。只要把生态环境优势转化为生态旅游等生态经济的优势，“绿水青山”就能带来“金山银山”。生态旅游已成为深入践行生态文明建设的有效载体和重要抓手，是将美丽中国建设从蓝图变为现实的重要手段。这次生态旅游论坛以“水利风景区开发与保护”为主题，深挖水利风景资源文化价值，探讨水利风景区在生态文明建设中的作用，将进一步助推生态旅游事业的蓬勃发展，促进旅游和经济社会的双丰收。

近年来，江西省深入贯彻落实习近平总书记视察江西时提出的“绿色生态是江西最大财富、最大优势、最大品牌，一定要保护好，做好治山理水、显山露水的文章，走出一条经济发展和生态文明水平提高相辅相成、相得益彰的路子”和“作示范、勇争先”的要求，坚定不移走生态优先、绿色发展之路，持续拓宽“绿水青山”与“金山银山”的转化通道，生态环境质量持续改善，生态创建持续发力。全省已创建国家“绿水青山就是金山银山”实践创新基地 8 个、国家生态文明建设示范区 24 个。加快推动产业生态化、生态产业化的生态旅游新路子，以优美生态环境为旅游业高质量发展保驾护航。10 年来，全省旅游接待总人数由 2 亿人次增至 7.5 亿人次，旅游总收入由 1 400 亿元增至 6 770 亿元，文化产业收入由 1 460 亿元增至 2 970 亿元。江西省 5A 级旅游景区由 3 家增至 14 家，4A 级旅游景区由 33 家增至 212 家，成功创建了 7 个国家全域旅游示范区、2 个国家级旅游度假区，5 条红色旅游线路入选“建党百年红色旅游百条精品线路”。

“庐山天下悠、三清天下秀、龙虎天下绝”，江西风景独好！衷心希望通过举办生态旅游论坛，各位专家学者能够在江西多走一走看一看、为江西生态旅游建言献策。江西将秉承论坛宗旨，践行绿色发展理念，畅通“绿水青山”和“金山银山”的转化通道，共同推动生态旅游产业发展迈入新征程，走向新时代！

贯彻落实习近平生态文明思想
推动旅游业高质量发展

十三届全国政协常委、副秘书长、提案委员会副主任
九三学社第十四届中央委员会副主席　　赖　明
中国生态文明研究与促进会生态旅游分会会长

中国共产党第二十次代表大会胜利闭幕，习近平总书记在大会上做了报告，全面总结了过去五年的工作和新时代十年的伟大变革，提出了新时代、新征程的使命任务，擘画了未来五年以及更长一段时期党和国家事业发展的宏伟蓝图。中国共产党第二十次代表大会上的报告指出，生态环境保护发生历史性、转折性、全局性变化，我们的祖国天更蓝、山更绿、水更清。我国生态文明建设已经进入以降碳为重点战略方向，减污降碳协同增效，经济社会发展全面绿色转型，生态环境质量改善由量变到质变的关键时期。

近年来，尤其是新冠疫情的暴发，世界各国达成了广泛共识——必须高度关注生态环境变化，保护好我们赖以生存的家园。2021 年以来，习近平总书记在多个重要国际场合提出全球发展倡议，呼吁国际社会加快落实 2030 年可持续发展议程，推动实现更加强劲、绿色、健康的全球发展。“绿水青山就是金山银山”，无论是企业生产方式还是百姓生活方式，都必须走绿色可持续发展道路，这是化解疫情危机和经济衰退、实现高质量发展的关键，也是延续中华民族乃至全人类文明的重要选择。作为世界上最大的发展中国家，中国在全球生态环境治理领域积极履行大国责任，切实展现行动力，力争于 2030 年前实现碳达峰，努力争取 2060 年前实现碳中和，为实现自主贡献承诺，接连出台系列政策、实施系列举措，开展了大量卓有成效的工作，充分彰显了百年变局中的大国责任与担当，以及实现绿色发展的行动和决心。在中国全社会积极行动，产业结构持续升级，能源结构不断优化，能效水平稳步提高，碳减排成效明显，同时中国还积极帮助其他发展中国家共同应对气候变化，为全球绿色发展贡献了中国智慧、中国经验和中国力量。

实现旅游业高质量发展是生态文明建设的重要内容，意义重大。然而，实现旅游业高质量发展不是一件轻轻松松就能够完成的事业，从战略规划到顶层设计、从理念认知到具体实践、从技术创新到政策保障、从产业转型发展到全社会共同参与，都面临着诸多的问题和挑战。这就需要各个领域、各个行业的通力合作，更需要全社会的积极参与

和共同行动。

生态旅游论坛为我们提供了一个很好的交流平台，相信通过各位专家和代表的共同行动和一致努力，分享成功经验和先进理念，广泛凝聚最大共识，必将为我国旅游业高质量发展、生态文明建设作出新的更大的贡献！

做好“水利+”　推动国家水利风景区高质量发展

浙江省衢州市信安湖管理中心主任　祝世华

衢州，为浙江省地级市。是一座具有 1 800 多年历史的江南文化名城，一直是浙、闽、赣、皖四省边际交通枢纽和物资集散地，素有“四省通衢、五路总头”之称。市域面积为 8 844 km^2，辖柯城、衢江 2 个区，龙游、常山、开化 3 个县和江山市，人口 258 万人。衢州以“南孔圣地 • 衢州有礼”为城市品牌，是国家历史文化名城、生态山水美城、开放大气之城和创新活力之城，先后获得“全国十佳生态休闲旅游城市”、联合国“国际花园城市”、“世界长寿之都”、“全国文明城市”等殊荣。

一、景区概况

信安湖是城市河湖型水利风景区，因 2006 年底塔底水利枢纽工程建成蓄水而生。“信安”之名，因衢州古称信安郡而得名，取“信义、平安”之寓意。2011 年，信安湖入选水利部第十一批国家水利风景区，景区规划面积为 15.22 km^2，水域面积为 6.2 km^2。因整洁优美的水岸环境、常年保持Ⅱ类的水质及滨湖两岸的亮丽景色，获得了“衢州西湖”“城市阳台”的美誉。2012 年成为浙江省首批省级水利工程管理单位，2018 年高分入选“浙江省十大运动休闲湖泊”，环信安湖绿道入选“浙江省首届最美绿道”。依托信安湖衢州市一举摘下“国际花园城市”桂冠。2020 年，全国水利风景区经验交流会在信安湖成功举办。2021 年 6 月，中国水利文学艺术协会信安湖摄影创作基地在此建立；8 月信安湖被选为浙江省首批“五水共治”实践窗口，其主题曲短视频荣获“全国十佳优秀水利风景区主题曲 MV”；12 月，信安湖国家水利风景区成为国家水利风景区高质量发展典型案例。2022 年 1 月，信安湖水文化主题公园入选浙江省首批水工程与水文化有机融合典型案例。

二、景区特色

信安湖景区历史悠久，景区内文物古迹众多。其中，有国家级文保单位 2 处，分别是孔氏家庙和衢州府城；省级文保单位 2 处，分别是钟楼和周宣灵王庙；市级文保单位 11 处，文保点 33 处。信安湖景区内集各类水工建筑于一体，有水利枢纽、电站、船闸、堤防、护岸、水闸、古埠、码头、泵站等。以碧水为纽带，气势恢宏的水利枢纽工程、厚重古朴的老城风韵、智慧大气的现代新城、绿色生态的花园式景观……这一切犹如散落的珍珠被重新串联起来，完整展现了衢州这座滨水城市的风貌。信安湖以河湖生态景观为载体，正在培育5A级旅游景区南孔圣地文化旅游区、4A级旅游景区严家淤活力运动岛、3A级旅游景区赵抃故里、3A级旅游景区浮石古渡水文化公园、3A级旅游景区红窑里文化产业园……

三、典型做法与成效

信安湖之所以能够取得这些成果，主要可归因于以下几点。

（一）强化顶层设计，做美“水利+生态”

党的十八大以来，衢州历届市委、市政府深入践行习近平生态文明思想，牢记习近平总书记主政浙江期间对衢州的“八个嘱托”，在守护绿水青山上始终保持历史耐心和战略定力。2017年3月，《衢州市信安湖保护条例》正式实施，衢州作为“钱塘江源头生态屏障”的功能定位再次被拉高。为一个湖立一部法，是衢州守护绿水青山的坚定决心。

2013年以来，按照浙江省“五水共治”的工作要求，全面启动信安湖流域环境综合整治，实施了40多个专项治理项目，环信安湖47个混排口全部纳管，新建跨区污水管网64.4 km，改造污水管网27 km。先后实施信安湖衢州花园段、水亭门段、学院段等7段堤防生态化改造项目，河道清淤、码头建设项目，石梁溪河口淤泥堆放场的微地形改造，造就了信安湖畔的“千亩大草坪、万亩城市绿心”。

衢州始终以“建一段堤防成一段风景，建堤不见堤”为理念，采用多种形式提升生态景观品质，打造美丽岸线。大力推进总投资13.8亿元的“十三五”衢江治理二期工程建设，同步启动总投资7.07亿元的“十四五”钱塘江干流防洪能力提升工程（市本级信安湖段），工程前期，进一步丰富信安湖沿岸水文化、水景观、水科普，大力发展水经济，助力乡村振兴。环信安湖现建成生态防洪堤岸53.85 km，绿道57.23 km，滨水河堤公园绿地125万m^2。大力探索从“美丽河湖”向“幸福河湖”的迭代升级，让市民“走得进绿地、留得住步伐、看得见江景、感受得到幸福”。

（二）创新管理模式，做新“水利+数字赋能”

景区完善管理体制机制，推进智能化创新管理模式。“设备+数据”的5G智能模式促使景区基本实现了服务无止境、监督无死角；通过网格化分片包干巡查、环湖视频监控系统和无人机巡河等措施，构建河长制巡湖、水利工程标准化管理、数字城管、掌上信安湖等多个协同平台，探索信息化时代多种巡湖模式，提高及时发现和处理问题的能力。

根据浙江省全域幸福河湖创建要求，探索分物业化管理模块和水利风景区模块建设“智慧信安湖”数字化应用场景。物业化管理模块是治理端，实现对物业化管理、工程项目、标准化巡查的全面管理，提升信安湖的治理能力；水利风景区模块是服务端，其中的“掌上信安湖”App，聚焦公众游玩和幸福河湖共建需求，为市民游客提供信安湖景区吃、住、行、游、购、娱等服务导引，通过提供垂钓指数、游泳指数、露营指数、水上运动指数、骑跑指数、水景指数、火爆指数、水生态环境指数、工程安全指数等的查询服务，为公众出行游玩和参与幸福河湖建设提供便利“通道”，加深了社会公众对幸福河湖建设的参与感、获得感。

（三）打破行业界限，做优“水利+旅游”

近年来，衢州市依托信安湖山水人文资源优势，致力于打造长三角美丽“后花园”，建设全国休闲旅游好地方。2015 年信安湖畔千亩大草坪建成，2019 年信安湖亚洲第一高喷建成，2022 年“如梦衢州”信安湖主题夜游光影秀投入运营，2023 年鹿鸣文化院街、2024 年大草坪地下不夜城、2025 年严家淤活力运动岛等一系列好项目、大型项目建成落地，是信安湖国家水利风景区做好“水利+”，助力城市文旅产业发展的重要标志性成果。

同时，衢州先后落地 1 个水文化公园、2 个天然游泳戏水沙滩、5 个网红摄影打卡点，建成 5 个垂钓引导区，探索把信安湖打造成衢州人民的幸福湖。2022 年 3 月世界水日、中国水周期间在信安湖畔成功举办“云赏信安湖樱花”活动；4 月成功举办“河长再出发、碧水迎亚运”暨“五水共治”书画摄影作品展，揭牌浙江省首批“五水共治”实践窗口，一系列活动的成功举办为衢州增加了“人气”、提升了“名气”。

依托优质水资源、健康水生态、宜居水环境和先进水文化，以千亩大草坪和千亩湿地为绿核的信安湖，连续多年承办国际铁人三项赛、中国滑水巡回赛、环湖衢州马拉松赛、国际垂钓大赛、浙江省龙舟赛等知名体育赛事，还承办了长三角经济协调会、浙江省体育大会、金庸武林大会、衢州人发展大会等重要会议。

（四）积淀治水底蕴，做深“水利+文化”

近年来，衢州通过信安湖水文化课题研究、文化名人讲座、当地老人口述等方式，充分挖掘信安湖“治水名人”、诗歌文化，出版关于信安湖的诗选，建成浮石水利党建文化展示厅、水情科普馆、水文化主题公园等基地，复建浮石古渡、重建衢州水文站、赵抃纪念馆等文化展示窗口，展示不同时期的衢州水利建设成就，弘扬新时代水利行业精神。2022 年 8 月中国水利文学艺术协会副主席凌先有带队在信安湖畔采风，为“中国水利文学艺术协会信安湖摄影创作基地”揭牌，现场创作信安湖主题书法作品 3 幅、水墨画 1 幅。

2022 年衢州对环湖文化景点进行归类整理，整合两岸红色资源，通过水陆联动形成“革命信仰”“艰苦奋斗”“红色水路”“千年古城”等主题红色旅游线路。“革命信仰”主题研学线路［中共衢县第一支部旧址→侵华日军细菌战衢州展览馆→杜立特行动纪念馆→衢州革命烈士陵园（人民英雄纪念碑）] 时刻提醒我们勿忘历史，珍爱和平。“艰苦奋斗”主题研学线路（黄坛口水电站展览馆→乌引工程爱国主义教育基地→衢州市水利党建文化展示厅→衢州市水文站）让我们感悟水利精神，了解新时代水利创新成果与水利建设成就。“红色水路”（四喜亭码头党群活动中心→衢州市水利党建文化展示厅）是衢州市水利局联合市机关工委精心打造的“忆红情、固红心、悟初心”党史学习教育精品线路。“千年古城”主题研学路线（衢州南宗孔庙→赵抃纪念馆→天王塔沉浸式演出→如梦衢州夜游）以南孔文化和廉政文化为主题弘扬与传承千年古城的儒学文化和忠孝仁爱的清献精神。2022 年 9 月，时任水利部综合事业局纪委书记的王乃岳来此调研并复核了信安湖传承红色基因水利风景区名录，调研组高度肯定衢州市信安湖国家级水利风景区近几年的建设与管理工作，要求信安湖加大水利廉政文化建设力度，力争成为国家水利风景区标杆，形成全国可复制、可推广的经验。

（五）探索生态产品价值实现路径，做强“水利+经济”

衢州市委、市政府将信安湖国家水利风景区纳入四省四市联盟花园旅游共同体，整合河道砂石资源开采权、流域水资源调配权、渔业资源收益权、湖面经营权、环湖广告经营权等，整体打包进行绿色资产价值评估，与国家开发银行、中国农业发展银行等金融机构合作，以衢州大花园集团为国资融资平台，获得评级授信绿色融资 70 亿元，发行绿色金融债，加大信安湖优质文旅体产业基础设施建设和市场孵化培育。用好“信安分”民间绿色金融授信，帮扶信安湖周边餐饮、民宿、文创、体育等创客绿色融资，鹿鸣半岛文化创业园、大草坪不夜城、赵汴故里、阳光沙湾、尚窑文化产业园、鸡鸣农旅休闲产业园等一批富民产业“富集”信安湖。

中国共产党第二十次全国代表大会召开后，信安湖积极对接浙江大学、河海大学、国家发展和改革委员会国土开发与地区经济研究所等高校、科研院所，争取加入水利部景区办正在推进地域单元生态产品价值评估试点，开展水利风景区水生态产品价值实现机制试算，研究水利风景区水生态产品价值实现的路径，充分发挥信安湖“衢州西湖”品牌效应，真正让“美丽风景”托起“美丽经济”。

四、对水利风景区高质量发展的经验启示

水是城市的灵魂，一座环境优美宜居的城市必定是水元素凸显的城市，水利发展促进了城市的发展，城市发展反哺水利发展。衢州市信安湖国家水利风景区在景区保护、开发、建设和管理实践中总结了一些经验。尤其在全流域综合治理、“水利+”融合发展、创新管理等方面积累了丰富的经验，取得了显著的生态效益、经济效益、社会效益和文化效益。

一是悟透新理念。习近平总书记在黄河流域生态保护和高质量发展座谈会上提出了

建设幸福河的理念。中国共产党第二十次全国代表大会上的报告中也提到要坚持绿水青山就是金山银山的理念，坚持山水林田湖草沙一体化保护和系统治理，站在人与自然和谐共生的高度谋划发展。信安湖作为城市的核心圈、台风眼，必须契合河湖长制与美丽河湖、幸福河湖建设理念。在让市民“走得进绿地、留得住步伐、看得见江景、感受得到幸福”的基础上建设网红沙滩、垂钓引导区、摄影点等亲水便民设施，引导开设游泳、垂钓、桨板、皮划艇等亲水项目，在确保水安全的前提下让居民获得更多幸福感，让信安湖真正成为老百姓的“幸福湖”。

二是坚持高标准。要按照“世界眼光、国际标准、地方特色”，学习借鉴国内外城市型河湖建设的好经验，邀请专业规划团队，坚持水岸一体，深化编制区域规划。根据环信安湖的不同空间布局和空间功能，远近期目标结合进行规划，远期推进信安湖鸡鸣国际垂钓露营基地项目衢州城市型国际钓场、信安山居水系水生态提升及配套设施和沙湾青龙码头提升建设；近期谋划庙源溪口人行景观桥建设，阶段性推进重要节点小品提升和绿化彩化，为信安湖注入新的活力。

三是强化创特色。信安湖以加入红色基因水利风景区名录为契机，深入挖掘水文化，切实加大对红色文化资源与自然生态资源的整合力度，打好“红”“绿”两张牌。打造一批水文化节点和沿岸历史文化古迹观赏带，进一步扩大、提升水文化展示馆品质，以廉洁为主题探索思考手绘地图、连环画册等周边产品的开发，弘扬信安湖红色廉洁文化。

四是项目要为王。以信安湖为纽带，整合周边文化、生态、交通等资源，加强课题研究，强化招商引资，促成一批关键项目，构建拥江特色产业带，带动百姓致富。加快推进钱塘江干流防洪提升工程（市本级信安湖段）和衢州市本级鸡鸣护岸防护工程（2022 年度）的实施。随着信安湖环湖绿道即将全线贯通，推动信安湖由点上发展向点线面发展转变，以点带轴形成拥江发展态势，让衢州的水生态利治经验和模式走向全国。

强化示范引领　着力构建江西特色水利风景区水文化体系

江西省防汛信息中心副主任　潘春茹

“吴头楚尾，粤户闽庭”“鱼米之乡”，此乃江西。江西是一个山清水秀的地方，是水的天堂，流域面积 50 km^2 以上的河流 967 条，赣江、抚河、信江、饶河、修河五大河流汇入中国第一大淡水湖——鄱阳湖，最后流入长江，形成了独具特色的水系特征。截至目前，江西省共有各类水库 10 800 余座，水利成就了江西迷人的景色，也为水利风景区的建设提供了得天独厚的条件。

近年来，在水利部的指导下，在江西省水利厅党委的重视和相关部门的支持下，江西省水利风景区建设与管理工作扎实推进。共创建 46 家国家水利风景区、55 家省级水利风景区，创建类型不断丰富，品质稳步提升。江西省 101 家水利风景区遍布在全省 11 个设区市，涵盖各大江河湖库、重点灌区和水土流失治理区。这些水利风景区以独具特色的水景观、良好的水环境、丰富的水文化，满足了人们渴望重返青山绿水、回归大自然的精神需求，为民众的休闲、度假、教育提供了场所，不仅提升了人民群众的获得感和幸福感，也在助推乡村振兴、带动绿色发展等方面取得了一定的成效，是江西省推动“绿水青山”和“金山银山”转化的亮点工程。目前，江西省水利厅正在推动将水利风景区工作纳入《江西省“十四五”水安全保障规划》，先后组织编制了《江西省水利风景区发展规划》《江西省水利旅游发展规划》，与省文旅厅签订了战略合作框架协议；江西省依托景区开展了水利风景区资源开发利用研究、水利风景区发展趋势及政策研究，将水利风景区工作同河湖长制、水利工程标准化管理及水土保持工作有机融合，积极探索江西省水利风景区建设与管理新路径。

新时期对水利风景区建设提出了更高要求，从传统的水利工程到水利风景区再到高质量的水利风景区，景区高质量发展不仅体现在景色、管理和服务上，也体现在对文化内涵的挖掘和利用上。

在此，笔者先抛砖引玉，谈谈自己的看法。当前水文化处于迈向生态文明的时代，水文化的时代内涵是水生态文化。综合江西省水利厅的各方面工作来看，在水利风景区内涵建设的诸多方面中，水文化建设相对薄弱。有时，水文化建设仅被理解为对遗迹、人物、民俗、建筑设施等物态文化的展示，成为地域文化的“附庸”，忽略了与水、水利、水生态文明建设的有机融合。我们必须认识到，在水利风景区体系建设的整体框架中，水生态文化体系是最重要的构成部分。

基于这种认识，近年来，江西省水利风景区在加强保护与利用的同时，不断提升水生态文化内涵和品质，逐渐受到人们的青睐，成为水文化传播的重要载体和平台。按照水利部水利风景区建设有关部署要求，景区办围绕“水核心”，做好“水文章”，不断强化示范引领，讲好江西水文化故事，着力构建独具江西特色的水利风景区水文化体系，助力水生态文明建设。

首先，加大宣传，提升文化软实力。深入挖掘水利风景区蕴含的文化元素，加大宣传力度，提升影响力，推动“尊重自然、顺应自然、保护自然”的生态文明理念入脑入心。制作了《水韵江西 风景独好》宣传画册，出版了水利江西系列丛书的《风景独好》。积极参加水利部水利风景区宣传推广系列活动，2021 年江西水土保持生态科技园被列入国家水利风景区高质量发展典型案例推荐名单，2022 年推荐了峡江水利枢纽水利风景区申报国家水利风景区高质量发展典型案例，推荐了吉安市井冈湖等 5 家景区参加《红色基因水利风景区名录》的征集遴选，江西省水利厅自己制作的江西省水利风景区主题曲《我的情我的爱》MV 2021 年被评为“全国十佳优秀水利风景区主题曲 MV”。此外，《中国水利报》、江西电视台、《江西日报》等众多媒体加大对水利风景区的宣传报道，极大地提升了景区的影响力和公众认知度。

其次，赓续文脉，讲好江西“水故事”。因地制宜推进水利风景区建设，注重对地方文化、历史、自然环境特质的挖掘，以及文脉的延续，保留具有历史意义的构筑物，融合到当地的水景观设计中，彰显地域性文化。水利风景区建设不仅是传承发展水文化的重要载体，也是地域文化多元化绽放和多样化发展的重要载体。这一点直观地体现在 2016 年泰和槎滩陂、2019 年抚州千金陂、2021 年潦河灌区、2022 年上堡梯田接连成功入选世界灌溉工程遗产上，世界灌溉工程遗产的成功申报为江西省增添了一张张闪亮的世界级水利名片，传播了中国治水智慧，讲好了江西“水故事”。泰和县槎滩陂为南唐金陵监察御史周矩带领百姓所建，其水利系统包含了主陂坝、减水陂、主支渠道等，这些科学合理的水利工程不仅在当年发挥了不可忽视的灌溉作用，当前还成为承载槎滩陂水利文化和地域文化的载体，同时作为旅游点成为水利景区的一部分，是人们慕名前往的打卡胜地。

最后，搭建载体，打造精品树标杆。江西省水利厅尤其注重将水利风景区建设与水利工程建设和管理相结合，以水利工程为载体，推动各景区积极建设各具特色的水科普展示教育馆。水利工程是当前水文化得以传播的最佳场所，其文化开发能更好地让大众了解水文化、认识水文化的作用，体会水文化所传达的思想，这反过来也有助于水利工程的长期可持续发展。目前，江西省建成的水文化展馆有潦河灌区文化展示馆、水文科普展示馆、鄱阳湖动植物展示馆、峡江水利枢纽展示馆等。峡江水利枢纽工程先后获中国水利工程优质奖（大禹工程奖）、中国建筑工程鲁班奖、土木工程詹天佑奖，还入选了水利部“水工程与水文化有机融合典型案例”，成为江西省水文化建设的样板工程及讲好河湖故事的示范标杆。

党的二十大报告提出，必须牢固树立和践行“绿水青山就是金山银山”的理念，站在人与自然和谐共生的高度谋划发展，这对水利风景区的建设与管理工作实现高质量发展提出了更高要求。当前，以水生态文明建设为引领，江西水利事业正向高质量发展阶段迈进，水利风景区的建设又站在了一个新的起跑线上。江西省水利风景区建设工作虽然取得了一些成绩，但与先进兄弟省（自治区、直辖市）相比，还存在一定的差距。我们将以此次论坛为契机，加强交流与学习，虚心请教，取长补短，开拓创新，紧扣高质量发展主题，着力构建江西水利风景区发展新格局，对标建设幸福河湖新要求，重点围绕优质水资源、健康水生态、宜居水环境、先进水文化、现代水管理等要素，打造一批可看、可学、美誉度高的精品景区。

做好“蓝天碧水青山”文章 打造美丽中国“遂溪样板”

广东省遂溪县委常委、宣传部部长　张闽英

遂溪得名始于唐天宝二年（743 年），取“溪水合流，民利遂之”之意，自古是雷州半岛政治、军事、经济、文化、交通的中心。遂溪得水而生、傍水而兴，近年来，依托“五水合流、六河交错”独一无二的水系资源和平坦广袤的土地条件等自然优势，不断开创生态美、产业兴、百姓富的社会经济高质量发展新局面。目前，已拥有“国家农村电商典型激励县”“国家电子商务进农村综合示范县”两个“国字号”招牌，先后获得“中国第一甜县”“国际长寿养生基地”“中国醒狮之乡”“海红米之乡”等多项荣誉称号，入选“2020 中国最美县域榜”“2020 中国县域综合实力百强榜”“2021 赛迪顾问全国乡村振兴百强县”榜单。遂溪县主要从以下三个方面做好工作。

一、以良好生态为基底，用情描绘绿色遂溪

近年来，遂溪深入贯彻习近平生态文明思想，积极探索推广“绿水青山”和“金山银山”的转化路径，致力推动生态产业化、产业生态化，促进实现生态产品价值保值增值、提质增效。

遂溪海域辽阔，海岸线长 145.7 km，有潮间带的浅海滩涂面积共 103.64 km^2。沿海分布品种丰富的红树林，辖区内红树林面积约 543.28 hm^2，“红树林+海洋”区域的地理优势明显。原生态玉蕊种群面积超 5 hm^2，共 6 701 株，现存面积和数量均为中国之最，玉蕊是世界自然保护联盟认定的易危树种，已进入中国生物多样性红色名录。这里土壤肥沃，富含世界公认的长寿元素——硒，在遂溪土壤中硒的平均含量为 0.32 mg/kg，比国家土壤背景值高出约 10%，成为遂溪百岁老人的长寿密码。独特的自然条件让遂溪的富硒红土地成为生态宝库，火龙果、海红米、番薯、南药等一批“国字号”“粤字号”农产品正迈向全国、进军世界。

依托天然、醉人的美丽生态，遂溪打造了广东最大的、重现儒家文化经典的孔子文化城；特色鲜明、宜游尚学的螺岗小镇；风景优美、被誉为“湛江马尔代夫”的仙裙岛和环境舒适、休闲宜居的玥珑湖养生基地等，初步构建了绿色发展格局。书香耕读的文脉传统融合顽强不屈的醒狮文化，造就了遂溪人民乐观的性格和“崇文尚武”的精神内涵。

接下来，遂溪会将眼光更多地放到水资源保护和利用上，在做好天然饮用水水源地管理、开展全域河流水质提升、建设湿地文化公园等工作的基础上，进一步提升水环境质量和沿岸环境，让物种更加丰富、植物更加健康，实现生态环境效益；提升城镇整体环境，带动周边地区商贸业发展，扩大劳动就业市场，实现经济效益；完善城镇景观系统、休闲系统，满足市民观赏、游览、开展科普教育需求，进一步提高城镇品质，实现社会效益。

二、以生态共建为目标，用力打造和谐遂溪

遂溪秉承保护红树林湿地资源及其相关文化的宗旨，积极探索“落地成林”有效路径。以一核（官田玉蕊）统率、两轴（生态、文化）引领、三区（山水北区、林田中区、湖草南区）共生为方向，建设城月镇流牛滩湿地，打造城月河沿岸红树林生态旅游观光道和网红打卡点。目前，已申请到超过 4 000 万元的上级财政资金支持开展红树林保护、退塘还林、生态修复等工程，同时充分调动社会力量参与草潭、江洪等镇近岸海域生态修复，为完善海岸生态系统凝聚最广泛的共建力量，筑牢保障沿海人民生命财产的安全防线。

未来，遂溪拟进一步做好长远规划、淡化“房地产”思维、突出文化体验及与时俱进的融合创新，结合红树林保护区周边区域发展实际，加快探索红树林碳汇本土方法学，在生态旅游等方面进行探索，在巩固好绿色发展态势的基础上，发挥红树林的碳汇作用，撬动生态资源价值实现，让红树林更好地造福百姓，建设人与自然和谐共生的现代化。

三、以全域统筹为抓手，用心共建多元遂溪

遂溪旅游资源丰富优质，有着“把蓝图变为现实，把愿景变为实景”的坚定决心，有着“从传统地产项目到文旅度假综合体”的成功转型，有着“从观光旅游到文化旅游”的宏伟目标。不断探索、创新文旅项目模式，全面提升文旅融合水平，加快创建省级全域旅游示范区。以草潭镇角头沙旅游区为抓手，把“草潭渔港”“十里银滩”“千亩红树林”等滨海风景穿珠成链，大力推进旅游服务配套设施建设，打造环北部湾海鲜美食休闲旅游养生名镇。发挥江洪镇“仙裙岛景观之最”“鲤鱼墩历史之最”“鱼露美食之最”“龙舟节人文之最”等品牌优势，打造集民俗、观光、休闲、度假等元素于一体的滨海旅游小镇，为广大游客朋友提供野营、冲浪、海上观日和垂钓的好去处。

好山好水孕育了产业兴旺、生态文明的大美遂溪，遂溪将紧跟习近平总书记关于生态文明建设重要论述的方向，以“天更蓝、地更绿、水更清、空气更清新”为生态文明建设目标，争当表率、争做示范、走在前列，不断做好“蓝天碧水青山”文章，打造美丽中国“遂溪样板”。

以文化旅游为首位产业　推动庐山市高质量发展

江西省庐山市政府副市长　梁晓峰

庐山市地处江西省北部，东偎鄱阳湖，南靠南昌滕王阁，西邻京九大动脉，北枕滔滔长江，钟灵毓秀、人杰地灵、人文荟萃，是一座极具人文魅力且底蕴深厚的城市，集名山、名湖、名城、名瀑、名泉、名观于一体，形成了世所罕见的壮丽景观。境内世界文化景观遗产、世界地质公园庐山以“雄、奇、险、秀”名贯古今，驰誉中外，素有“匡庐奇秀，甲天下山”之美誉，习近平总书记盛赞“庐山天下悠”。庐山市先后荣获“中国生态旅游大县”、“首批全国文明风景旅游区示范点”、“中国天然氧吧”、“省级全域旅游示范区”、“省级‘绿水青山就是金山银山’实践创新基地”和“国家生态文明建设示范区”等称号，连续4年入选“中国县域旅游综合竞争力百强县市”，“庐山天下悠”品牌持续唱响。庐山市始终坚持以文化旅游为首位产业，坚持向生态环境要发展动力，持续推进产业转型升级，努力打通“绿水青山”和“金山银山”的转化通道，将绿色优势转化为发展优势。庐山发展生态旅游目的地的主要做法如下。

一是坚持保护为先，推动生态旅游的融合发展。庐山以旅游立市，庐山市围绕全面唱响做实“庐山天下悠”品牌这一目标，全面实施文化旅游产业“龙头引领”战略，努力构建山城湖乡联动绿色发展格局。在促进文旅产业发展的同时，始终坚持风景名胜区工作“核心是保护”的原则，不断健全完善风景名胜区生态保护体制，通过近年来庐山管理体制的深度融合，形成了“统一保护、统一管理、统一执法”的大保护工作格局。严格执行《风景名胜区条例》和庐山风景名胜区总体规划，对风景区实行分级分区保护管理，严格控制建设项目和其规模，服从统一规划和管理，使风景区的资源得到了有效保护和可持续利用。

二是坚持规划引领，推动基础设施全面提升。近年来，庐山市高起点谋划发展战略定位，组建庐山发展战略研究院，启动《庐山风景名胜区总体规划（2011—2025）》修编和《牯岭区域控制性详细规划（2011—2025）》等编制工作，完成“庐山旅游总体发展战略暨牯岭区域业态布局及品牌体系策划”等四大课题研究。坚持问题导向、一体规划、分步实施的原则，制定庐山景区基础设施、管理、服务、接待水平“四个提升”工作方案，南北山公路改造提升全面完工，投资4亿余元的环山公路白改黑工程即将全面竣工，温泉高速出口迁建项目、通远高速出口连接线拓宽项目全面完成，环庐山旅游绿道启动建设。围绕宾馆酒店、会址会展、业态创新、功能完善，梳理谋划55个景区重点项目，总投资约 30 亿元，超近 10 年庐山景区投入总和，对庐山基础设施、接待能力、功能品质等进行全面改造提升，推动庐山景区加快实现标准化、精细化、国际化。

三是坚持产业支撑，推动生态农旅蓬勃发展。率先在九江地区编制了“一乡一园、一园一景”总体发展规划，科学利用高标准农田、农田水利等项目，发展粮食、菊花、油茶、莲子等绿色有机作物种植，有效提高了农田资源利用率和产出效率。稳步推进云雾小镇、茶叶小镇建设，做大做强“庐山云雾茶”产业，开启茶旅融合新篇章。充分利用绿色农业优势发展乡村旅游，打造了华林宜荷园等一批农旅融合产业园，实现了各乡镇市级以上农业产业园全覆盖。同时，积极探索“绿水青山”向“金山银山”转化的有效途径，引导原本从事石材加工的农民和从事河湖捕捞的渔民，向休闲旅游等行业转产就业创业，成功打造了海会镇鄱湖湾、白鹿镇邱家坳等一批“绿水青山”和“金山银山”双向转化示范基地，其中白鹿镇典型事例于 8 月 11 日被《中国环境报》（美丽中国专版）刊载。

四是坚持营销开路，持续唱响“庐山天下悠”品牌。2021 年以来，庐山秀峰、观音桥、鄱湖湾等一批景区景点获得国家级、省级荣誉。2022 年，庐山成功举办庐山国际名茶名泉博览会、第三届庐山国际爱情电影周、庐山全球商界领袖夏季论坛、庐山院士创新论坛等重大活动。庐山国际爱情电影周活动先后被新华社、人民网、央广网、中国新闻网等众多国内主流媒体报道，受到社会各界人士广泛关注，反响热烈，短短几日内在 30 多家主流平台登上热搜，总曝光量高达 15.2 亿，推动庐山旅游火爆出圈，成为江西对外电影文化交流的重要名片，打造爱情电影创作的新高地，“庐山天下悠”品牌持续唱响。

“体旅融合　数智赋能”　助推“绿水青山”和“金山银山”创新转化

南京七加二网络科技有限公司副总经理　焦鹏为

从古至今，旅游、户外运动一直是人们亲近自然的重要方式，也是人与自然和谐共生的重要体现。那么，如何平衡好旅游目的地的生态保护和旅游开发要求，使其协同发展，一直是大文旅行业孜孜不倦探索的重要方向。

南京七加二网络科技有限公司是一家新型体旅科技企业，也是国务院批准的国际山地旅游联盟的创始成员单位。公司亲近自然，获益自然。在 14 年的发展探索之路上，南京七加二网络科技有限公司在国内数十个生态优美的目的地策划执行了数百场各类体旅活动和赛事。毫无疑问，这些地方大多是景色绝美之地，也是重要的自然生态保护区域。

举办赛事活动获益的可不只是选手，还有效刺激了当地旅游业及相关产业消费，提升了生态的绿色经济价值，推动“绿水青山”逐步转化为当地创收的“金山银山”。

随着活动目的地数量的增多，很多地方主办单位，特别是地方政府的相关领导，在活动总结会上总会提出，活动效果不错，后续效果也初步显现。这首先要归功于我们这生态环境好，资源禀赋强，但是仅仅一次赛事活动是不够的，这大好的“绿水青山”要怎么常态化、高效率转化为“金山银山”，你们是新型科技企业，这个问题值得你们深入思考。所以从那时开始，如何通过数字化手段增强供给能力，提高供给效率也就成了企业发展的命题。

在近些年的企业发展中，南京七加二网络科技有限公司深刻学习领悟健康中国、体旅融合、数字化改革、乡村振兴等发展战略，以习近平生态文明思想和“绿水青山就是金山银山”理论为核心指导，以“发挥科技引领作用 助推生态文明建设”为研发理念，通过体旅融合顶层设计，以物联网、大数据、人工智能（AI）等科技赋能手段，助力目的地生态建设和体育旅游融合发展，用智慧新场景重构生态体旅新模式。

通过共享平台的建设和运营，将地方的绿水青山，高效、优质、常态化地转变为发展全民健身、全域旅游、乡村振兴的赋能引擎，带动区域旅游、体育及相关产业高质量协同发展，真正讲好新时代下“绿水青山”和“金山银山”创新转化的故事。

下面笔者分享两个科技助力“绿水青山”和“金山银山”转化创新的实践案例，第一个案例是南京七加二网络科技有限公司在两山源头安吉县灵峰度假区打造安吉灵峰智慧体旅共享平台的实践。作为两山源头高地，安吉把矿山关了，恢复了绿水青山，但如何将“绿水青山”转化为“金山银山”？我们发现发展生态旅游活动是重中之重。

因此，南京七加二网络科技有限公司设计打造了这个平台并将之作为试点，平台将灵峰景区的游步道作为场景，部署硬件设备，结合定制的管理软件和小程序打造融合全民健身、体验旅游、活动组织、赛事运营、社群营销“五位一体”的智慧物联体旅运营平台。

平台支持徒步、路跑、骑行、多项赛等不同类型赛事活动的组织，可以实现疫情期间的“非接触、无聚集、自主办赛、活动共享”。平台发布当日，即承办了“第二届浙江省生态运动会”安吉站的 6 km 徒步活动，助力公园拿到了浙江省首个“数字体育竞赛示范公园”荣誉称号，充分展现了“绿水青山”和“金山银山”创新转化成果。

未来，平台会吸引带动更多民众践行低碳生活，帮助公园提升游客体验感，常态化开展活动及赛事营销，实现客群引流，带动周边餐饮、住宿、农土特产等消费，既满足了人民对美好生活的向往，将良好的生态环境转化成了普惠的民生福祉；又带动了景区及周边的消费，推动了区域体旅融合绿色发展。

第二个案例是南京七加二网络科技有限公司在贵州遵义即将落地的“长征之路”数智文旅运营（物联网）平台，赤水河是长江的重要支流，生态环境优美，自然资源丰富，是云、贵、川三省的重点生态保护区，是长江“共抓大保护不搞大开发”的样板。除众所周知的茅台等少数酒企外，基本没有任何工业企业。那么如何在保护环境的前提下，更好地发掘资源禀赋的自然资源的经济价值？旅游成为当仁不让的支柱性产业。

平台以赤水河谷沿岸 156 km 路网为模板，以硬件为依托，开发软件提供服务，用数智文旅运营（物联网）平台打造新的旅游吸引点，带动全域、全要素的生态及文旅全产业链高质量发展，打造“绿水青山”和“金山银山”创新转化新高地。平台既丰富了山地、河流等原生态区域内的旅游体验方式，又联动了区域内所辖的营地、驿站、步道等基础设施，针对不同客群解决怎么住、吃什么和怎么玩的问题。下面列举两个应用场景。

1．智慧步道拓展周边的徒步线路、骑行线路，自助式领取活动物资，展示累计距离和打卡成就可以转换为积分，积分可兑换住宿、餐饮、当地环保礼品或当地土特产；增强旅行全过程的互动体验感，停留时长增加和活动范围扩大促进了地区消费。

2．支持智慧生态马拉松、山地多项赛的常态化。还可以结合地方文化特色，以红色基因做引领，推动数字化新型“党建”“团建”。

当然，成果远不止如此。南京七加二网络科技有限公司项目已经在深圳市深圳湾、合肥市南艳湖、“绿水青山就是金山银山”实践样本衢州市信安湖、“绿水青山就是金山银山”实践创新基地贵阳市花溪区、湖南省浏阳市长兴湖、黄河流域生态保护与高质量发展标杆洛阳伊水等地落地，协助目的地做好“绿水青山”和“金山银山”的转化，讲好“绿水青山就是金山银山”的故事。

“道阻且长，行则将至；行而不辍，未来可期。”南京七加二网络科技有限公司将不忘初心，始终坚持生态优先的发展理念，继续用科技赋能，助力更多旅游目的地的体旅产业绿色发展，以及“绿水青山”和“金山银山”的创新转化实践，为中国生态旅游发展贡献自己的力量。

六、生态保护与修复论坛

提高政治站位　科学谋划设计
高质量推进生态保护与修复

生态环境部南京环境科学研究所　刘国才

“万物各得其和以生，各得其养以成。”这是习近平总书记在2021年《生物多样性公约》缔约方大会第十五次会议（COP15）领导人峰会主旨讲话中引用的一句古语，意思是万物各自得到了自然融合之气而产生，各自得到了相应的滋养而成长，传递出中国的生态文明理念，蕴含着传统哲学的生态智慧。2022年10月，党的二十大胜利闭幕，再次强调“坚持山水林田湖草沙一体化保护和系统治理”和“提升生态系统多样性、稳定性、持续性”。紧接着，《生物多样性公约》缔约方大会第十五次会议（COP15）第二阶段会议在2022年12月召开。生态保护与修复论坛以“提升生态系统多样性、稳定性、持续性，筑牢美丽中国生态根基”为主题，在当下具有特别重要的意义。

党中央、国务院高度重视生态保护修复工作。党的十八大以来，我国不断深化生态保护修复战略部署，系统开展顶层设计，推动生态保护修复制度改革创新，持续加大生态保护修复投入，稳步提升生态保护修复监管能力，为保障经济社会可持续发展奠定了坚实的生态安全基础。

近年来，生态环境部积极推动生态保护与修复工作。加快构建以国家公园为主体的自然保护地体系，完善自然保护地、生态保护红线监管制度，开展生态系统保护成效监测评估。实施重要生态系统保护和修复重大工程、生物多样性保护重大工程，科学评估生态修复工程实施成效，确保生态安全屏障更加牢固。

生态环境部南京环境科学研究所作为生态环境部直属科研院所，长期支撑生态保护修复工作的顶层设计与地方实践。在自然生态保护司指导下，紧扣指导、协调和监督生态保护修复工作的职责，加快制定完善生态保护修复标准规范，全过程参与生态保护红线评估调整及监管试点，着力抓好生物多样性保护与国际履约工作，全力支撑“绿盾”自然保护地强化监督专项行动，积极保障自然保护地整合优化审核工作，取得了良好的工作成效。

如何做好生态保护修复，在具体工作中，我们要重点把握以下几点。

一、解决站位问题

要站在中央落实生态文明建设的高度，谋划设计生态保护与修复工作，做好国家层面的顶层设计。

要站在落实地方党委、政府和中央有关部门责任的高度，谋划设计生态保护与修复工作，确保生态保护与修复工作落地。

要站在牵头部门参与国家经济社会发展综合决策及履行生态保护和修复工作统一监管责任的高度，谋划设计工作，确保工作机制顺畅。

二、解决工作设计问题

要从目标、任务、责任三个方面进行工作设计。

生态保护与修复和经济社会发展密切相关。

我们生活的地方绿水青山，蕴藏着矿产资源，但要进行开发，就可能引起生态破坏问题。我们必须明确允许开发多少，生态会破坏到什么程度。我们招商引资，引进一家企业，企业排污，把河水污染了，我们要明确允许排多少污，河水会被污染到什么程度。这就是现实的环境保护。必须可量化、可操作、可考核。否则，我们的工作就会陷入盲目状态，就容易发生生态破坏问题、环境污染问题、资源过度利用问题，也就是我们常说的突破了环境质量的底线、生态保护的红线、资源利用的上线。

所以我们要确定两个目标。一是质量目标，包括生态质量目标和环境质量目标。经济发展带来的生态破坏、排污总量不能突破质量目标的要求。二是功能区目标，包括生态红线等指标，经济产业结构、项目布局不能突破生态红线等功能区目标的要求。

质量目标、功能区目标是国家和地方经济发展的环保底线。要在守住底线的前提下，追求经济的快速增长。底线守住了，发展与保护才实现了“双赢”，习近平生态文明思想才真正落到实处。

国家战略同样如此，比如长江大保护，只有流域 11 个省（自治区、直辖市）的产业结构、项目布局符合所在功能区的定位，流域各行政单元排污总量、生态破坏程度不突破确定的功能区环境质量要求，长江大保护才会真正落到实处。

质量目标是定量的、功能区目标是定性的。二者密切相关，缺一不可。不能明确功能区目标，质量达标必然陷入盲目状态，没有质量达标，对功能区的保护作用不可能发挥。

当前，我们探讨生态保护与修复，要将这项工作纳入经济社会发展大局中谋划设计，生态保护与修复的目标就是守牢质量目标、功能区目标的底线。

我们明确了目标后，就要确定支撑目标实现所需完成的任务。支撑质量目标实现需要完成的任务有两项：一是完善生态质量、环境质量标准；二是做好生态保护和污染防治。支撑功能区目标实现需要完成的任务有三项：一是划定功能区，二是依照功能区许可要求，三是偿还功能区侵占的旧账。

要保障任务完成，就要保障生态保护与修复工作顺利进行；就要将党委、政府负责，生态环境部门实施统一监管，有关部门依据职责分工的机制设计好、运行好。否则，生态保护与修复不可能取得应有成效。从 2015 年中央环保督察以来，每次督察，生态破坏都是突出问题，究其根源，不外乎两个原因：一是机制不健全或不科学，二是机制未有效执行。

目标、任务是事，实现目标、完成任务，靠的是人。如果人出现问题或机制问题未解决，生态保护与修复不可能做好。当然，经济发展的生态环境底线也必然失守。

三、解决手段问题

做好生态环境工作要靠行政、法律、经济、技术等综合手段。综合手段必然是靠组织领导、明确责任、监督检查、考核约束等来实现的。本论坛主题是“生态保护与修复”，我们必然会谈到这些，更具体的还包括科技支撑、资金投入、宣传教育等。

生态保护与修复论坛的嘉宾都是对生态保护与修复理论和实践有着深刻洞见的领导和学者。笔者希望，此次论坛能够让各位领导、专家的理论观点碰撞、融合，为我们带来一场精彩纷呈的思想盛会；笔者相信，此次论坛一定会为我们落实习近平生态文明思想，统筹山水林田湖草沙系统治理，提升生态系统多样性、稳定性、持续性，汇聚合作共赢的伟力！

牢记使命　不负嘱托
湖北省坚定不移推进长江生态保护与修复

湖北省生态环境厅监察专员　冯安龙

湖北地处中国中部、长江之腰，是长江干线径流里程最长的省份，是三峡水库坝区和南水北调中线工程核心水源区所在地，是长江流域重要水源涵养地和国家重要生态屏障，肩负着确保“一库清水北送、一江清水东流”的重要使命，在长江生态环境保护中承担着重要的历史使命和重大的政治责任。

第一次推动长江经济带发展座谈会召开和第一轮中央生态环境保护督察启动以来，湖北省全面贯彻落实习近平总书记系列重要讲话精神，始终把修复长江生态环境摆在压倒性位置。充分发挥中央、省 5 次督察“利剑”作用，坚决落实“共抓大保护、不搞大开发”要求，全省上下聚焦长江大保护的矛盾和重大问题，啃掉“硬骨头”，消除“老大难”，解决了一批长期想解决而没有解决的问题，对长江流域水质改善和生态系统保护与修复起到了决定性作用。

一、铁腕推进化工企业搬迁

第一轮中央生态环境保护督察指出，湖北长江环境保护形势不容乐观，沿江部分重化工企业环境违法问题突出。布局在长江两岸的部分重化工企业污染防治措施不到位，偷排、超标排污等问题时有发生。

2018 年以来，湖北省委、省政府聚焦解决“化工围江”突出问题，以壮士断腕、铁腕治江的决心，强力推进沿江化工企业“关改搬转”。截至 2021 年底，全省累计完成沿江化工企业“关改搬转”任务 443 家，剩余的 35 家企业将在 2025 年底前完成“关改搬转”任务。一大批沿江化工企业通过“关改搬转”实现转型升级，实现了“搬新、搬高、搬绿、搬强，搬出一片新天地”。

2018 年 4 月 24 日，习近平总书记到宜昌兴发集团察看化工企业搬迁、改造和码头复绿情况。习近平总书记曾强调，长江是中华民族的母亲河，一定要保护好。要下决心把长江沿岸有污染的企业都搬出去，企业搬迁要做到人清、设备清、垃圾清、土地清，彻底根除长江污染隐患。通过搬迁改造，兴发集团的产业结构逐步淘汰落后产能，迈向绿色化、精细化、高端化。2021 年，公司净利润超过 42 亿元，同比增长近 6 倍。

二、大力推进长江三磷整治

湖北省磷矿资源保有量、年开采量、磷化工产业规模、磷肥产量均居全国第一位，“三磷”（磷矿、磷化工企业、磷石膏库）历史遗留问题多，整改难度大。第一轮中央生态环境保护督察指出，湖北磷化工无序发展加重长江总磷污染，一些磷化工企业生产废水偷排、超标排放，磷石膏渣场和尾矿库环境问题十分突出。一些地方磷化工企业污染触目惊心。第二轮中央生态环境保护督察又曝光了黄冈、孝感、襄阳等市磷石膏污染问题。

近年来，湖北省不断加强顶层设计、健全保障体系，磷石膏污染防治和综合利用取得成效。省委办公厅、省政府办公厅制定了《关于加强磷石膏综合治理 促进磷化工产业高质量发展的意见》。省人大常委会表决通过的《湖北省磷石膏污染防治条例》，是全国首例磷石膏治理地方性法规。省直部门制定《湖北省磷石膏无害化处理技术规程（试行）》，编制《石膏基自流平砂浆应用技术规程》《磷石膏道路基层材料应用技术规范》两项地方标准。省级财政每年安排专项资金 1 亿元，用于支持磷化工高质量发展和磷石膏综合利用。

2022 年上半年，全省磷石膏综合利用率达到 60.2%。湖北省已形成磷肥、无机磷酸盐、有机磷化工、精细磷化工等系列产品体系，产品结构不断优化。全国磷肥企业 10 强中，湖北省独占 3 席，3 家企业主营收入均过百亿元。

三、坚决遏制湖泊退化趋势

两轮中央生态环境保护督察中，湖泊保护始终是绕不过去的“老大难”问题。

近年来，湖北省按照分级管理权限，确定并公布了 755 个湖泊的湖长和湖段长，将湖长履职、湖泊重要断面水质达标、湖泊划界确权、退垸（田、渔）还湖等工作目标纳入省对市（州）年度考核项目清单。《2021 年湖北省湖泊保护与管理白皮书》显示，全省列入省级湖泊保护名录的 755 个湖泊，数量未减少，面积没有萎缩。24 个省控湖泊已消灭劣Ⅴ类水域。

中央生态环境保护督察指出的斧头湖、汤逊湖、梁子湖、网湖、长湖等已基本完成整改任务。武汉东湖已由劣Ⅴ类提升为Ⅲ类，水质达到 40 多年来的最高水平。洪湖已拆除的围网养殖面积达 56.4 万亩，渔民上岸安置，洪湖回归“人放天养、捕捞生产”的状态，再现了“洪湖水，浪打浪”的美景。

四、大力实施重点流域治理

水污染治理是长江大保护的首要任务。湖北省第十二次党员代表大会报告，把坚守住流域安全底线作为构建新发展格局先行区的首要任务。将全省划分为长江、汉江、清江 3 个一级流域区和 16 个二级流域片区，绘制出一张流域综合治理的“底图单元”。

近年来，湖北重拳出击狠抓流域水污染治理。中央生态环境保护督察反馈的府河、沮河、通顺河、东荆河、神定河、四湖总干渠等一批长期受到污染的河流得到系统治理，水质得到了根本改善。

2021 年，275 个河流断面总体水质为优。其中，水质为Ⅰ～Ⅲ类的断面占 93.8%，无劣Ⅴ类断面。长江、汉江干流总体水质为优，它们的省控断面中水质为Ⅱ类的分别占 85.0%、94.4%，均无Ⅳ类以下断面。南水北调中线工程水源地丹江口水库水质保持在Ⅱ类以上。

五、扎实推进生态保护修复

长江大保护的核心是流域生态环境系统修复。湖北省境内的秦巴山区、武陵山区、大别山区、幕阜山区，是国家重要的生态功能区，也是华中地区的生态屏障，还有神农架、武当山、三峡库区、丹江口水库等众多重要的生态保护地，生态地位突出。

近年来，湖北坚守红线底线要求，建立“四级三类”国土空间规划体系和“三线一单”生态环境分区管控体系。划定生态保护红线面积 3.73 万 km^2，占省域面积的 20%。率先实施五级河湖长制、林长制；率先实行长江、汉江流域禁捕退捕，禁捕水域面积近千万亩，长江水生生物资源量快速恢复，石首天鹅洲长江故道江豚种群数量从 5 头增至 101 头。取缔干线各类码头 1 810 个，腾退岸线长 149.8 km，长江岸滩岸线生态复绿面积达 856 万 m^2，完成长江两岸造林绿化 84 万亩。完成“绿盾”行动自然保护地问题整改 3 127 个。整治修复废弃矿山 327 个，曾经的“生态伤疤”蝶变成生态公园。

中央生态环境保护督察曝光的宜昌市长阳县花香水岸公司非法挖山采石问题、通山县九宫山国家级自然保护区小水电清理问题得到全面整改。龙感湖国家级自然保护区内的 24 台风机全部拆除并复绿。

长江大保护，“道阻且长，行则将至”。湖北省将更加紧密地团结在以习近平同志为核心的党中央周围，在省委、省政府的坚强领导下，坚定贯彻习近平生态文明思想，推动经济社会发展全面绿色转型，让美丽湖北、绿色崛起成为湖北高质量发展的重要底色，为永葆长江母亲河生机活力贡献更多湖北力量！

突出泉城特色　保持泉水持续喷涌

济南市生态环境局党组书记、局长　肖　红

济南，作为东部沿海经济大省山东省的省会，是全国 15 个副省级城市之一，南依泰山，北跨黄河，依泉而建、因泉而名，素有“泉水甲天下”的美誉，趵突泉等 1 000 余处泉水星罗棋布，赋予了济南有别于其他城市的独有魅力和生态气质。“四面荷花三面柳，一城山色半城湖”。作为全国首批历史文化名城，“山泉湖河城”浑然一体的生态优势，是最亮丽的城市名片，彰显出美丽泉城的特色风貌，也塑造出生态文明建设的厚实底蕴。

党的十八大以来，济南市以习近平生态文明思想为指引，牢固树立“绿水青山就是金山银山”理念，全面加强生态环境保护与修复治理，坚持山水林田湖草沙一体化保护和系统治理，生态环境质量不断提升。特别是在泉水保护方面，以“突出泉城特色，保持泉水持续喷涌”为目标，坚持规划引领、涵源至上、广蓄客水、地下限采等工作思路，实现了趵突泉等重点泉群 19 年持续喷涌，2022 年趵突泉最高水位达 30.27 m，创 1966 年以来最高水位。向世界展示了一幅“泉涌、河畅、湖清、水净、景美”的生动画卷。

一、围绕泉的喷涌，坚持涵源至上，实施水生态综合治理

济南市区南部是泉水的源头，提升市区南部补给泉水能力是保持泉水持续喷涌的关键。为此，市委、市政府提出“保泉必先保山，保山必先保林”，确立了“涵源至上”的科学保泉理念。

一是制定了《济南市名泉保护条例》，编制完成了《济南市名泉保护总体规划》，明确划定了“山体、河流水系、重点渗漏带、直接补给区”4 条生态红线，构建了“两区三级”的泉水保护体系。

二是不断提升水源涵养能力，对南部山区 571 km^2 区域内重点水库、重点支流河流实施了生态系统综合治理。编制《济南市“十四五”水土保持规划》，系统实施荒山荒坡治理、植树造林、水源涵养和封沙育林，有效防治水土流失，增强南部山区水源涵养能力，筑牢泉城“水塔”。

三是加强补给区生态修复。进一步协调泉水保护与城市建设发展的关系，采取“拦、蓄、滞、渗、补”措施，改善和增强雨水入渗补给能力。实施生态修复，推进海绵城市建设，通过绿化涵养水源、拦蓄入渗等工程为城市补水，为泉水补源。

二、围绕人民需求，提升水资源保障能力，大力实施泉水直饮工程

一是持续加强重点水源地建设。统筹黄河水、长江水、地表水、地下水和再生水、雨水等各类水源，加强多水源高效配置，加强水源地、水系连通建设。广蓄水是提升水资源保障能力的治本之策，为了承载九曲十八弯奔流而来的黄河水和跨越千山万水调来的长江水，济南规划启动白云水库、稍门水库、鹊山水库、东湖水库新建扩建工程。同时，为了留住天上水，合理开发利用长孝、济西及黄河侧渗水等地下水源；实施徒骇河、北大沙河等蓄水工程，进一步提升水资源保障能力。

二是大力实施市民泉水直饮工程。坚持保护与开发、节约与集约并重，结合城市总体规划、新区开发建设、城市更新等工作，科学规划和合理布设泉水直饮设施，持续推广市民泉水直饮工程。2021 年初，济南市进一步明确了泉水直饮工程的总体目标、工作原则、实施范围、实施条件、实施步骤及保障措施，为泉水直饮工程的顺利实施提供了坚实的制度保障。截至 2021 年底，济南市累计建设完成 36 处泉水直饮工程，实现年供水量 3.7 万 t，供水人口 10 余万人；预计截至 2025 年底，完成 227 处泉水直饮工程建设，覆盖 100 万泉城市民。泉水经济和社会效益进一步凸显。

三、围绕泉水精神，坚持保护提升，推进“济南泉·城文化景观”申遗

在济南 2 600 多年的城市发展史上，泉水始终与这座城市同频共振、相伴相生。这座城市留下了太多岁月悠长的泉水印记，产生了一种奋发昂扬的泉水精神。

泉水申遗是历届市委、市政府高度重视的工作，也是济南广大市民夙愿。2017 年 9 月，市委、市政府成立“‘济南泉·城文化景观’申报世界遗产工作领导小组”。2019 年 3 月，国家文物局将“济南泉·城文化景观”列入《中国世界文化遗产预备名单》；同年 10 月 16 日，遗产要素点——万竹园入选第八批全国重点文物保护单位。

近年来，济南先后编制完成了《济南泉·城文化景观申遗价值研究》《济南泉·城文化景观保护管理规划》，完善申报相关技术准备工作。先后完成了明府城西城墙遗址、钟楼寺台基、王府池子街等遗产要素点修复保护工程。举办了 10 届泉水文化节，召开了 4 届国际泉水文化景观城市联盟会议，不断丰富了泉水精神内涵，扩大了泉城济南的影响力。出版了“千泉之城——泉城济南名泉谱”“济南名泉精华录”等泉城文库系列丛书，展示了济南浓厚的泉水文化和遗产价值。

下一步，济南市将认真落实党的二十大精神，以习近平生态文明思想为指导，坚定不移走生态优先、绿色发展之路，不断巩固提升生态治理的能力和水平，持续夯实强省会建设的生态本底，打造人与自然和谐共生的美丽泉城。

七、区域再生水循环利用论坛

在中国生态文明论坛南昌年会区域再生水循环利用论坛上的致辞

江西省生态环境厅党组成员、副厅长　龙　刚

尊敬的张波会长、徐延彬厅长，各位领导、各位专家：

大家上午好！

在全国上下掀起学习贯彻党的二十大精神的热潮之际，很高兴与大家相聚在“落霞与孤鹜齐飞，秋水共长天一色”的赣江之滨，共话区域再生水循环利用、共谋提高水资源利用率。受江西省生态环境厅党组书记、厅长徐延彬同志委托，我代表江西省生态环境厅对生态环境部及社会各界朋友长期以来对我省生态环境保护工作的关心与厚爱表示衷心感谢！对出席区域再生水循环利用论坛的各位领导和专家表示热烈欢迎！

江西省始终坚持以习近平生态文明思想为指引，坚定不移走生态优先、绿色发展之路，扎实做好治山理水、显山露水文章，推动碧水保卫战由“坚决打好”转向“深入打好”，在全面建设美丽江西的路上迈出坚实步伐，“河畅、水清、岸绿、景美”优美画卷在赣鄱大地的青山绿水间徐徐展开。

——江西省坚持开源节流，深入挖掘水资源开发利用的潜能。在全国率先建立由省委书记和省长担任总河长的全域河湖长制，率先出台与河湖长制相关的地方性法规和省级标准，形成河长领衔、部门协同、流域共治、社会参与的运行机制，加快推进水利基础设施建设。落实水利部、生态环境部等六部委文件要求，在九江、赣州等地开展典型地区再生水利用配置试点。全面完成省内 22 条流域面积超过 1 000 km^2 的跨省、市河湖的水量分配工作。35 个重点河湖生态流量控制断面预警监测平台建成使用。江西省水资源利用方式较粗放、用水效率不高等问题得到了有效解决，水资源开发利用迈上了新台阶。

——江西省坚持深耕细作，大力提升水生态保护修复的效能。长江“十年禁渔”工作收获实效，多年未见的鲥鱼、大规格刀鱼、大规格胭脂鱼、纯种野生江西大鲵等许多珍稀野生动植物再次出现，江豚时隔 40 余年又再次溯江而上戏水扬子洲、逐浪八一桥，全球 98%以上的白鹤、95%以上的东方白鹳、70%以上的白枕鹤、60%以上的鸿雁在鄱阳湖越冬。全省生态质量指数保持全国领先，生物物种资源丰富，水生态保护修复开创新局面。

——江西省坚持稳中求进，持续强化水环境保护成果巩固提升的势能。以改善水环境质量为核心，深入打好碧水保卫战。2022 年上半年，江西省地表水国控断面水质优良比例为 97.7%，在中部 6 省排名第二，比全国平均水平高 12 个百分点。鄱阳湖湖区水质稳步改善，湖区总磷浓度由 2018 年近年的最高点 0.082 mg/L 下降为 2022 年上半年的 0.057 mg/L，创近年来同期最低。长江干流和赣江干流持续保持Ⅱ类水质。全省国控断面水质优良比例持续保持中部领先、稳居全国前列，水环境质量再创新佳绩。

各位领导，各位专家！水是万物之母、生存之本、文明之源。此次论坛会聚社会各界精英翘楚，共同探讨“区域再生水循环利用”，对推动节约水资源、保护水生态、改善水环境等具有重要意义。我们将以此次论坛为契机，深入汲取各位领导专家的真知灼见，认真学习兄弟省（区、市）先进经验，着力构建污染治理、循环利用、生态保护有机结合的治理体系，系统规划、科学布局城镇污水再生利用设施，合理确定再生水利用方向，因地制宜实施再生水循环利用工程，健全再生水纳入区域水资源调配管理体系，积极开创区域再生水循环利用工作新局面，探索人与自然和谐共生的新路径。

江西以江为名、因水而美。2 400 多条河流蜿蜒纵横，穿越高山峡谷，穿梭丘陵平原，穿行城市乡村；400 多个天然湖泊星罗棋布，点缀在秀美河川上，静卧在红色热土中，掩映在蓝天白云下。真诚希望大家来江西多走走、多看看，为江西省各项工作特别是生态环境保护工作提供更多的指导与帮助。

最后，预祝本次论坛圆满成功！祝愿各位领导、专家身体健康、工作顺利！

谢谢大家！

在中国生态文明论坛南昌年会
区域再生水循环利用论坛上的致辞

生态环境部总工程师、水生态环境司司长
中国生态文明研究与促进会会长　张　波

各位代表、各位专家：

大家上午好！

首先，感谢大家在百忙之中出席中国生态文明论坛南昌年会区域再生水循环利用论坛。本次论坛以“开展区域再生水循环利用 协同推进降碳、减污、扩绿、增长”为主题，分享经验、解读政策，对做好试点工作很有意义。

区域再生水循环利用最早是在南水北调东线治污工作中提出的，当时只是在局部地区进行探索，现在已在更大的范围开展试点。所谓区域再生水循环利用，就是指将达标排放的尾水采用人工湿地水质净化工程等生态措施进一步处理，于水质改善以后，在一定区域内统筹用于生态、生产、生活的再生水利用模式。这项工作不仅可以节约水资源、降低碳排放，还可以在缺水的地方形成一个个大水面，通过沿河环湖生态修复，进一步改善水环境、水生态，周边群众会有很强的获得感、幸福感。如果这篇文章做得好，我们就有可能把缺水地区一些低价值空间改造成高价值空间，甚至形成一个个新的“经济隆起带”。我认为，这也是当前实施供给侧结构性改革的题中之意。

党的二十大提出，协同推进降碳、减污、扩绿、增长。这是新时期生态环境保护的必然选择，也是一项总要求。环保工作最初都是从污染治理起家的，到中级阶段就需要污染治理与生态保护协同推进，再到高级阶段就必然形成污染治理、生态保护、循环利用有机结合的工作体系，因为只有这样才能真正实现降碳、减污、扩绿、增长协同推进，实现保护和发展“双赢”。区域再生水循环利用就体现了这样的理念。

2021 年 12 月，生态环境部会同国家发展和改革委员会、住房和城乡建设部、水利部印发《区域再生水循环利用试点实施方案》（以下简称《方案》），主要目的是推动建立污染治理、生态保护、循环利用有机结合的再生水循环利用体系，探索协同推进降碳、减污、扩绿、增长的新路径。《方案》印发以后，地方积极性很高，生态环境部会同国家发展和改革委员会、住房和城乡建设部、水利部组织专家遵循问题导向、合理可行、绩效明确、成熟度高等要求进行了遴选，有关结果已经向社会公示。

今天我们大家相聚在一起，既有试点地区代表，又有资深专家及骨干企业和金融机构代表，希望大家畅所欲言，集思广益，努力为协同探索降碳、减污、扩绿、增长有效路径。生态环境部将会同国务院有关部门，加强政策协调和工作指导，力争在“十四五”时期形成一批可复制、可推广的优秀案例。中国生态文明研究与促进会也将和大家一起持续关注、推动这项工作。

谢谢大家！

区域再生水循环利用的风险防控与安全保障

清华大学环境学院教授
国家环境保护环境微生物利用与安全控制重点实验室主任 胡洪营

本文主要介绍了笔者在区域再生水循环利用风险防控与安全保障方面的思考，分享以下三个方面的内容。

一、区域再生水循环利用及其潜在风险

（一）区域再生水循环利用的概念与系统构成

区域再生水循环利用的关键环节包括污水收集、污水处理、再生水处理、再生水储蓄利用和再生水循环利用等，每个环节都有各种典型情景。收集的污水类型主要有生活污水、混合废水即含有工业废水的城市污水。污水处理厂建设形式主要有集中式、分布式和分散式。再生水处理设施包括工程设施和生态设施。生态环境部开展的试点主要强调了生态设施，即人工湿地水质净化工程的建设。在再生水处理和水质净化工程布局上也分为集中式、分布式和分散式。进行再生水储蓄利用的水体主要是湖泊、河流、坑塘，有时还包括水库、地下水等。再生水的利用途径除了生态利用，还包括工业用水、市政杂用水、农林用水和饮用水水源补给等。

（二）区域再生水循环利用的重要意义

区域再生水循环利用意义重大，是推进水资源、水环境和水生态“三水”统筹治理，落实党的二十大部署的重要举措，也是破解水资源短缺“瓶颈”的重要途径。中国严重缺水，水资源是社会经济发展的刚性约束，因此“要坚持以水定城、以水定地、以水定人、以水定产，把水资源作为最大的刚性约束，合理规划人、城市和产业发展”。同时水资源也是刚性需求，我们的生活、生产和生态都离不开水。因此，我们需要把这两个刚性柔化。水资源有限、循环无限。污水水量稳定、水质可控、量大面广、就近可取，是城市重要的第二水源。大量的实践表明，区域再生水循环利用是破解水资源“瓶颈”的绿色可持续措施，技术可行、安全可靠、效益显著。

笔者强调的一点是，区域再生水循环利用是破解污水排放标准制定（修订）面临的多方面制约的有效方法。以用定质、以质定管，可以推动污水处理标准的按需制定，实现水污染“一地一水一策”精准治理、科学施策。目前，污水排放标准在修编过程中面对了各方的不同声音，当然也包括反对盲目提标的声音。笔者觉得反对盲目提标

没问题，但是一部分反对有变成盲目反对的倾向，给标准制定带来了很大的压力。从区域再生水循环利用的角度考虑，应该根据再生水利用途径对水质的要求制定污水处理标准。

区域再生水循环利用可促进城市水体的功能向“城市第二水源”转型，更利于城市水体的运营和管理。从看水（景观利用）到作为水源用于生产生活和城市杂用，可提高管理的主动性和积极性。同时，通过水的取用把城市“封闭水体”变为有进有出的“开放水体”，有利于水质保障和生态维系。

（三）区域再生水循环利用的潜在风险

再生水生态利用面临一些潜在的风险。首先是色臭物质，它们本身不会带来生态和健康风险，但会导致感官厌恶，降低公众接受度，即影响再生水的“心理安全”。氮磷营养盐会导致水体富营养化和微藻爆发性生长，破坏生态景观。即使污水处理后达到地表水的Ⅲ类和Ⅳ类标准，也还是富营养化的水，产生水华的风险很大。另外，病原微生物会感染人或动物，引发疾病和传染病。还需要关注新污染物带来的生态风险，国务院办公厅发布的《新污染物治理行动方案》可为新污染物的风险控制提供科学指导。此外，区域再生水循环利用引起的水体含盐量与硬度的增加，会影响生态和生产，如导致设备结垢，带来一定的风险。

大量的实践表明，以上潜在风险可防可控。按照生态环境部制定的《区域再生水循环利用试点实施方案》，就能防范这些风险。

（四）区域再生水循环利用的风险管控措施

一是全程管理。不能把风险控制都压在最后一个环节，需要将风险防控意识、防控措施融入全过程，纳入工程规划、建设、运行、监管。

二是预防为主。全面识别、严格管理各环节，包括污水收集、污水处理、再生水处理、蓄存输配、再生水利用等可能存在的风险及其来源。目前，在很多地方工业废水预处理之后排入下水道，这给再生水利用带来了很大的风险，要尽可能少地将工业废水排入城市下水道。

三是运维为要。严格污水处理、再生水生态净化、蓄存输配等设施的运维管理，制定各个环节基于循环利用的运行管理规范、指南。

四是监控预警。针对再生水系统的各个环节节点，明确监控指标。指标不宜太复杂，优先利用色度、浊度等易监测的指标。根据需要建设在线监测和预警系统，及时发现风险。

五是立体监管。再生水利用监管是一个薄弱环节，应该按照供水工程对再生水供水和利用进行管理，需要建立包括政府、第三方和运营企业内部监管在内的立体监管体系，建立完善相关机制，保障风险管控措施的有效落实。

《城市污水再生利用 景观环境用水水质》中提出了一些风险防范的措施，可供大家参考。

风险管控的具体措施主要包括污水收集源头管控、污水处理达标保障、水质生态净化保障、蓄存输配水质保障、用户端风险防控等。需要特别关注消毒环节，确保消毒单元正常运行和出水稳定达标，有效控制病原微生物带来的风险。湿地等水质净化工程需要合理设计、高质量施工，保证长效运行。蓄存输配水质保障方面的措施包括再生水天然储存和输配过程中水质劣化预防和控制。用户端风险防控应明确再生水用途和禁止使用的情况、进行工程施工监管与错接预防等。再生水设施需要设置标识等，防止人体直接暴露。

二、再生水调蓄库塘水华风险防控

（一）影响微藻生长和水华爆发的主要因素

微藻生长和水华爆发的主要影响因素包括植物营养元素，如氮磷等和微量元素的浓度；物理因素，如温度、光照、水力条件等；生态因素，如生态系统完整性、生物作用、植物抑制效应等。

（二）微藻生长与水华防控措施

控制水体的植物营养水平。可参考再生水水质标准、利用标准和相关指南确定氮磷等营养盐的浓度水平。中华人民共和国国家标准《城市污水再生利用　景观环境用水水质》给出了推荐性的水质标准。利用过程中，也可以参考北京市地方标准《再生水利用指南　第 4 部分：景观环境》，确定水质标准。

不同水质标准的氮磷浓度限值不一样。地表水Ⅳ类标准中，总氮浓度为 1.5 mg/L，总磷浓度为 0.3 mg/L，是富营养状态。在现阶段，我们还不可能把水体控制在贫营养的状态，特别是城市水体。

氮磷浓度控制标准不能“一刀切”，需要研究适用于不同自然环境条件、不同水力条件的氮磷控制目标的建立方法。

目前，常用的水华控制技术措施包括营养水平控制、水系水力调控、生态系统自控等。

三、推进区域再生水循环利用的建议

一是统筹规划、系统推进区域再生水循环利用系统建设。因为区域再生水循环利用涉及的部门非常多，建议统筹规划、系统推进、重点布局。

二是建立全链条、系统化的标准、规范与指南体系。这涉及源头管理、对象管理、水质目标、水质评价、规划设计、运营管理等。

三是建立全覆盖、持续化的政策管理与监督体系。这需要部门联动、约束激励、评估监管、持续运营。

再生水循环利用涉及很多科学，因此需要全方位、系统化的科技支撑。

如果大家想了解更多关于再生水利用的信息，可以关注相关公众号。

关于申报再生水循环利用试点成功后，地方应该做什么、怎么做，笔者认为生态环境部将来会有一个工作计划，提出具体要求，包括考核要求等。试点城市要围绕试点工作方案中承诺的内容，根据生态环境部的工作要求，尽快动起来，扎实推进相关工作。笔者建议重视以下几个方面。

1．建立工作推进机制。建立一个务实、高效、名副其实的试点工作推进机制，包括成立主要市领导任组长的领导小组、分管市领导或主责部门主要领导任组长的工作小组，成员应涵盖相关的部门。领导小组的组长一定要是市主要领导，因为这是一个涉及各个部门的系统性、综合性工作，需要主要领导亲自抓。

2．分解任务和指标，明确任务分工。主要任务包括政策制定、标准规范制定、规划和计划编制、工程建设、监管运行、投资融资等，应明确每项任务和指标的主责部门，并形成任务小组。

3．建立专家咨询小组。建立一个由不同领域、不同背景的专家组成的咨询小组，制定一个包括关键政策、关键工程、关键措施的方案，应充分听取专家的意见，以提高方案科学性和合理性。同时，对目前尚不清楚的重要问题，开展有针对性的研究。

4．成立工作总结和宣传小组。试点城市都有很好的工作基础，总结了很多特色鲜明、成效显著、可圈可点的做法。建议建立专门的工作小组，对已有的亮点工作、成功经验，甚至失败的教训进行总结、宣传，以便互相借鉴，发挥试点城市的示范带动作用。在试点工作推进过程中，应及时总结工作进展和工作经验，及时交流。

关于区域再生水循环利用的几点思考

同济大学教授、城市污染控制国家工程研究中心主任
中国生态文明研究与促进会常务理事 戴晓虎

一、背景

水的问题一直在全球备受关注，在联合国 2030 年可持续发展议程 17 个目标中，清洁水就是重要的一项。由此可见，水安全是人类可续发展的重要保障。中国作为一个严重缺水的国家，实施区域再生水的循环利用，符合可持续发展要求。

尽管很多国家并不缺水，但是一直高度重视再生水利用。我们知道美国有《清洁水法案》，新加坡提出了新生水概念（NEWater），日本、澳大利亚、欧盟一些国家都通过相应的法律法规促进水资源的保护和再生水的利用。再生水循环利用核心是在实现水资源管理的同时，倒逼水环境质量的改善。

欧美国家，一方面不缺水，另一方面城镇的水环境容量要比我国高，人口的密集度比我国低，再加上河道径流量大、自净能力强，所以采用传统的“面源+点源”的控制方式，就能使水环境质量得到有效的改善。

我国通过过去近 30 年的努力，在水环境质量改善方面做了大量的工作，特别是在污水处理设施建设方面，污水处理规模已经居全球第一位，取得了很好的成效。但是我国污水处理整体大而不强，还存在诸多问题：一是和西方发达国家相比，我们的城市水系统的构建处在与之不同的阶段，且存在水资源短缺、分布不均、人类活动密集、人口增加等困难，中国又是制造业大国，这些都是我国特有的国情，与其他经过近百年发展的发达国家相比，我们用不到 30 年的时间取得的成绩来之不易，当然也面临着很多问题需要解决。二是城市面源污染问题还未得到很好的解决，水环境质量还需进一步提升和改善。三是城市污水的收集率比较低，污水还没有得到全量化收集和处理。四是我国水环境容量较小，河道径流量少，与欧洲发达国家相比，河道自净功能弱。所以，水环境质量根本改善和水资源保障是我国下一阶段面临的一个重要任务，给我们下一步进行区域再生水循环利用带来了巨大的挑战。

我国进入高质量发展阶段后，对水环境的质量提出了更高要求。在这样的背景下，进行区域再生水利用的试点工作，应当说是恰逢其时的。党的二十大提出了“人与自然和谐共生”，以及“降碳、减污、扩绿、增长”等要求，这与现在启动区域再生水利用试

点工作，加强水资源的开发利用，提升水环境质量目标，高度契合。我认为再生水循环利用试点工作非常有针对性，且很有必要，是推动水务行业高质量发展、改善水环境质量及破解我国水资源短缺“瓶颈”、实现人与自然和谐共生的重要举措。

二、需求挑战

通过以上分析可知，区域再生水利用还存在诸多的挑战，需要在下一步试点工作过程中重点关注。

一是我国存在水资源短缺、分布不均的问题。我国人均水资源占有量低，仅为世界人均水资源占有量的 1/4，不同区域水资源量和人口密度一致性差异较大，而且我国仍处于高速发展阶段，因此需要在解决水资源短缺问题的同时，重视水环境质量问题。

二是我国再生水循环利用面临的挑战。我国人口密度高，污水产生集中，但河道径流量小，水体自净能力差，对再生水循环利用提出了更高的要求。同时，我国制造业发达，可能存在部分工业废水混入情况，而现有控制指标以化学污染物指标为主，为实现未来的生态环境质量改善目标，控制指标可能还需要逐步向水生态指标体系过渡。应当说污水处理、水环境改善进入了高质量发展的第二个阶段，而区域再生水循环利用刚刚起步，任务艰巨、任重道远。

三是污水处理模式对再生水循环利用的影响。发达国家大部分采用的是分散式的污水处理模式，而我国采取的是集中式的污水处理模式，间接增加了再生水利用的难度。以我国和德国为例，我国人口是德国的 14 倍，我国污水处理规模远远超过了德国，但是德国的污水处理设施有 1 万多座，而我国只有 4 000 多座。这表明我国主要采用的是大规模污水处理厂，而且都在下游，增加了再生水循环利用的难度。除此之外，我国再生水循环利用管网的建设还有些滞后，就地回用难。

四是再生水循环利用需要加强风险评估与控制。由于污水中可能混入工业污染物质，而传统的物理、化学、生物处理对于存在生态风险的微量污染物质、持久性污染物的去除成本较高。在这种情况下，首先应该提高对再生水安全利用的认知，逐步建立、完善适合经济发展水平的再生水循环利用标准体系。

另外，需要建立适用于我国再生水循环利用的量化模型。国外已经有这方面的研究，但是对于我国来说，环境容量、径流量、水体污染都需要更好的量化模型，为再生水循环利用管控提供更好的科技支撑。目前，污水处理厂本身技术水平还很有限，未来一方面要加强对风险物质去除技术的开发，另一方面要通过科技创新加强生态系统对污染物质的进一步净化。例如，人工湿地技术对于污染物，特别是微量污染物是一个很好的处理技术。因为湿地具有近生态、近自然的属性，其与传统的污水处理厂功能的区别，有些我们还不是很清楚。在欧洲，很多国家地表水不能直接作为饮用水，需要经过处理以后，再通过河岸或者其他渗透的方式进一步处理。比如，德国的莱茵河水通过自来水厂净化后不能直接作为饮用水，而是需要处理后再回灌到地下，利用土壤过滤，再在多年后从地下提取出来，进入饮用水管网。因此，需要加强关于湿地等对污染物生态去除功能的研究和利用。

五是要考虑经济效益和环境效益。再生水循环利用的价值机制，在工业用水方面没有问题，在市政用水中也具备一定的可操作性，但是生态补水到底怎么体现它的价值？这就需要生态补偿机制来实现，毕竟再生水的利用过程还是需要一定资金投入的。

六是消毒副产物对再生水循环利用的影响。国外对再生水循环利用的消毒要求很明确，和人体直接接触的污水都要消毒，直接作为生态补水不需要消毒。现有消毒方式一般使用氯。但含氯消毒剂可能会产生很多新污染物，其中有些对人体健康而言造成了风险，因此需要进一步评估。同时污水厂消毒时尽管消灭了一些病原微生物，但是也消灭了很多有用的微生物。综上所述，如果再生水的用途不是工业利用和市政利用，不和人体直接接触，而是作为生态补水，消毒处理的必要性还需深入研究，建议消毒处理中尽可能避免使用氯。

三、发展路径

污水资源化利用和再生水循环利用的方式、路径已比较明确。但是，需再强调一点，就是一定要因地制宜，因为再生水循环利用与地域、环境容量，以及经济发展水平密切相关。而此次区域再生水循环利用的试点工作，包含了北方和南方的不同城市，这些城市有不同的特征、不同的要求。试点城市的选择要充分体现因地制宜原则，各个城市应该在梳理再生水循环利用方式和潜力的基础上，采取与地方环境容量和具体条件相匹配的措施（特别是对于生态补水）。

另外，这次获批的试点城市再生水用于生态补水的比较多，生态补水作为景观用水，对于城市环境改善很重要。但我国毕竟是一个缺水的国家，水资源还是短缺的。而且从国外的实践来看，工业和市政用水，包括部分农业用水中，再生水的利用比例还是较高的。所以，建议各城市进一步挖掘工业和市政再生水循环利用的潜力。

四、经典案例

新加坡严重缺水，所以新加坡提出了“新生水”的概念。当然，新加坡“新生水”政策是运用物理、化学强化手段，实现污水中的污染物质的高效去除，然后和其他水混合，作为再生水循环利用。这一做法得到国际社会的广泛赞誉。这对于中国，特别是一些经济比较发达，而且严重缺水的城市有一定的借鉴意义。但是，中国一些城市和新加坡还存在较大差异，所以，不同城市应该寻找适用于当地的再生水循环利用的技术路线。

北京市在再生水循环利用方面做得比较好，建立了 60 多座再生水厂，再生水主要作为生态补水，还有一部分用作工业用水和绿化用水，取得了很好的成效。所以我们相信，通过这次的再生水循环利用试点工作，应该会有一些更好的案例出现。

国际上，除再生水循环利用外，生活污水源分离、分质处理与回用、水资源和营养物资源化都是近年来广受关注的重点，已经有了一些成功案例，但是目前的技术还无法实现社区大规模高效处理和利用。所以，从未来发展的角度看，生活污水源分离与资源化技术研发也是水资源高效利用值得关注的方向之一。

五、结语

（1）污水资源化是全球的重要议题，再生水循环利用意义重大，将成为推动高质量发展和人与自然和谐共生的重要抓手。

（2）我国无论是从水质还是从水资源角度来看都属于缺水国家，而且人口众多，制造业发达，实现再生水循环利用对我国而言意义更大，但难度也更大，挑战和机遇并存。

（3）再生水循环利用，应遵循“区域统筹、加强协同，节水优先、因地制宜，政府引导、市场推动，规范管理、风险可控”的基本原则。

（4）生态补水、农林牧渔业用水、工业用水等是再生水循环利用的重要途径，需统筹协调经济与生态补偿、生态价值或者“双碳”目标等方面的要求，进行整体机制设计。

同时，我国应加大科技创新力度，利用河道、湿地等，使污水中的风险物质更高效地去除。同时在未来标准制定方面，水质标准要从单一的化学指标向生态指标过渡。这方面，也需要开展大量的工作。

总体而言，开展再生水循环利用，对解决我国水资源短缺、水污染问题，改善水环境质量，以及高质量发展具有重要的意义。笔者相信通过这次的试点，能够取得很好的成效。

区域再生水循环利用调配体系建立的要点

山东大学教授、博士生导师 黄理辉

一、区域再生水循环利用的特点

区域再生水循环利用是指将达标排放的尾水，通过根据当地情况建设人工湿地水净化工程，进一步改善水质后，在一定区域内，用于生态、生产和生活的一种污水资源化的模式。从内涵和特点上看，区域再生水循环利用具有典型的区域性、系统性。从对象和要素来看，要进行区域内再生水的循环利用，就要统筹尾水的产量、人工湿地、调蓄库塘、调配体系、需求情况等。

“区域性”意味着区域再生水循环利用不同于某个企业内部的再生水循环利用，是从区域层面上统筹再生水的生产、调配、利用等各环节的。它将污染治理、生态保护、循环利用有机结合了起来。笔者在具体的工作实践中，发现若区域选为一个地级市或一个县级市大小是比较合适的，再结合流域的具体特点，建立区域再生水循环利用的调配体系就会比较可行。如果区域太大，可能就涉及跨流域或跨辖区的调水工程；如果区域太小，又无法发挥区域再生水循环利用的综合效应。

“系统性”要求我们按照“再生水的生产和利用平衡，湿地净化与调蓄能力匹配”的原则，合理安排区域再生水生产和利用及人工湿地净化等循环利用工程的建设，在确保防洪安全的前提下，因地制宜地建设再生水调蓄库塘，形成合理的再生水调蓄能力，通过区域再生水的科学调配，实现区域水资源的高效配置。也就是说通过区域再生水循环利用，统筹水资源、水环境和水生态治理。

二、五个边界条件的分析

要真正在区域内实现再生水充分的循环和利用，面临着不少现实条件的约束。在山东段治污体系实践及研究中，我们发现了五个对开展区域再生水循环利用至关重要的边界条件。这五个条件分别是区域内产生再生水的水质水量、区域内足量的人工湿地水质净化处理设施、区域内有一定的再生水调蓄容量、区域内利用再生水的水质水量要求、复杂水文气象条件下的区域再生水资源量。

我国的再生水资源量是比较大的，开展区域再生水循环利用潜力巨大。根据纳入统计的全国城市供水量推算，目前，生活污水年排放量约 600 亿 t，华北及沿黄流域的城市污水年排放量约 150 亿 t。区域再生水循环利用，首先要求区域内有稳定达标的尾水，区域内产生再生水的水质水量是开展这项工作的基础和必备条件，因此也是第一个边界条件。再生水的来源主要以市政生活污水处理厂尾水为主，要严格控制有毒有害的尾水进入区域再生水循环利用系统，从源头上进行分离。达标排放是一个很重要的前提，因此我们要特别注意，我们的区域再生水循环利用，不能用来承担区域治污工作。如果区域内没有达标排放的尾水，实际上就不具备开展这项工作的条件。

现实中达标排放的尾水水质与区域内再生水多目标利用的要求往往存在一定的差距。目前，污水处理的排水标准和再生水使用标准间存在一定的差距。人工湿地水质净化工程可以进一步改善水质，以满足我国再生水的使用要求，因此，区域内应有足量的人工湿地水质净化处理设施，这是我们开展这项工作的第二个边界条件。根据笔者的经验，人工湿地水质净化工程的建设规模，需要与区域内的再生水生产（达标排放的尾水）规模相适应，二者要协同设计。各地在建设中，要因地制宜，充分利用好河道、低洼地等来建设人工湿地水质净化工程。

笔者在实践中发现，从区域层面上讲，再生水产生的时间和使用的时间往往是不一致的，存在时空的差异性。因此，要实现区域内再生水的充分循环利用，就需要在区域内具有一定的再生水调蓄容量，这是这项工作的第三个边界条件。建设过程中，可以充分利用区域内的一些干枯的河流、湖泊、低洼地等自然区域进行调蓄库容的储备，增加区域内再生水的调蓄容量。工程选址要因地制宜，充分考虑当地实际。再生水调蓄规模，也要与区域内人工湿地处理规模相适应，还要考虑再生水的利用量等各种客观条件。在某些情况下，再生水调蓄库塘也可以与人工湿地建设结合起来，一并建设。

当然，区域内利用再生水的水质水量要求是开展这项工作须考虑的重要因素，也是第四个边界条件。区域内利用再生水的水量和水质，不仅和再生水的用途有密切关系，而且与区域内再生水调配和水质保障条件有关，笔者在这里，重点介绍一下再生水调配方面的情况。建设中，要充分利用现有的河道、闸坝及调蓄库塘，对区域内再生水进行调配，要特别注意，不要大规模建设再生水调配管网，尤其是不要像供水或排水那样建设管网。当然，在某些情况下，针对高耗水企业，可以点对点建设引水管网。同时，区域再生水资源应纳入当地水资源总量规划，在满足保障农田灌溉水质条件的情况下，充分安全利用。要充分发挥市场机制，不断拓宽再生水在城市杂用水中的使用范围。另外，要大力发挥再生水对生态用水的补充作用，增加城市河道景观的生态用水量。

当然，从区域上讲，除本地的再生水之外，可能还有外来客水和当地的天然降水，因此，复杂水文气象条件下的区域再生水资源量是开展这项工作的第五个边界条件。因此，在实际建设时，要充分考虑到区域水文气象条件，统筹考虑区域内再生水产生总量、再生水利用量，以及当地水文气象下的外来客水量或降水量，来确定区域内再生水的水资源总量。

三、五个边界条件的统筹

通过上面对五个边界条件的分析，我们发现，这五个条件不是相互独立的，而是环环相扣、相互衔接的。因此，为做好区域再生水循环利用工作，在具体的工作试点和建设过程中，要统筹好这五个边界条件。

统筹好这五个边界条件，实际上就是通过方案比选，优化边界条件的设计。建设一个区域再生水循环项目，应做到以下几个方面。

一是因地制宜地建设人工湿地水质净化工程。这是进一步改善达标排放的尾水水质，使它满足利用要求的一项重要措施。

二是建设必要的再生水调蓄库塘，解决再生水产生和使用的时空具有差异性的问题。

三是调配体系的建设。在现实城市中再生水利用面临着一个很重要的问题：虽然有再生水，但是送不到需要再生水利用的地方。对于区域再生水循环利用来讲，再生水的调配，要充分利用好现有河道、闸坝和调蓄库塘，对区域内的再生水进行合理调配。

四是开展方案比选，确定合适的设计参数，尽量减少工程量。

在项目建设的基础上，我们还要建立区域再生水资源联合调度管理的规程，通过区域再生水循环利用项目的调度，在区域层面上来统筹再生水资源，将它用于生态、生产和生活，从而实现区域内再生水的充分循环利用。

《区域再生水循环利用试点实施方案》是由生态环境部、国家发展和改革委员会、住房和城乡建设部、水利部四部委联合发布的。在实际工作中，构建区域再生水循环体系时，也要注意与各个部门现有工程规划相结合，这样能够更大限度地把区域再生水资源循环利用工作做实、做牢。

区域再生水循环利用，减少了水资源的消耗量、污水的产生量和污染物的排放量，也转变了工业企业的高耗水发展趋势，缓解了区域水资源供需矛盾，有利于减污降碳协同增效和“双碳”目标的实现。笔者在实践中发现，再生水调蓄库塘、人工湿地建设，能极大地改善区域内的生态环境，提高水环境容量。而且增加的湿地面积，还对丰富生物多样性、保障我国的生态安全具有重要意义。

再生水的生态观——从理念到实践

中国土木工程学会工业分会理事长
住房城乡建设部城市建设司原巡视员 张 悦

一、区域再生水循环利用的最大亮点

区域再生水循环利用的亮点不是再生水，也不是循环利用，而是“区域”两个字。“区域”两字的加入，实质上是向再生水开放了区域内自然水系，其意义十分重大：一是能够使水系成为再生水“供”与“需”的链接，突破了管道输送的“瓶颈”；二是鼓励了在更大范围内实现取补平衡，彰显再生水资源优势；三是有效弥补再生水的水质瑕疵，消除了用户的心理障碍。

区域再生水循环利用，概括起来有两大特征：“再生水+自然水”和“资源化+生态化”，从本质上讲，是把水的社会循环和自然循环相融合，由此产生的生态效应和综合效益，可能超出预期。

二、再生水与生态融合的利弊因素

利用再生水，就必须了解再生水。就生态融合而言，再生水有“四利二弊”。

先讲“四利”。便于记忆，笔者把再生水称为“四度之水”。

一是稳定度，再生水水量和水质稳定。城镇污水处理，从性质、规模和工艺特点看，出水水量和水质相对有保障，规律性和稳定性较强。

二是透明度，这里讲的还不是其运营和监管的透明度，而专指水的透明度，即清澈程度，经深度处理的再生水，其透明度堪比自来水，远优于一般的自然水体。这一点对于沉水植物的光合作用而言，十分重要。

三是适宜温度，再生水虽说不上冬暖夏凉，但水温变化较地表水要小得多，尤其在冬天，即使在东北，也可保持 8～10℃，可以维系水下植物和生物活性。

四是可用度高，再生水出水水位，一般高于受纳水体的最高洪水位，通常有较大冗余水头，可以利用重力流输送，形成清水廊道，增加生态补水流程。

再讲“二弊”。

一是余氯高，有害水生态。《城镇污水处理厂污染物排放标准》一级 A 标准要求粪大肠菌群小于 1 000 个/L，这个要求是严苛的，甚至严于地表水Ⅱ类水质标准的要求。

为了可靠达标，运营单位往往过量加氯，这会给水生态造成极大的损害。当然，真正有水致性传染疾病发生时，加强消毒是必要的，但国外往往有“消氯”工艺，而我们是没有的。笔者建议，按生态优先的原则，再生水执行一级B标准要求，适当考虑应急措施，在传染病暴发时期，再强化消毒。

二是总氮高导致富营养化。《城镇污水处理厂污染物排放标准》一级A标准最高日均排放浓度总氮是 15 mg/L，而对湖库的要求是达到地表水Ⅲ类水质（1 mg/L）标准，两者差距较大。总氮过高可能形成富营养化，导致藻华爆发。

三、再生水与自然水共生的“双修复”

一是利用自然的修复力提高再生水品质。不管人工处理多么高效，再生水质量都难免存在问题，利用生态自然进一步提升水质，弥补人工“短板”，无疑是最佳选择。

二是利用再生水修复自然水生态。再生水进入自然水系，对水系的生态修复有正面意义，缺水地区尤是如此。再生水具备极好的透明度、适宜的温度等，用于生态补水可增强沉水植物的光合作用和微生物的生化作用，使自然要素和生命活动相互耦合，形成共生环境，体现“双修复”效应。

长期以来，我们对再生水的认识往往停留在“无害化”层面，最高要求也就是再生水和自然水能够无害相容，“和谐相处”而已。而“双修复”，就是要从“和谐共生”的层面，重新认识二者相互作用、相互提升的积极意义，通过试点实践，发现规律，运用规律，使科学技术和生态效应相互促进，形成综合效益。

四、资源化与生态化要有政策保障

（一）政策建议

加强对“双修复政策”的研究。要充分考虑再生水在资源增量和生态补偿方面的综合效益，在“水资源总量控制”和“取水许可”等方面，适用更加宽松的政策；政府收取的水资源税费，可用于补贴高标准再生水生产的成本；也可按生态补偿的原则，考虑上下游供需利益关系，激励再生水供给单位不断提高供水水质水量。

进一步推进源头分离。总体来讲，工业用水尽可能在生产系统内重复利用，生活水可纳入自然系统循环利用。这两类水具有不同的性质和特征。要通过工业园区建设，逐步将城镇污水中的工业废水剥离，从源头提高城镇再生水的生态安全性。

再生水不能作为饮用水水源。这不仅是水质净化水平的问题，也是人们的心理障碍问题。饮用水水源必须是地表水、地下水等自然水，这个底线不能突破。尽管反渗透等技术，可以把再生水（包括海水）处理到接近“纯水”的水平，完全能达到《生活饮用水卫生标准》的规定，但依然不能作为饮用水水源。从敬畏自然的哲学层面看，自然水所提供的“生命元素”，以及在千万年生命演化过程中形成的作用机理，目前还不是人类科学能全面认识的，更不是标准指标所能替代的。

（二）实践案例

1．建设初期再生水进入景观水系，水质提升、生态修复效果见图1、图2。

图1　再生水进入景观水系　建设初期（2020年 冬，如皋）

图2　水质提升、生态修复效果（2022年 秋，如皋）

注：这里起决定性作用的是沉水植物，不是通常所说的湿地概念。

2．沉水植物的光合作用，使水体溶解氧（DO）大幅变化，最高达到14 mg/L（图3）。

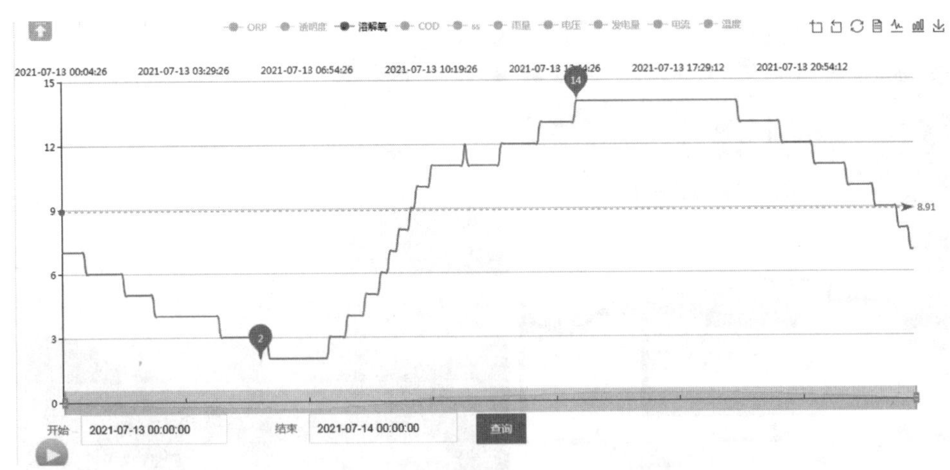

图 3　24 小时溶解氧（DO）的变化

注：自然要素（阳光、空气、水体、土壤）和生命活动（沉水植物、微生物）耦合，形成共生环境，实现“双修复”效应。

3．构建清洁的小流域，破解初雨污染难题（图 4）。

图 4　晴天引再生水维系生态　雨天调蓄初雨净化污染（如皋）

注：水草附着的微生物在净化过程中发挥重要作用。

4．人工净化（快速混凝沉淀）和生态效应协同，应对初雨污染，充分利用雨水资源，维系湖泊优良水质，如深圳荔枝湖（图 5）。

图 5　深圳荔枝湖

注：以“西湖”（自然水体）作为初雨调蓄设施，快速混凝沉淀使水变清并实现内循环；利用沉水植物降解溶解性污染物，使整个水体维持在地表水Ⅲ类水质（湖泊标准）。

水污染防治专项资金支持区域再生水循环利用政策解读

中国环境科学研究院湖泊生态环境研究所主要负责人　姜　霞

中国是水资源短缺的国家，全国660个城市中，近2/3城市缺水；2020年京津冀80%以上的河流出现干涸现象。同时，我国的污水资源相当丰富，符合再生回用基本要求的污水处理厂尾水水量近500亿t。但污水再生利用率仅为8.8%，全国近25%的城市尚未开展污水再生利用。

2021年1月，国家发展和改革委员会（以下简称国家发展改革委）联合9部委印发的《关于推进污水资源化利用的指导意见》明确生态环境部牵头推动区域再生水循环利用试点示范。同年12月，生态环境部、国家发展改革委、住房和城乡建设部、水利部联合印发《区域再生水循环利用试点实施方案》，明确了区域再生水循环利用试点工作的主要任务、实施流程及相应的保障措施。为了推动试点工作顺利开展，同年生态环境部、财政部联合印发的《中央生态环境资金项目储备库入库指南（2021年）》中，明确将“区域再生水循环利用项目”纳入水污染防治资金支持范围。

中央财政资金支持的内容包括人工湿地水质净化工程，纳入再生水调配体系的河湖生态保护修复，连接城镇污水处理厂排污口、人工湿地水质净化工程必要的管网建设。

为此，生态环境部于2021年发布了与《区域再生水循环利用试点实施方案》配套的关键工程技术指南——《人工湿地水质净化技术指南》《河湖生态缓冲带保护修复技术指南》。其中，《人工湿地水质净化技术指南》是指导落实流域治污“一点两线”（“一点”是指以水生态环境改善为核心，“两线”是指污染减排和生态扩容）理念中的扩容的重要举措；它系统考虑了人工湿地“设计—施工—验收—运行维护”四个环节，实现了对相关工程设计与实施的全过程指导；特别是参考了《民用建筑设计统一标准》，根据人工湿地微生物活性的温度阈值设置分区条件。《河湖生态缓冲带保护修复技术指南》从问题诊断出发，系统地提出河湖生态缓冲带保护修复的模式、设计原则、要求和工程技术措施。这两项指南均在生态环境部网站上向社会公开。

申请中央财政资金的工程项目要满足以下四个基本原则。

一是问题导向，遵循“一点两线”、“三水统筹”（统筹水资源、水生态、水环境）和“四个在哪里”（问题在哪里、症结在哪里、对策在哪里、落实在哪里）的工作逻辑。

二是合理可行，技术路线科学可行、符合生态文明建设等的国家宏观政策、法规；满足土地审批、防洪评价等建设要求，要有明确的运维主体、资金保障和长效管护机制。

三是绩效明确，考核指标要明确具体，可监测、可评价、可考核，优先支持投资少、环境绩效高的项目。

四是成熟度高，项目前期工作基础扎实，可行性论证充分。

项目入库材料要求如下。

一是项目成熟度证明材料：①《区域再生水循环利用试点实施方案》及批复文件。②方案中涉及水污染防治资金支持的工程类项目提供可研报告及可研批复文件。③可研报告均需隐藏项目编制单位、编制人员等信息。二是项目绩效目标申报表。项目绩效目标申报表中的具体指标可以选择水资源节约量、污染负荷削减量、缓冲带修复面积、河湖自然岸线率增加值等。

中央财政资金不予支持内容包括单一的污水处理设施建设、提标改造工程；不符合区域再生水循环利用体系内人工湿地建设要求的；未纳入再生水调配体系的沿河环湖生态保护修复工程或闸坝建设工程；除连接城镇污水处理厂排污口、人工湿地水质净化工程之间的管网以外的管网建设；项目未落实地方支出责任，不满足入库基本原则的项目。

申请中央财政资金的再生水循环试点项目要关注以下注意事项：一是对纳入区域再生水循环利用系统的污水处理厂尾水等污水，要进行水质论证，不得含有重金属等有毒有害污染物质；二是人工湿地水质净化工程的建设，应满足土地审批、防洪评价等项目的建设要求；三是人工湿地水质净化工程应明确进出水水质要求，开展进出水水质水量检测；四是人工湿地水质净化工程出水水质应满足相应用途的再生水水质要求。

关于如何建立可持续的再生水循环利用体系的一些关键重申如下。为了推动区域再生水循环利用工作，2021 年，《中央生态环境资金项目储备库入库指南（2021 年）》（以下简称《入库指南》）就明确把“区域再生水循环利用”纳入中央水污染防治资金的支持范围。《入库指南》中明确中央财政资金支持的项目包括人工湿地水质净化工程，纳入再生水调配体系的河湖生态保护修复，连接城镇污水处理厂排污口、人工湿地水质净化工程必要的管网建设。这里需要强调的是，必要的管网建设是指污水处理厂达标排放的排污口和人工湿地之间的管网建设；至于将再生水调配到河流或者到再生水用户的能够产生经济效益的部分要通过地方资金或社会资本支持解决。

农发行支持区域再生水循环利用政策解读

中国农业发展银行基础建设部水利建设处处长　傅卫华

笔者有一些心得体会，与大家分享。

第一，推动区域再生水循环利用的意义重大。水是生命之本、文明之源。习近平总书记在党的二十大报告中强调，要统筹水资源、水环境、水生态治理。区域再生水循环利用可以减少排放，有利于促进人与自然的和谐共生。另外，再生水来源和供给也相对稳定，对集约节约用水具有非常重要的作用，完全符合习近平总书记提出的“节水优先、空间均衡、系统治理、两手发力”的十六字方针，是践行“绿水青山就是金山银山”理念的具体举措。

第二，系统谋划循环利用形成合力。区域再生水循环利用具有很强的公益属性，投资大、周期长，需要完善相关的保障机制，才能吸引市场参与，形成政府和市场协同发力。

一是建议明确再生水产品的价格形成机制，可以和当前的水价改革有机结合起来。

二是建议规划优先、方案优先。应该在一个区域内总体规划实施方案，提高投资效益，避免重复投资，明确投资的分配机制，突出“谁开发、谁投资、谁受益”。

三是政府引导，市场主体共同参与，两手共同发力。比如，对于再生水价格和项目建设给予一定的补贴，补贴也可用于特许经营，可以把盘活资产、基础设施等措施运用起来，吸引更多的社会资本参与其中。

第三，要充分发挥政策金融机构的作用，中国农业发展银行作为唯一一家农业政策银行，一直贯彻党和国家的政策部署，支持范围涵盖了国家粮食安全，巩固拓展脱贫攻坚成果，有效衔接乡村振兴，农业现代化、农业农村建设，区域协调发展、生态文明建设六大领域。截至 2022 年第三季度，全行贷款余额 7.67 万亿元。再生水的循环利用和农发行的定位是高度契合的。农发行当前正在切实加大水生态治理方面的投资力度，累计发放贷款 1.15 万亿元，2022 年就发放的 1 400 亿元贷款中水生态占比达到了 40%，支持了一批具有典型意义的水生态项目，比如，云南九大高原湖泊治理等。目前中国农业发展银行支持的再生水项目有 40 个，收益总额 75 亿元。此外，中国农业发展银行还在支持各地污水处理项目方面投入了 1 200 亿元。

区域再生水循环利用是一件很有发展前景、利国利民的好事，希望下一阶段能够充分发挥政策性金融的作用，中国农业发展银行覆盖面广，政策执行可以贯通到底，金融服务可以做到点对点，充分对接各地的规划，为各地量身定制金融服务，做到早进入谋划，早审批落地，早投放见效。同时，中国农业发展银行还起着桥梁纽带的作用，把各地的好项目推介给大家。中国农业发展银行有以下优势。

一是充分保障信贷资金的供给，提供期限长、利率低的贷款。贷款期限一般可以达到25～30年，对于国家项目还可以进一步延长。

二是项目资本金实行国家最低的资本金比例，如果这个项目是符合国家规定的民生短板项目，个别资本金比例还可以再降低不超过5个百分点。

三是拓宽资金的筹集渠道，积极发行相关领域的政策性金融债券，吸引更多的社会资本投入。

四是优化担保方式，综合利用保证、抵押、PPP协议等方式，降低企业的债务负担。

五是开辟了绿色的办贷通道，执行优先受理、优先调查、优先审查、优先审批、优先发放等七大优先政策。

本文篇幅有限，先跟大家介绍这些，最后衷心祝愿区域再生水循环利用事业发展壮大，为保护绿水青山作出更大贡献。

八、美丽河湖美丽海湾论坛

在中国生态文明论坛南昌年会
美丽河湖美丽海湾论坛上的致辞

江西省生态环境监测中心主任、教授级高级工程师　杨国华

尊敬的黄小赠司长、张志锋司长，各位领导、各位专家：

大家上午好！

雄州雾列，俊采星驰，初冬赣鄱，胜友如云。在全国上下掀起学习贯彻党的二十大精神热潮之际，各位怀着对老区人民的深情厚谊，带着对江西发展的憧憬期待，相约赣江之滨、相聚英雄之城，出席第十届中国生态文明论坛，这是党的二十大之后在京外召开的首个全国性大会，意义重大、影响深远，必将为江西提升生态环境保护水平，推进经济社会高质量跨越式发展注入强劲动力。在此受徐延彬厅长委托，我谨代表江西省生态环境厅对生态环境部长期以来的关心与厚爱表示衷心的感谢！对出席论坛的各位领导和专家表示热烈的欢迎！

党的十八大以来，江西省坚持以习近平生态文明思想为指引，聚焦“作示范、勇争先”目标要求，坚定不移走“生态优先、绿色发展”之路，扎实做好“治山理水、显山露水”文章，让人民群众直观地感受到“清水绿岸、鱼翔浅底”的治理成效、河湖之美。

——江西省坚持高起点谋划，“美丽”机制不断健全。流域监管改革全国领先。江西作为国家部署的按流域设置环境监管和行政执法机构改革的四个试点省份之一，首先出台了试点实施方案，建立了规划、标准、环评、监测、执法“五统一”的赣江流域生态环境保护体制机制。全国首创生态环境保护委员会“双主任”制。在全国最先成立了由省委书记、省长担任“双主任”的省级生态环境保护委员会，下设 10 个专业委员会，构建了齐抓共管、联防联治的生态环境保护大格局，形成了横向到边、纵向到底的生态环境保护全覆盖领导体制。河湖长制建设全国率先。率先在全国建立由省委书记、省长担任总河长的省、市、县、乡、村五级河湖长制，率先出台省级河湖长制地方性法规、标准，形成河长领衔、部门协同、流域共治、社会参与的运行机制。“美丽江西”样板全国争先。江西省第十五次党代会明确将“美丽江西”作为全面建设“六个江西”奋斗目标之一，当前，高标准、高质量的《美丽江西建设规划纲要（2022—2035 年）》的编制工作正被加快推进，“河畅、水清、岸绿、景美”的生态环境画卷正在赣鄱大地的青山绿水间徐徐展开。

——江西省坚持高标准推进，“美丽”举措不断夯实。江西坚决贯彻落实习近平总书记关于长江经济带“共抓大保护，不搞大开发”战略思想，完成入长江排污口排查溯源和“一口一策”整治，打造了152 km长江江西段“最美岸线”；2018年以来，制订“八大标志性战役30个专项行动”工作方案，全力开展开发区、城镇污水处理和鄱阳湖总磷削减等专项行动，强化水污染源头治理，推动全省水生态环境质量稳步改善；完成省级及以上开发区集中式污水处理设施、配套污水管网建设，城镇生活污水处理厂全部完成提标改造，改造后出水满足《城镇污水处理厂污染物排放标准》一级A标准。赣江干流33个断面于2021年首次全面达到地表水Ⅱ类水质标准并长期保持。人民群众的获得感、幸福感、安全感进一步提升。

——江西省坚持高水平建设，“美丽”成效日益显著。党的十八大以来，江西以更大的力度、更实的举措、更高的标准持续推动水生态环境质量高起点改善、高水平提升。2022年上半年，全省地表水国控断面在数量大幅增长的情况下，水质优良比例提升到97.7%，比全国平均水平高出12个百分点。鄱阳湖湖区水质稳步改善，湖区总磷浓度由2018年以来的最高值0.082 mg/L下降为2022年上半年的0.057 mg/L，创近年来同期最低。2021年，76万多只越冬候鸟数量创历史新高，江豚时隔40余年又再次溯江而上，戏水扬子洲、逐浪八一桥，多年未见的鳍鱼、大规模刀鱼、大规格胭脂鱼、纯种野生江西大鲵种群等许多珍稀野生动植物也再次出现。赣江之畔“落霞与孤鹜齐飞，秋水共长天一色”优美画卷再驻赣鄱大地。

巍巍井冈山，滔滔赣江水，在这片“物华天宝、人杰地灵”的热土上，青山叠翠，碧波荡漾，“老区不老、风华正茂”正成为江西新时代显著标志。我希望各位领导、各位专家到江西多走走、多看看，对江西省的各项工作特别是生态环境保护工作予以更多的指导和帮助。

最后，预祝本次论坛圆满成功。祝各位领导、专家在赣期间工作顺利，身体健康！谢谢大家！

在中国生态文明论坛南昌年会
美丽河湖美丽海湾论坛上的致辞

生态环境部海洋生态环境司副司长　张志锋

各位领导、各位专家：

大家上午好！

非常高兴能够参加今天的美丽河湖美丽海湾论坛。在深入贯彻落实党的二十大精神的关键时间节点，大家相聚在美丽的鄱阳湖之畔，围绕“美丽河湖美丽海湾”主题，畅谈江河湖海治理之策，寻求陆海统筹推进之路，共商美丽中国建设之计，具有重要的指导作用和现实意义。这里，我谨代表生态环境部海洋生态环境司对此次论坛的召开表示热烈的祝贺！

海湾是近岸海域最具代表性的地理单元，更是经济发展的高地、生态保护的重地、亲海戏水的胜地。抓住海湾，就抓住了沿海地区协同推进经济高质量发展和生态环境高水平保护的“牛鼻子”，就抓住了不断提升人民群众临海亲海获得感和幸福感的关键区域。

美丽海湾是美丽中国在海洋生态环境领域的集中体现和重要载体，也是加快建设海洋强国的必然要求和重点任务。党的十八大以来，以习近平同志为核心的党中央高度重视海洋生态文明建设和海洋生态环境保护工作。《中华人民共和国国民经济和社会发展第十四个五年规划和 2035 年远景目标纲要》等纲领性文件对打造可持续海洋生态环境、建设美丽海湾等作出了重大部署，提出了明确要求。党的二十大报告中也强调要“发展海洋经济，保护海洋生态环境，加快建设海洋强国”。

2019 年以来，生态环境部会同国家发展和改革委员会、自然资源部等共同编制印发的《“十四五”海洋生态环境保护规划》，明确提出以美丽海湾建设为主线，着力推动海洋生态环境保护从以污染治理为主向海洋环境和生物生态协同治理转变，从单要素质量改善向海湾生态环境质量整体改善转变，从主要关注指标变化向更加注重人民群众获得感和幸福感转变，以海洋生态环境高水平保护促进沿海地区经济高质量发展，这也是“十四五”时期及今后一个时期海洋生态环境保护工作的基本考虑。3 年多来，海洋生态环境司主要做了三方面的工作。

一是坚持环保为民，突出“美”的核心导向。海洋生态环境司聚焦人民群众日益增长的优美生态环境需要，提出“水清滩净、鱼鸥翔集、人海和谐”的美丽海湾建设目标，配套制定《美丽海湾建设基本要求》《美丽海湾建设参考指标》等，力求指标设置简洁明了、基本要求清晰明确、建设目标各美其美，让美丽海湾形象化、直观化、具象化，让广大社会公众能够形象理解、切身感受到美丽海湾的环境之优、生态之美、治理之效。

二是坚持久久为功，一张蓝图绘到底。海洋生态环境司充分发挥沿海地方履职尽责的积极性和主动性，将沿海地市作为统筹推进美丽海湾建设的关键层级，在全国 18 000 km 海岸线及近岸海域划定 283 个海湾，把“十四五”各项目标任务逐一细化分解、精准落实到每个海湾。我们充分认识到海湾承载着陆海人为活动环境压力叠加影响的特点，坚持系统观念、综合治理，加强陆海统筹、精准施策，环境治理和生态保护相互贯通，污染减排和生态扩容“两手发力”，因地制宜推动解决老百姓身边突出的海洋生态环境问题。我们统筹谋划“十五五”时期和“十六五”时期，规划接续发力、梯次推进海湾综合治理和美丽海湾建设的战略路径，力争到 2035 年将符合条件的海湾全部建成美丽海湾。

三是加强示范引领，推动形成建设合力。海洋生态环境司坚持顶层设计和基层创新有机结合，2021 年组织沿海地方征集了首批 8 个美丽海湾优秀（提名）案例。这些入选案例各美其美、富有特色，既集中展示了近年来沿海各地积极推进美丽海湾建设的阶段性进展，也充分表明了以“水清滩净、鱼鸥翔集、人海和谐”为目标导向的美丽海湾建设已经成为社会各界的高度共识，产生了良好的社会反响。海洋生态环境司动员引导人民群众成为参与者、建设者和监督者，推动形成美丽海湾的建设合力。一会儿，山东青岛、江苏盐城等首批入选美丽海湾建设优秀案例的地区代表还将详细介绍和交流有关经验，在座的各位领导专家也会参与专题研讨和交流。

各位领导、各位专家，中国式现代化是人与自然和谐共生的现代化，“绿水青山就是金山银山”，碧海银滩也是绿水青山美丽画卷的重要组成。我们相信，在习近平新时代中国特色社会主义思想和习近平生态文明思想的指引下，在各级党委政府、各有关部门单位和各位专家的共同努力下，新时期的美丽海湾建设一定能够取得新的更大进步，一定能够不断提升人民群众对优美海洋生态环境的获得感和幸福感，让“水清滩净、鱼鸥翔集、人海和谐”成为滨海常景常态，为美丽中国建设作出新的更大的贡献！

最后，再次预祝本次分论坛取得圆满成功、收获丰硕成果！

谢谢大家！

坚持环保为民　积极推进美丽海湾保护与建设

国家海洋环境监测中心副主任　曹　可

一、美丽海湾建设的背景

党的十九大以来，以习近平同志为核心的党中央坚持以人民为中心，将美丽海湾建设纳入美丽中国建设的整体布局，作出了“推进美丽海湾保护与建设”的重大决策部署，为海洋生态文明建设和生态环境保护工作指明了前进方向，提供了重要遵循。美丽海湾建设是海洋领域深入践行习近平生态文明思想的具体行动，也是推进美丽中国建设在海洋领域的集中体现和实践载体。

二、我国海湾情况介绍

我国是海洋大国，海湾数量众多，《中国海湾志》中收录的海湾有 105 个，其中莱州湾、杭州湾为超大海湾，面积大于 100 km^2 的大湾有 42 个，书中的海湾总面积约 3 万 km^2，占到我国近岸海域面积的 1/10。在 2018 年发布的《海域海岛名录》中涉及的海湾有 1 467 个，其中面积大于 10 km^2 的海湾约有 150 个，其岸线长度约占到大陆岸线总长度的 57%。海湾因具有丰富的海陆空资源，风光秀美、气候宜人、生物多样，成为经济发展的高地、生态保护的重地、临海亲海的胜地。可以说，海湾在海洋生态环境保护的总体布局中占据着至关重要的地位，是实现美丽中国不可或缺的亮丽底色。

三、海湾生态环境问题

因为海湾三面环陆，水动力不足，近年来，海洋生态环境问题日益凸显。在重点监测的 2021 年面积大于 100 km^2 的 44 个海湾中，31 个海湾出现 1 次以上劣四类水质，与上年相比增加 4 个，其中辽东湾、杭州湾等 11 个海湾春、夏、秋三期监测均出现劣四类水质，与上年相比增加 3 个。

在开展的 24 个典型海洋生态系统健康状况监测中，7 个河口生态系统、8 个海湾生态系统均处于亚健康状态。我国大部分海湾的人口产业密集、开发活动集中，据统计，87.17%的海域开发利用区域位于岸线向海 10 km 范围内，从北到南整体呈不均衡分布状态，呈现趋湾趋口（江、河入海口）的特点。海湾污染、生态退化、生态灾害等海湾生态环境问题已成为持续改善海洋生态环境的“牛鼻子”，也是不断满足公众临海亲海获得感、幸福感的“主战场”。

四、美丽海湾建设布局

为推动海洋生态环境持续改善、根本好转，生态环境部深入贯彻习近平生态文明思想，全面落实“推进美丽海湾保护与建设”的重大决策部署，加强顶层设计，以美丽海湾建设为主线，以“水清滩净、鱼鸥翔集、人海和谐”为目标，系统谋划、梯次推进各美其美的美丽海湾建设；将近岸海域划分成了 283 个海湾湾区单元，作为美丽海湾建设的主要载体，并明确 1 682 项重点任务措施逐一分解落实到各海湾湾区单元，实施海湾综合治理、系统治理、精准治理。对于生态环境本底状况较优越或经过前期治理已初见成效的 50 个海湾，力争“十四五”末期率先建成美丽海湾；对于生态环境问题较为突出但已具备治理条件的海湾，持续提升海湾生态环境质量，预计将于“十五五”末期建成美丽海湾；对于目前生态环境问题较多、解决问题难度较大的海湾，坚持综合施策、持续发力，争取到“十六五”末期基本建成美丽海湾。

五、优秀案例征集

通过全国美丽海湾优秀案例征集，建设一批美丽海湾典范，充分发挥其示范引领作用。沿海各地深入贯彻习近平生态文明思想和党中央决策部署，不断探索美丽海湾建设路径，各美其美的美丽海湾建设实践成效初显，社会反响良好。2021 年，生态环境部组织开展了美丽海湾优秀案例征集活动，共遴选出青岛灵山湾、秦皇岛湾北戴河段、盐城东台条子泥岸段、汕头青澳湾等 8 个美丽海湾优秀（提名）案例。

各美其美。青岛灵山湾、秦皇岛湾北戴河段、汕头青澳湾有效控制各类入海入湾污染源排放，湾内常年为优良（一类、二类）水质，岸滩亲海环境优良。

盐城东台条子泥岸段、福州滨海新城岸段有效保护自然岸线、滨海湿地、珍稀濒危物种等，海湾生态系统功能得到维持或恢复。

深圳大鹏湾、温州洞头诸湾、大连金石滩湾强化亲海空间打造和品质提升，人民群众观景、休闲、赶海、戏水等亲海需求得到有效满足。

六、经验模式

以上 8 个海湾在环境质量改善、生物生态保护、亲海空间品质提升、湾区安全保障、促进人海和谐、建立长效机制等方面不断探索实践，形成了很多好经验、好做法，可总结凝练为 19 条，如温州洞头诸湾就通过建立健全渔港“五五三”管理体系，破解了渔港生态环境监管难题；福州滨海新城岸段借助“火眼金睛”和“智慧大脑”，强化了海漂垃圾可视化智能化治理；盐城东台条子泥岸段设立湿地法庭，依法保护了滨海湿地和鸟类；福州滨海新城岸段构建海滩、防护林、湿地绿色屏障，推进了海岸带一体化保护修复……这些好的经验做法为全国其他地区实施海湾综合治理、推进美丽海湾建设提供了典型示范样板。

七、指标体系

为进一步明确美丽海湾建设的重点方向和基本要求，引导沿海地区因地制宜推进美丽海湾建设，生态环境部聚焦海湾生态环境质量、人民群众感受，提出了海湾水质优良比例、海湾洁净状况、海洋生物保护情况、滨海湿地和岸线保护情况、海水浴场和滨海旅游度假区环境状况五类核心指标，同时鼓励沿海各地因地制宜地选择特色指标纳入建设内容，后续通过监测评价，动态跟踪掌握海湾生态环境质量状况及变化趋势，及时发现问题和解决问题，确保美丽海湾保护与建设进展顺利，目标圆满实现。

近期“美丽海湾建设指标体系”即将印发，2022 年美丽海湾优秀案例征集活动也即将启动，目前美丽海湾保护与建设各项工作全面有序推进，相关配套制度机制也逐步健全完善，国家海洋环境监测中心将继续做好相关技术支撑工作，和有关部门、沿海地区一道，坚持环保为民，着力解决老百姓身边存在的突出海洋生态环境问题，持续深入推进海湾综合治理和美丽海湾建设，让“水清滩净、鱼鸥翔集、人海和谐”逐步成为滨海常景常态，不负人民对优美海洋生态环境的美好期盼。

《美丽河湖保护与建设参考指标（试行）》解读

生态环境部环境规划院水生态环境规划研究所研究员　赵　越

本文主要分为三个部分简单介绍《美丽河湖保护与建设参考指标（试行）》。

第一部分，相关的背景和要求。第一，美丽河湖保护和建设是全面落实党中央、国务院决策部署的重要举措。《中华人民共和国国民经济和社会发展第十四个五年规划和2035年远景目标纲要》，对美丽中国建设提出了明确要求，要求到2035年美丽中国基本实现，刚刚结束的党的二十大也明确提出，统筹水资源、水环境、水生态治理，推动重要江河湖库生态环境治理。第二，美丽河湖是美丽中国在水生态环境领域的集中体现和重要的载体。在相关的国家顶层设计文件和生态环境部出台的相关规划中，对美丽河湖保护和建设都提出了明确的要求。2022年7月，黄润秋部长在全国水生态环境保护工作会议上也明确提出，要做好美丽河湖美丽海湾优秀案例筛选工作。第三，“十四五”时期水生态环境领域的顶层设计是《重点流域水生态环境保护规划》，该规划围绕“三水统筹”设置了常规指标和亲民指标，为实现美丽中国的远景目标，基层环保工作者应在美丽河湖上多做一些创新性的工作。

为指导各地深入贯彻落实党中央、国务院重要决策部署，统筹水资源、水环境、水生态治理，积极推进美丽河湖保护与建设，加快重现“清水绿岸、鱼翔浅底”的美丽景象，按照“到2035年，生态环境根本好转，美丽中国目标基本实现”的要求，制定了本参考指标，并在2022年11月7日专门印发了通知。美丽河湖的内涵是指符合“清水绿岸、鱼翔浅底”的愿景，水资源、水生态、水流域等流域要素系统保护取得良好成效，人民群众的生态环境获得感、幸福感、安全感显著增强，实现人水和谐共生的河湖。美丽河湖应当具备三个方面的基本条件，在水资源方面，要具有稳定的补给水源（含再生水），水体流动性较好，河湖生态用水得到有效保障，稳定实现“有河有水”；在水生态方面，河湖水域及缓冲带生态环境功能得到维持或恢复，生物多样性得到有效保护，有代表性的土著物种（当地的物种）得到重现，实现“有鱼有草”；在水环境方面，流域内各类污染物排放得到有效控制，河湖水质实现根本好转或水质稳定达到优良，公众的景观、休闲等亲水需求得到较好的满足，人民群众反映的生态环境问题得到妥善解决，不存在弄虚作假等情况，稳定实现“人水和谐”。

美丽河湖保护与建设对象的确定面向2035年远景目标，以国控和省控断面所在的河湖为主要对象。目前全国有3 600多个国控断面，各省还布设了一批省控断面，笔者认为河（湖）保护与建设主体不宜太小，以县为单位不太合适，要以断面责任地市为主体，2021 年有些地方在申报的时候以区县为主体就相对较小，还是以地级市为主体更为合适，同时，也鼓励跨地市的河湖联合开展相关工作，有些河湖跨两个地市甚至两个省，鼓励大家一起开展工作，各地也可以参照《美丽河湖保护与建设参考指标（试行）》，因地制宜分级开展本辖区的美丽河湖保护与建设。现在有不少省份，如浙江、四川等都已经制定出台了适合本省美丽河湖建设的相关文件。美丽河湖保护与建设目标分成三个阶段：第一阶段目标是到 2025 年，建成一批具有全国示范价值的美丽河湖，美丽河湖保护与建设的工作机制基本建立；第二阶段目标是到 2030 年，美丽河湖保护与建设取得显著成效；第三阶段目标是到 2035 年，具备条件的河湖基本建成美丽河湖，“清水绿岸、鱼翔浅底”的景象处处可见。

第二部分，参考指标。《美丽河湖保护与建设参考指标（试行）》一共有 6 个指标，在制定这些指标的时候参考了多项相关的指南和标准，主要考虑了四个方面的原则：第一是科学性，核心是要统筹水资源、水生态、水环境治理，建立科学合理的指标，指标也经历了一系列的调整，从最开始的几十项，不断缩减最终选出适合管理需要的 6 项指标；第二是引导性，坚持目标导向、结果导向，引导各地转变以高耗水、高污染和生态破坏为代价的发展方式；第三是针对性，聚焦突出的问题，有针对性地设置指标和目标要求；第四是可行性，衔接水生态考核等相关工作，定量评价与定性评价相结合，在操作层面上实现可监测、可测量、可评估。

围绕水资源、水环境、水生态设置的 6 项指标具体如下：一是生态用水保障，就是指要有明确的河湖生态用水保障目标，并得到有效落实。从 2020 年开始水利部在国家层面上陆续印发了四批重点河湖生态流量保障目标，同时也要求这些目标得到有效落实。二是自然岸线率，自然岸线率是指天然未开发岸线或通过生态修复基本达到生态功能的岸线占岸线总长度的比例。三是水生植物保护，是指应使水域内的水生植物得到有效保护，该指标的评价方法是定性与定量结合的，主要目的是使当地的土著物种数量和覆盖度明显恢复，外来入侵的物种得到有效控制。四是水生动物保护，和水生植物比较相似，这个指标是指应使鱼类等水生动物得到有效保护，评价方法是看鱼类等土著物种和种群数量是否得到有效恢复，外来入侵物种是否得到有效控制。五是湖库营养状态及水华情况，是指近 3 年湖泊、水库没有发生富营养化，综合营养状态指数小于或等于 50，水华面积比例小于 10%，且未被预警。六是地表水环境质量，是指近 3 年国控、省控断面水质均达到或优于地表水Ⅲ类水质标准，需要指出的是，这里可以把自然因素影响扣除，如东北地区大小兴安岭受腐殖质影响的高锰酸盐指标，以及全国各地频发的受到背景值影响的氟化物指标等。

第三部分，案例筛选情况。根据笔者个人理解美丽河湖保护与建设参考指标既要服务于美丽中国建设，也要和部里每年要求各地上报的优秀案例评选工作结合起来。2020年12月，部里印发了《美丽河湖、美丽海湾优秀案例征集活动方案》，随后又印发了相关通知。2021年各省（区、市）一共上报了133个美丽河湖，经过专家的评议、审核、公众投票和现场核查等环节，最后在2022年初进行了集中的宣传展示。从结果来看，美丽河湖一共选出了18个，前9个是优秀案例，后9个为提名案例，引起了全社会的热烈反响。2022年美丽河湖案例征集活动也即将开展，请有意愿的地区在去年申报材料的基础上结合刚才笔者介绍的6项指标，进一步丰富上报材料（包括文字材料、视频材料及对比照片），希望各地建成越来越多的美丽河湖。

美丽河湖保护与建设的实践启示

中国环境科学研究院研究员　高红杰

一、美丽河湖保护与建设的重要意义

《中华人民共和国国民经济和社会发展第十四个五年规划和 2035 年远景目标纲要》明确提出，要推进美丽河湖保护与建设。在 2022 年全国水生态环境保护工作会议上，黄润秋部长、翟青副部长也指出要做好美丽河湖保护与建设。生态环境部高度重视美丽河湖保护与建设工作，为深入宣传贯彻习近平生态文明思想，大力推动美丽中国建设，组织开展了 2021 年美丽河湖、美丽海湾优秀案例征集活动，近期印发了《美丽河湖保护与建设参考指标（试行）》，为各地开展美丽河湖保护与建设工作指明了方向。

二、美丽河湖建设的地方实践

近年来，全国多个省（自治区、直辖市）出台指标体系，指导美丽河湖保护与建设工作，牵头部门多为水利部门。笔者团队有幸参与了河南省生态环境厅和东莞市生态环境局牵头开展的美丽河湖保护与建设工作，下面结合两地的工作实践，从省级、市级和水体三个层面来介绍。

（一）河南省建立省级美丽河湖管理体系

河南省地跨淮河、海河、黄河、长江四大流域，“十三五”时期以来地表水环境质量明显改善，2022 年前三个季度，河湖水质达到地表水Ⅲ类及以上标准的水体比例达到 80%，水环境质量持续提升，为进一步推动全省水生态质量提升，河南省生态环境厅启动了美丽河湖保护与建设相关工作，主要开展了四个方面的工作。一是建章立制，统筹谋划部署。将美丽河湖建设纳入“十四五”规划，成立美丽河湖创建工作领导小组，出台省级优秀案例管理办法，这一系列的举措为美丽河湖建设工作奠定了坚实的政策基础。二是规范引领，夯实工作基础。制定美丽河湖评定指标体系，包括 6 个方面的 23 项评价指标，指标体系建设在充分衔接生态环境部对美丽河湖建设总体要求的同时，结合地方实际设置了有利于推动工作的具体指标，如针对控源截污、水资源短缺等问题设置了水环境、水资源方面的指标；结合河南省文化底蕴深厚的特点，设置了水文化方面的指标；为使美丽河湖长治久美，设置了长效机制方面的指标。三是典型示范，带动整体提升。2021 年，全省 17 个地级市中，有 13 个开展了 16 个河湖的建设工作，其中鹤璧淇河被生态环境部评为首批美丽河湖优秀（提名）案例。四是强化保障，提升建设水平。为保障美丽河湖长治久美，河南省出台了相应的配套措施，对已公布的美丽河湖进行监督检查和复核，若出现严重水环境问题，则撤销其美丽河湖评选资格；加大省级、市级水污染防治资金对美丽河湖建设的支持；建立奖励机制，根据河湖入选级别，给予美丽河湖一次性奖补，对于工作突出的单位及个人给予表彰。总体来看，河南省基本完成了建章立制，充分调动了各市开展美丽河湖保护与建设的工作热情，必将对全省水生态环境质量进一步提升起到重要作用。

（二）东莞市系统谋划推进美丽河湖保护与建设

省、市两级在开展美丽河湖保护与建设时，应有不同的定位和侧重点，省级层面着重在谋划部署、建章立制、技术指导等方面发力，市级层面更关注谋划落实。

东莞市是粤港澳大湾区核心城市之一，过去污染比较严重，人口密集，经济发达。笔者团队结合东莞市的特点，协助东莞市开展了美丽河湖保护与建设工作。东莞市较早开启了美丽河湖保护与建设工作，有较为完整的实现路径。2020 年，东莞市生态环境局就启动了摸底工作，随后的工作从机制先行、措施跟进、政策保障、示范带动、传播理念等方面协同推进。《东莞市美丽河湖评定指引（试行）》紧扣“三水统筹”设置了 5 个要素层 30 个具体评价指标，评定指引建设的思路与省级层面一致。在美丽河湖建设方面，东莞市结合流域治理特色，谋划 8 个重点工程，致力于打造 8 个具有自身特色的示范片区，有的以水文化为主题，有的以水生态修复为主题，通过这 8 个示范片区的保护和建设，将全面提升东莞市水生态环境质量。

（三）华阳湖保护与建设实践

美丽河湖保护与建设中，比较复杂的是流域综合治理，流域综合治理涉及部门多、工作内容多样，东莞市华阳湖就开展了流域综合治理，下面笔者就以华阳湖为例，介绍这类美丽河湖的创建路径。

华阳湖位于东莞市水乡片区，流域面积 92 km^2，治理前周边遍布工业企业、生活社区和畜禽养殖场等污染源，水体甚至已出现黑臭现象。东莞市明确以水乡片区统筹发展为载体，抓住片区污染严重、经济发展落后等关键问题，推动华阳湖美丽河湖建设工作，整治初始阶段严格实施控源截污，先后整顿关停“散乱污”企业 100 余家，铺设雨污管网逾 200 km，基本实现周边污水零直排，在此基础上开展水系连通、生态修复等工程，恢复河滩湿地 1 000 多亩，生态环境质量得到了大幅改善，2020 年华阳湖被评为国家级湿地公园。华阳湖流域生态环境质量的改善，吸引了京东亚洲一号物流基地入驻，带动了区域经济高速发展。

华阳湖流域建设亮点有两个：一是“三水统筹”理念始终贯穿建设工作，近年来流域角尾断面（省控）水质稳定在地表水Ⅲ类及以上标准，流域生态流量得到了有效保障，生物多样性得到了恢复，动植物种类达到603种，消失20多年的蟛蜞重回华阳湖；二是始终坚持“绿水青山就是金山银山”的理念，周边第三产业腾飞，当地老百姓生活水平显著提升，属地生产总值较2013年增长77%；社会消费品零售总额较2013年增长25倍。

三、基于地方实践的两点启示

基于以上地方实践，笔者认为开展美丽河湖保护与建设应要抓住两点：一是要有明确、清晰的目标定位，力争在“有河有水”“有鱼有草”“人水和谐”上实现突破。二是美丽河湖建设要抓住4个美：理念美，要尊重自然、顺应自然，贯穿“三水统筹”理念，多部门协同联动；措施美，落实精准、科学治污要求，精准解决问题、科学制定措施，尤其是在“双碳”背景下应尽量采取绿色低碳的治理模式；机制美，完善保障机制，机制对美丽河湖建设实现长期的美，具有重要的作用；效果美，实现有河有水、有鱼有草、人水和谐。以上就是本文的全部内容，如有不当之处希望大家批评指正。

马踏湖“治保用”系统治理情况

淄博市委常委、副市长　李新胜

淄博市位于山东省中部，是齐国故城和齐文化发祥地、世界足球起源地，也是一座典型的老工业城市和组群式城市，现代工业发展了近 120 年，2021 年人均地区生产总值位列全国城市第 35 位；淄博还是全国 110 座严重缺水城市之一，人均水资源量约是全国人均水平的 1/7。地处淄博的马踏湖，是北方典型的内陆浅平湖泊湿地。20 世纪 80 年代以来，随着流域内高强度的工业化、城镇化开发，3 条主要入湖河流遭到严重污染被截流改道，因缺少水源补给和大面积围湖造田，湖区面积逐步萎缩，从 96 km^2 缩减至不足 20 km^2，湖泊生态功能严重退化，湖水中的 COD 最高达到 1 000 mg/L 左右，是地表水Ⅴ类标准的 25 倍。面对如此严重的污染，从 2008 年开始，淄博市委、市政府及马踏湖所在的桓台县痛定思痛、坚定决心，认真践行“绿水青山就是金山银山”理念，立足北方城市缺水的实际，按照“以治控源、以保促净、以用减排”的“治保用”思路，深入打好碧水保卫战、水生态治理修复攻坚战，推动水生态持续向好，全市国控地表水断面优良水体比例达到 100%。2019 年，马踏湖流域系统治理的经验入选中央组织部组织编选的“贯彻落实习近平新时代中国特色社会主义思想、在改革发展稳定中攻坚克难案例”丛书；2021 年，被评为全国首批美丽河湖优秀案例第一名。

一、主要做法

一是实施全流域综合治理，做实“治”的文章。淄博市严守“只能更好、不能变坏”的水环境质量底线，全面实施工业源头治理、农业面源污染治理，以及城镇生活污水点源治理，分阶段逐步加严地方水污染排放标准，促进流域内造纸、化工、农药等高污染行业加快转型升级，促使“小、散、乱”企业自动退出市场，确保入河湖排水达到“常见鱼类稳定生长”的标准；大力推动污水处理厂“新、改、扩”工程及清污、雨污分流改造工程，建成区及重点乡镇实现污水收集处理全覆盖，全面实现“河河清”。

二是推动生态保护与修复，做好“保”的文章。围绕构建生态廊道和生物多样性保护网络这一总体目标，着力打造“污水处理厂+湿地”治污综合体，在 11 处污水处理厂下游和孝妇河、猪龙河、乌河等河流河道及入湖口建设人工湿地 14 000 余亩，水质净化达到地表水Ⅲ类标准，年节省处理成本 2 000 余万元。累计投入 28.2 亿元，治理河道 130 km，绿化 10 万亩，增加 2 200 万 m^3 湖区蓄水量，打造沿河两侧水清岸绿的生态廊道，实现了涵养水源、补给地下水、防洪排涝、水资源综合利用等多赢效果。

三是构建再生水循环利用体系，做活“用”的文章。制定了《淄博市水资源保护管理条例》《淄博市节约用水办法》等地方性法规和政府规章，加大政策激励，推动企业技术研发，统筹再生水、雨水、微咸水、矿坑水等水资源，构建区域和企业再生水循环利用体系，年均回用中水约 3.6 亿 m^3。规划打造“三横五纵二湖六湿地”生态水系，投资 16.68 亿元实施河道清淤疏浚、河湖连通，提高河道行洪、蓄水能力，生产生活污水处理达标后再经过人工湿地生态净化入湖，累计回用中水 7 000 万 m^3。

二、取得的成效

10 余年来，淄博市坚持山水林田湖草沙系统治理，一张蓝图干到底，推动马踏湖流域水生态明显好转，水生态承载力、自净能力明显提高，COD 由原来的 1 000 mg/L 下降到 20 mg/L，水环境质量常年达到地表水Ⅲ类及以上标准，湖泊蓄水能力从 300 万 m^3 增加到 2 500 万 m^3，地下水水位抬升 2.9 m。从 2010 年开始，实现了常见鱼类稳定生存，入湖河流乌河、东猪龙河出现了多年未见的苲草，湖区野生动植物特别是湿地鸟类物种和数量明显增加，有“鸟中大熊猫”之称的震旦鸦雀、国家一级保护动物白鹤及野生大豆等珍稀动植物常现于湖区，基本恢复了“草长莺飞、碧水连天”的“北国江南”自然风貌，生态系统多样性、稳定性、持续性不断提升。同时，围绕马踏湖，逐步构建覆盖城乡的全域生态水系，推动了水景观与城市景观、传统地域文化融合，提升了城市品位，改善了人居环境，促进了人与自然和谐共生。

三、启示

马踏湖通过“治保用”系统治理，建成美丽示范河湖，有效破解了北方缺水工业城市工业化、城镇化过程严重水污染且治理难度大的问题。马踏湖的治理带给我们三点启示。

一是必须坚定不移地践行“绿水青山就是金山银山”理念。市委、市政府始终坚持以习近平生态文明思想为指引，以更高的政治站位审视这种阶段性的“阵痛”，算政治账、生态账、长远账、综合账，平衡好发展与保护、近期利益和长远效益的关系，加快推动新旧动能转换，实现了生态保护和高质量发展的“双赢”。

二是必须坚定不移地强化系统治理思维。我们坚持规划先行，统筹兼顾左右岸、上下游、地上地下、城市乡村及生产、生活、生态的多种需求，协调污染治理、生态修复、水资源综合利用与产业调整、基础设施建设等共同推进、整体解决，实现了流域环境共治、生态效益共享。

三是必须矢志不渝地坚持长效管护机制。水环境治理是一个循序渐进的系统工程，必须充分用好河湖长制、“全员环保”等有力有效的工作机制，构建完善的责任体系和运行模式，常态管理、长效管护、久久为功，不断优化完善生态安全屏障体系，这是长效之策、根本之策。

下一步，淄博市将认真学习贯彻党的二十大精神，按照生态环境部的部署要求，牢固树立和践行“绿水青山就是金山银山”理念，坚定不移地推进生态优先、绿色低碳发展，努力为建设美丽中国贡献淄博力量。

新安江（黄山段）美丽河湖优秀案例

黄山市人民政府副秘书长　刘才林

一江清水出新安，百转千回下钱塘。2022 年初，生态环境部发布全国首批美丽河湖优秀案例，新安江（黄山段）成功入选。新安江美丽河湖建设发轫于生态补偿、协同保护，创新于 P 值（生态补偿指数）考核、好水好价，落脚于价值转化、互利共赢，其实质是长三角一体化大背景下的区域协调发展，是贯彻落实习近平生态文明思想，实现河湖“清水绿岸、鱼翔浅底”美丽景象的一个缩影。新安江的河湖建设包括以下内容。

一是环境问题全面整治，成为“水质一流”的江。精准防控岸上污染源。建成城市污水主干管网 320 km，实施“七统一”农药集中配送和茶园病虫害绿色防控，投资 3.5 亿元建设提升农村污水处理站点 96 座、日处理能力达 14 160 t，农村全域垃圾治理 PPP 项目在全域 101 个乡镇全面运营。精准防控水上污染源。拆除沿江网箱 6 300 多只，持续开展船舶污水收集装置改造和港区收集点建设，在全省率先实现“零排放”；投入 5 100 余万元在新安江流域建设了 36 座市级自动监测站和综合监管平台，建成农村污水治理智慧监管云平台和船舶港口污水信息化管理平台，持续完善新安江流域水质自动监测网络和水环境监测预警体系。精准防控企业污染源。严把产业准入门槛，关停污染企业 220 多家，整体搬迁企业 90 多家，优化升级项目 510 多个，拒绝污染项目 190 多个。

二是生态功能整体提升，成为“清水绿岸”的江。着眼于筑牢绿色生态屏障，实施“五绿”（护绿、增绿、管绿、用绿和活绿）绿色提升行动，退耕还林 36 万亩，建成生态公益林 535 万亩，森林覆盖率由 77.4%提高到 82.9%，以“遍地青山”涵养出“一江清水”；全域推广“黏虫黄板+生物农药+生态农艺”的茶园绿色防控模式；完成上游 16 条主要河道、28 km 中小河流综合整治和 660 km^2 水土流失治理；建成 65 km 新安江滨江湿地生态护岸，当初杂草丛生、人烟稀少的江畔，已变成环境秀美、游人如织的新滨江。

三是生态价值多元转化，成为“人水和谐”的江。充分挖掘生态优势，拓宽生态产品价值实现路径，乡村旅游、休闲度假、徽州民宿蓬勃发展，茶叶、徽菊、油茶、皖南花猪、黟县“五黑”（黑茶、黑果、黑粮、黑鸡、黑猪）全国闻名，全市七成以上村庄、10 多万名农民参与旅游服务，人均增收超万元，黄山泉水鱼、草鱼变“金鱼”，带动近 4 000 名群众脱贫。生态富民、民护生态，完成 5 个水生生物保护区退捕并在全流域实施禁捕；实施全民参与工程，创立 345 家“生态美超市”，入选生态环境部 2022 年十佳公众参与案例；流域489个村均将环保理念植入村规民约，生态文明理念成为社会主流价值观。

四是试点效应持续放大，成为“示范样板”的江。围绕流域水生态环境保护出台了80多个规范性文件，《黄山市河湖长制规定》是全国地级市首部河湖长地方性法规。2020年，在新安江流域完成安徽省首笔排污权交易。试点工作写入中共中央、国务院印发的《生态文明体制改革总体方案》《关于建立更加有效的区域协调发展新机制的意见》以及国务院办公厅印发的《关于健全生态保护补偿机制的意见》，入选2015年全国十大改革案例、“改革开放40年地方改革创新40案例”，亮相“砥砺奋进的五年”大型成就展，2022年6月新安江生态补偿机制又入选中央党校“绿水青山就是金山银山”案例精选。“新安江模式”在全省和全国13个流域、18个省份复制推广。习近平总书记在《求是》杂志发表的重要文章强调，“要推广新安江水环境补偿试点经验，鼓励流域上下游之间开展资金、产业、人才等多种补偿”。

今日新安江，流域总体水质为优并稳定向好，跨省界断面水质达到地表水环境质量Ⅱ类标准，连续11年达到皖、浙两省协定的生态保护补偿考核要求，每年向千岛湖输送近70亿m^3优质水，千岛湖水质实现同步改善。根据生态环境部公布的2022年1—9月全国地表水环境质量状况，黄山市地表水、饮用水水源地水质达标率均达100%，水质指数在全国339个地级市及以上城市中排名第14位。

党的二十大报告指出，“建立生态产品价值实现机制，完善生态保护补偿制度”。作为全国首个跨省的流域生态保护补偿试点，黄山市以建立健全新安江流域生态保护补偿机制为抓手，以流域水生态环境保护为首要任务，以绿色发展为路径，以互利共赢为目标，以体制机制建设为保障，探索出了一条“绿水青山”与“金山银山”相互转化的有效路径。回顾新安江美丽河湖建设的历程，无不彰显了习近平生态文明思想的真理力量。黄山市将牢记习近平总书记的殷殷嘱托，坚持生态优先、绿色发展，以实际行动走好赶考路、奋进新征程。

当前，黄山市正在高标准建设生态型国际化世界级休闲度假旅游目的地城市，我们将以新安江—千岛湖生态保护补偿试验区建设为契机，探索更多生态产品价值实现路径，为全国生态文明建设再探新路。

美丽海湾建设
——盐城东台条子泥岸段情况介绍

江苏省东台市人大常委会副主任
沿海经济区党工委书记、管委会主任 吕洪涛

江苏省盐城市东台市地处黄海之滨，河海相依、林水相映，优美自然生态是东台市引以为傲的“金字招牌”。近年来，东台市深入贯彻落实习近平生态文明思想，牢固树立“绿水青山就是金山银山”理念，坚决贯彻习近平总书记“尽最大努力保持湿地生态和水环境”的重要指示，按照最高标准、最严要求扛起职责使命，坚定不移走绿色发展道路，科学谋划、精准施策，有效实施了东台滨海湿地大保护，生态城市发展优势不断彰显，“美丽东台”建设步伐不断加快，“地球之肾”的名号更是名副其实，“万鸟翔集”的景象抬头可见，生物多样性保护和生态经济发展并驾齐驱，勾勒出一幅人与自然和谐共生的壮美画卷，成为全球知名的“候鸟天堂”。条子泥海湾更是成为排名全国前四、江苏唯一的全国美丽海湾优秀案例。

一、坚持科学保护，修复美丽海滩

东台拥有 85 km 长海岸线、210 万亩滩涂湿地。条子泥湿地，因港汊形似条状而得名，是全国首个滨海湿地类世界自然遗产核心区，拥有世界上面积最大的泥质潮间带湿地、规模最大的辐射沙脊群。多年来，东台市秉持生态优先发展的理念，努力呵护着这片生态湿地。

1．坚持顶层设计。东台市始终坚持源头管控，高标准编制生态环境保护规划、生态红线保护规划、湿地保护规划等专项规划，全面停止新增围填海项目，全面禁止商业性开发项目占用滨海湿地资源。盐城和东台两级人大常委会先后通过并发布了《盐城市黄海湿地保护条例》《严禁化工等污染项目进入沿海地区的议案》，明确化工项目一律不引，未通过安全环保评估项目一律不建，将高能耗、高风险、有污染的项目一律拒之门外，从源头和制度上加强对黄海湿地的长效保护，实现可持续发展。

2．全面退渔还湿。蹲门湾原有 1.7 万亩养殖鱼塘，已形成近 10 年，共涉及 6 个小组 1 500 多个村民，是当地渔民的重要收入来源之一。同时，这里也是东亚—澳大利西亚候鸟迁徙路线上的重要节点，是鸟类迁徙过程中重要的停歇地、觅食地。2016 年，东

台市拟订“退渔还湿”计划，并开展宣传疏导工作。2018 年初，由东台沿海区牵头，组织精干力量进行集中清理，3 个月左右，完成 470 多户渔民退养，清理鱼棚 201 间、冷库 9 个、电线杆 330 根、增氧机 1 400 个，累计投入资金 8 600 多万元。在退渔的同时，所涉渔民成功实现身份转型，渔民成为“护湿员”“鸟调员”“鸟导”“摄导”，既守住了湿地，又有效推动了地方生态旅游和研学产业发展。

3．常态巡查管理。专门设立了条子泥湿地管理中心，强化区域管理和维护。落实预约管理，凡进入遗产提名范围的人员均须实施预约登记，从而彻底改变了原来的无序状态。合理配套设施，将原有海堤改造成为知名海边景观道，同步建设鸟类观测、救护等设施。强化环境治理，由于条子泥区域是黄海辐射沙脊群的最高点，多向洋流带来的垃圾量巨大，沿海区及时落实长效管理，不间断进行海滩垃圾动态清理，2022 年累计组织人员 5 400 人次，各类车辆 1 470 车次，清理垃圾约 5 700 t，做到了滩清岸美。

4．研学实践共进。常态化开展互花米草治理工作，邀请湿地及鸟类专家开展主题研讨会 4 场次，努力探索互花米草控制和治理办法。组织大量人力、物力，在梁垛河口探索性采用水淹法治理互花米草 200 亩。成功实施方塘河口 3 000 亩、梁垛河口 1 000 亩、条子泥东滩 1 万亩湿地修复，累计治理条子泥外滩面互花米草 2.2 万亩，取得了较好的效果。

二、基于自然修复，打造样本典范

东台市坚持系统谋划生态保护工作，结合蹲门湾湿地生态修复试验，持续推进湿地修复、自然岸线修复、生态防护林建设，建设东沙、高泥、滨海、条子泥共 4 个湿地保护小区，东台沿海自然湿地保护面积达到 128 万亩，保护率达 69%，位居全省第一。

1．科学规划保护。2018 年，根据海洋、湿地、鸟类等多个领域的专家意见，东台市在蹲门湾选取最具典型性的 1 000 亩湿地作为生态修复试验区，形成淡水湿地、咸淡水湿地、咸水湿地三种生态缓冲功能。以此为基础，2020 年，高标准编制了沿海生态保护规划和滩涂湿地保护专项规划，东台沿海区启动实施了滩涂湿地修复三年行动计划，计划用 3～5 年，修复湿地 10 万亩以上。正在实施的川水湾海岸带生态保护修复工程，将完成海岸带湿地修复面积约 18 750 亩。

2．打造生态修复样本。“条子泥 720”高地即位于盐城沿海湿地的条子泥的 720 亩高潮位候鸟栖息地，英文代号为“TZN720”。2020 年，东台市在条子泥垦区专门协调出 720 亩鱼塘，通过微地形改造、调节水位、控制植物生长等方式，成功打造出国内第一块固定的高潮位候鸟栖息地，补齐了迁徙通道上的短板，被国内外专家称为“条子泥 720”高地。“条子泥 720”高地主要以生态自然修复为主，辅以适度人工干预，综合考虑水位、滩位、植物和人工调节的频率等，打造出能够满足多种候鸟个性化需求的高潮位栖息地。

条子泥湿地管理中心和北京林业大学东亚—澳大利西亚候鸟迁徙研究中心、红树林基金会，共同制定实施了《720 亩高潮位候鸟栖息地管理实施细则》。2021 年，东台湿地修复项目被世界生物多样性大会推荐为“生物多样性 100+全球特别推荐案例”，被中外专家、媒体盛赞为自然遗产生态修复的“中国样本”。中央电视台、新华社等主流媒体多次聚焦条子泥，两年来，央视一套《新闻联播》报道 6 次，《焦点访谈》《央视新闻》报道超过 50 次。

3．复制推广“条子泥 720”模式。3 年以来，东台沿海区举办“条子泥 720”论坛、圆桌会议、专项研讨等活动 30 余场次，邀请鸟类、海岸带综合管理、生态旅游等领域的专家学者和非政府组织（NGO），围绕湿地生态修复、生物多样性保护等课题开展线上线下交流，汇聚各方智慧，提升管护水平。北京林业大学、上海复旦大学、南京师范大学、红树林基金会等，常年有科研团队深耕东台沿海，开展科研、科学调查，有力地支持了当地生态保护工作。东台沿海的湿地保护模式，具有普遍借鉴意义，可复制、可推广，是在发展中保护、保护中发展的经典案例。

三、坚持保护优先，保护发展共进

围绕集海洋、湿地、森林于一体的独特生态系统，着力放大生态优势，厚植人文底蕴，叫响“世遗湿地”“天然氧吧”品牌，带动东台市政治效益、生态效益、经济效益、社会效益“四提升”。

1．多方联动保护。按照世界自然遗产地相关保护规定，以及限制活动区和生态游憩区划分，科学开展保护和运营工作，全面落实“湾滩长制”，由市主要领导担任市级湾滩长，制定年度任务清单，实行市、镇、村三级联动治理。条子泥湿地服务中心组建常态巡湾管理队伍，安装 14 处联网监控设施，联合公安边防不定期夜巡，实行“人防+技防”的网格化管理。建立“湾滩长、林长、河长、检察长”四长协作机制，推动行刑衔接，用“检察蓝”守护湾滩美、生态绿、河道清。统筹抓好骨干河道整治、治污工程建设、近岸海域水质保障，全市共建立 22 个水质自动站监测站，开展问题排查、监测溯源，实施控源、截污、疏浚、补水等措施，2021 年，东台市 8 个国控、省控断面水质全部达地表水Ⅲ类水质标准。

2．增加生物多样性。条子泥每年有数百万只迁徙候鸟在此停歇、换羽和越冬，是名副其实的“鸟类天堂”。截至 2021 年，有记录的鸟类增加至 410 种，其中国家一级重点保护动物 21 种、二级重点保护动物 71 种，世界自然保护联盟（IUCN）濒危物种红色名录极危物种 4 种、濒危物种 9 种、易危物种 16 种。有“鸟中大熊猫”之称的极危物种勺嘴鹬，极具“伞护”意义，全球种群 600 只左右，在条子泥区域最多可以观测到 200 多只，数量高冠全球，充分证明了条子泥是生态保护水平极高的湿地。湿地上 3 700

亩碱蓬“红地毯”是黑嘴鸥全球三大繁殖地之一，为此东台市杜绝一切对这些区域的开发利用，黑嘴鸥每年筑巢数量约 2 000 巢，2022 年超过 2 800 巢。近 5 年放流文蛤种贝约 350 万粒，增殖放流大黄鱼、半滑舌鳎、黑鲷等各类海洋生物苗种 3 亿尾，有效地修复了海洋生态环境，保护了水生生物多样性。

3．实现人与自然和谐共生。先后组建条子泥湿地研究院、东台复旦湿地保护联合创新中心、北林东亚—澳大利西亚候鸟迁徙研究中心东台基地，设立勺嘴鹬保护联盟秘书处，并与红树林基金会、朱雀会等 NGO 合作，常态化开展鸟类、底栖、大气、水体、碳汇等专题研究，国内知名高校驻点科研人员近 20 人参与研究，采集和研究样本超过 20 万个。开发“亲近世遗”亲子线路、“鸟类天堂·生态东台”研学线路、“海滨湿地·世遗之旅”生态游等精品线路，进一步放大“世界遗产地·东台条子泥”品牌效应，让公众享受到岸绿湾美、鱼鸥翔集、人海和谐的美丽海湾。

今后，东台市将把条子泥美丽海湾保护与建设作为湾（滩）长制工作的核心内容，高水平建设长三角最美“绿心”，持续打造条子泥的美丽滩涂风光，守护这方候鸟天堂，绘制一幅万物和谐、绿色发展的生态画卷。

先有机制　后有工程

中国环境科学研究院原副院长兼总工程师　夏　青

美丽河湖美丽海湾建设卓有成效，示范项目越来越多，从山顶到海洋的大规模建设应运而生。本文仅就笔者对“先有机制　后有工程”的理解做简单介绍。工程项目落地前应先进行常规规划、设计方案和技术经济可行性报告，还应重视目标、问题、结果三个方面，形成集导向、措施、效益于一体的立项考核机制，之后才能放心地开展工程建设。

一、目标导向：以水定岸，以海定陆

牢牢抓住影响河湖、海湾美丽的岸上和陆上人类活动影响，突出建立山水林田湖草沙生命共同体这一主线，实现以河湖与海湾生态质量指标改善为目标导向的“三水”指标。

1．水资源指标。水资源指标包括生态流量等。确定生态流量，既要从水文数据出发正算，又要从生态实际需水倒算；既要考虑可行性，又要满足准确性要求，还要根据不同水平年、不同保护情景、不同保护对象评估生态流量的保障程度。这类指标是保持河湖海湾“美丽”的基础，这一“跨界”问题必须引起重视。

2．水环境指标。水环境指标主要包括水质指标等。水质指标要从本底值出发确定，把山、水、林、田、草、沙的影响转化为对应的水质指标，既要考虑标准化要求，又要体现区域环境特征。解决影响“美丽”的水环境问题，必须重视河湖、海湾本底情况与自然净化能力，这样才能防止不恰当的工程措施扰乱自然生态平衡。

3．水生态指标。这类指标突出主要保护对象，可以选择代表性强、影响力高、公众熟悉的水生生物、水生植物、珍稀保护物种中的任意一个为保护对象，不必单纯追求生态指标自成系统，重在将水生态指标与水资源、水环境指标融合为输入响应体系，形成“三水”融合的评估“美丽”效果的实用指标体系。

二、问题导向：硬核技术，攻克要害

这里所说的问题，既包括影响美丽河湖、海湾目标实现的主要人类活动问题，也包括循常规思维、照搬传统工程手段，以工程代替环保的决策问题。

一是要杜绝以工程代替环保，即简单地罗列治理内源、外源工程，不明确治理对象、规模、措施、投资、效果、效益验收等要求，或是对单项工程有要求，但对单项工程形成的治理系统无综合验收指标的情况。由于工程只是实现环保目标的手段，如果动用手段却不能得到相应的结果，就是典型的为工程而工程。

例如，某条河污染物超标，本来是因为工业园区清洁生产水平不足，园区污水处理厂达标率低，排入这条河的水不达标，但并未有针对性地解决控源问题，却花 10 多亿元开展区域绿化工程。最终，绿树的美丽遮盖不住河流超标的污点。又如，某条河号称为解决底泥重金属污染要清淤，却不做底泥再悬浮条件模拟，不评价底泥重金属对水质的贡献率和分布特征，也不计划清除出的底泥如何处置。不做必须完成的环保工作，却投入高额资金上清淤工程，回报是破坏了原有的河底生态系统，底泥成为固体废物、危险废物“烂在手里”。

二是要重视硬核技术，攻克“要害”。实现这一要求的关键是落实减污降碳。硬核技术的特色就是既减污，又降碳；既有绿色生产力的先进性，又有绿色经济效益。开发硬核技术如何击中要害？关键在于针对问题优选技术，这个过程重在实际操作，在下文结果导向中一并举例。

三、结果导向：降本增效，享受回报

建设美丽河湖、海湾的宗旨是“生态为民、生态利民、生态惠民”，这个“惠”字是目的，代表生态福祉，也就是让人民看到“绿水青山就是金山银山”。必须让人民看到回报，享受回报。全国人民参与环保，不能只会向政府要钱，要学会通过环保挣钱。要通过环保挣钱，就要实现降本增效。

实现降本增效的第一个关键问题是重视硬核技术，世界领先的布朗气发生器产出的氢氧气是一种新能源，不仅减少了天然气使用量、增加了碳汇，而且大大提升了各项燃烧指标，投入产出优势远高于其他能源，是区域绿色发展的普适性技术；创新的饮用水处理工艺可以在 6 min 内使原水达到国家最新的生活饮用水卫生标准，处理成本从每吨水超过 1 元降至 0.2 元，占地减少 2/3，还让人民可以享受直饮水；习近平总书记十几年前任副主席时引进的匈牙利用于污水处理的生态仿根膜技术，现已发展到第五代，使用该技术设备出水可达地表水Ⅲ类水质标准，实现了以较低成本生产再生水，回补生态环境；50%垃圾为湿垃圾是中国生活垃圾的特点，1 t 湿垃圾投加生物菌种可日产沼气 400 m^3、有机肥 40 kg，专用设备可稳定工作 15 年，产出远大于投入；利用植物制剂净化养殖水，可对水产品养殖起到保生促健、提高存活率的作用，增产增收让养殖户直接享受到了生态福祉。

实现降本增效的第二个关键问题是关注自然生态系统碳汇。在以零碳新工艺替代和低碳化改造减排增加碳汇的同时，还必须重视自然碳汇（包括海洋和林业碳汇）。重视林业碳汇价值并开发利用的最佳案例是北京冬奥会。在“环境正影响”“可持续、向未来”等理念的指引下，冬奥会进行了绿色设计，大大提高了北京、张家口两地的森林覆盖率，绿色设计包括两项内容：一是风沙源治理，与 2015 年相比，北京森林覆盖率从 41.6%增至 44.4%，张家口森林覆盖率从 37%增至 50%。二是赛区绿化，张家口赛区造林 1 536 万亩，崇礼赛区造林 129.13 万亩。因为有全部赛区森林覆盖率超 70%，核心赛区森林覆盖率超 80%的森林资源，所以北京、张家口两地实施的冬奥会碳补偿措施贡献了 110 万 t 林业碳汇，占冬奥会减碳 130 万 t 目标的 90%以上，是零碳冬奥会的保底措施，确保了降本增效。

“碳中和”一词源于森林的生态服务功能。森林作为陆地生态系统的主体，具有吸收并固定二氧化碳的功能，被最早认定为缓解全球气候变暖的重要手段。根据官方的数据，“十三五”期间，我国每年增加的森林碳储量达 2 亿 t 以上，折合碳汇 7 亿～8 亿 t。随着森林面积的扩大和森林蓄积量的增加，未来 5 年、10 年乃至更长一段时间内，森林碳汇还将逐步提高，预期估值可达 1 000 亿元。把“绿水青山”变为“金山银山”，让森林、湿地、荒漠展现绿色价值，从林业碳汇、美丽景观等生态产品中获取绿色回报，将会是美丽河湖、海湾建设的又一价值。

涅槃重生茅洲河 美丽生态幸福河

深圳市生态环境局水生态环境处处长 厉红梅

一、基本情况

茅洲河位于深圳市西北部，流经深圳市光明区、宝安区和东莞市长安镇。流域面积 388 km^2，总长 31.3 km，下游作为深圳与东莞市界河的河段长 11.7 km，属感潮河段。支流共有 60 条，其中深圳侧 51 条，东莞侧 9 条。历史上，这条河里沙洲点点、水流灵动、鱼虾成群，处处生长着茂盛的茅草，因而得名茅洲河。

自 20 世纪 90 年代以来，随着流域内工业化和城镇化快速推进，产业和人口成倍增长，特别是电镀、线路板等重污染企业高度集中，污水收集处理效果不佳、污染负荷远超环境承载能力，茅洲河干流及 60 条支流水质长期劣于地表水Ⅴ类标准，氨氮、总磷甚至超过地表水Ⅴ类标准 10 多倍，河水变得“黑如墨、臭如粪”，屡受群众诟病、被媒体曝光，严重影响市民健康、营商环境和城市形象，被称为“深圳脸上的一道疤”。茅洲河成为珠三角地区污染最严重、治理难度最大、治理任务最紧迫的河流。

二、主要做法

2016 年以来，深圳坚持以习近平生态文明思想为指导，统筹治理水污染、修复水生态、营造水景观、盘活水经济、塑造水文化，将茅洲河打造成为深圳生态文明建设的一张亮丽名片。

（一）主体大联合，形成政府、企业、公众共治新格局

一是高位推动全面治水。时任省委书记李希 5 次赴现场督导推进，要求“闯出一条具有深圳特色的河流污染整治新路”。时任市委书记王伟中担任茅洲河河长，多次巡查调研茅洲河治理情况，要求“所有工程为治水让路”“巴掌大的黑臭水体都不能有”，以硬作风硬措施很好地完成茅洲河治理的硬任务。二是各位河湖长各个部门联动协同治水。市、区、街道、社区共设立 456 名河湖长，累计巡河 3.9 万次，协调解决问题 1.1 万个。五级党政领导一条心，将治水抓到底。首创“民间河长”护水行动，流域现有民间河长 71 名，“河小二”9 894 名，和担任河长的各级党政领导干部“手拉手”巡河护河，形成治水合力。三是全民参与治水护水。首创志愿者河长学院和“民间河长”护水模式，71 名民间河长、志愿者河长，9 894 名“河小二”和政府河长“手拉手”巡河护

河。创新推行“志愿者河长+检察长”公益诉讼机制，推动人大代表、政协委员、专家学者、媒体记者等积极参与治水工作。创新推行重点排污企业环保主任制度，制定《爱河护河文明公约》。倡导绿色环保理念，推进治水宣传进学校、进社区、进家庭，努力让每个人都成为水环境的保护者、建设者、受益者。

（二）治理大包干，创建“全流域、全要素、大兵团”攻坚新模式

一是创新实施全流域治理模式。采用工程总承包模式（EPC），对茅洲河流域治理项目统筹打包，大幅提升项目建设质量和效率。高峰时，茅洲河流域内一线施工人员 3 万多人、施工作业面 1 200 多个，创造了最高单日敷设管网 4.18 km、单周敷设 24.1 km 的国内纪录。二是强化流域统筹。成立由局级干部牵头的茅洲河流域下沉督办组，抽调市级单位骨干力量深入治水现场指导协调，让问题产生在一线、解决在一线。成立茅洲河流域管理中心，统一调度“厂、网、河、站、池、泥”等所有水务要素，破解了流域内不同行政区划、不同层级、不同单位之间职责不清、调度不畅、多头管理的问题。三是上下游、左右岸联合治水。省生态环境厅主要领导牵头，建立了深莞茅洲河流域污染综合整治协调会机制，共召开 16 次茅洲河深莞联席会议，通过会商调度、联合执法，有效推动茅洲河界河段清淤、新陂头北支和塘下涌污染整治等重点工作，有效提升联防联治水平。

（三）过程大贯通，走出“正本清源、雨污分流、提标拓能”治污新路径

一是从“治标式末端截流”向“治本式源头分流”转变。牢牢把握雨污分流核心目标，狠抓污水管网建设和小区正本清源改造，打通断头管、补齐缺失管、修复破损管，“十三五”期间新建污水管网 2 053 km，完成小区、城中村正本清源改造项目 2 682 个。二是打破法治和体制机制束缚，创新推广“专业排水管理进小区”工作。修订《深圳经济特区物业管理条例》和《深圳经济特区排水条例》，突破建筑小区的制约，成立专业排水公司，实现从排水户窨井、小区管网到市政管网，再到水质净化厂的全链条、一体化、精细化管养。三是对标国际最高标准，推动污水处理能力和出水水质“双提升”。完成沙井、松岗、光明水质净化厂新建、扩建工程，新增污水处理能力 81 万 t/d。流域总处理能力达到 120 万 t/d，出水水质全部达到地表水准Ⅳ类标准。四是小微黑臭水体变身清溪明塘，成为居民休闲的好去处。对 304 个小微黑臭水体（宝安 181 个，光明 123 个）制定“一河一策”，实施分类整治，龙津涌等一大批黑臭河沟变得清澈见底、流水潺潺，切实改善了群众的居住环境。

（四）监管大协同，构建“严准入、全过程、强服务”管控新体系

一是建立以水质提升为导向的治水机制。打通“监测、排名、分析、通报、考核”全链条，实施一周一测、两周一排名，创新提出河流污染指数（RPI），形成全市主要河流水质情况“一图一表”，定期发给市领导及区委书记、区长。对水质净化厂、管网、排污口、溢流口等进行全面调查，系统开展污染源解析和水质达标分析。将水质目标完成情况纳入生态文明建设考核，作为市管领导干部任用的重要依据。二是“零容忍”执法源头控污。2017 年以来连续开展“利剑”行动，共立案 3 792 宗，处罚金额 4.11 亿元，其中，限制生产、停产共 112 宗，查封扣押 132 宗，移送行政拘留 117 宗，涉嫌环境犯罪 60 宗。完成 5 714 家“散乱污”企业分类整治。其中，关停取缔 3 305 家，整合搬迁 239 家，升级改造 2 216 家。2017—2020 年累计淘汰 55 家重污染企业，超额完成年度任务。三是创新推广“河流水质科技管控”机制。高效运用由 133 套高清摄像头、123 个监测微站，以及专业的巡查队伍组成的用于水环境巡查的实时可视化监控体系，全天候巡查管控河流、黑臭水体和排水口。2019 年以来，发现并交办的茅洲河流域问题共 1 349 个，整改完成 1 345 个，整改率 99%。

（五）顶层大统筹，开辟“治水、治产、治城”融合新思路

一是统筹治水与城市规划，用“蓝线”保护水生态空间。把水务规划、生态环境规划放在城市空间规划的突出位置。按照生态优先、空间均衡的原则，针对水生态空间被侵占的问题，在全市范围内划定 237 km^2 河道蓝线，保护水系的自然属性，确保用地管控与水环境承载能力相适应。二是统筹治水与城市更新，将管网纳入综合管廊一体推进。以“五线下地”（电力、通信、燃气、供热、给排水）为重点和抓手，推进路网、管网、线网等规划的建设管理。统筹推进治水和拆除违法违章建筑两大历史遗留问题的解决，强力拆除黑臭水体沿河违建 134 万 m^2，拔掉西乡河“红楼”等一批积弊 20 多年的沿河违建。三是统筹水资源、水环境、水生态，产出更多优质的“生态产品”。利用沙井、松岗、光明、公明等水质净化厂的再生水，铺设 106 km 的补水管道，每天为茅州河补水 96 万 t，实现茅洲河干支流碧水长流。四是统筹“碧道”建设与治产治城，描绘“碧一江春水、道两岸风华”的愿景。按照广东省委、省政府实施万里“碧道”建设的重大部署，围绕“碧一江春水，道两岸风华”的目标，在茅洲河流域打造“一河引领、六段生辉”的 205 km 碧道，努力实现治水、治产、治城相融合，生产、生活、生态相协调，把治水的“大投入”转化为发展和民生的“大产出”。

三、治理成效

经过不懈努力，茅洲河流域水环境实现整体性、根本性、历史性转好。

一是 4 年补齐了 40 年来水环境基础设施的短板。“十三五”期间，茅洲河流域累计新建污水管网 2 053 km，完成小区、城中村正本清源改造项目 2 628 个，涉及 500 万户家庭，新增污水处理能力 81 万 t/d，完成光明一期（15 万 t/d）、松岗一期（15 万 t/d）、公明一期（10 万 t/d）三座水质净化厂提标改造，出水水质稳定达到地表水Ⅳ类标准。

二是茅洲河实现从黑臭水体到水质达到Ⅲ类标准的跨越。共和村国控断面氨氮浓度从 2015 年的 23.3 mg/L 降至 2022 年的 0.70 mg/L（1—10 月），达到 1992 年以来的最低水平。深圳侧的40个黑臭水体和304个小微黑臭水体全部消除黑臭。深圳侧24条一级支流均达到地表水V类水质标准。

三是“清水绿岸、鱼翔浅底”的水生态环境逐步重现。“十三五”期间，茅洲河流域累计清淤313万 m^3，以近自然的手法进行生态修复，底栖动物、昆虫、鸟类种类与数量明显增加，消失多年的蓝尾虾、黑鱼和彩色蜻蜓等重现茅洲河，国家濒危植物野生水蕨首次在茅州河发现，“渚清沙白、白鹭翔集”的美丽景象得以重现。

四是高水平生态环境保护推动高质量发展。2015年以来，茅洲河流域内GDP和常住人口逐年增加，而主要污染指标氨氮和总磷浓度大幅下降，经济人口与河流水质实现“双升双降”。

五是治水倒逼“腾笼换鸟”、产业升级。茅洲河流域在大破大立中涅槃重生，通过水环境整治带动了城市空间功能优化和经济结构重塑。中山大学深圳校区、中国科学院、深圳理工大学等高水平院校先后被引入，天安数码城、长江股份等一批高新技术企业相继入驻，“润加速”等一批研发类创新创意企业和绿色工业“新生产”研究与孵化加速平台落地生根，光明小镇等都市生态文旅蓬勃发展，正在逐步成为助推片区产业转型发展的“新引擎”。

六是市民的获得感、幸福感显著提升。茅洲河治理后，停办了10余年的传统龙舟赛自2018年起在茅洲河恢复举办，外迁的皮划艇水上训练中心又回到深圳，在茅洲河燕罗段建设了专业的训练基地。龙舟竞渡、赛艇争流，啤酒广场举办着音乐会，老百姓真真切切得到了实惠，爱水护水积极性高涨，自发挂出了“绿水青山就是金山银山”的大条幅。

从掩鼻而过到开窗赏景，从“脸上伤疤”到“亮丽名片”，茅洲河不仅治出了秀水美景，更治出了百姓口碑。茅洲河治理成效被中央电视台《壮丽70年　奋斗新时代——共和国发展成就巡礼》《美丽中国》等纪录片收录，得到《人民日报》《中国环境报》等媒体高频报道点赞，先后入选水利部全面推行河长制湖长制典型案例、广东省十大美丽河湖优秀案例和生态环境部全国首批美丽河湖提名案例，成为水产城共治典范（图1～图7），积累了一系列可复制、可推广的水环境治理和生态修复经验。

图1　茅洲河治理前后

图 2　茅洲河生态修复现场

图 3　燕罗湿地改造前后

图 4　木墩河河口改造前后

图 5　龙舟赛重开

图 6　市民自发挂出“绿水青山就是金山银山”大条幅

图 7　深圳茅洲河光明段首次发现濒危植物野生水蕨

海湾水环境治理国际经验及启示

国家海洋环境监测中心副研究员　于春艳

为了更好地实施海湾综合治理，建设美丽海湾，笔者从全球视角梳理总结了美国切萨皮克湾、欧洲波罗的海、日本濑户内海和北部湾等几个污染较重的海湾治理情况，从海湾水环境污染治理措施及管理成效等方面进行对比分析，以期挖掘出好的经验做法，为我国美丽海湾建设提供参考。

切萨皮克湾、波罗的海、濑户内海及北部湾，与我国的渤海有着类似的自然条件，均为水交换能力弱的半封闭海域。

同时，这些海湾都有多条河流注入，而且周边流域范围内均居住着大量人口。目前，上述海湾水环境的主要问题是营养盐超标导致的富营养化严重。

切萨皮克湾、波罗的海、濑户内海及东京湾均是由多个地区，甚至多个国家共同管辖的，各个地区均以水环境质量改善为目标，建立了区域协同共治机制，这是我们总结的第一条经验。

其中，美国在最大日负荷总量计划中将污染物排放量在切萨皮克湾 16.6 万 km^2 流域范围内进行了详细分配，制定了详细的落实措施。

欧洲《波罗的海行动计划》对波罗的海沿岸各国及各子流域的污染物削减进行了详细规定。

针对濑户内海治理，日本政府出台了一部专门的区域法律，叫作《濑户内海环境保护特别措施法》（以下简称《特别措施法》），《特别措施法》与政府计划、府县规划相互配合，形成了自上而下、由点到面的海洋环境综合治理体系。

第二条经验，针对上述污染严重海湾，美国、欧盟及日本的主要治理方向均为削减氮和磷。

为切实削减切萨皮克湾面源污染，美国在切萨皮克湾流域范围内实施最大日负荷总量计划和流域实施计划，对氮和磷的排放限值进行了规定。

欧盟营养盐削减计划规定每年最大允许输入波罗的海的氮和磷总量分别为 60 万 t 和 2.1 万 t。

日本也提出对氮、磷、化学需氧量入海总量进行综合管控标准。

第三条经验，为切实改善水环境质量，各国政府对海湾突出问题不断更新认识并开展深入研判，各海湾的治理思路也随之调整与转变。

美国更加侧重面源输入的治理，根据实践提出最佳管理方案并加以落实。

《波罗的海行动计划》设置的最初目标并未实现。因此 2021 年，波罗的海海洋环境保护委员会重新设置了目标，并对氮磷的每年最大允许输入量重新进行规定和分配。

日本政府几十年来共制定了 8 次总量削减基本方案，随时调整治理思路。

第四条经验，许多因素都会影响海湾水质的持续稳定改善。自 20 世纪七八十年代开始，各海湾就开展了海洋环境污染治理，采取了一系列减少氮和磷向海洋输入的行动。但后来分析发现，这些行动并非都有效果，这是因为河流流量变化、营养物质的历史积累、面源输入控制不到位等都会影响海湾水质的持续改善。

以切萨皮克湾为例，30 余年间，切萨皮克湾氮和磷的负荷量总体呈下降趋势，但受到河流流量、土地利用和环境管理等因素的影响，氮磷的负荷量波动较大。水质达标率总体呈波动上升趋势，由 1985 年的 26%提升至 2017 年的 42%，但 2018—2019 年因入海河流流量大幅增加，比往年均值高出 60%，水质达标率随之降低了近 10 个百分点，在 2019 年仅为 33%。

通过总结各海湾的治理经验，为我国海洋环境治理提供了很好的经验启示，这里笔者提出几点不成熟的对策建议，仅供参考：

1. 强化陆海统筹协同治理；
2. 加强面源污染管控；
3. 推动将总氮纳入河海共治目标体系。

在中国生态文明论坛南昌年会美丽河湖美丽海湾论坛上的点评发言

青岛理工大学教授、博士生导师
中国生态文明研究与促进会理事　毕学军

2021 年，生态环境部首次开展美丽河湖优秀（提名）案例征集评选活动，我非常有幸作为专家全程参与，该活动共选出 18 个美丽河湖案例（其中 9 个为优秀案例，9 个为提名案例）。这批案例各具特色、各有侧重，是水生态环境保护的典范。

在美丽河湖美丽海湾论坛上两位领导对美丽河湖优秀案例中的典型——山东马踏湖、安徽新安江（黄山段）的经验进行了总结和介绍。其中，山东马踏湖体现了“治保用”流域系统治理的新思路和新经验。深入“治”，实施全流域综合治理；完善“保”，通过生态保护与修复，提升流域环境承载力；突出“用”，实现区域再生水循环利用，减少废水排放。“治”要树立“一盘棋”思想，做到共建共治共享，突出标准倒逼作用，促进产业自主调整，提升企业治污能力。“保”要统筹做好减排降污的“减法”和生态修复的“加法”，因地制宜建设人工湿地和生态修复工程，增加环境承载能力。“用”要构建企业和区域再生水循环利用体系，提高废水回用率，减少污染物排放，有效提升水资源综合利用水平。

李新胜副市长介绍的马踏湖的经验做法对人口密集的北方缺水的工业城市解决流域污染问题具有较好的借鉴意义。安徽新安江（黄山段）则以生态保护补偿机制为抓手，积极推进流域上下游协同共治。正像刘才林副秘书长介绍的那样，新安江作为全国首个跨省生态保护补偿试点，皖、浙两省以建立健全新安江流域生态保护补偿机制为核心，以流域水生态环境保护为首要任务，以绿色发展为路径，以互利共赢为目标，以体制机制建设为保障，探索了一条“绿水青山”变成“金山银山”的有效路径。新安江模式可为流域上下游构建横向生态保护补偿机制、协力推进流域保护与治理提供有益借鉴。

九、美丽乡村论坛

美丽乡村论坛背景介绍

北京慈海生态环保公益基金会副理事长　张兰英

欢迎大家参加以生态环境部土壤生态环境司为指导单位，中国生态文明研究与促进会为主办单位，社区伙伴（香港）北京代表处为承办单位，北京慈海生态环保公益基金会为协办单位，南昌市进贤县人民政府作为支持单位的美丽乡村论坛。非常感谢大家百忙之中参加这个论坛。

我们处在一个人类社会需要全面转型的时代，这个转型需要我们超越百年工业化发展带来的因气候变化而引发的一系列生态灾难和地球生态系统的退化危机，重新建立“仰则观象于天，俯则观法于地”的宇宙观；“观鸟兽之文与地之宜”与所有动物、植物、微生物和谐共生的生命观；推动生态文明建设，践行尊重自然、顺应自然、保护自然的价值观，使“工业化时代”转向“生态化时代”。

生态化转型首先需要改变人们的思维方式、认知方式，充分认识生态系统的本质，并在实施国家生态文明战略和乡村振兴战略的过程中践行生态文明理念。

自 2019 年以来，中国生态文明研究与促进会和社区伙伴（香港）北京代表处、北京慈海生态环保公益基金会行动源计划合作，每年都组织关于美丽乡村、乡村振兴和生态设计的论坛，与来自农业农村、生态设计、自然资源等领域的代表及专家学者，交流如何在乡村振兴工作中体现习近平生态文明思想、落实绿色发展理念、助力对可持续的综合发展的探索。在多元主体参与的社区治理方面进行创新，积累和总结城乡一体化建设的真实经验，通过探讨乡村生态、生活、生产协调发展的实践案例，交流目前乡村振兴中面临的各种问题和挑战。

2022 年，论坛将继续围绕“美丽乡村与生态社区建设”，交流生物多样性和传统文化在乡村振兴中的内涵和意义，分享基于对生物文化多样性理解的生物文化设计，以及各地在推动乡村产业兴旺、生态宜居、乡风文明、环境治理等方面取得的成绩和经验教训。在此基础上，通过案例分享，交流将生态理念和乡村文化两大要素与乡村复杂的生态、经济和社会系统有机结合的社区实践和创新经验，探讨个体生态思维转型的有效路径和方法，提升乡村振兴工作践行生态文明的深度和广度。

在中国生态文明论坛南昌年会美丽乡村论坛上的致辞

南昌市人民政府副市长　彭开先

尊敬的张兰英理事长、蔡文倩主任、王宝良主任，各位来宾，朋友们：

千里逢迎，高朋满座，今天很高兴与大家齐聚英雄城南昌，共同出席中国生态文明论坛南昌年会美丽乡村论坛，在此受市委、市政府主要领导委托，我谨代表中共南昌市委、市政府向莅临指导的各位领导和嘉宾表示热烈欢迎！对长期以来关心、支持南昌生态文明建设的各位朋友表示衷心的感谢！

借此机会，我想表达三层意思。

第一，贯彻新发展理念，厚植生态宜居底色。习近平总书记在党的二十大报告中指出，建设宜居宜业和美乡村。南昌市深入贯彻落实新发展理念，始终坚持生态优先、绿色发展，牢固树立“绿水青山就是金山银山”理念，坚持规划先行，重点针对高速公路、高速铁路沿线，国道、省道沿线，河湖沿岸和重点项目周边区域，以“两整治一提升”行动（农村人居环境整治、农村路域环境整治，农业特色产业提升）为主抓手，全面推进美丽乡村建设、打造各具特色的现代版南昌“富春山居图”。

南昌市的南昌县、安义县、湾里区被评为“全省美丽宜居先进县”，安义县还获评全国村庄清洁行动先进县，入选全国水系连通及水美乡村建设试点县。

第二，立足新发展阶段，打造产业项目建设。全面建设社会主义现代化国家，最艰巨、最繁重的任务仍然在农村，必须坚持农业农村发展。习近平总书记多次强调，乡村振兴，关键是产业要振兴。南昌市立足自身资源优势和产业基础，打造“强二优三精一”的产业发展模式，因地制宜发展优势特色主导产业，整合要素资源，坚持“延链、补链、壮链、强链”，让农业成为有奔头的产业。建设红谷滩区元宇宙、虚拟现实（VR）数字农业示范基地，在 2022 年 VR 产业大会期间隆重开园，成为元宇宙、VR 场景示范亮点。南昌市在主板上市的农业产业龙头企业有 3 家，有 10 家企业进入了中国农业企业 500 强，营业收入超亿元的企业 108 家，百亿级企业 4 家。

第三，构建新发展格局，提升乡村治理成效。农民对美好生活的向往由“有没有”转向“好不好”，呈现多样化、多层次、多方面的特点。所以说，美丽乡村、乡村振兴不仅要“富口袋”，更要“富脑袋”。南昌市在紧盯经济发展、生活条件改善、硬件设施建设的同时，更加注重在美丽乡村建设、乡村治理和农村精神文明建设等软件上下功夫。

一方面，充分发挥农村基层党组织的战斗堡垒作用，建立党组织领导的乡村治理机制，坚持乡镇网格化管理、数字化赋能、精细化服务，推动治理重心下移、资源下沉，乡村治理效能更加显著；另一方面，更加注重新时代文明实践重心站所建设，大力弘扬优秀传统文化，传承好历史记忆，保留乡风、乡音、乡景、乡味，农村移风易俗工作取得扎实进展，良好社会风气在南昌蔚然成风。

下一步，我们将认真向出席此次论坛的各位领导、专家和同人学习，汲取此次论坛汇集的智慧，着力奋发，砥砺前行，与各位一道共同推进美丽乡村建设。

最后，预祝论坛取得圆满成功，祝愿各位来宾、朋友身体健康、生活愉快、万事如意！

在中国生态文明论坛南昌年会美丽乡村论坛上的致辞

社区伙伴（香港）北京代表处副首席代表 刘海英

尊敬的彭副市长，各位专家、老师，朋友们：

大家早上好！

我很高兴与大家相聚在历史悠久、生态优美的南昌，共同学习、探讨生态文明理论与实践。

习近平主席提出，“人与自然是生命共同体”。坚持人与自然和谐共生，是我国生态文明建设的基本原则。社区伙伴自 2001 年成立以来，一直致力于与社区一起探索人与人、人与大自然的和谐共存之道，学习和实践可持续生活，在城市和乡村，以气候变化、生物多样性、生态农耕、自然教育、环境保护与污染防治等为主题，开展了许多环境保护工作。

生态文明建设意义重大，而在实现生态文明、建设美丽中国的过程中，乡村扮演着重要角色，中国仍有超过 5 亿人口居住在乡村，建设美丽乡村是实现美丽中国的关键一步。在过往的工作中，社区伙伴支持少数民族地区的居民重新学习传统文化，理解传统文化中蕴含的生态观；支持西南地区的农村实践生态农业，保育本地原有品种，探索生物多样性保护路径。同时，社区伙伴还通过社区支持农业，促进城乡之间的链接。从生态观到生态实践，我们将人与自然看作生命共同体，与社区共同探索美丽乡村的建设路径。

近年来，在乡村振兴的新时代背景下，社会各界人士积极参与乡村建设。除了各地政府部门大力投入乡村建设，越来越多的设计师、建筑师、规划师、社工等进入乡村开展工作，从对物质空间的建设和改造，延伸到对乡村社会发展的规划和设计，对乡村的生态环境、文化传承、社会发展等都产生了深远的影响。社区伙伴也关注到这一趋势，看到了以建筑、物质空间设计为切入点，建设美丽乡村的重要性。2019 年，结合中国生态文明论坛十堰年会，我们与中国生态文明研究与促进会及慈海生态环保公益基金会行动源计划三方合作，组织了以“美丽乡村与生态社区建设”为主题的论坛，初步搭建了生态设计领域的交流平台。

近几年，社区伙伴支持伙伴梳理生态设计理论，整理关于乡村生态设计的典型案例，开发社区设计的工具和方法，并搭建平台，连接设计师、建筑师、规划师、社工等多元群体，共同实践和讨论生态设计如何回应乡村振兴、美丽乡村建设的问题。在合作过程中，社区伙伴发现中国上万年的农耕史，不但孕育了生态、生产、生活三位一体的东方农耕文明，不同地域的乡村也依据当地自然环境、历史传统，形成了一整套与自然互动的独有方式。美丽乡村建设，不是对城市设计的照搬，而是依据不同乡村的自然、社会与文化情况，因地制宜地进行创造。建筑和空间的设计蕴藏着丰富的本地智慧，如何使用本地的石头、土壤甚至稻草建造房屋，如何依据当地自然环境来规划空间的使用功能，如何将传统文化、本地智慧与设计结合，如何让村民参与到生态社区营造中，如何将气候变化和生物多样性知识运用到新时代生态社区建设中……都是值得我们思考的问题。

实现生态文明，没有人是局外人。期待聆听各位嘉宾的精彩发言，也期待未来，有机会看到大家在实现生态文明的道路上，进行更多探索并取得丰硕成果。

“双碳”背景下的乡村振兴路径初探

生态环境部土壤与农业农村生态环境监管技术中心
乡村振兴室主任、研究员 蔡文倩

党的二十大报告中明确提出，要建设中国式现代化。中国式现代化完全不同于西方的现代化，是在新发展理念下实现全体人民共同富裕和人与自然和谐共生的现代化。

现阶段，现代化建设最繁重的任务在农村。也就是说，农村是中国式现代化建设的突出短板，因此必须全面推进乡村振兴，坚持农业农村优先发展。乡村生态振兴是乡村振兴的底色和支点，实现乡村生态振兴为建设宜居宜业的美丽乡村奠定了基础。

人与自然和谐共生的中国式现代化建设，要协同推进减污降碳、扩绿增长，要推进生态优先，节约集约绿色低碳发展，加快构建废弃物循环利用体系，提升环境基础设施建设水平，推进城乡人居环境整治，建立生态产品价值实现机制，提升生态系统碳汇能力。由此可见，以绿色低碳为驱动的农业农村高质量发展模式已然成为乡村振兴的重要引擎。以农业减排固碳潜力为例，中国农业生产活动温室气体排放量约为 8.3 亿 t 二氧化碳当量，通过运用有效的农田管理措施可以实现每年 2 200 万～3 700 万 t 二氧化碳当量的固碳效果。

“双碳”战略下的乡村生态振兴可分解为四个方面的内容：第一，生产。推动农业绿色发展，而农业绿色发展离不开良好的生产环境，这要求我们做好农用地分类管理，防治农业面源污染。第二，生活。农村人居环境整治要统筹减污降碳的具体工作，如在农村开展污水、垃圾治理、厕所革命、饮用水水源地保护等工作，打通农村现代化的“最后一公里”。第三，生态。农村是生态系统重要的载体，要坚持山水林田湖草沙冰系统治理，在扩绿、增长的前提下守住绿水青山。第四，转化。要畅通“绿水青山”和“金山银山”的转化渠道，优化“三生”空间，通过“双碳”政策反向拉动生态价值实现。

在高质量发展的背景下，我们既要实现中国式现代化又要高质量发展。农村基础相对较差，又要在十几年内实现现代化，难度之大可想而知。初步研究表明，农村实现中国式现代化核心是立足农业多维度提升土地价值，抓手是农业农村废弃物循环利用，目标是农村减污降碳、农业减排固碳、生态系统扩绿和增长，工作内容主要包括低碳治理、无废循环、保持土壤健康、发展高效农业和碳汇经济、建设生态文明等，重要依托包括技术创新、产业创新、商业模式创新和产业链拓展等。

在农村减污降碳方面，农村生活污水、垃圾、黑臭水体，以及农业面源治理要减污降碳协同增效，要注重提升农村环境基础设施水平。在农业减排固碳方面，要推动农业提质增效，反向拉动农村从仅具备单一的生产功能的区域转变为清洁能源、原材料、生态文化输出地。这个过程的核心点是要建立可溯源的数据支撑体系。

下面简单分享“双碳”背景下乡村振兴实现路径。第一，要充分挖掘农业减排固碳潜力，治污降碳协同增效。第二，进行农业“双碳”经济开发。这部分主要涉及减排经济学和碳汇经济学，也就是建立农业碳排放监测评估认证体系，进而建立绿碳经济体系，通过制度性分配践行共同富裕战略。第三，加快构建农业农村废弃物循环利用体系。农村的废弃物和城市相比简单得多，尤其在大部分欠发达地区可以简单分为生产废弃物和生活废弃物。在农村垃圾分类不能太复杂，建立两个系统就可以解决问题，一是回收系统，二是再利用系统。第四，拓宽农业农村废弃物价值转化路径。在“双碳”战略下，废弃物的价值转化不仅可以通过废弃物的肥料化、能源化和材料化实现，还可以通过减碳实现。利用农业的减排固碳潜力，将废弃物用于农业种植过程中，在减排固碳的同时，实现耕地质量和农产品价值提升。第五，建立以循环经济为核心的低碳减排产业体系。构建以数字为依托、技术为核心的农村一二三产融合发展体系。

以上是笔者在“双碳”背景下对乡村生态振兴路径的初步思考，请大家批评指正。

乡村垃圾治理应走分布式、本地循环、资源化之路

中央党校（国家行政学院）教授　张孝德

目前，中国乡村基本上照搬了城市的集中式垃圾处理模式。目前，乡村垃圾执行的是“村收集、乡运输、县集中”的模式，也就是把分散在每个乡村的垃圾，通过乡镇运送到县城集中处理。笔者认为这种垃圾处理模式有许多弊端。

首先，这种垃圾处理模式，是简单地把适用于城市的集中处理的模式搬到了乡村。可以说，这种“村收集、乡运输、县集中”的模式对人口密度大的地区，比如许多南方的农村也许适用，但是对于西北那样人口密集度小、村离县城上百千米的地方，显然不太适用。

其次，这种垃圾处理模式，隔断了人与土地的物质能量循环，是造成土地污染的深层原因。大家知道，土地为我们提供了粮食，我们吃粮食，应该把排泄物、秸秆等还给土地，这样才能维持一种人与土地的良性循环。几千年来，中国传统农耕一直维系这种人地循环。但是现代化农业的出现引发了土地的大量污染，土地肥力递减，其根本原因是隔断了人与土地的这种循环。我们不断地从土地获得粮食，却不能把来自土地的有机物还给土地，而是走向化学农业，用化肥为土地补充营养。土地的不健康导致所种植物抗病虫害能力下降，于是我们又使用了农药。对于隔断人与土地循环造成的恶果，早在100多年前，美国一位农业专家富兰克林•金就已经预言。有一本温铁军老师作序的书叫《四千年农夫》。这本书就记录了这位农业专家来中国考察的经历，他发现中国的土地4 000年来，养育了世界上最多的人口，土地肥力却没有减弱，其秘密就是中国几千年的农耕是一种人地良性循环的农耕。但在美国他深深感受到现代化农业在不到百年的时间里使土地有机质减少、土地肥力大幅下降。因此，他得出的结论是，美国现代化农业是不可持续的农业，世界农业应该走凝聚中国古代智慧的农耕之路。

然而，人类今天不仅走向了人地循环被隔断的现代化农业，而且还把乡村的垃圾集中到县城去处理。这是一种反自然的做法。

最后，这种隔断人地循环的垃圾处理模式，危害的不仅是土地，更伤害了人类的身体健康。

不可否认，今天这种隔断人与土地循环的垃圾处理模式，以及提高了劳动效率和粮食产量的化学农业，让我们付出的是健康的代价。这是我们今天要重新认识的问题。化学农业，给土地补充的营养元素主要是氮磷钾，而我们所吃的粮食中，存在与人类生命

密切相关的 20 多种矿物质、微量元素，这些物质是化肥无法补充的。科学研究表明，土地中滋养我们生命的这 20 多种微量元素下降幅度在 50%～80%。也就是说，我们现在吃的食物是一种只有热量没有能量的食物。我们吃的食物营养严重短缺，也是今天各种慢性病产生的根源，甚至许多疾病都与食物有关。大地是人类的母亲，母亲有病，孩子也不可能健康。因为我们隔断了人地循环，造成了食物营养问题，进而导致生命与身体健康出现问题，这是现代文明病，也可以称作现代化农业病。

在这种背景下，如何振兴乡村、建设乡村的生态文明，如何重建人与土地的循环，是一个关系到生命健康的大问题，也是乡村振兴中，涉及土地健康的大问题。党的十八大以来，中央提出了生态环境保护要打好三大战役：蓝天保护战、绿水保护战、净土保护战，可以说蓝天、绿水基本做到了，但最难做到的就是净土。如何做到净土？如果不从根本上改变人与土地循环被隔断的问题，我们想要得到净土是很难的。

解决净土问题的唯一出路，就要从重建人与土地循环开始。针对这个问题，笔者与多个民间环保机构合作，进行了重建人地循环的零污染乡村建设。我们提出的思路是，主张未来中国乡村垃圾治理，走分布式、本地化、微循环、资源化的模式。按照这个思路，一个村的垃圾，要做到有机垃圾不出村，通过微生物处理、堆肥、环保酵素等技术，让垃圾变废为宝，重新回到土地。而不是集中到县城进行可能产生二次污染的焚烧。乡村无法处理的非有机垃圾，可以集中到县城处理。

如果我们这样做了，不仅可以大力推进乡村有机垃圾处置的本地化、资源化应用，还可以有力提高乡村土地有机质含量，进而使土地肥力增长，减少化肥和农药的使用，这样乡村土地成为净土就有了希望。

与此同时，笔者还提议，要重视城市与农村的新循环，农村把粮食供给城市，城市应把排泄物、有机物返回乡村。而如今部分城市一方面把大量有机物集中填埋和焚烧；另一方面在绿化中使用化肥，给城市土地和地下水造成了污染。所以，笔者个人一直主张，城市要搞可循环的有机绿化。国家应出台政策，要求对有机物进行堆肥处理，产生的微肥可用于城市绿化，也可以返回到乡村，重建城市与乡村的良性循环。

以上所述目前已经不仅是理论，还在全国各地的乡村都进行了局部实验，而且实验效果很好。例如，北京的辛庄村采取上述措施后，整个村的垃圾 70%～80%可以不出村，这些有机物就地生产微肥，这些微肥推动了乡村的草莓有机种植、有机草莓价值很高，这让整个村民不再认为垃圾是负担，而把它当成了宝。当然，这样的垃圾治理模式，需要的不是高科技，而是组织成本。这种垃圾治理模式，需要村民的再组织，是一种以组织创新为前提的垃圾治理模式。其一旦形成良性循环，乡村垃圾治理就会走向内生的可持续发展之路。

以生态文明示范建设助力乡村生态振兴

中国环境科学研究院高级工程师　王宝良

本文是笔者对生态环境部生态文明示范建设支撑工作的一些思考总结。

首先，简单介绍生态文明示范建设的背景。2018 年全国生态环境保护大会确立了习近平生态文明思想。生态文明示范建设就是以习近平生态文明思想作为指导思想，将思想中的价值论、方法论转化为实践原则和工作要求，以创建激励成功的案例，是彰显习近平生态文明思想的鲜明旗帜。可以说，生态文明示范建设是贯彻落实习近平生态文明思想的重要措施。

习近平总书记高度重视并亲自推动这项工作，总书记在福建工作时推动了福建生态省的建设，在浙江省工作时他亲自担任浙江生态省建设工作领导小组的组长。习近平生态文明思想为生态文明示范建设指明了方向，同时我们开展生态文明示范建设这项工作，也为习近平生态文明思想的形成提供了实践源泉。

生态文明示范建设可以分为三个阶段：20 世纪 90 年代，国家生态环境部门启动了生态建设示范区创建活动；20 世纪 90 年代末到 2000 年初，从省、市、县、乡镇、村、园区六个层级推动地方的生态环境保护工作和经济的协调发展；从 2013 年开始，经中央批准，将生态建设示范区提档升级为生态文明建设示范区。

生态文明示范建设经过这些年的推进，也取得了一些进展。目前已有 468 个国家生态文明建设示范区，187 个“绿水青山就是金山银山”实践创新基地。生态文明示范建设是乡村生态振兴的有力驱动器；它助推农村实现可持续发展，也助力生态宜居家园的建设。在这项工作的督促下，一些地区确实守住了绿水青山、留住了美丽的乡愁。

接下来将介绍创建过程中形成的典型案例。第一个案例——安吉，大家都比较了解这个地方。安吉是“绿水青山就是金山银山”理念的诞生地，也是全国第一批“绿水青山就是金山银山”实践创新基地、第一批国家生态文明建设示范区。安吉围绕着“绿水青山就是金山银山”理念，以示范创建为抓手，把农村环境改善的重点任务做得扎实，目前安吉以绿色发展为引领、农业产业为支撑、美丽乡村建设为依托探索三产联动、城乡融合、农民富裕、生态和谐的发展道路，打造宜居、宜业、宜游的美丽安吉。

第二个案例——河北省阜平县，该县也荣获了“国家生态文明建设示范区”的称号，是革命老区，也是山地比较多的地区。阜平县在推进生态文明建设示范的过程中，注重农村山区的生态文明建设，大力实施环村林的建设。特别是阜平县作为北方山区农村，在环境整治工作中结合当地生态资源现状开展对山地绿色循环和绿色农业的探索。形成了北方山地地区的生态文明建设的新模式。

第三个案例——山东省蒙阴县，“南有安吉，北有蒙阴”，蒙阴也先后荣获“‘绿水青山就是金山银山’实践创新基地”和“国家生态文明建设示范区”两项称号，逐渐走出“生态好、乡村兴、群众富、可持续”的“绿水青山”和“金山银山”转化之路，蒙阴县在“绿水青山”和“金山银山”转化方面进行了非常好的探索。开展了生态价值的核算和机制体制建设，对全县每个村的生态资源进行摸底，为提高生态产品价值增量，蒙阴县形成了全县生态产品的清单，对实现价值增量做了设计和布局。

第四个案例——四川省蒲江县，也是生态文明建设示范区和“绿水青山就是金山银山”实践创新基地，它结合西部地区的特色开展符合西部地区实际的农村生态文明建设，并对当地生态环境保护工作进行探索。采用“生态+农业”模式形成了当地的生态品牌优势和特色产业优势。

以下笔者结合国家的乡村振兴战略和生态环境部关于生态文明示范建设工作提出一些自己不成熟的建议。

第一，党的二十大报告将全面推进乡村振兴、人与自然和谐共生作为重要任务进行阐述。笔者认为将这两个重点任务结合起来的契机就是生态文明建设。需要推动生态文明示范建设进行先行先试，把如何落实乡村振兴战略与促进人与自然和谐共生联系在一起。

第二，以习近平生态文明思想为指导开展乡村生态振兴的实践。习近平总书记到各地考察都会去农村看看，应该说农村是总书记念兹在兹的地方，他强调，建设美丽中国必须建好“美丽乡村”，建设山清水秀的乡村是我们的共同愿望。

第三，建立健全农村生态文明示范建设体系。20 世纪 90 年代到 2000 年初，生态环境部一直以乡、镇、村为主要抓手推进农村环境保护工作。2010 年之后，生态文明建设示范乡村创建工作由各省统筹，2013 年、2014 年出台了国家生态文明建设示范村、示范乡镇的指标体系。多省已经开展国家生态文明建设示范村、示范乡镇的创建工作，这些工作支撑了生态文明建设示范区的建设，接下来将结合国家乡村振兴的战略要求和具体指标加大对“细胞工程”的支持力度。

建设国家森林步道驿站　助推山区乡村振兴

东华理工大学原副校长　花　明

习近平总书记在延安和安阳考察时强调，全面推进乡村振兴，为实现农业农村现代化而不懈奋斗。民族要复兴，乡村必振兴。没有农业农村现代化就没有整个国家的现代化。山区的乡村振兴是农业农村现代化的重要组成部分，因此以下笔者就建设国家森林步道，助推山区乡村振兴进行阐述。

一、推进国家森林步道及驿站体系建设，是贯彻落实习近平生态文明思想的重要举措

森林步道是什么？它是以森林资源为主要依托，包含湿地、草地、湖泊、海岸等区域的连续小径，穿越著名山脉和典型森林，邻近具有代表性的自然风景和历史文化区域的长跨度步道。步道驿站则是指根据森林步道沿线的自然禀赋、人文风情、历史遗迹，以及特色林下经济、美食等资源，按照旅游新业态定义，在保证吃、住、行、游、购、娱的基础上打造的森林康养、森林研学、森林旅游新业态。

中国森林步道及驿站体系建设是国家林业和草原局践行“绿水青山就是金山银山”理念的重要举措，是一种自然生态与人文生态相结合、提高人民生活品质的文化路径，是进一步保护和科学利用我国自然资源，发展我国森林旅游、森林康养的新思路。加快推进国家森林步道及驿站体系建设，对深入学习和践行习近平生态文明思想，实现人与自然和谐共生，山水林田湖草沙协同保护，促进森林旅游、森林康养，实现人们对美好生活的向往，巩固脱贫攻坚成果，推动山区乡村振兴和健康中国战略等都具有重要的理论价值和实践意义。

二、国家森林步道及驿站体系建设内容

2018 年，中共中央、国务院印发了《乡村振兴战略规划（2018—2022 年）》，要求在贫困地区建设一批国家森林步道。2019 年，新修订的《中华人民共和国森林法》明确将森林步道纳入林业建设范畴。所以国家森林步道建设不仅是国家战略，而且具有法律效力。因此，国家林业和草原局提出为满足大众日益增长的长距离的户外徒步需求，积极推进森林步道及驿站体系建设。目前已公布的 12 条国家森林步道，分别是秦岭、太行山、大兴安岭、武夷山、罗霄山、天目山、南岭、苗岭、横断山、小兴安岭、大别山、

武陵山，沿途经过 20 多个省市，约有 2.2 万 km。根据国家森林步道经过的森林景观、自然资源、人文地理、历史遗迹、乡风民俗、特色美味和林下经济情况，以登记地注册编码标准数据库的方式，整合 1 200 个左右的驿站入库进行建设。可以选择按照国家步道的功能（森林康养、自然资源教育、文创产业、森林旅游四大功能）进行建设。

以下笔者对江西的情况进行简单介绍。国家公布的 12 条森林步道，经过江西的有 4 条，分别为东边的武夷山、西边的罗霄山、南边的南岭、北边的天目山。这 4 条步道经过江西的有 2 000 多 km，所以江西建设步道的条数占全国的 1/3，步道公里数约占全国的 1/8，这为江西山区乡村振兴提供了重要的自然资源。

三、山区乡村振兴，是全面实现现代化的“最后一公里”

党的二十大报告指出，2020—2035 年基本实现社会主义现代化，从 2035 年到 21 世纪中叶要把我国建成富强、民主、文明、和谐、美丽的社会主义现代化强国。所以习近平总书记强调，从现在起，中国共产党的中心任务就是要团结带领全国各族人民全面建成社会主义现代化强国、实现第二个百年奋斗目标，以中国式现代化全面推进中华民族伟大复兴。

笔者认为对于中国的经济发展战略可以归纳为点、线、面，总结起来就是“四个全面”战略布局和“五位一体”总体布局。从“点”上看，国家层面布局包括京津冀一体化发展区、环渤海经济区、成渝地区双城经济圈、粤港澳大湾区和长三角地区经济圈等。从“线”上看，国家层面布局包括长江大保护经济带、黄河生态保护经济带、长城绿色经济带、长征国家公园经济带、京杭大运河经济带和丝绸之路经济带。从“面”上看，国家层面布局包括西部开发、中部崛起、东北振兴、东部率先。从点、线、面的布局来看，中国到 2035 年和到 21 世纪中叶的蓝图已经绘就，关键在于我们共同奋斗。为了巩固脱贫攻坚成果，实现乡村振兴，印发的《乡村振兴战略规划（2018—2022 年）》，要求在贫困地区建设一批国家森林步道。可见建设森林步道及驿站体系是国家战略，是实现山区乡村振兴、打通中国全面实现社会主义现代化的“最后一公里”、疏通末梢神经的重要措施，其意义如下。

一是国家森林步道及驿站是国家基础建设的重要组成部分，是国家形象的重要体现，其建设对提升国家旅游业总体水平、拉动国内绿色消费、安置就业、巩固脱贫攻坚成果、配合国家战略的落实都有重大意义。

二是以国家森林步道的形式，创新旅游新模式，将绿水青山转变为资产，植入绿色产业，在一条徒步行走的荒野步道上，建成若干驿站服务系统，将“绿水青山”变成“金山银山”，实现生态产品价值的转换。

三是通过国际森林步道及驿站体系规划建设，持续为森林康养旅游提供稳定的客源，以持续稳定的收入，持续稳定的安置就业，持续稳定的社会治理结构，助推山区乡村振兴，建设美丽乡村。

四是保护森林和生态安全，森林资源可以变成生态资产，而生态资产组成了生态产业，所以建设国家森林步道，可以促进生态产业的发展，实现森林资源“在保护中发展，在发展中保护”。

由此可见，国家森林步道及驿站体系建设为山区乡村振兴、农业农村经济可持续发展创造了条件，是山区乡村振兴、全面实现社会主义现代化的“压舱石”。

四、创新山区乡村产业链、供应链，促进山区乡村振兴

森林步道及驿站主体建设在山区、在林区。森林步道拥有的资源包括森林景观、人文地理、历史文化遗址、乡风民俗、林下经济（包括中草药的种植），以及特色美味等，把这些与驿站所创新的产业穿成线、织成网，可以推动森林旅游、森林康养等协同发展，促进山区农民就业、生活富裕和山区经济增长。

为了实现上述意义，我们需要做好以下工作。

一要做好森林步道及驿站体系建设的顶层设计。有 4 条国家森林步道经过江西，共 2 000 多 km，可以设置 100～150 个各具特色的驿站，同时从 4 条主线引出若干支线，遍布全省各山脉，把江西的绿水青山中的步道打造成一个四通八达的覆盖全省大部分县市区的蜘蛛网状式的体系，结合森林康养、森林旅游、自然资源教育与人文创意，使其成为全国最完备、最有影响力的森林康养旅游目的地。

二要以国家森林步道及驿站体系建设为载体，发展森林康养和旅游产业。根据每个驿站不同的资源禀赋制订不同的产业植入方案，选择主打产业并进行规划。这些产业包括特色农业、农业生产性服务业、农村生活服务业、山区乡村传统产业，农产品加工业、休闲农业和乡村旅游业、森林旅游业、森林康养延伸的产业链和供应链中的产业，以及山区乡村文化产业等。以此壮大乡村特色优势产业，推进一二三产业的融合，发展多种类型的新业态、新模式。

三要依据森林步道及驿站的布局建设美丽休闲山区乡村。在山区乡村利用森林步道及驿站体系功能齐全、布局合理的特点和其建设的强大带动力，打造特色鲜明、文化气息浓厚的山区乡村休闲景点，从而建设天蓝地绿水清、安居乐业的美丽休闲山区乡村。

四要依据森林步道及驿站布局做好山区乡村规划工作，积极推进多规合一，特别是结合驿站的规划，做好具有实用性的村庄规划的编制工作和农房的建设和改造工作，使驿站体系建设和山区村庄建设融为一体。

五要以森林步道及驿站建设为契机，完善山区乡村的基础设施，提升山区乡村的基本公共服务水平，壮大山区乡村的集体经济。特别是要以集体经济为保障，更好地整治

村容村貌，使乡村焕然一新。

六要加强党的基层组织建设和乡村治理，将森林步道及驿站经济实体，与当地的党群团建设和综合治理相结合，使它与山区的乡村基层组织建设和乡村治理工作相互协调、相互促进并取得突破。

总之，通过国家森林步道及驿站建设应与山区乡村建设融为一体，助力实现山区乡村振兴，为社会主义现代化建设打通“最后一公里”。当前，一幅幅山区乡村的秀美画卷呈现在祖国的崇山峻岭之中，就像一盏盏璀璨的明灯闪耀在山水之间，光彩夺目。

乡村生态设计项目背景简介

北京慈海生态环保公益基金会行动源计划团队项目协调员　何龙翔

北京慈海生态环保公益基金会（以下简称基金会）从 2019 年开始关注乡村生态设计工作。这项工作源自基金会在长期从事乡村建设发展工作的过程中观察到的问题。在最近十余年里，随着生态文明、乡村振兴战略的提出，有大量资本和设计师等社会的力量开始进入乡村，对乡村进行一系列改造。与此同时，村民也在自发对乡村进行一些改造。然而在乡村的改造中，很多创新并没有让村庄变得更加有生机，反而在城市化、工业化的思潮中，使乡村失去了本来的样子和发展的可能，设计师的介入反而让他们陷入一种迷茫状态。在这样的环境下，基金会希望形成一种设计风格，或者一种工作的方法，适应乡村发展的复杂机制，减少在创新过程中造成的难以挽回的破坏。我们觉得这是一项非常迫切的工作，所以在社区伙伴的支持下，我们一起踏上了探索的旅程。

从 2019 年开始，我们组成了一个研究小组，初步梳理了生态设计概念，并拜访了身边有经验的伙伴。基金会非常欣喜地看到，在全国不同的地区，有些人已经意识到了这个问题的存在，并且进行了大量的实践和反思。2019 年至今，基金会通过联络、拜访、走访，邀请感兴趣的人一起参与，定期交流和研讨设计与乡村的关系。2019 年 11 月，我们和中国生态文明研究与促进会一起在十堰举办了论坛，与对此感兴趣的专家学者一起交流如何在乡村建设中通过设计更好地践行生态文明的理念。2021 年 3 月，基金会在北京举办了乡村生态设计与创新的研讨会；同年 6 月，在福建省永春县开办了乡村生态设计工作坊。在基金会举办的一系列的活动中，我们邀请了设计师、社工、民间组织工作者、高校教师、研究人员、大学生、返乡青年和乡村精英，与乡村巨大转型中的利益相关方一起探索和讨论乡村生态设计的问题。

在这个过程中，基金会发布了一个阶段性报告——《乡村生态设计：从叙述到实践》。基金会也从最初关注乡村生态设计对物质层面的改变，慢慢转变为对设计对象，包含人与人之间的关系进行研究。我们所说的生态不仅是自然生态，还包括社会生态和精神文化的生态。我们注意到，党的二十大以后，对美丽乡村有了新的称呼——“和美乡村”。“美丽乡村”与“和美乡村”有着一个本质的区别，值得大家注意。“美丽”更多是形容美好的样子，是一种对外观的形容。但是“和美”既要求美好的外表，也要求人与人之间、人与自然之间的关系和谐。我们观察、介入的乡村工作，尤其扎根在本土文化土壤中的实践活动，都呈现出生态设计一些基本的特征。

第一个特征是整体性。相比城市乡村更像有生命的生态系统，这个生态系统不是一种局部之间的拼接，而是建立在熟人紧密的社会关系之上，人与地、人与自然之间不断交换的整体。第二个特征是本地化。因为乡土社会植根于特定的地理时空和气候环境之中，其发展出的生活习惯、民俗文化与它周边的生态环境紧密相关。这种相关既包含思想层面，也包含物质层面。第三个特征是内生性和自发性。基金会在很多工作中秉持着对本地居民智慧的尊重和信任，在介入过程中始终保持充足的耐心和克制，在自然环境的变化、社会的变化、人与人关系的变化中建立对本地居民的感知，在这种感知建立的基础上生发出内在的动力。这是信任建构的过程，对于外来者而言，如何在参与平等决策过程中，尊重本地居民的话语权和他们的想象、认知和创造是非常重要的。第四个特征是协同性。乡土社会是协同性非常强的一种社会。在社会改造过程中，要重新唤醒乡土社会的生命之网、生活之网、思想之网，发挥“1+1＞2”的作用，就要在紧密沟通和交流过程中形成合力，这是蕴含中国传统的文化和乡村特色的过程。第五个特征是节奏性。改造和设计应该有适度的规模和良好的节奏，应该是自下而上、因势利导的工作。当宏观层面有外力的介入，乡村会自内发出力量，二者如何形成合力然后形成渐进式的节奏十分重要。第六个特征是动态变化性。乡村其实也不是一成不变的，现代社会信息快速传播，科技极速发展，应在新的社会情境和社会网络下探索，寻求乡村的未来。

除理论研究之外，基金会更关注在现实生活中“生长”出来的行动力，尤其是特别关注与乡村居民共同推进生态设计工作的协作者和设计师。在接下来的工作中，我们会与在乡村长期扎根的社会工作者，以及具有乡村生态视角的设计师、规划师一起，开展基于经验的反思和对话，在实践中梳理一套可以更好地协作、对话和创新的学习机制，创造出更多适合乡村的生态设计，并将它们更好地落地在不同区域。

社区可持续发展与社区公共设施设计

广东深耕社会工作服务中心负责人 甘 传

笔者是江西人，大学毕业之后远去他乡，扎根在广东乡村从事社区工作实践，目前已经有几年的工作经验了。笔者一直希望回到自己的家乡，从乡村走出去再回到故乡建设故乡。本文将分享笔者在广东乡村从事乡村社区设计的经历，希望这些实践为同人带来启发，也欢迎大家为这些实践提出更好的建议。

笔者所在的机构名为“深耕社会工作服务中心”（以下简称深耕）。我们一直关注农村社区的可持续发展，同时也支持“80后”“90后”关心农村发展的伙伴到乡村开展农村社区工作。大部分农村社区工作者到农村后，首先看到的是问题，但对于深耕来说，重要的是如何能够让农民重新拥有关于乡村发展的梦想。就我们的角度而言，人与社区的可持续发展包含几个层面的要求：社区的生活、生产方式环境友好，社区公共服务健全，社区有环境友好、不完全依赖外部市场的社区产业，居民平等参与社区公共事务，社区有自己的文化，社区与社区形成相互支持和共同成长的网络。

接下来简单分享两个故事。

第一个故事发生在一个普通的村庄，但这个村庄有一个很美丽的名字——仙娘溪村。这个村庄和我们见到的大部分农村一样，村庄文化在慢慢消逝，村民的生产生活也越来越个体化。生产设备不足，存在很多发展的挑战。但是我们也看到，社区设计（包括从空间角度的介入）可以尝试解决现在村庄发展面临的挑战。如面对村庄文化消失的问题可以尝试建文化中心，依托文化中心开展传承工作。对于村民关注的缺乏公共活动的问题，我们打造了社区公共空间。

在这个村庄里，我们和村民、村委会合作，利用当地的废弃材料，采用村民投工投劳的方式建立了一个小广场，并让村民参与基础广场的建设。

广场完工之后，我们又和当地的村民一起在村子里组织了一个乡村论坛，让所有参与建设的村民分享他们建广场的故事——他们是怎么参与空间建设，怎么规划乡村的未来。

对于我们而言，用废弃材料和村民投工投劳的方式促进乡村建设只是其一，更重要的是通过这种方式唤起集体劳动的记忆，让在村子里越来越多的留守老人和妇女，重新拥有对村庄发展的梦想。有些地方乡村振兴现在口号喊得很好，但是在落地时通常会动员很多外部力量，如资本、企业、政府等，乡村里的村民却没怎么动起来。振兴乡村的时候是否真关心村民有没有梦想，对村子未来是否有长远的计划非常重要。而我们做的事情就是调动大家参与村庄建设的积极性。

广场完工后，我们与村民继续畅想村子的未来，和村民打造了一个“团结空间”。这个“团结空间”既要成为村庄的标志性建筑，也应能够呼应当地的传统和现代化的建筑。可惜的是最后因为资金的问题，这个“团结空间”没能做起来。可因为有了对“团结空间”的讨论，我们依托当地的老房子和现代的建筑建了一个“社区厨房”，回应当地妇女对生计发展和老人对老年服务的需求。

第二个故事发生在湖南一个侗族村庄。侗族有许多优秀的传统文化逐渐被村民忽视，我们希望通过社区设计让大家更加关注村庄文化。我们根据侗族文化打造了一座侗族文化博物馆，依托侗族文化开展文化学堂，培养村民文化讲师。

我们为什么关注社区公共空间设计，它到底和社区可持续发展有什么关系呢？我们认为社区公共空间设计是联结地方知识、文化，汇集当地环境资源和经济资源的重要场所。而这个场所的构建，一方面强调设计的本地性，另一方面强调设计过程的村民的参与。同时，这个场所的构建过程也是在培育一群“新人”的过程，是建立村民与我们这些外部力量对这个地方重新理解的过程。最后，希望我们的设计能推动社区可持续发展，实现生计的可持续、生态的保育、文化的传承、公众的参与，建立起社区互帮互助的关系。

旗溪村的故事

踪履设计工作室创始人　王慈航

笔者叫王慈航，建筑设计师，之前在广州和朋友一起经营一家建筑事务所。3 年前，才了解广东中山的旗溪村。这 3 年笔者不断地往返广州和中山，经常是周末开车一个半小时回到旗溪村，然后周一上班前又开车回到公司。2021 年末，笔者搬到旗溪村居住，也从原来的公司离开，重新在这个村子里作为一个村民和自由职业者继续生活和工作。

旗溪村有一个有机农场，农民会在其中种植一种香草——金盏花，旗溪村的自然环境非常好，吸引了许多来此定居的“新村民”。

笔者要从头来梳理一下这个村子的发展历程。这个村子位于珠三角，珠三角是一个非常广阔的河流冲积平原，这个平原内中间的平坦地带间几乎没什么山。而旗溪村所在的中山五桂山是珠三角平原的核心地带里少见的山脉。

中山的位置非常便利，是一个比较发达的地区，也是制造业较发达的地区。即使现在很多的工厂都搬到其他地方去了，但中山还是有较好的经济基础的，所以这里人们的生活条件比较好。

旗溪村是一个自然村，它不算很大，行政区划属于桂南村。但实际上旗溪村村民的日常生活和活动的区域大多是从旗溪村到南端马溪村。

这两个村子之间夹杂了很多的农田，现在被不同的有机农场或者是一些营地所占据，这些在旗溪村附近非常密集。他们都践行有机种植，但各自的发展方向不同。由于村子处在五桂山山脉的南端，自然环境保持得非常好。这在珠三角这样的一个工业高度发展的地区，非常难得。

笔者认为，能保持良好的生态环境，一是它恰好受到了五桂山山脉的保护，珠三角大部分的平地已进行了开发利用，在这个曾经的“穷乡僻壤”却藏了许多的客家人和客家村落，在没有现在这么好的交通条件的时代，他们要从山里走出来其实是非常困难的。但也因此保留了良好的生态环境。

这个村子距离主干道有一定的距离，进去是有一定纵深的，多年来一直都没受到外界的关注，直到近几年，因为“新村民”的进入，引起了政府的关注，逐渐得到了一些宣传，变成了一个网红村。

旗溪村的地貌或者说它的景观非常有桃花源色彩。从村口走进去，你会看到一个竹林形成的类似洞穴景观，近处微暗的环境与远处敞亮的村子形成对比，再往外走你就会感到豁然开朗。

近年来，陆陆续续有很多人从不同的地方来到这里，他们在这里定居，并在这里创业，笔者就是其中之一。我们将自己描述为生活型创业者，这群人虽说各有各的背景，但大部分人还是来这个地方生活的，其中也有很多人把这个地方当作自己工作的地方，他们在这里建农场、开咖啡店、建教育机构或者木工房等。这些不同背景的人，都是自发来到这里的，有些是互相介绍的，也有些是从一些媒体上得到的信息，还有一些是曾在这里获得过一些体验的。所以这个社区的形成，完完全全是自下而上的，没有任何的顶层设计。逐渐聚起的这群人，大家的价值观也是相对契合的，所以大家开始一起做一些事情。“新村民”有六七十个人，有人来，也有人走，但是大部分人留在了这里。

这个村子形成社区以后，我们开始去做一些社区的工作，有对内的，也有对外的。例如一名插画师就手绘了旗溪村地图还较为详细地标注出了村子里的重要设施。

村子正中有一座旗溪生活农场，以香草为主要作物，主要涉及一产和二产。这些香草种植起来收割后，被加工成生态产品，这里的种植都是不用农药化肥和除草剂的。这个农场是占据村子最大面积的景观，也是村子景观的核心的部分。

村子里还有一个桂南学校，它是一所私立学校，但这所学校与传统的私立学校不同。珠三角是一个拥有很多外来务工人员的地方，这个学校主要面向外来务工人员的孩子，所以收费比较低，3 年前几位住在村里的艺术家和设计师帮这个学校孵化了一个独特的美育教学体系，现在在社会上已经受到了一些关注。

舒米学苑其实是教育机构，英国舒马赫学院在中国的一群毕业生和一些持有相同理念的人一起在这个地方，借鉴舒马赫学院的教育模式，开展面向成人的、沉浸式的生活和学习体验式教育。学苑在 2018 年始创，陆陆续续吸引了很多的年轻人和一些理念相似的人来到这个村子，可以说它间接地让更多的“新村民”来到了这里。

村子里还有一些比较个性化的小店，比如 41 号的 Danna 咖啡店，主理人 Danna 是一个咖啡师，她既做面包，也画画。平时她住在自己的小咖啡屋里，每周只有周六和周日营业，周一到周五她都是不“工作”的，有很多朋友就会问：“你平时干什么？难道就只工作两天，然后就休息吗？”她说：“其实我的生活也是我的工作，不营业的那 5 天我也是非常忙碌的。”这也是村子里很多人的生活写照，或者说是生活态度，大家都不会完全把工作当作一种和生活完全剥离的东西，某种程度上我们在这儿的生活也是工作的一部分。在这个村子里因为有这样一些志同道合的伙伴，大家组织了许多活动，如生态市集、生活方式创业者沙龙和艺术节等，由桂南学校和村里联合举办的儿童艺术双年展也即将开展。

这个村子现在已经有非常多的公共活动了，大家会坐在竹棚下面一起吃晚餐，艺术节或集市也会在大的公共空间里举行。社区还有“围圈”，大家在协作者的带领下，在这里自发分享自己最近的一些经历或感受，探讨社区的发展。不管是在情感方面还是在共同的价值方面，这对整个社区都会有一定帮助。

2022年初，因为旗溪村“名声”越来越大，被纳入政府的乡村振兴计划中。由于计划涉及村里很多空间的较大改造，当时我们有一些比较积极的伙伴（以“新村民”为主），就将大家召集起来，计划怎么样能帮助村子跟政府或者设计方沟通，把村民的想法或对改造的意见传递给政府。在这里其实涉及多元主体，如政府、村委、老村民和我们这些“新村民”，大家的想法有可以融合的部分，也会有冲突的地方。所以我们希望能够形成一个小组织，听到更多的声音。以往村委跟村民与政府之间有一些沟通障碍，所以这些改造计划的执行都是自上而下快速推进的。

我们如何沟通两者，帮助各方形成一个较好的沟通渠道，让大家知道接下来会做什么，让改造变得更符合住在这里的居民的利益呢？为此，我们专门邀请有经验的社区规划师和导师给我们一些指导。他尽心尽力帮我们做了很多次的引导，带领我们一起开会，传授经验，指导我们和老村民沟通。我们之中的大部分人是第一次尝试这类工作，笔者认为这是一项比较有价值的尝试。因为这件事情村里开始形成了一个机构，代表旗溪村能够对外发声，并跟各种组织或团体进行对接。

笔者作为一个建筑师，并未参与多少设计工作。在某种程度上，设计师在这样的一个场景下，可能并不是一个最开始就能起作用的角色。笔者发现在珠三角的乡村，大多安居乐业，也不需要像很多贫困地区那样以基础建设为主振兴乡村。对于旗溪村来说其实很多物理空间的改造都是没有必要的，对于这样的乡村，更要了解各方的需求（包括政府、村委、村民）。笔者发现大家并不是只为自己的利益着想，各方都希望把事情做好，但是由于种种原因，没有办法形成非常好的沟通，最后又迫于时间的限制，只能加速推进项目最终往往无法达到最好的效果。

乡村振兴的过程中，政府非常认可旗溪村的生态理念。但沟通问题是很难快速解决的，各级政府也在摸索工作模式、工作方法。笔者认为社区中专业的沟通者、协作者，其实也需要被政府吸纳入项目的流程中，更好地帮助各方沟通。

众愿共成的道与术
——从广州泮塘五约微改造的参与式规划设计到多地社区规划师培育的经验分享

广州有心狮教育咨询有限公司联合创始人　黄润琳

一、需要技术系统的同时，还需要人心凝聚

笔者从事参与式社区发展的工作已有10年。在这10年中，从空间规划、环境设计、文化研究到活化利用、策展传播，做过很多工作。但笔者发现，要让社区变好，专业力量的直接介入，往往不是最重要的；真正能帮助当地的，其实是增强关于“参与”的社区培力。不过在进入怎么做之前，先简单谈谈“参与式规划设计”是什么。

二、不只追求看得见的成果，更要追求看不见的成果

国际上具有反思精神的规划师和设计师，很早就提出“参与式规划设计”这一理念，强调使用者为本，强调赋能，并努力和社区共创出更好的联系和互动方式。听到“社区规划师”这个词，很多人可能联想到规划从业人员在办公室里谋划大尺度城市分区，或是杰出建筑师创作出的惊艳的建筑作品，或是像一线社区工作者为大家提供的温馨服务……笔者所理解的“参与式社区规划师”，会走到村里、院里，和居民在一起，以尊重本地文化为基础充分沟通，也会和大家一起设计一些也许很小但大家都很喜欢的实体空间。这个过程看似是对看得见的细微社区空间环境的提升，但更重要的是，他们同时实现了社区归属感的提升，形成了议事协商机制，使大家积极参与，社区共治融洽。除此之外，他们还同步把政策和规划、地方工作重心、专业知识、地方经验和真实需求有效联结。这就是参与式社区规划师。

三、泮塘五约，旧城旧村改造中的尊重

2016—2019年，广州泮塘五约微改造工程启动。这个村子位于广州城西，毗邻珠江，有超过千年的历史。随着广州的快速发展，村庄从空间到功能都开始融入城市中，也因此缺失了村委这类群众性自治组织。2007年后，这里经历了长达10年的征拆，出现关系裂解，邻里不再守望，空间破碎，治安案件频发。

2016 年微改造开始，笔者是 2017 年进行微改造工程项目时进入泮塘五约开展参与式规划设计的。在这个地方，我们能做什么？如何畅通村民与政府的沟通、保护街区制度上如何更新、物理空间被分割所造成的不被理解的现状如何改变，以及街道公共服务的覆盖不到位的问题如何解决……这些都是我们要带动大家一起做改造必须面对的挑战。

四、设计空间之前，要先从设计关系开始

进到村中，找不到公共节点，村民也不太理睬我们，对外界戒心极强。幸好最后找到一家理发店，笔者常去理发，慢慢打听到各种信息，也及时参与到村民们最重要的三月三年度庆典中。庆典过程我们全程跟拍记录，把大家最自豪的时光片段，整理为一本厚厚的相册，送给当地耆老，这才获得了认可，村民进一步打开了话匣子。

交谈中我们惊讶地发现，与大家息息相关的微改造已开展一年，政策是好的，但村民反馈缺少了解途径。在大家的催促下，我们赶紧开了个沟通会，了解居民的改造需求。

在现场我们报告完方案，麦克风送到村民手上，本期待大家提议怎样做更好的公共空间，但村民只顾抒发自身或集体过去 10 年来的不满。我们老老实实地听着，并且把大家的意见分门别类地记录好，并进行澄清确认。渐渐地大家都放松了下来，提到的事情回到村子发展要处理的各类公共议题上，我们尽力协助分头联络和反馈回应，彼此的信任进一步建立。

五、我们融入他们，而非让他们融入我们

虽然我们很希望和大家讨论公共空间，但大家都兴致缺缺。大家最想谈的是当时设计范围以外的一个祠堂，所有耆老都在反复说祠堂是他们的乡村精神核心之一，但那是我们根本做不到的。感同身受，才能由此及彼。我们做好祠堂模型，大家各抒己见，讲亲身经历、讲历史、讲社区关系、讲乡土文化，聊得满意又开心。趁着兴头，我们把祠堂模型撤下去，换上公共空间展板，试看大家愿不愿意聊公共空间。结果出乎意料，之前抗拒的老人，都非常用心，而且提出不能只跟他们聊，年轻人的声音也很重要。所以，再有村中年轻人回来的活动，也邀请上我们，年轻一代也加入了讨论。

别看村民文化程度不高，但是讨论的时候他们有非常多的想法，描绘了很多切实又前瞻性的愿景。讨论是公开的，同步记录并进行张贴，让每个人的想法都被看见，互相之间有碰撞，也有认同。

六、做心愿的陪伴者，做隐身的培力者

除了公共愿景，大家心心念念的是消失的乡村环境，也通过共画历史地图的方式，

得以再现传留。耆老不禁说，要是有个展览就好了。作为社会规划师，我们一开始就知道这里深厚的历史文化，可以做出很多很棒的展览，但是一直忍着不说也不直接做。直到耆老说出这句话，我们才开始开展工作。当时笔者说："可以做，但你们不参与，我们独立也做不成。我估计你们不会出力的，估计最终是做不成的……"老人家很激动，拍着桌子喊："我们肯定参与。"至此内生动力油然而生。于是，我们跟耆老和年轻的村民，一起办展览，用最简单、最朴素的呈现方式，确保所有村民都能参与、自己就能更新，做完展览。展出当天，没贴任何海报，也不用宣传，所有村民都回来了。大家一边看展览一边聊公共空间设计，我们也及时记录和做好公示反馈。这些共同的成果，有幸得到知名媒体如《新快报》等的报道，被称为"首个先征求居民意见再做设计的微改造"。接下来，我们为回应村民心愿在职责以外做了一系列志愿服务，如协助设计旗子、义务值班。这些将村民的动力激发出来，大家自己写口述历史，自己做公众号，自己串联公益服务，为广州市民带来了精彩的本土非遗活动体验和学习场所……泮塘五约就像长了翅膀一样，真的飞了起来。

七、放低自我，顺应本土

最终设计完工的三官庙前广场公共空间，看起来很朴素，好像就是一块简单的空地，没有花花草草，没有桌椅板凳。但这种设计，顺应了村民的心愿，是真正好用且有共识的设计。已消失被填埋的河涌，本来说一定要挖回来，但现在用铺石纹路代替；与公园之间的长久拉锯终现曙光，围墙被拆除，视线变得开阔；及时补充加装无障碍坡道和扶手，让市民和村民终能更自如地沟通；没有固定桌椅的硕大广场，使醒狮表演、武术展演、乡聚酒席等本土文化活动能顺利开展和传承，也为全广州市增添了难得的文化体验的现场学堂；村民会利用醒狮表演使用的红色大栏凳，自由组合出变化万千的符合当时需求的休憩场所，而我们对大家习惯的尊重，也意外换来了村民的回报，大家把原来三官庙最漂亮的神桌麻石捐了出来，在场地边上铺出专门留给四方游客歇息的长凳。

只要放下想当然的想法，聆听本土心声，尊重联动村民参与，就可以做到——原有的摊商业态不被打断，本土生活继续延续；已经断掉 20 年之久的非遗传承蔡里佛拳，村民居然也带着孩子回村上学，甚至没有政府支持的情况下，村民自发串联出各类精彩的多地文化交流传承活动；2019 年改造项目结项退场后，村民们的自主施工、自主改造还在继续——继续更新乡土展览、自筹恢复的埠头风水石狮和社稷亭石碑、自建的蔡李佛拳桩，在改造过程中展现出了众志成城的精神。

八、半步半步，美美与共

几年的参与，也给政府部门带来了一些小小的改变：政府从有所顾虑到开始相信可以和村民一起成就更多。政府牵头成立了“共同缔造委员会”，搭建了更好平台让未竟愿景协商共成；空间环境改善良多；老人也改变了心意，本来说不想住在这里的，现在愿意回来把家乡建好，期待回到村里生活；年轻的村民面对外人不再排斥抵触，开始沟通，现在他们面对大学教授也可以侃侃而谈，自豪地介绍泮塘五约的乡土文化，清晰说出未来发展的愿景和难点所在；外面的人也被邀请进来，一起划龙舟；制度上复杂难解的问题，如文物的活化利用等，村民都愿意继续积极参与，逐步寻找共识，被文物专家赞为“全方位的参与，树立了文物保护的新典范”……经过这些努力，泮塘五约获得了广州年度社会创新最高奖，笔者也因此结识了美丽的太太并在这里结了婚。泮塘五约的微改造证明如果大家都能尊重本地历史文化、尊重社区生活习惯、尊重真实的心愿，就真的可以一起往前迈半步。

九、社区可以有力量，大家其实都可以

当我们把这些经验介绍分享出去时，得到了两种截然不同的反应。很多规划部门或设计师会说，“你们这个太棒了，但我们可能做不到”。许多街道、村居/社区干部和一线社区工作者则说，“我们也很想这样，但我们不是专业的，我们真的能做到吗”？

社区可以有力量吗？参与式的社区规划设计能复制推广吗？如果不是笔者来做，那么其他人也能做得到吗？这个问题一直敲打着笔者。笔者深深希望，自己能为每位社区治理和发展一线伙伴培力赋能，让大家都能成为协作者。

幸运的是，在佛山顺德区政法委员会和顺德社会创新中心、佛山南海区政法委员会和南海区社会服务联会、昆明五华县民政局等的认可和支持下，结合“党建引领社区治理创新”“新型特色社会动员体系建设”“乡村振兴和社会治理”等当地重点工作，2019—2022 年，笔者陆续受邀担任导师，为这些地方超过 200 多位村居/社区干部、社区发展机构总干事、区域主管、一线社区工作者，带来了“参与式社区规划设计”的理论和实践督导的技术支持。也有幸得到许多伙伴团体的认可。这些人才成长，不仅自己完成了很多的社区空间改造工作，更涟漪般辐射了更多社区，并撬动了众愿共成的和美善治的风潮。这些都是他们努力的成果，他们的名字值得被看见和记住！对空间提升、成效传递、治理培根、关系建构、治理蜕变的各种实效描述，都是来自他们的回馈，这些回馈大幅减少了纠纷、冲突，提供了支持，降低了成本，撬动了社会力量。其实没有那么难，其实大家都可以！只要有心，我们就能一起努力！

人才驿站助力生态社区建设的实践与探索

永春县生态文明研究院副秘书长　方良泽

永春县生态文明研究院（以下简称研究院）于 2017 年 7 月揭牌成立，是全国首个县域生态文明智库，院长是著名的“三农”专家温铁军教授。以下为大家介绍一下研究院在人才驿站助力生态社区建设方面的探索。

一、人才驿站缘起

乡村振兴关键在于人才振兴。这是习近平总书记讲的，“让愿意留在乡村、建设乡村的人留得安心，让愿意上山下乡、回报乡村的人更有信心”，笔者认为这是最关键的问题。那我们如何处置好这些问题？刚才各位老师提到了空间，乡村是可大可小的空间，乡村很小，小到每天都有几个乡村在消亡，也没有人注意到；乡村很大，大到几千万元、一亿元投下去可能都“不响一声”，在美丽乡村创建过程中我们也经常会有“远看有美丽、近看无业态、细看无灵魂”的感受。

在城乡融合的大背景下，2018 年 12 月福建省委组织部、人力资源和社会保障厅联合出台了《关于加强人才驿站建设的通知》，2019 年初，我们启动了乡村人才驿站的创建工作，主要目的一是推动研究院更好地参与乡村一线的工作，二是满足社区大学空间载体的需求，三是助力专家研究与基层需求的有效结合，以公共空间建设和公共服务提供推动城乡新融合，形成乡村振兴的新动能，推动城乡要素的自由流动。

二、人才驿站是什么

2019 年研究院联合永春县委组织部共同推进县域乡村人才驿站体系创建工作，以形塑乡村发展微动力为目标，通过由上而下的人才引进和由下而上的人才培育，打造生态文明知识和乡村建设人才高地，恢复乡村引才、聚才、育才等功能，发挥乡村作为国家发展的缓冲器、过滤器、发酵器、推进器的作用，以此来构建契合乡村发展的新模式、新机制，推进乡村社会经济循环体系转型升级。

在研究院第一个人才驿站“生态文明人才驿站”揭牌时，温铁军教授提到，“人才驿站是在城乡要素尚不可自由流动的大背景下，实现城乡融合的尝试。这种尝试与乡村振兴战略指导思想、城乡要素之间的自由流动都是相互关联的”。结合过去几十年的发展历程，今天我们应该以什么为动力推进乡村振兴和城乡融合呢？笔者觉得应该是由政府、社会和市场共同形成合力来推动乡村发展。在乡村建设过程中，当外部人才要重新回归乡村时，必须系统考虑乡村的生活系统、产业系统、文教系统、公共服务系统和人才发展系统如何重构。

在恢复乡村的“烟火气”和“人情味”，同步打造乡村的“学习圈”和“共同体”促进“合作化”的过程中人才驿站也发挥着缓冲区、过滤网、沉淀池、发酵皿、推进器的功能，助力乡村振兴与可持续发展。人才驿站创建运行一年之后，再重新反思驿站在乡村中的生态位，我们觉得人才驿站应该作为乡村振兴的先驱项目，它是城乡融合的桥梁、乡村振兴的微动力和社区共识的纽带。

三、人才驿站的建设

我们并非设计专业人员，仅以社区需求与发展的视角来思考空间设计问题，驿站最初设计的空间功能主要划分为公共文化区、双创融合区和人才旅舍社区等。

人才驿站的发展大约经历了三个发展阶段。

第一阶段：2019 年 7 月，我们创建了第一个人才驿站——永春县生态文明人才驿站，驿站主要融合了社区大学的工作内容，自筹资金自建、自营。

第二阶段：2020 年 11 月，在第一个驿站建设运营良好的基础上，我们和永春县桃城镇共同创建了“桃城乡村治理人才驿站”。这个驿站最初由于资金有限只能先从中间的一小部分建筑开始修缮，到后期引入了农村信用社、本地创客、共青团永春县委员等多个主体，逐步完成了空间的整体修缮，最终形成“党建+人才+金融+乡创”的驿站运行模式。“党建”就是在镇村党支部的引领下，并由“人才驿站+福农驿站+乡创驿站”共同助力本地社区的乡村振兴。这个阶段主要驿站采取“乡镇筹资、村社建设、研究院运营、社会参与”的模式运行。

第三阶段：2021 年 10 月，永春县桃城乡村治理人才驿站在“2021 年（第五届）全国人才工作创新案例评选活动”中被评为优秀案例。为进一步总结推广人才驿站运行模式，拓展“党建+”邻里中心建设内涵，营造“近者悦、远者来”的人才生态，永春县结合“党建+”邻里中心建设，印发了《中共永春县委人才工作领导小组办公厅关于建设乡村（社区）人才驿站打造“邻里人才汇”的通知》，在全县域 22 个乡镇进行宣传，努力建设一批乡村（社区）人才驿站，打造“邻里人才汇”。截至目前，共有 30 个乡村（社区）人才驿站建成并投入使用。驿站形成“县委统筹、乡镇主导、村社落实、研究院指导”的运行模式。

四、人才驿站如何助力乡村生态社区的建设

德国建筑师格鲁夫于 1985 年最早提出了“绿色社区”的概念，1987 年出版的《我

们共同的未来》中提出了“可持续发展”的概念，“可持续社区”概念在 20 世纪 90 年代末被国内学者引进吸收后又逐步提出了“生态社区”的概念。

针对人才驿站如何助力生态社区，笔者认为人才驿站扮演了这几个角色：松土者、播种者、抱薪者、监督者、推广者。人才驿站在推进乡村社区的生态建设方面的作用，主要体现在本地性、生态性、文化性、和谐性和系统性五个方面。一是激活“本地性”。主要通过挖掘与激活本地力量与本土资源，开展系列在地研究，以发现本地之美，发动本地的力量（如组建妈妈服务团、巾帼志愿者团等组织共同参与乡村的发展与社区建设工作）。二是回归“生态性”。我们从生态农业、自然教育入手，通过茶园的生态化改造、养殖的生态化转型、废物再利用、农村垃圾处理、自然生态保育等相关项目的开展，推动生活、生产等方面逐步生态化。三是激活“文化性”。通过组织开展各类社区文化活动、传统文化活动、非遗文化传承、红色历史展览等社区活动，整体激活当地文化。四是创建“和谐性”。通过“社区免费午餐、孝亲敬老活动、故事妈妈”等多种活动形式，推动社会多元力量协同参与，共同打造生态和谐社区。五是构建“系统性”。其核心是打造人才生态圈，永春县委、县政府为此开发了永春人才小程序、组建多个振兴永春的微信群、举行“师带徒”引凤计划项目大赛和“我为家乡办家事”等活动，逐步完成对人才生态圈的打造。

在人才驿站建设过程中，笔者有以下体会：一是在乡村建设过程中一定要以增量盘活存量，而且这种增量应该是小范围集聚的；二是快慢结合、有主次地分步骤递进；三是乡村共识的达成一定是以成果成效来巩固的；四是培力与赋权并重，以本地居民为中心，实现自主发展自我管理，推动可持续发展。

五、关于永春

可能很多人没有去过永春，永春县位于泉州北部、福建省中部，距泉州市区 70 km，是晋江东溪的发源地。其属于亚热带季风气候区，东南部为南亚热带气候区，西北部为中亚热带气候区，千米以上的高山具备高山草甸气候特征。永春苦寨坑窑原始青瓷遗址的发现，将原始瓷历史向前推进 200 年，被称为“世界瓷源”。

永春古称“桃源”，素有“万紫千红花不谢，冬暖夏凉四序春”的美誉，曾是全国首批“国家全域旅游示范区”创建单位，是国家重点生态功能区，先后荣获国家生态县、全国文明县城、国家生态文明建设示范县、“绿水青山就是金山银山”实践创新基地等 20 多项国家级荣誉称号。

分类施策推进农村生活污水治理

江西省萍乡市生态环境局四级调研员　曾庆越

萍乡市，位于江西省最西部，毛泽东、刘少奇等领导的安源路矿工人大罢工就发生在这里。

2018 年以来，萍乡市大力推进农村生活污水治理。截至目前，全市共投资 3.8 亿元，完成 218 个村的生活污水治理，占萍乡村庄总数的 34.1%，建成污水处理设施 1 070 套，处理规模达 3.83 万 t/d。探索出纳管、集中式、分散式、资源化利用等多种处理模式，其中上栗县桥头村资源化利用模式被《人民日报》报道，被称为“桥头模式”。2022 年 9 月，萍乡市承办了江西省农村生活污水治理工作现场推进会，副省长陈小平出席会议并讲话，生态环境部土壤生态环境司副司长钟斌作视频讲话，对萍乡的农村生活污水治理工作给予了高度评价。萍乡市的主要做法如下。

一、高位推动，层层考核，解决“如何抓”的问题

1. 主动对接明方向。市政府主要领导多次带队赴省生态环境厅沟通汇报，邀请省生态环境厅领导到萍乡市进行实地考察调研指导，并充分利用赴生态环境部汇报及邀请部领导来萍乡调研指导的机会，聆听生态环境部的要求，明确工作方向。

2. 政府主导强责任。萍乡市坚持以政府为主导，明确各级政府的责任，做到一把手亲自抓、负总责，对上级下达的任务进行挂图作战，月调度、季抽检、年观摩。

3. 层层考核抓落实。萍乡市把农村生活污水治理作为各县区生态文明建设、高质量发展等考核的内容，将任务压实到县区、乡镇。对于进度比较缓慢、建设质量不高、运行效果不好的县区、乡镇，采取通报、督办、约谈等形式进行督促，年底根据工作完成情况考核打分。

二、主动出击，多方筹资，解决“如何投”的问题

1. 积极申报上级资金。近年来，萍乡市共申报农村生活污水治理项目 12 个，获得中央专项资金 3 009.6 万元。另有 2 个项目已入中央储备库，5 个项目已入中央申请库，项目总投资 43 831.7 万元，拟申请中央资金 38 650.3 万元。

2. 优化整合财政资金。萍乡市积极整合财政、发改、住建、水利、农业农村、乡村振兴、生态环境等各方面的资金，形成全市上下齐抓共管、共同发力的良好态势，共

统筹财政资金3.3亿多元用于农村生活污水治理。

3．充分利用社会资金。先后引进固洁环保科技有限公司、江西华赣环境集团有限公司、格丰环保科技有限公司等企业参与农村生活污水治理，采取建管一体的模式，对建成的设施进行运维，对经营性排放主体进行合理收费，共引进社会资金2 000余万元。

4．发动群众投工投劳。通过村民自治委员会议、屋场贴心会、乘凉茶话会等形式，共同研究管网铺设、污水治理方式、设施选址等实际问题，发动村民主动投工投劳。如上栗县东源乡桥头村投工投劳折算资金20余万元。

三、因地制宜，分类施策，解决“如何建”的问题

1．集中处理。对于城区周边、村民居住比较集中、剩余空地较少的地方，实行集中处理模式，具体措施包括将污水纳入集镇污水处理厂（站）管网、新建一体化污水处理站等。如莲花县城区周边的5个村的污水就纳入了县城污水处理厂管网。其中，安源区楠木村，以前居民的生活污水直排石桥河，使石桥河成了“黑臭河”，区政府投资300多万元在该村建设了一座一体化污水处理站，不但解决了污水直排问题，还促进了该村的花木产业发展。湘东区沿萍水河两岸建起11座生活污水集中处理设施，将一条黑水河打造成了一条绿水河，呈现了“一河清水闪银光，两岸绿草映红花”的美景。

2．“一体化+生态处理”。对于村民以自然村组集中居住、有空余空间的地方，采用“一体化污水处理设施+生态处理工艺”模式（包括人工湿地、氧化塘、生物滤床等）。上栗县水源村茶园口组在建设“一体化+人工湿地”的同时，将周边农村环境一起整治，解决了当地污水横流、垃圾乱堆等问题，形成了菜园围栏整齐漂亮、村庄道路整洁美观、活动场所干净优美的乡村美景。芦溪县石塘村，将原有的荒地和池塘，改造成“一体化+人工湿地+氧化塘”的处理系统，减少了建设成本和运维成本，美化了当地环境。湘东区连山村采用“A^2O+人工湿地”模式对该村生活污水进行集中处理，模块化人工湿地填料深度为1.5 m，从下至上填料种类分别为大碎石填料、小碎石填料、细沙填料，填料上面种植了水生植物。上栗县豆田村，采用“一体化设备+氧化塘”的模式，将一体化污水处理站处理后的污水输送至旁边2处各约1亩的氧化塘进行再次净化，将净化后的污水作为周边200多亩大豆的灌溉用水，该村生产的大豆颗粒饱满、味道脆甜、非常鲜嫩。芦溪县新泉乡颜家坊村采用“收集池+生物滤床”的工艺，将全村76户村民的生活污水进行收集处理，出水水质达到《城镇污水处理厂污染物排放标准》（GB 18918—2002）中的一级A标准。该设施运行成本仅为保洁费用和少量电费，实现了经济运行。

3．“分散式+资源化利用”模式。对于村民居住较为分散，有菜园、果园的地方，实行“分散式+资源化利用”模式，使用设施包括小型一体化设施、大型三格化粪池等。如莲花县六市乡，建成分散式处理设施658套，处理后的废水全部就近用于浇菜和农田

灌溉。莲花县高洲乡将责任田流转给吉内得实业有限公司。该公司将农户自用之外的粪污全部堆肥用于稻田，从而生产出了高质量的富硒富锌无公害大米，畅销全国各地。上栗县泉塘村，采取一户或两三户村民屋前屋后建一个小型的污水处理设施的方式，做到污水就近收集、管网不破路，达到收集处理户数多、建设速度快、处理效果好、运维费用省的目的。上栗县桥头村，原来的生活污水都是放任自流，到处臭气熏天。村党支部书记何凌云带领村民把旧的粪坑改成三格化粪池，将 5～10 户的三格式化粪池污水输送到 3～9 m^3 的大号三格化粪池进行第二次净化。大号化粪池的选址靠近菜园、果园。靠近菜园的地方直接舀出来浇菜，靠近果园的就地喷灌或者滴灌。若不需要浇灌菜地、附近果园，则用吸污车将多余的污水拉至山上果园的污水储存池，待需要时取用，实现废水变“肥水”。生态环境部土壤生态环境司钟斌副司长考察调研后称赞该模式是“群众智慧，基层创造”。

四、立足长效，完善机制，解决“如何管”的问题

1．建管分离保运行。承建方（社会资金投入的除外）把设施建起来并保证验收合格，运维 2 年后，移交给责任主体进行日常管理。责任主体一般为乡镇政府或村委会，责任主体自行派人或者请第三方负责运维，运维费用由乡镇政府专项列支。

2．部门监督保成效。萍乡市严格按照江西省的地方标准，对处理规模大于 50 m^3/d（含）的设施每季度自行监测一次，规模为 5～50 m^3/d 的每半年自行监测一次；市、县两级生态环境部门每年抽检一次。发现问题及时查找原因，及时整改。

3．群众参与保畅通。村民自发对农村生活污水处理情况进行日常巡查，发现问题及时上报。如上栗县桥头村村民在巡查监管中关注管网是否破损、化粪池是否溢水等情况，发现问题及时进行整改，确保设施有效运行。

黎祖交教授在美丽乡村论坛的点评发言

中国生态文明研究与促进会专家咨询委员会委员　黎祖交

我认为，美丽乡村论坛举办得非常好。好就好在论坛以“美丽乡村与生态社区建设”为主题，这对补齐当前我国生态文明建设的突出短板具有重要意义；好就好在各位专家都围绕这个主题发表了很有价值的见解，其中既有学术前沿的理论探讨，又有来自基层一线的案例分享，令人听了深受启发，对我国美丽乡村建设具有一定的参考价值和借鉴意义。另外，发言的专家来自不同的地域、部门和单位，大家学术背景不同、岗位职责不同、工作阅历不同，视角观点也各有不同，这对我们拓宽视野、增长知识、取长补短、促进交流十分有益。

下面，我也简单谈谈对美丽乡村建设的两个观点。

第一个观点：美丽乡村建设一定要从农村的实际出发。

从实际出发，是我们党和国家工作的一条重要原则，美丽乡村建设当然也不例外。然而，要真正做到并不容易。刚才张孝德教授特别谈到农村垃圾处理不能照搬城市的做法，并以大西北一些人口稀少的地区为例作出说明。我很赞同他的观点。其实，不仅人口稀少地区，全国农村都与城市有着很大的不同，因而在垃圾处理上不能都照搬城市的做法。不仅垃圾处理不能照搬城市的做法，美丽乡村建设的其他工作，如农村的污水处理、厕所革命、旧房改造、道路建设等，也不能照搬城市的做法。总体来说，就是不能用管理城市的办法管理农村，同样，也不能用管理工业的办法管理农业。我认为，在美丽乡村建设工作中，这两句话应该引起我们的足够注意。这两句话不是我自创的，早在20世纪中叶就有专家提出过。现在虽然农村和城市的情况都发生了很大的变化，但是，这两句话蕴含的“要从实际出发”的道理，还没有过时。

第二个观点：美丽乡村建设要在持续深入打好净土保卫战和碧水保卫战的基础上，着力做好“统筹土资源、土环境、土生态治理”和“统筹水资源、水环境、水生态治理”的文章。

土是生存之基，水是生命之源，土和水被农民视为自己的命根子。长期以来，我国农民世世代代都把肥田沃土、水土保持作为自己的天职，积累了丰富的经验，使我国广袤的农田虽经数千年耕耘仍保持着良好的地力，赢得了世界各国人民的赞誉。令人遗憾的是，我国许多农田一度遭受了前所未有的破坏，土地被污染了，土壤的有机质减少了、板结了、生物多样性丧失了，加上地表水和地下水污染、地下水位下降，农田已经逐步失去保质保量地为城乡居民提供安全健康食品及各类农产品的能力。所幸以习近平同志为核心的党中央适时采取了有效措施，通过净土保卫战和碧水保卫战，在很大程度上缓解了土壤污染和水污染两大方面的压力。但在我看来，要真正解决好这个问题，只讲“净土”和“净水”还不够。因为“净土”“净水”只体现了“去污”的效果，并没有体现作为人的命脉的农田之“土”（土壤）和作为农田的命脉的“水”（水利）在结构、功能上的全面修复和完善。治本之策，是要在持续深入打好净土保卫战和碧水保卫战的基础上，按照习近平总书记关于“坚持山水林田湖草沙一体化保护和系统治理”的重要指示，着眼于全面恢复提高农田土壤肥力、改善土壤结构、增加土壤生物多样性、增强水土保持能力，着力做好“统筹土资源、土环境、土生态治理”和“统筹水资源、水环境、水生态治理”的文章。党的十八大以来，各地在这方面已经积累了许多成功的经验，我国数千年传统农业发展中也有许多成功的做法，都可以作为我们的参考和借鉴。

十、绿色交通论坛

推动交通领域绿色低碳发展

生态环境部大气环境司大气移动源处处长　张昊龙

党的十八大以来，我国以前所未有的力度治理大气污染，先后实施了《大气污染防治行动计划》《打赢蓝天保卫战三年行动计划》《推进运输结构调整三年行动计划（2018—2020 年）》，深入实施包括交通运输结构在内的四大结构优化调整。生态环境部组织开展柴油货车污染治理攻坚战，统筹“车、油、路、企”治理，在生产企业、行业协会、有关单位等多方共同努力下，持续推动交通领域污染减排，取得了显著成效。2013 年以来，全国 $PM_{2.5}$ 平均浓度下降 56%，重污染天数减少 87%，空气质量改善速度之快前所未有，在世界大气污染治理历史中也是绝无仅有的。在汽车产业高速发展的同时，NO_x 和 VOCs 排放总量双双下降 10%以上，实现了环境质量改善和行业高质量发展“双赢”，这个过程中主要措施如下。

一是通过汰旧立新，促进车队结构绿色转型。2013 年以来，国家持续通过财政补贴等政策，鼓励高排放老旧车辆报废更新，共淘汰老旧车辆约 3 500 万辆，在全国范围内基本淘汰黄标车。特别是从 2018 年开始，在重点区域鼓励淘汰国三及以下重型柴油货车，累计已淘汰 100 万辆。目前，全国国五车辆和国六车辆占比已提升到 48%，为车队结构绿色转型腾出了空间。同时，在公共领域大力推广新能源汽车，全国新能源公交车占比已经从 2015 年不足 20%提升到 70%左右。另外，我们也积极推进机场、港口等场所的场内清洁化运输，重点区域机场新增设备和车辆全部使用新能源。

二是通过创造场景，推动重点行业运输清洁化。以重污染天气重点行业绩效分级为契机，大力推动钢铁、电力、煤炭等重点行业开展清洁运输改造，鼓励先进、鞭策后进。特别是京津冀及周边地区，重点行业 A 级企业综合使用“公转铁”、皮带管廊、新能源重卡等低排低碳设备联运，大幅降低了污染物和温室气体排放强度。钢铁企业将使用新能源重卡作为实现全流程超低排放改造的一项重要措施，连续数年成为全国第一大新能源重卡购买行业。除此之外，我们还重点关注煤炭行业的清洁运输，很多地区推动使用电重卡和氢能重卡进行短倒运输，有效解决新能源重卡购置成本高、续驶里程不足等问题。

三是通过标准引领，大幅提高治理技术。我国先后实施机动车第四阶段、第五阶段和第六阶段排放标准，促进了高效后处理技术全面使用，当前已基本与国际最先进控制水平接轨，单车 NO_x 和颗粒物排放强度下降 90%以上，显著提升我国汽车产品的国际竞争力。

四是通过加强监管，不断优化市场环境。我们会同公安、交通、能源等部门，建立了多部门联合监管模式，持续开展新车一致性检查、在用车路检路查和入户检查；组织开展了打击黑加油站专项行动，严厉打击机动车年检厂造假等违法违规行为，形成有效震慑，营造出了良好公平的市场环境。

虽然大气污染治理取得了不错的成绩，但是要清醒地认识到，空气质量改善成果仍不稳定，距离美丽中国的要求还有很大差距。目前，我国机动车保有量已超 4 亿辆，较 2013 年增长 1.3 倍。机动车等移动源 NO_x、VOCs 排放分别占排放总量的 60%、24%，已逐步成为我国大气污染物的主要来源。党的二十大对减污降碳协同增效提出更高的要求，在各行各业快速推进高质量发展、污染治理进程大幅提速的情况下，机动车排放对污染物和温室气体的影响就更加凸显。2022 年 11 月 10 日，我们会同 14 个部委，联合印发了《深入打好重污染天气消除、臭氧污染防治和柴油货车污染治理攻坚战行动方案》。下一步，我国将重点关注并着力推动以下几方面工作。

一是以标准先行为出发点，引领技术进步。《“十四五”节能减排综合工作方案》提出，要研究制定下一阶段轻型车、重型车排放标准。目前，生态环境部大气环境司大气移动源处（以下简称大气移动源处）正在积极开展相关预研工作，充分考虑我国汽车产业技术和国际机动车排放法规发展趋势，以降低车辆实际运行中 NO_x 和 VOCs 排放为目标，对标欧美等发达国家；大力推进近零排放技术和车联网智能监管技术应用，促进我国汽车产业更好更快地接轨国际市场。

二是以推广应用为着力点，引领绿色转型。聚焦工矿企业、港口、物流园区等重点对象推动铁路专用线建设，加快补齐短板；聚焦京津冀、长三角等重点区域推动完善轨道货运体系，持续提升铁路干线货运能力；聚焦火电、钢铁、煤炭、焦化、有色等重点行业推广清洁运输，推动行业大宗货物清洁运输比例达到 70%左右，重点区域达到 80%左右；聚焦散货、短途城市内部运输等重点环节，探索以城市为试点的货运零排放运输模式，推动零排放重卡货物短倒。

三是以依法治污为关键点，引领污染减排。汽车产业链条长，涉及上千件零部件的生产、使用，同时整车的生产、运输、销售、使用、维修、报废等环节，也都产生污染物和碳排放。大气移动源处会持续加强对新车、在用车，以及汽车生产企业和零部件企业的污染排放监管，确保达标排放。同时，也会针对油品和车用尿素质量问题，会同相关部门，开展专项行动，严厉打击违法行为。

四是以减污降碳为落脚点，促进协同增效。温室气体和大气污染物同根同源，移动源碳排放每年 14 亿～15 亿 t，占碳排放总量的 15%左右，减污降碳尚有较大潜力。大气移动源处将从机动车全生命周期入手，统筹考虑温室气体和污染物协同控制，不断完善排放标准体系和环境管理制度，推动行业高质量发展。

大气污染防治工作，特别是移动源污染减排离不开行业和部门的参与支持，今后大气移动源处将更加积极主动地与相关主管部门、汽车企业、行业协会，以及科研单位对接，强化互联互通，深入了解行业情况和需求，共同推动交通领域绿色低碳发展。

交通运输绿色低碳发展的挑战与路径

交通运输部规划研究院副院长　徐洪磊

自 2020 年习近平总书记提出碳达峰碳中和目标以来，交通部门作为减少碳排放的重要部门之一，非常重视与绿色低碳发展相关的各项工作。回答未来交通运输的碳排放趋势如何，又应该采取什么样的战略举措，是我们开展一系列研究的主要目的。

下文主要包括三方面内容：一是交通运输发展和碳排放现状，二是交通运输碳减排面临的问题和挑战，三是交通运输绿色低碳发展的路径与举措。

过去 40 年我国交通运输发展成效显著，已经建成了世界交通大国，正在迈向交通强国，公路和高速铁路总里程均居世界第一位，也建成了世界级港口群和机场群。同时，交通运输装备工具也快速发展，汽车保有量世界排名第一，民航机队规模快速增长；铁路机车和船舶近几年虽然总量保持平稳，但内部结构产生了巨大变化，电力机车比例不断提升；船舶平均载重吨位迅速增加，保有量平缓下降。交通领域碳排放涉及基础设施和交通运输活动的方方面面，基础设施的碳排放，主要是建设工程中的工程机械，以及隧道桥梁、服务区、场站等交通设施运行过程中耗能产生的碳排放；交通运输活动过程中的碳排放是交通领域碳排放的主要来源，各类汽车、铁路机车、水运船舶、民航飞机的碳排放占据了整个交通行业碳排放的 95%以上。基础设施的碳排放每年随着基础设施建设和运营情况而变化，且多来源于使用电力所产生的间接碳排放，所以接下来的一系列分析研究更多聚焦于车、船、飞机的碳排放。

考虑到疫情影响，选择了疫情前相对运行正常的年份 2019 年作为交通领域碳排放核算的现状年，经初步测算，中国国内交通领域（除远洋运输和国际民航运输外）碳排放量在 11.8 亿 t 左右，相当于欧洲中等发达国家整个国家的排放总量，占中国全国排放总量的 11%左右，其中道路运输车辆碳排放约占交通领域或碳排放量的 87%，水路和民航（除远洋运输和国际民航运输外）各占了 6%左右，铁路实现了高度电气化，碳排放很低。由于电力在大口径上划入了能源行业，在此并未考虑电力使用产生的间接碳排放。

若按照私人交通和营运交通划分，营运交通大约占 64%，其中的主要贡献是道路营运车辆、水运船舶和民航飞机；私人交通以私家车为主，此外还有一部分企业自有车辆。

与欧美发达国家完成工业化之后交通领域能耗和碳排放占全社会 1/3 的现状相比，我国交通领域碳排放 11%的占比不是太高。国际能源署给出了 2019 年全球交通领域碳排放占全球碳排放总量的 25%的数据，我国部分东南沿海城市交通领域碳排放占比甚至高达 50%～60%，我国交通领域碳排放还将出现显著增长，要支撑实现习近平总书记提出的碳达峰碳中和战略，交通领域仍然面临以下四大挑战。

一是我国交通运输需求总量和运输装备保有量仍将继续增长，因而交通领域碳排放总量仍将持续增长，交通领域的碳排放总量控制面临巨大挑战。

二是全社会对运输时效性、个性化、安全性等的要求越来越高，我国交通领域单位运输周转量能耗水平已接近发达国家，单位运输周转量的碳排放下降面临“瓶颈”。

三是交通领域碳减排资金需求量大，联合国政府间气候变化专门委员会第六次评估报告（IPCC AR6）中指出，交通运输行业碳减排成本明显高于工业、建筑等行业。

四是依据我国现有体制，交通领域碳减排涉及面广、协调部门多，是涉及民生、产业、经济各方面需要系统统筹的工作，需要交通运输、发改、公安、工信、生态环境等部门及企业公众协同发力。

与此同时，“双碳”目标的提出也为交通领域绿色低碳发展带来了宝贵机遇，它要求加快交通领域用能结构快速转变，由现在 95%以上使用各类油品和天然气，转变为 80%～90%使用电力、氢燃料等低碳燃料。虽然近期实现“双碳”目标对交通领域发展仍是一个重要挑战，这意味着我们可能会面临大变革带来的高成本压力；但是从中长期来看，其是加速重构产业结构和能源结构调整下的新型运输格局，实现绿色低碳转型和高质量发展的重要机遇，也是我国相关产业在世界上获得比较优势的重要机遇。我国交通领域绿色低碳发展要聚焦 2030 年前碳达峰，更要面向 2060 年的碳中和，要统筹发展和减排，更要选择一条务实经济的路径，下面主要介绍六类举措。

一是优化运输结构，推动各种交通运输方式一体化发展。货运领域主要推广大宗货物及中长距离运输实现公转水、公转铁；客运领域主要把私家车出行更多地变为轨道交通出行，有一部分中短距离的民航客运也可以向高铁进行部分转移。

二是提升运输装备能效，推进装备技术升级。不断提升新车能耗标准，研究制定碳排放标准，从而实现整个社会车队能效水平的提升。节能驾驶也是目前比较成熟的一项技术，未来还将逐步推广自动驾驶技术。

三是推广应用低碳运输装备，加速零碳燃料替代。目前新能源车发展速度非常快，2022 年上半年在深圳、北京和上海等有限购政策的城市，新能源车渗透率已经超过了 40%，远远超出了很多专家的预期，但在重型运输装备，尤其是在中重型货车和航运、水运方面，新能源技术仍然不太成熟，到底走哪条技术路线，是使用氢燃料电池、氢基燃料还是纯电动，是充电模式还是换电模式都存在争议，相关技术还在探索中，技术研发和制度、标准、规范的制定将是未来的重点工作方向。

虽然我国不一定像西方国家一样激进地提出禁售燃油车，但新能源车应用路线图应该提出来，我们建议按“先公共后私人，先轻型后重型、先短途后长途、先局部后全国”

的思路，研究并制定新能源车辆应用的路线图。例如，海南已经提出 2030 年不再销售燃油汽车。另外，在港口、物流园区、矿区率先推广新能源重卡等也是这样的思路，当然新能源船舶的推广应用也需要制定路线图。

四是推进低碳交通基础设施建设运营，促进交通、能源融合发展。以交通、能源融合为导向，建设与电动化交通出行相适应的基础设施网络。目前，中国已经建成的庞大的交通基础设施网络还是服务于化石能源交通出行的，未来电动化交通出行比例提高后，需要对交通基础设施进行升级和改造，这方面可能涉及电力供应系统、基础设施自身能源的源网荷储体系、微电网智慧运行建设等方面的工作。

五是应用先进技术，提升运输组织效率。目前，在出租车领域和货运领域均有成功的经验，出租车管理平台和网络货运平台大大提升了车人和车货的匹配效率，使空驶率大幅下降。随着智慧信息技术的引入，运输组织效率还将进一步提高。

六是完善交通设施与提升服务水平，积极引导绿色低碳出行。这是减少城市交通碳排放的关键措施，主要目标是提升公共交通和轨道交通服务能力与水平，同时引入信息技术、绿色机制和激励政策，鼓励社会公众更多使用公共交通，减少对高碳排放小型汽车的依赖，也有利于减缓城市交通拥堵。

“十四五”柴油货车污染治理攻坚战思路和重点

中国环境科学研究院机动车排污监控中心副主任　尹　航

党的二十大报告提出，交通运输结构调整优化、推进交通领域清洁低碳转型分别是加快发展方式绿色转型、积极稳妥推进碳达峰碳中和的重要举措。2022 年 11 月 14 日由生态环境部会同 14 个部委联合发布的《深入打好重污染天气消除、臭氧污染防治和柴油货车污染治理攻坚战行动方案》（以下简称《行动方案》）既是对绿色交通发展要求的具体贯彻落实，也是“十四五”期间乃至其后移动源领域减污降碳工作的重要指导文件。

党中央、国务院高度重视大气污染防治工作。党的十八大以来，制定实施了《大气污染防治行动计划》（以下简称“大气十条”）、《打赢蓝天保卫战三年行动计划》，我国环境空气质量明显改善。2021 年，全国地级以上城市细颗粒物（$PM_{2.5}$）平均浓度为 30 μg/m^3，人民群众蓝天幸福感、获得感显著增强。但大气污染治理形势依然严峻，臭氧污染日益凸显，特别是在夏季，臭氧已经成为导致部分城市空气质量超标的首要原因。由于移动源排放的 NO_x 和 VOCs 是二次颗粒物和臭氧的重要前体物，移动源对污染的贡献率逐渐增大，且同时体现在排放量和排放浓度两个方面。

从排放量来看，根据全国第二次污普结果，移动源 NO_x 和 VOCs 分别占全国排放总量的 60%和 24%。机动车作为道路交通的主体之一，2021 年其排放量在移动源 NO_x 和 VOCs 排放总量中占比分别达到 55.3%和 81.9%。从区域分布上看，京津冀鲁豫、长三角、珠三角等人口密集区域移动源排放强度较高，这直接影响了这些区域的空气质量。

从排放浓度来看，在重点区域城市中开展的颗粒物源解析结果表明，移动源已成为城市空气污染主要来源，如北京、上海、杭州、济南、广州和深圳移动源都是首要污染来源。其中，深圳移动源的贡献率超过了 50%；北京和济南的移动源贡献率逐年上升，重污染天气，机动车排放在本地污染积累过程中的作用更加明显。

回顾过去 20 年的发展历程，为了有效控制汽车排放，我国已经建立了与国际先进水平接轨的排放标准体系和管理制度，在汽车保有量比 1999 年增长 19 倍的情况下，NO_x 排放仅增长 0.4 倍，VOCs 排放基本持平。但是为了更好地改善空气质量、保护人体健康，以及实现基本消除重污染天气的目标，道路交通领域仍然需要大幅减排。对于汽油车，重点要减少 VOCs 排放；对于柴油车，重点则是管控 NO_x 排放。

随着过去几年柴油货车污染治理攻坚行动的实施，我国在移动源管控方面取得了一些积极进展。一是汽车清洁化水平明显提高，符合国五、国六排放标准的车辆和新能源汽车占比提升到43%以上。二是油品标准不断升级，自2019年1月1日起，全国全面供应符合国六标准的车用汽柴油，车用柴油、普通柴油、部分船舶用油实现“三油并轨”，通过打击“黑加油”专项行动，在一定程度上减少了非标油的销售和使用。三是老旧车淘汰取得重大进展。“大气十条”实施以来，累计淘汰高排放车3 000万辆。四是运输结构调整初见成效，2017年起，全国铁路货运量、水运货运量逐年递增，2020年分别达到45亿t、76亿t；公路运输所占比例从2017年的76.7%降低到2020年的72.4%。五是在重点行业初步形成以重污染天气应急响应倒逼清洁运输体系建立的机制。六是非道路移动源环境管理制度基本建立。有效实施非道路移动机械和船舶排放标准，建立排放控制区、编码登记制度等。七是启动建设全国移动源环境监管平台，建立覆盖接近90%的汽车环保档案，符合国六标准的重型柴油车普遍加装排放远程监控车载终端，全面提升了对车辆排放实时监控的能力。

“十四五”时期，我们需要面对和解决的问题更加具有挑战性。首先就是缺少与经济社会发展和环境保护相适应的运输结构，据预测，我国大宗货物运输到2030年前后才能达峰。因此，“十四五”时期煤炭、矿石、粮食等公路运输量还会不断增长，“公转铁”专用线建设推动困难比较大，“最后一公里”问题不好解决。货运价格和铁路运输效率的“瓶颈”仍然存在，新能源商用车发展缓慢，迫切需要技术和管理模式的创新。

具体来看，“十四五”期间我国机动车保有量还会快速增长，柴油货车使用强度高的问题短期内还得不到解决。我国千人汽车保有量还有较大上升空间，公路货运绝对量还会上升，“十四五”运输形势不会发生大的变化，车辆监管执法和车用柴油质量保障还是摆在各地生态环境部门面前的难题。在非道路领域我们欠的账就更多一些，非道路移动机械种类多、数量大，涉及农业农村、住房和城乡建设、交通运输等多个部门，部门间的协作机制还没有建立起来，由于法规和管理制度方面存在空白，监管体系也没有有效完善，船舶达标监管从标准到制度再到设备方面都还有很多工作要做。总体来看，与固定源相比，移动源执法体系、执法队伍和执法能力存在明显的短板，上述问题都是“十四五”时期需要着力解决的关键性问题。

针对上述问题，《行动方案》对“十四五”期间的相关工作作出了全面部署。

攻坚首要目标就是要显著提高运输结构、车船结构的清洁低碳程度，持续提升燃油质量。具体目标包括全国柴油货车NO_x排放下降12%，新能源和符合国六排放标准的车辆占比超过40%，铁路货运量占比提升0.5个百分点。在攻坚思路上首先要重视运输结构调整和车船清洁低碳水平提升，做到源头防控；其次要重视过程防控，突出重点用车企业清洁运输主体责任；最后要坚持协同防控，强化区域和部门联合监管和执法。

大宗货物公转铁、公转水是攻坚战的首要任务。过去几年，交通运输部通过实施一系列政策，基本建成了铁路专用线建设和使用引导机制，到2021年底，我国建成铁路专用线 317 条，长度达到 1 855 km，运输结构调整也取得了积极成效，铁路货运量四连增，多式联运也得到了重视并快速发展。“十四五”时期我们要重点提升西部能源运输通道整体效能。加快 150 万 t 以上物流园区和工矿企业及重要港口的铁路专用线建设。到 2025 年沿海港口重要港区铁路进港率要高于 70%。力争实现全国铁路货运量增长 10%，水路货运量增长约 12%的目标。晋陕蒙新煤炭主产区出省（区）运距 500 km 以上的煤炭和焦炭铁路运输比例力争达到 90%以上。

第二项任务是柴油货车清洁化，当前我国汽车保有结构显著优化，2021 年全国汽车中达到国五、国六排放标准的车辆占比分别为 28.8%、20.0%，较 2017 年共增加 26.8 个百分点，特别是京津冀地区汽车保有结构更加清洁，但在新能源车推广方面，与乘用车领域相比，轻型货车电动化率有下降趋势，中重型货车电动化率虽有所增长但占比仍然较低。因此，《行动方案》中要求在持续推动传统燃油车清洁化发展和车辆全面达标的基础上，加快新能源化发展，重点区域和国家生态文明试验区新增或更新公交、出租、轻型物流配送、环卫等车辆中新能源汽车的比例不低于 80%。推广零排放重型货车，研究开展零排放货车通道试点。

第三项任务主要涉及非道路移动源综合整治，非道路移动源排放在“十四五”期间治理任务难度很大，需要加速推进非道路管理制度建立，完善非道路执法体系。

第四项任务是重点用车企业监管。笔者估算目前为重点行业企业运输服务的重型载货汽车大概有 600 万辆，占重型车保有量的一半以上，特别是钢铁、水泥、石油化工等行业更是用车的超级大户。生态环境部通过在重点行业绩效分级政策中提出清洁运输要求，鼓励零排放货车的推广使用，目前在中重型货车零排放化率排名前 20 的城市中，实施绩效分级政策的城市占一半以上，特别是 2021 年实施绩效分级政策的城市的占比增速更加明显，较为突出的例子是唐山的钢铁企业，电动货车经过一年的发展，其数量达到了全国第一位。数据分析也表明，重点工业企业运距小于 200 km 的运输占 80%，基本具备使用零排放货车的条件。《行动方案》一方面对重点用车行业企业进一步提出了清洁运输要求，比如要求火电、钢铁、煤炭、焦化、有色等行业大宗货物采用清洁方式运输比例达到 70%，重点区域达到 80%，重点区域推进建材（含砂石骨料）采用清洁方式运输；另一方面对重点用车企业在重污染天气的应急管理措施提出了具体要求。相信这些要求也能从需求端更好地推进公转铁、公转水以及新能源货车推广。

考虑到移动源的流动特点，第五项任务重点强调了协同联合执法。一是强调区域的协同，各个区域又根据自身特点在协同的重点任务上有所不同，比如京津冀要按照共同实施的《机动车和非道路移动机械排放污染防治条例》抓好联防联控和联合执法工作，长三角要重点推进多式联运、联防联控和信息共享，山西和陕西要重点查处天然气车后处理装置盗拆问题等。二是强调部门协同，因为无论是车辆本身的管理，还是汽柴油的储运销、运输企业和司机的管理，都涉及公安、生态环境、交通、质检等多个部门，必须形成部门间的合力，才能把移动源的监管执法工作落到实处。

综上所述，“十四五”期间移动源环境管理的重点就在于落实运输结构调整和清洁低碳发展要求。通过柴油货车治理攻坚战各项措施的实施，移动源减污降碳工作必然会为“十四五”时期深入打好污染防治攻坚战作出更大的贡献！

加速驱动汽车“零排放” 引领减污降碳、协同增效

能源基金会交通项目高级主任 龚慧明

本文主要分享笔者关于绿色低碳交通的一些认识。谈绿色低碳交通，绿色和低碳是首当其冲的问题。怎样算绿色、低碳？很难界定，所以本文题目中用的是“零排放”这个词。文本主要聚焦汽车排放。由于民航发展非常快，现在面临的减排难度和挑战比汽车行业更大，也就更应该加速汽车的“零排放”相关工作，给民航工作打下一定的基础、腾出一些发展空间。

当前从全球层面上来看，绝大多数发达国家交通排放在国家排放总量中的占比其实比我国高很多，而这些国家碳中和目标往往都定在 2050 年甚至更早，这就意味着这些国家交通提前实现碳中和压力更大，因为只有交通提前实现了碳中和，整个国家的碳中和目标实现才能得到保障。汽车是全球化的产业，如果这些发达国家提前实现汽车行业碳中和目标，则必然对我国产生深远影响。这在一定程度上让我国不得不思考，我们要不要对标国际设定汽车行业的碳达峰、碳中和目标，如果滞后是否会影响到我国汽车产业的全球竞争力。

中国碳排放中交通部分占比是 10%左右，很多人可能认为占比很低，但是把排放量跟全球其他国家对比的话，已经排在第六位了，数量非常大。

近年来，随着国家“双碳”目标的提出，许多机构和地方都开展了关于交通碳达峰碳中和的研究。开始大家普遍认为交通碳达峰碳中和挑战非常大，要滞后于整个国家目标实现。但随着新能源汽车快速发展，观点在不断变化，越来越多研究布局在交通领域，尤其是道路交通计划能够于 2030 年前实现达峰。而真正的挑战来自“零排放”，或者是碳中和。从国际形势来说，我国会承受产业竞争的压力，从自身发展角度上说我国努力争取 2060 年实现碳中和，但最后总是绕不开哪些行业要先行这样的问题。在这种背景下，汽车行业是不是要先行显然是我们要思考的问题。

除碳减排以外，这里想特别强调一下汽车对空气质量的影响。因为城市人口密度较大，且居民的主要活动区域在道路两侧，而且机动车就行驶在路面上，所以我们的健康受到机动车尾气排放影响也较大。如果把北京市监测站点分成城区、道路沿线、郊区 3 类，对比这 3 类站点监测数据会发现，道路沿线浓度比城区监测站点平均浓度高出了百分之十几到百分之五十，这体现了机动车污染防控在保护居民健康方面的重要意义。

生态环境部一直强调减污降碳，协同增效，笔者特别赞同。笔者认为，开展减污降

碳相关工作时一定要与经济高质量发展、经济转型升级紧密结合。从 2017 年开始，中国新车销量不断下降，2021 年有所反弹。从结构上看，这反弹是乘用车销量增加导致的，如果进一步从能源结构角度观察，大家可以清楚地看到传统的燃油车销量仍在持续下降，但新能源车销量在快速增加，正是因为新能源车辆快速增长，逆转了中国新车销售下降局面，一定程度上实现了减污降碳、协同增效的目标。前面说的是整个新车销售市场，如果我们单独研究货车的情况，则会更复杂且富有挑战。从货车角度来说，尽管销量总体还是在持续地增长，但新能源车占比微乎其微。在目前所有乘用车实现零排放也仅能解决汽油燃烧引起的碳排放问题的情况下，减少与汽油消耗量相似的柴油带来的碳排放应加速以柴油为主要能源的货车的电动化、“零排放”。

得益于过去 10 多年持续不断的努力，新能源车占比这些年不断上升，2020 年上半年已经超过 20%，如果结合第三季度数据基本上接近 25%。现在基本上能确定 2022 年就能够提前实现 2025 年我国新能源汽车的发展目标，新能源车新车销量要达到 20%左右。碳达峰相关文件明确提出新能源和清洁能源（车和船）新车销量到 2030 年占比要达到 40%左右，目前来看，这个目标也有可能提前 5 年实现。

分车型来看，公交车新车销量电动车占比已接近 100%。新车销量中新能源车占比排名第二的是出租车和网约车，这两类车辆合在一起新能源车新车销量占比接近 80%。城市用于货运的小型新能源货车的新车销量占比也有 60%～70%，关键挑战在于货车。无论是轻型货车还是重型货车，新能源车新车销量占比都还不到 5%。

过去已经发生的技术变革对新能源车未来发展趋势也有一定借鉴意义。彩色电视替代了黑白电视，只花了 9 年的时间，液晶电视替代传统 CRT 电视用了 10 年的时间，而智能手机替代传统手机也只用了 10 年的时间。那么新能源车替代传统车需要多长时间？要多久才能够实现新能源车占据绝对主流，达到新能源车新车销量占比超过 95%的目标，这是我们需要共同探讨、思考的重要问题，我们要为这一目标的实现做好准备。

从全球来看，美国加利福尼亚州无论是在传统车相关减排政策目标设定，还是在新能源车发展方面都一直在全球层面起引领作用。由于货车减排非常难，2021 年加利福尼亚州提出了明确的针对货车的未来电动化目标——清洁卡车政策，无论是对中型、重型还是轻型都设定了具体的销量占比目标，该目标一直规划到 2035 年。清洁卡车政策发布以后，加利福尼亚州州长又进一步提出了更高期望，要求到 2035 年所有轻型车 100%“零排放”，并进一步强化了货车目标，到 2035 年短途、场地用的货车要全面转向“零排放”。此外还提出到 2045 年大型商用车（包括公交车、中长途重型货车）也要逐渐实现“零排放”，但是考虑到技术等方面的不确定性，所以加了一定的限制条件，“在一切可能应用的场景和车型上”。

尽管此处探讨的是汽车，但实际上加利福尼亚州对非道理移动机械也提出了电动化转型的目标，要求 2035 年在所有可应用场景都要达到“零排放”。从中可以看出，加利福尼亚州空气资源委员会始终坚持“零排放”，针对最难啃的“硬骨头”——货车列出了明确的新车销量电动化目标，从各个层面对保有量提出了相应的要求。

除了加利福尼亚州，美国政府和欧盟也分别提出了相应的新能源车未来发展目标。对比中国、欧盟和美国的未来目标，欧盟目前是最严格的，他们提出了 2035 年，销售的轻型车达到 100%“零排放”。美国则提出了 2030 年轻型车销量中零排放车占比达到 50%。中国目前提出了 2030 年全国 40%左右和重污染区域 50%以上的销售车辆要达到“零排放”的目标。无论是从我国“双碳”目标出发，还是从空气污染防治需求出发，抑或从提高国际产业竞争力出发，都需要考虑对标国际先进水平设定目标和推进工作。

最后，考虑到乘用车电动化发展日新月异，已进入全面市场化拓展期，而货车电动化还处于“扶上马”阶段，因而我们需要差异化、精准化地分类施策，持续推进乘用车和商用车电动化的发展。货车电动化还需要经济措施和非经济手段协同发力，因此，笔者认为 2023 年后延续新能源货运汽车车辆购置税减免政策和加快出台商用车积分政策至关重要。此外，充电基础设施完善是保障购车无忧、用车无忧的关键；明确的全面电动化转型引导性目标是全社会形成合力的基础。

结合生态环境部的主要职责，笔者提出以下几个方面建议：一是下个阶段排放标准应纳入温室气体指标，尽快出台驱动汽车“零排放”的政策；二是组织实施零排放区和“零排放”货运通道试点，鼓励先进产品和技术的应用，淘汰落后的高排放车辆，建立领跑者激励机制。

新时代十年之“绿”
——南昌市绿色交通发展历程简述

南昌市生态环境局党组成员、江西省南昌生态环境监测中心主任 刘忠马

进入新时代以来，习近平生态文明思想对绿色交通建设提出了更高的要求，绿色交通不仅应是低碳节能、环境友好的，更应以人的实际需求为本，与城市空间发展相适应，兼顾社会包容与公正。

南昌市秉持“生态优先，绿色发展；系统推进，重点突破；创新驱动，优化结构；多方参与，协同共治”的发展理念，在绿色交通领域作出了不懈努力。十年间，我们迎来了“线网时代”和“三环时代”。南昌市的地铁从无到有，4 条地铁线连接成网，实现了从地铁时代到换乘时代，再到线网时代的跨越。以“十纵十横十联、三环多射”为主体的骨干快速路网和轨道线网构成的“双骨架”体系正迭代升级，南昌现代化立体交通网络初步形成。

一、绿色交通

南昌的绿色交通之“绿”，体现在五个方面。

（一）交通基础设施快速发展，带动交通资源集约化程度大幅提升

南昌市围绕打造具有全国重要影响力的综合交通枢纽城市这一目标，大力推动交通基础设施建设，一批交通路网工程启动建设，一批新路、新桥、新互通工程先后亮相。昌南快速路、洪都快速路、前湖快速路、西外环快速路、九州快速路、沿江快速路等深度融入南昌市民的日常生活，洪州大桥、复兴大桥、西二环项目建设如火如荼，这些建设承载着南昌快速发展的希望。南昌市已建和在建干线路网里程达 311 km，占总里程的 57%，干线路网骨架雏形已经形成。

轨道交通带来的发展张力拉伸了城市的发展框架。随着地铁 4 条线路的相继开通，南昌地铁运营里程已超过 128 km，建成车站 103 座。实现安全运营超过 2 500 天，2021 年运送乘客 2.6 亿人次，2022 年春节 7 天运送乘客 320 万人次，日均 45.6 万人次，客流排名全国前 10。

（二）交通出行组织有序得力，引导群众生产生活绿色化

总长度超过 609 km 的城市绿道步步惊艳，每万人拥有绿道长度达到 1.78 km，绿道

串联起城市公园、郊野公园、旅游景区、网红打卡地、乡间小径，形成了绿道网络。

轨道、公交、慢行交通三网融合。品质化公交服务体系有效提升，“1 公里步行、3 公里自行车、5 公里公交、长距离轨道为主”的一体化公共交通体系蓬勃发展。

拓展定制公交服务优化绿色出行，“互联网+”服务体系让公共交通更加智能。公共汽电车来车信息实时预报率达 100%，通过“鹭鹭行”App 实现地铁线路信息查询和扫码乘车。出台文件有效治理共享单车的投放与停放，共优化调整停放点位 4.2 万个，设置电子围栏 1.1 万个，早晚高峰的“潮汐现象”明显改善，自行车日均使用次数约 25 万次。

（三）公共交通新能源化，驱动交通装备低碳绿色快速发展

南昌市持续推广应用绿色化装备设施，大力推进公交新能化进程。到 2022 年 6 月，南昌市新能源和清洁能源公交车辆共计 2 557 辆，其中纯电动车辆 1 594 辆，气电混合动力公交车 484 辆，压缩天然气（CNG）公交车 184 辆，液化天然气（LNG）公交车 295 辆，新能源清洁能源公交车辆占公交车总量的 64.28%。

新能源公交充电设施保障体系不断完善。全市通过新建和改建等方式共建成公交充电场 62 处，配置公交充电桩 527 根。办公场所、商场、酒店、公交场站、停车场、机场、火车站、高速公路服务区等重点区域布局了一批充电设施，不断提高新能源车辆使用便利性，鼓励各类社会资本投资建设运营充电设施，充电设施覆盖范围明显扩大，共建成公用充电站 387 座、专用充电站 81 座、各类公（专）用充电桩 5 221 根。市民可以在百度地图、高德地图等 App 上查询到最近的公用充电桩进行充电。

（四）大力淘汰老旧黄标车辆，促进交通污染减排再上新台阶

南昌市大力推进交通污染防治，通过黄标车及老旧车淘汰、机动车环保限行、环检机构监管等措施，疏堵结合，严格控制并有效减少了南昌市机动车排气污染。

2013—2016 年共淘汰黄标车及老旧车 6.63 万辆，其中 2013 年淘汰 2.16 万辆，2014 年淘汰 1.64 万辆，2015 年淘汰 1.53 万辆（含 2005 年底前注册的营运黄标车 3 892 辆），2016 年淘汰 1.3 万辆，南昌市 2013—2016 年黄标车及老旧车淘汰任务均圆满完成。

现在，南昌市仍在持续加快营运老旧车辆的淘汰、更新，从严把准入和年审关、强化排查、完善数据清理三个方面积极推进营运老旧货车的淘汰工作，至今，注销货运车辆 50 台、报停 63 台，注销、报废道路客运车辆 48 台，清理 4 500 kg 以下货运车辆 1 800 台。

交通运输领域二氧化碳排放总量和化石能源消费量近几年逐年下降，二氧化碳排放总量 2019 年为 445 亿 t，2020 年为 422 亿 t，2021 年为 413 亿 t，化石能源消费量从 2019 年的 257 万 t 标准煤下降至 2021 年的 238 万 t 标准煤。在“双碳”目标的指引下，南昌市交通领域碳排放量预计将持续下降，并实现交通领域碳达峰。

（五）交通监管科学得法，拥堵指数大幅改善和尾气管理更加科技化、人性化

通过依托“城市大脑”中枢系统和前端智能视觉设备建立信号配时中心；创新推出“135”快速反应处置机制，即1分钟快速发现并及时响应，3分钟调度指挥路面警力快速到达现场，对轻微事故、简单故障做到5分钟全力恢复交通，对较大以上事故全力疏导；全面推行“桌面+路面”巡查机制；组建装备800辆“铁骑”，依托智能勤务监管平台，实行扁平化指挥调度；多部门联合创新对快递、外卖、共享单车等新行业、新业态的监管模式，出台“红、黄、绿”三色分级管理措施等五项新举措，交通拥堵治理取得历史性成效，成为全国首个取消“限行”后交通拥堵不增反降的城市。截至2022年第三季度，南昌市交通健康指数为70.78%，同比提升4.89%，交通健康指数在全国36个重点城市中排名第一，在中部6省省会城市中排名第一。

对机动车和非道路移动机械排污的监管迈入信息化。建成机动车排污监控平台，增设移动摄像设备加强对尾气检测采样过程的监控，对全市机动车排放检验机构实行记分管理，为检测线工控机安装内网安全管理系统，率先开展密码样考核，44家机构已全部通过密码样考核。

推进非道路移动机械“一机一码”，已累计进行非道路移动机械编码登记14 703台。南昌市开发了非道路移动机械监管App，整合编码登记、监督抽测、超标治理、行政处罚等数据，为每台非道路移动机械建立档案并赋予“健康码”。在全省率先开展非道路移动机械尾气治理专项试点，对113台高排放机械开展了尾气深度治理，治理后颗粒物排放减少95%以上。

2021年交通运输部发布的《绿色交通“十四五”发展规划》，提出到2025年，交通运输领域绿色低碳生产方式初步形成，基本实现基础设施环境友好、运输装备清洁低碳、运输组织集约高效，重点领域取得突破性进展，绿色发展水平总体适应交通强国建设阶段性要求。

二、未来计划

未来，南昌也将立足十年经验，体现省会担当，从以下几个方面在绿色交通领域继续砥砺前行。

（一）优化运输方式和结构

加快城市轨道建设，提供更快捷的出行服务。推动地铁1号线北延工程，支撑机场枢纽发展；推动地铁1号线东延工程，支撑航空城组团开发。推动地铁2号线东延工程，促进南昌东站枢纽发展。推进第三期轨道交通建设规划编制和申报，并力争于“十四五”期间获得批准，促进主要片区与交通枢纽的快速连通。大力发展公共交通，实现出行方式绿色化。以建设绿色便捷的现代化公交都市为目标，全面确立公共交通在城市交通中的主体地位和优先地位，持续推进公共交通体制机制改革和公交服务产品供给侧结构性改革，提升公共交通的竞争力、吸引力和可持续发展能力，努力构建“轨道交通+中运量公交+常规公交+慢行交通”的现代公共交通体系。

（二）加快发展多式联运

构建海铁多式联运大通道，增强海铁联运服务能力。深化与深圳盐田港、厦门高崎港、宁波北仑港、福州江阴港等港口的合作，开通南昌至深圳、厦门、宁波、福州等海铁联运线路。促进汽车、电子产品、服装、中药等的外贸交易，影响和吸引以南昌为中心周边 200 km 范围内的外贸、内贸货源。加快打造南北两翼多式联运物流港。北翼以昌北航空港为核心，依托乐化物流园、南新港区和龙头岗港区、南昌公路物流园区、昌北货运站等城市货运设施打造的多式联运国际物流港。南翼以向塘铁路物流园区为核心，结合市汊-姚湾港区，依托铁路向塘西站、向塘编组站、向塘铁路物流园，形成多式联运国际物流港。

（三）推动交通设施设备绿色化

推进交通领域资源循环利用产业发展，推广应用沥青冷（热）再生、水泥路面破碎再生等一批交通建设养护废料循环利用和无害化处理技术。到 2025 年，基本实现路面旧料“零废弃”，高速公路、普通国省干线公路的废旧沥青路面材料循环利用率分别达到 98%、95%以上。推进新能源、清洁能源车在城市公交、巡游出租车、城市配送等领域的应用，推动新能源汽车充换电配套基础设施建设。到 2022 年底，实现全市高速公路服务区充电桩全覆盖，到 2025 年，争取使中心城区新能源公共汽电车比例达到 60%。以七里岗服务区为试点，逐步开展高速公路绿色零碳服务区建设，积极推进一批零碳场站、零碳枢纽、绿色公路等示范工程建设。推进绿色港口、绿色船舶改造，加快现有码头岸电技术改造，要求新建、改建、扩建码头（油气化工码头除外）全部使用岸电技术。至 2025 年，港口和船舶污染物接收率、转运率、处置率均应达到 100%，港口与船舶岸电使用率均应达到 95%以上。

（四）完善绿色交通监管体系

健全完善交通运输部门碳达峰碳中和工作组织领导体系，强化部门协同联动。制定南昌市“交通运输绿色低碳发展行动方案”等政策文件。统筹开展南昌市交通运输领域碳减排和碳达峰路径、重大政策与关键技术研究。强化南昌市绿色交通评估和监管，完善绿色交通统计体系，推进公路、水运、城市客运等能耗、碳排放及污染物排放数据采集。利用在线监测系统及大数据技术，建设监测评估系统。结合国家能源消费总量和强度目标“双控”考核、交通运输综合督查等，完善南昌市绿色交通领域评估考核方案及管理制度，重点针对碳达峰工作，以及优化运输结构、船舶及港口污染防治、新能源运输装备研发应用、倡导绿色出行等重点任务推进情况开展检查与评估。建设南昌交通运输行业信用体系，强化绿色交通监管能力。

相信有各位领导的关心支持、有各位专家的指导帮助，南昌一定会早日建设成为具有全国影响力的综合交通枢纽城市、引领大都市圈一体化发展的核心城市、绿色便捷的现代化公交都市、高质量交通运输服务典范城市！

装备制造业绿色发展实践

上海振华重工（集团）股份有限公司总经济师　李瑞祥

2022年10月，中国共产党第二十次全国代表大会召开，习近平总书记在党的二十大报告中告诉我们，十年来，生态环境保护发生历史性、转折性、全局性变化。同时报告中还将“推动绿色发展，促进人与自然和谐共生”作为其中的一个重要部分，进行了深刻阐述。

本文中笔者代表中国交通建设集团有限公司（以下简称中交集团）介绍一下关于其装备制造业绿色发展实践的情况。

首先简要介绍一下，中交集团是全球领先的特大型基础设施综合服务商，主要业务涵盖了交通基础设施、装备，城市开发等投资建设运营一体化服务，承建了港珠澳大桥、上海洋山深水港等特大型项目，拥有“天鲲号”等大国重器。上海振华重工集团股份有限公司（以下简称公司）是中交集团下属的二级单位，主要业务包含港口机械重型装备、海洋重工、特大重型钢结构建造，公司港机产品的全球市场占有率达到70%，产品可以整机发运到客户码头安装。

中交集团坚持“让世界更畅通、让城市更宜居、让生活更美好”的企业愿景，坚决贯彻执行环境保护相关法律法规，不断健全环保管理体系，持续开展节能环保专项行动，降低环境风险。多个项目、技术获得国际及国家级节能环保相关奖项和荣誉。公司秉承中交集团的节能环保理念，深入学习习近平生态文明思想，贯彻新发展理念，推进企业绿色发展转型升级，深入推进环境污染防治，打造绿色智造工厂。未来，公司将持续拓展绿色发展领域，积极稳妥推进碳达峰碳中和，引领装备制造行业开拓绿色发展新路径。

以下从绿色发展转型升级、打造绿色智造工厂、引领行业绿色发展方向三个部分展开介绍。

第一部分：统筹规划，绿色发展转型升级

这部分主要包含指导思想、污染防治具体措施、健全环保管理体系三个方面。

一是公司始终坚持以习近平生态文明思想为指导，公司领导通过组织中心组会议学习国家重要生态环境指示批示，从编制“‘十四五’总体规划”（环保子规划）、制订“双碳”战略行动方案、开展环保合规性排查整治和落实环保工作“五个到位”等方面推进

落实环保工作，大力发展光伏产业，推进用能方式升级和生产制造自动化等。

二是公司深入贯彻落实《关于深入打好污染防治攻坚战的意见》，近 3 年投入约 10 亿元，用于建设新型生产车间、升级改造环保治理设施、实施雨污水治理、开展土壤污染防治，并改进了工艺、原材料等，减少了污染物的排放，降低了生产对环境的影响。

三是健全环保管理体系，公司通过健全组织机构、人员、管理制度，开展监测统计、风险防控、宣传培训等不断完善环保管理体系，确保各单位、各岗位能够在环保管理方面履职尽责。

第二部分：把握时机，打造绿色制造工厂

这部分从绿色制造工艺、生产过程控制、污染物末端治理和环境管理水平四个方面展开。

（一）研发绿色制造工艺

这两年，公司启动了智能制造升级项目，由下属生产单位负责研究与实施，建成自动化焊接、涂装等相关生产线 20 条，绝大部分已经投产。对于处于产品制造后期的装备、运输环节，部分产品采用了无焊接工艺，生产单位还改进了运输绑扎工艺，减少了后期的焊接和涂装修补作业。另外，由于生产单位生产过程中的大部分污染物集中产生于涂装环节，公司一直在推广绿色涂装，目前港机、钢桥等产品制造预处理工序已经实现 100%使用水性涂料，其他生产环节的环保型涂料应用也在逐步推进，同时，公司还在开展绿色涂装相关技术的研发。

（二）加强生产过程控制

在管理方面，加强涂装作业审批，确保开展涂装作业时落实环保管理措施。在技术方面，新建了 12 间先进的涂装车间、采购了 22 个移动调漆房，配备了相应的环保治理设施，大大减少了生产过程的污染物无组织排放。

（三）深化污染物末端治理

污染物末端治理是公司投入占比较大的部分。

1．大气污染治理

对于涂装污染，公司将原有的低效的废气 VOCs 污染治理设施升级改造为高效的应用“沸石转轮+RTO”“催化燃烧”等工艺的设施，新建和改造设施共计 27 套，减排效果显著。在上海和江苏的地方标准中 VOCs 排放限值分别是 70 mg/m^3 和 60 mg/m^3，而我们车间废气 VOCs 经过高效治理后实际排放浓度一般低于 10 mg/m^3。对于焊接污染治理，结合车间布置和工位分布，在车间和外场配置吸气臂式、高负压式、移动式等多种形式的焊烟治理设备。经检测，整改后车间焊烟浓度下降约 60%，作业环境得到明显改善。对厂内的非道路移动机械（如叉车、登高车等）进行更新升级，先后完成 500 多台

车辆的改造，还采购了部分电动叉车。目前，公司主要使用国三及以上标准的非道路移动机械。在管理方面，公司通过智能平台进行非道路移动机械调配使用，提高使用率。另外，对切割、冲砂等污染的治理措施也做了相应的改进。

此外，公司还在最大的生产基地——上海长兴岛基地建设了 6 座环境空气质量监测站和 1 个监控中心，实时监管厂区环境空气质量。数据显示，2022 年各监测站环境空气 VOCs 浓度小时均值比 2020 年下降了 30%左右，这个效果还是比较显著的。

2．水污染治理

结合《中华人民共和国长江保护法》和地方管理要求，公司做了雨污混排改造，进行初期雨水收集，排查登记各个排口，检测修复破损管道 78 km，在容易产生污染的拼装场地，建设初期雨水收集治理设施，该设施覆盖场地面积超过 38 万 m^2，收集后的初期雨水经过处理后通过雨水口达标排放，避免了雨污混排和初期雨水直排。

3．固体废物处置

公司建设了标准化的存储仓库，加强厂区内的固体废物和危险废物的收集、贮存、处置过程的规范管理，重点关注出库的数据、联单，进行去向跟踪，逐步推进整个过程的信息化管理。

4．噪声污染治理

采取各种消声、隔声措施，减少气站、镗床等高噪声设施的噪声影响。前面提到的空气质量监测站，也安装了在线噪声仪。截至目前，除了厂外的交通噪声，基本没有发生厂内因生产导致的噪声超标。

（四）提升环保管理水平

一是环境保护问题整改的成效显著，振华长兴基地在 2019 年被中央生态环境保护督察组发现存在问题，公司集中力量进行了相关整改工作，花了两年的时间，从负面典型变成了正面典型，被地方政府作为大型装备制造企业的标杆上报到生态环境部，并要求各企业对标交流；二是公司把振华长兴基地的整改经验推广到公司所有生产单位，进行了自我提升，获得政府大气污染防治资金补贴超过 3 000 万元，被评为环保示范性企业，取得了重污染天气应急管控豁免资质以及节能减排补贴。中交集团还组织制定了环保相关标准等。

第三部分：展望未来，引领行业绿色发展方向

上文主要讲了公司所做的一些工作和取得的一些成效，下面再介绍一下未来的工作方向。

从党的二十大报告、生态环境部的新闻发布会中，我们能看到，国家在生态环境保护方面取得的显著成绩，下阶段的工作也已有比较明确的目标。就企业而言，要结合国

家的生态环境保护战略，加强领导作用和规划策划，继续挖掘绿色发展潜力、不断提高环保管理能力、推动实现碳达峰碳中和战略目标。

一是通过技术研发、产品用能升级、生产自动化智能化等继续挖掘绿色发展潜力。在自动化和智能化方面，未来要把当前一个个独立的点连接起来，形成系统化、综合性的智能化管控系统。

二是不断提高环保管理能力。通过使用现代化的监管手段、提高环保管理人员的专业化水平。引进专业化力量，提高专业化管理能力和风险防控能力。

三是推动实现碳达峰、碳中和目标。公司从 2016 年开始参与碳配额管理，近年来也在开展碳减排核算和清洁生产审核等工作。2021 年底，中交集团发布了绿色低碳行动方案，2022 年初，公司也制订了碳达峰碳中和行动方案。后续，公司还将通过能源替代、能效提升、绿色电力等措施减少自身碳排放，并通过发展绿色新兴产业、绿色金融开发和绿色低碳产品设计等推动价值链碳减排。

千年梦想，百年征程，在实现中华民族伟大复兴这一目标的指引下，党的十八大以来，生态环境建设和生态环境保护取得了历史性的成就，创造了举世瞩目的生态奇迹和绿色发展奇迹，走出了一条生产发展、生活富裕、生态良好的文明发展道路，美丽中国建设迈出坚定步伐。党的二十大提出的加快建设制造强国、交通强国，以及推进美丽中国建设，我们任重道远。

按照“五位一体”总体布局和中交集团节能环保统筹规划，公司深入学习领会习近平生态文明思想，履行国有企业环境保护主体责任，坚持系统治理、源头治理、综合治理，协同推进降碳、减污、扩绿、增长。未来，公司仍将勇挑重担，砥砺前行，为建设美丽中国贡献振华力量。

面向交通的环境感知监测技术

深圳市卡普瑞环境科技有限公司首席科学家　欧阳彬

本文详细论述面向道路交通的环境感知监测技术的发展思路及应用前景。

目前，我国交通环境在线监测发展存在的问题主要有：

（1）顶层设计不完善。交通环境在线监测站点建设和运营技术要求尚没有正式的标准和规范，各地交通环境监测系统发展的理念不一致、监测网布局不尽合理、监测资料共享不充分。

（2）监测密度低且不均匀。我国已建成一定数量的公路交通环境在线监测站，但是密度严重不均，尤其是在灾害多发、易发路段的气象监测普遍缺失，监测能力明显不足。

（3）数据代表性不强。部分监测站的资料缺乏代表性，且监测要素不全，集成性不高；对公路交通安全关注的能见度、路面状况等要素的观测能力明显不足。

（4）在环境安全方面应用不足。缺乏短时、临时、实时监测预警业务发展急需的监测资料，难以建立预报预警技术方法并发挥服务效益；各部门监测资料共享不充分，难以发展多部门联合的公众交通气象安全保障服务。

笔者详细梳理了国家各部委发布的重要政策性文件，包括：

（1）涉及交通运输领域新型基础设施建设的政策类文件。如 2020 年 8 月，《交通运输部关于推动交通运输领域新型基础设施建设的指导意见》，提出交通运输领域新型基础设施建设理念，要求打造融合高效的智慧交通基础设施，推动公路感知网络与基础设施同步规划、同步建设，在重点路段实现全天候、多要素的状态感知；《交通运输领域新型基础设施建设行动方案（2021—2025 年）》提出，提升公路智能化管理水平，建设集监测、调度、管控、应急、服务于一体的智慧路网平台，加强事件监测、环境监测等系统建设，构建枢纽综合运行协调平台；《交通运输标准化“十四五”发展规划》提出，打造智慧交通标准推进工程，加快环境感知网建设。

（2）交通环境监测政策与碳达峰碳中和、颗粒物与臭氧协同控制政策。如 2015 年 5 月发布的《全国公路水路交通运输环境监测网总体规划》，提出要加快布局交通行业环境监测网络；2021 年 5 月，生态环境部印发《“十四五”全国细颗粒物与臭氧协同控制监测网络能力建设方案》，提出在全省地级及以上城市开展非甲烷总烃（NMHC）自动监测，在大气污染防治重点城市开展细颗粒物与挥发性有机物组分协同监测，以交通部门、工业园区和排污单位为重点开展污染源专项监测。2021 年 10 月先后发布了《国务院关于印发2030年前碳达峰行动方案的通知》（国发〔2021〕23号）和《绿色交通“十四五”发展规划》，以推动交通运输节能降碳为重点，提出开展交通运输绿色低碳行动，主旨是协同推进交通运输高质量发展和生态环境高水平保护，加快形成绿色低碳运输方式，促进交通与自然和谐发展，为加快建设交通强国提供有力支撑。

综上可见，道路交通领域开展监测的目的主要为保障交通安全，降低由不良天气条件、恶劣的路面状况引起的严重交通安全事故的发生概率；对环境空气质量、气象条件、路面状况和汽车尾气等相关要素进行联合监测形成的交通环境监测信息产品，为公众提供了专业化、高时效、广覆盖的环境服务，方便公众及时了解道路交通环境及环境影响，形成全社会共同改善空气质量的合力，加快实现细颗粒物与臭氧协同控制的大气污染防治目标。

为了满足道路环境监测需求，卡普瑞环境科技有限公司始终致力于“全参数”环境监测技术的研发与应用，开发的小型化物联网监测设备于 2021 年入选工信局发布的《深圳市创新产品推广应用目录》，能同时覆盖对气象（包括风速、风向、气温、湿度、气压、能见度、路面温度、路面状况与降水量）、空气质量（包括 PM_1、$PM_{2.5}$、PM_{10}、CO、NO_2、NO、O_3、SO_2、TVOC 及典型的温室气体 CH_4 和 CO_2）和环境噪声（包括各种频率计权、时间计权下的 L_{eq}、L_{10}、L_{50}、L_{90}、L_{max}、L_{min}、L_d、L_n、噪声频谱、超标录音及典型声源识别等）的监测，可对公路重要路段、公路沿线服务和管理设施、隧道、公路客货运枢纽开展全天候多要素精准监测与及时预警。结合云存储及计算技术，可安全存储、高效调用监测数据并开展专业化数据分析呈现。

基于最新的物联网技术，卡普瑞环境科技有限公司认为未来能实现下述工作目标：（1）形成对全国现有公路环境监测网络（包括环境空气质量在线监测站点、交通噪声在线监测站点、交通气象监测站点及机动车尾气监测系统等）的高效补充；（2）建立监控中心，及时地掌握各条公路的环境及路面情况集中管理道路报警信息，实现对报警信息的统计和分析，当环境异常时实现与其他控制的设施的联动控制；（3）加强数据分析，打造公路气象产品。与气象部门联合打造环境气象产品等，如通过显示屏展示主要环境参数和进行公众出行提示的产品；实现当环境数据出现异常时实现自动报警提示，当隧道内有害气体超标时自动启动并控制通风系统进行及时换气的产品。

前期在深圳、东莞、成都等国内多个城市，卡普瑞环境科技有限公司对高分辨和小尺度（200 m）的温湿度、风速风向、降雨、光照等重要气象因子，噪声，道路及非道路机动车碳排放和典型大气污染物的时空分布规律及来源追溯；城市内部不同空气质量区域的精细划分等先后开展了示范性应用。通过与清华大学等重点关注交通污染物和碳排放的科研团队合作，当前我们的数据已经能约束、验证及优化模型模拟结果，监测数据的解读及深入分析能力得到了进一步提升。前期剑桥大学在伦敦希思罗机场的工作也表明，基于小型传感器监测网络的实测数据有助于准确测定飞机起降等其他道路移动源排放因子的排放强度，与数值扩散模式结合还能对未来跑道扩建等场景的减排进行有效的量化预测。因此，基于小型传感器技术的监测方案能胜任交通行业的气象、路况及环境监测要求，能提供准确科学的监测监控数据；未来的道路交通监测需着重加强多源数据的融合，为安全预警、应急和生态环境影响评价等提供全方位的数据支持。

中电建南京至句容城际轨道交通工程环境保护管理体系实践创新基地

中电建铁路建设投资集团有限公司南京指挥部副总经理、总工程师　韩向朝

中国电力建设股份有限公司（以下简称中电建）是集水利电力工程及基础设施投融资、规划设计、工程施工、装备制造、运营管理于一体的综合性建设集团，主营业务为能源电力及建筑工程（含勘测、规划、设计和工程承包）、水生态环境治理及其他资源开发与经营、房地产开发与经营、相关装备制造与租赁。受国家有关部委委托，中电建承担了国家水电、风电、太阳能发电等清洁能源和新能源的规划、审查等职能。电力建设（规划、设计、施工等）能力和业绩均居全球第一位。截至 2020 年 9 月，中电建在全球 120 个国家设有 457 个驻外机构，在 132 个国家执行勘测设计咨询、工程承包、装备与贸易供货等合同 3 174 份，海外业务以亚洲、非洲为主，辐射美洲、大洋洲和东欧。中电建拥有丰富的国际经营管理经验和核心领先技术，多个知名品牌蜚声海内外。

南京地铁 S6 号线（宁句城际）轨道交通工程涉及大连山—青龙山水源涵养区、汤山国家地质公园、历史文化名城保护区，以及多处文物保护单位。工程复杂、影响范围广、环境敏感程度高，在城际轨道交通中极具代表性，因而有必要对宁句城际开展生态环境课题的研究，解决面临的生态环境问题，确保项目建设对生态环境的影响最小。

课题组对南京至句容城际轨道交通工程进行了全面深入的研究，制定了《城市轨道交通建设工程全过程环境保护管理办法》，该办法包含了 6 项专项环保管理制度。对生态敏感区绿色施工等技术开展了研究，编制的团体标准《城市轨道交通建设工程生态环境保护技术指南》已由中国生态文明研究与促进会正式发布。应用一体化管理平台并对其进行了优化升级研究。

中电建对场界喷淋进行了改造，设计了智慧分区启动系统并获得了发明专利。部分盾构区间隧道侧穿汤泉水库有可能影响水体水质，因此，在施工中采取了针对性措施，施工期间对汤泉水库水质的检测结果证明其水质满足地表Ⅲ类标准。同时中电建开展了盾构添加剂污染时间、空间研究。在结构混凝土的破碎再生利用方面，工程产生的破拆废弃混凝土约 23.9 万 t，经处理后制成再生骨料和免烧砖等产品约 25.7 万 t。

中电建通过实践提升了环保理论水平。获得了 2 项发明专利、2 项实用新型专利。

被评为省级工法的技术有 1 项，发布团体标准 1 项，发表专业论文 5 篇。还由中国铁道出版社出版专著《城市轨道交通工程全过程环境保护管理》，通过对废水循环利用、厂界喷淋装置优化调整、破拆混凝土综合处置利用，以及技术指南、管理办法等方面研究成果的应用，句容城际轨道交通工程建设取得了非常显著的经济效益、环境效益和社会效益。

镇江京杭运河水上服务区绿色港航示范基地

江苏交科能源科技发展有限公司软件研发中心副主任 沙 薇

习近平总书记在党的二十大报告中强调："必须牢固树立和践行绿水青山就是金山银山的理念，站在人与自然和谐共生的高度谋划发展。"要深入推进环境污染防治，坚持精准治污、科学治污、依法治污，健全现代环境治理体系，持续深入打好蓝天、碧水、净土保卫战。

绿色港航是遵循港口、航道、人、自然和谐相处的理念，通过技术革新、结构优化、制度完善等手段，统筹港航发展与生态保护、污染防治、资源节约与循环利用、节能降碳等方面的关系，以最少的资源投入、最小的环境代价、最大限度地满足社会经济发展产生的合理需求，打造生态友好、能源低碳、排放清洁、资源集约和运行高效的现代化港航系统。

水上服务区是为往来船舶提供日常生活用品、应急维修保障、过闸岸上登记缴费、船舶停泊服务的重要场所。随着水运行业的飞速发展，绿色航运服务需求不断增加，迫切需要水上服务设施向集约化、绿色化方向发展，为来往船舶提供更加便利、更加完善的水上服务。

镇江地处长江和京杭运河两条水运主通道交会处，拥有沿江自然岸线 270 km，万吨级以上泊位 58 个。镇江京杭运河水上服务区是苏南运河镇江段三级航道整治工程的重要配套服务设施，是船舶从长江进入苏南运河的第一座内河服务区。

镇江京杭运河水上服务区占地总面积 113.35 亩，总建筑面积 7 025 m^2，岸线全长 1 056 m，区内建筑物主要有综合服务楼、远调楼、物流中心、服务区管理中心等。服务区可供 80 条船同时停靠，年停靠船舶超过 1 万艘次。

为打造花园式服务区和全国首个绿色港航示范基地，集中展现船舶港口污染防治工作成效，镇江京杭水上服务区结合大运河文化开展了集绿色化、综合性、智慧化的水上服务区建设项目。

该项目总投资 1 200 万元，从 2019 年 6 月至 2020 年 8 月历时 15 个月，主要建设内容包括大运河长廊文化标识建设、船舶污染物智能接收设施及岸基供电设施建设、集装箱式生活污水处理站建设、文化展厅（含室外展示区）建设。

大运河长廊文化标识建设包括环境绿化、纤夫群像、巨型石雕等内容。

项目创新使用了船舶污染物智能接收设施，实现了船舶垃圾、含油污水、生活污水的送交—接收环节的无人值守，船方通过手机扫码即可送交污染物，数据自动同步至云端平台，实现全流程精准管理，为行业监管提供了依据。

岸基供电设施的应用引导船舶使用岸电实现船上照明、满足生活用电需求，供电设施代替传统的柴油机发电，解决了噪声污染、辅机尾气排放问题。行业管理部门可在云服务平台查询船舶接续艘次、岸电使用时长、使用量等信息。岸基供电设施的使用降低了船舶靠泊期间的污染排放，实现了节能减排、防治污染的目标。

集装箱式生活污水处理站可同时接收 2 艘船舶排放的生活污水，接收时间为 15 min/艘，处理能力为 20 m^3/d，船舶生活污水经处理后用于服务区绿化及道路喷洒，多余部分排放至污水管网。处理站完成了从船舶生活污水接收上岸至处理达标排放的所有工作。

文化展厅集中展示江苏船舶港口污染防治智慧监管体系，该体系按照“应收尽收、应建尽建、应管尽管、应免尽免”的原则进行全要素统监管，打造的绿色交通云平台实现了船舶污染物电子联单监管、岸电设施管理、粉尘在线监测及船舶尾气遥测。

室外展示区通过实物展示模拟了从船舶生活污水存储到岸上移动接收柜（或岸上固定接收设施）接收再到后续转运（或纳管，或自处理后排放）的整个过程；此外集中展示了岸电设施、船舶尾气遥测设施、粉尘在线监测设备、便携式船舶污染物智能接收终端等设备。

截至 2022 年 10 月，镇江京杭运河水上服务区累计接待省内外交通行业调研、交流，举办活动 30 余次。

绿色港航示范基地的建立有助于推广和宣传“绿色港航融合发展”理念，统筹港航发展与生态保护、污染防治、资源节约与循环利用、节能降碳的关系，集中展现行业管理工作成效，具有推广示范意义。

生态环保研发中心
——“绿色交通”实践创新基地

北京市首发天人生态景观有限公司生态环保研发中心副经理 赵 斌

本文主要从依托平台情况、实施情况、创新做法三个方面介绍北京市首发天人生态景观有限公司生态环保研发中心“绿色交通”实践创新基地。

一、基地依托平台

北京市首发天人生态景观有限公司生态环保研发中心（以下简称首发生态环保研发中心）依托单位为北京市首发天人生态景观有限公司（以下简称首发生态），是集生态景观规划设计、研发、建设、运营于一体的国有企业，隶属北京市首都公路发展集团有限公司，该公司成立于2000年，是全国城市园林绿化50强企业之一，也是国家高新技术企业和中关村高新技术企业，还是全国最大的公路景观养护服务商。

北京市首都公路发展集团有限公司为聚焦绿色发展战略，助力高质量发展，开展具备绿色交通、生态保护等领域研发试验功能，兼具景观与科技成果展示功能的“绿色交通”实践创新基地建设。该基地占地约25 000 m^2，其中办公实验驻地面积5 000 m^2，试验展示区2万m^2。2022年成功入选首都文明办北京市第二批科技与科普服务类新时代文明实践基地。先后与清华大学、北京林业大学、北京建筑大学、中国矿业大学（北京）等建立合作，开展多次教学实习工作。

首发生态环保研发中心位于北京市延庆区八达岭镇京礼高速大浮坨收费站管理区，于2020年8月正式建成，是首发生态的科技创新中心、人才培养中心、实验展示中心、检测检验中心、成果转化中心及教研实习中心。拥有我国第一个由企业自主建设的大型人工模拟降雨实验平台，配备了国际生态修复行业最先进的EL-RS5槽式人工模拟降雨系统。建立生态环境专业实验室，配备仪器30余台套，可完成重金属、化学需氧量（COD）、生化需氧量（BOD）、总磷、总氮、有机质、盐含量等常用指标的检测，使首发生态的自主研发能力大幅提升。

二、实施情况

基地主要围绕碳达峰碳中和、生态环境、资源化利用三个领域开展研究和工作。

（1）碳达峰碳中和领域：分别从交通行业碳排放路径、绿色低碳转型措施，以及废弃物低碳资源化利用等方面开展工作。

（2）生态环境领域：①裸露坡面生态修复技术，以“近自然生态修复”的理念为指导，利用自然系统的自我更新再生能力，借鉴周边未扰动山区生态系统的组成、结构、功能，通过地形恢复、土壤重构、植被重建等有机结合的人工的诱导方式，使修复坡面的生态功能和生态系统结构逐步接近或达到邻近未扰动山区水平。后期少维护、少管理，经济成本低。已成功应用于京礼高速、大广高速（广州段）、京承三期、京平高速、京昆高速、京新高速等重点区域，累计修复裸露坡面 300 余万 m^2。起草了北京市地方标准《高速公路边坡绿化设计、施工及养护技术规范》（DB11/T 1112—2014）、林业行业标准《北方地区裸露边坡植被恢复技术规范》（LY/T 2771—2016）、国家标准《裸露坡面植被恢复技术规范》（GB/T 38360—2019）。②智慧海绵交通技术：首发生态在京台高速、远通桥、京礼 110 桥区等工程中设计实施了桥区雨水收集与节水灌溉系统，深入贯彻海绵城市和绿色交通建设理念，达到了资源循环利用的目的。通过应用远程数据传输、自动集水净化及智慧灌溉等措施，打造智慧海绵数字化平台。

（3）资源化利用领域：首发生态将树枝、树干等粉碎，添加胶凝剂、染色剂，加工成植材混凝土产品。植材混凝土相关成果已经获得国家发明专利“一种制备铺装材料的方法及其制备的铺装材料和应用”，实用新型专利“一种采用芦苇材料的路面结构”“一种轻质生态植材砖及生态护坡系统”“一种轻质生态植材树穴盖板”。先后被北京六环路北野场桥、京开高速主辅路隔离带、聚贤公园、京哈高速护坡等工程应用，累计应用面积近 10 万 m^2，首发生态还围绕绿地废弃物综合处理模式，与北京城市绿心森林公园、大兴念坛公园等公园开展业务合作，提供集设计、咨询、施工、维护等于一体的绿地废弃物综合处理服务。以下介绍几种由首发生态开发的绿色技术。

人工草炭、喷播基质、保育块技术

园林绿化工程中大量使用草炭，而草炭作为一种不可再生资源，大量开采会造成环境破坏，当前已被多数地区禁止开采，首发生态研究了绿地废弃物快速腐熟技术，并将它用于种植基质和裸露边坡喷播绿化基质中，有效减少了草炭的使用。相关成果已经申请国家发明专利“一种原位生态恢复喷播基质的制备方法”，并在兴延高速、延崇高速（北京段）、北京城市绿心森林公园、北京市高速公路（六环路、京承高速、京昆高速等）绿化养护等工程中应用。针对当前绿化工程往往需要反季节施工，导致苗木成活率低的难题，利用人工草炭开发了可降解保育块，在育苗的过程中保育块既可起到保水保肥的作用，使苗木根系快速成坨，保证苗木根系的稳定性，有效解决苗木反季节种植的问题，提高苗木成活率及苗木景观效果；同时，栽植成活后保育块有自行降解能力，减少了对环境的污染。相关成果已经获得国家实用新型专利（一种育苗块），并在延崇高速（北京段）、北京城市绿心森林公园、北京市高速公路（六环路、京承高速、京昆高速等）绿化养护等工程中应用。

生态环保融雪剂

以腐殖酸为主要原料，经氧化降解、分子自组装，首发生态最终获得具有生态修复功能的有机融雪剂，解决了当前使用的氯盐融雪剂侵蚀路面、危害植物、污染地下水等问题。实现了融雪、促进植物生长和生态修复的“三合一”。该产品的融雪速率及融雪持续时间均接近氯盐融雪剂，优于市售的环保型融雪剂。因产品中不含氯和钠等对环境有害的成分，最大限度减少了产品使用后对混凝土路面的破坏及对金属构件的腐蚀，有效解决了目前国内使用融雪剂造成的重大环境危害。

该技术应用前景广泛，可应用于城市的道路、公园、广场等区域。目前已在大兴区南六环路、通州区马驹桥、延庆区大浮坨、门头沟区军庄、房山区京昆高速韩村河服务区开展应用，取得了良好的效果。因新型生态有机融雪剂对金属构件的腐蚀率远低于氯盐融雪剂，从长期来看，可大大降低桥梁和汽车的养护成本。

三、主要创新做法

（1）发挥集团资源优势，打造生态环保基地。

（2）强化前沿技术整合，与行业学会、协会合作创新。

（3）建立基地制度及标准，深化基地管理。

（4）依托基地广泛宣传，推动科技成果落地转化。

（5）发挥资源优势，建立人才培养基地。

首发生态受邀参加2018年第二十一届和2020年第二十三届中国北京国际科技产业博览会。在会上首发生态公司充分展示了自身在裸露坡面植被恢复核心技术打造、生态产品研发和科技标准引领方面的优势，大力打造首发生态的科技品牌，凸显了公司在裸露坡面生态修复、海绵城市建设、屋顶绿化和绿地废弃物资源化利用方面的科技成果。

十一、共建绿色“一带一路”国际论坛

强化“两山”的探索实践 共建绿色“一带一路”

南昌市委常委、市人民政府副市长 肖 云

生态文明建设是习近平总书记念兹在兹的“国之大者”。党的十八大以来，在习近平生态文明思想的科学指引下，祖国的天更蓝、山更绿、水更清。“物华天宝、人杰地灵”的南昌，坚持“绿水青山就是金山银山”的理念，以打造江西国家生态文明试验区“南昌样板”为目标，以打好打赢污染防治攻坚战为重点，持续深入开展蓝天、碧水、净土保卫战，推进城乡人居环境整治，积极稳妥推进碳达峰碳中和，努力建设“山水豫章郡，活力英雄城”，守好南昌的蓝天白云青山绿水，守护好南昌的鸟语花香、田园风光，先后获评“国家园林城市”“国家森林城市”“国家水生态文明城市”“国际湿地城市”称号。

习近平总书记在党的二十大报告中指出，共建“一带一路”成为深受欢迎的国际公共产品和国际合作平台，并提出了推动共建“一带一路”高质量发展的要求。推进共建“一带一路”绿色发展是践行绿色发展理念推进生态文明建设的内在要求，是推进共建“一带一路”高质量发展构建人和自然生命共同体的重要载体。

近年来，南昌市作为“一带一路”重要节点城市，以绿色发展理念为引领，夯实工业发展基础，融入区域发展协作，推动工业转型升级，全方位提升开放能级，积极为融入“一带一路”创造了有利条件，大力引导和鼓励企业参与绿色“一带一路”建设，推进绿色基建、绿色能源、绿色交通、绿色金融等领域合作，着力打造新时代内陆双向开放新高地。全省 390 多家企业积极开拓海外市场，谋划参与了 60 多个国家和地区的国际产能合作及基础设施建设，涉及 20 多个“一带一路”沿线国家。

下一步，南昌市将继续认真向各位领导、专家和同人学习，汲取共建绿色“一带一路”国际论坛汇聚的智慧，强化“绿水青山就是金山银山”的探索实践，踔厉奋发、勇毅前行，与各地一道共建绿色“一带一路”，让绿色切实成为共建“一带一路”的底色。

中国生态文明论坛第十届年会举办地选在南昌，为南昌人聆听各位领导和专家的真知灼见、学习各地生态文明宝贵经验提供了一次难得的机会，也是南昌向全国生态文明建设者展现英雄之城、历史名城、山水都城、动感新城风貌的一次好机会。千里逢迎，高朋满座。南昌自古有热情好客的传统，欢迎各位领导和嘉宾在南昌多走走、多看看，探寻历史文化和现代气息浑然一体、江山绿水和名胜古迹交相呼应、自然风光和民俗风情相映成趣的英雄城南昌。趁此良机，实地感受一下初冬时节的江南。

建设绿色丝绸之路　促进共同发展繁荣

生态环境部对外合作与交流中心党委书记、主任　张玉军

“落霞与孤鹜齐飞，秋水共长天一色。”很高兴有机会来到唐代诗人王勃盛赞的美丽城市南昌，分享疫情时代推动共建绿色“一带一路”高质量发展路径和共建国家绿色低碳转型的实践创新案例。

当前，世界百年未有之大变局加速演进，世界经济复苏动力不足，全球面临着应对气候变化、生物多样性保护、能源与粮食安全等多重挑战，迫切需要聚焦绿色低碳转型，探索发展和保护相协同的新路径。正如习近平主席在全球发展高层对话会上指出的，这是一个充满挑战的时代，也是一个充满希望的时代。在严峻的全球挑战面前，各国人民实现绿色、低碳、健康发展的愿望更加强烈，发展中国家相互学习、交流、合作的需求更加旺盛，新一轮科技革命和产业变革给各国带来的机遇更加广阔。

自共建“一带一路”倡议提出以来，特别是习近平主席提出建设绿色丝绸之路以来，共建“一带一路”绿色发展取得积极进展，理念引领不断增强，交流机制不断完善，务实合作不断深化，成绩主要体现在以下几个方面。

一是完善绿色“一带一路”政策体系。2022 年上半年，生态环境部等四部门联合发布《关于推进共建“一带一路”绿色发展的意见》，系统部署新时期共建“一带一路”绿色发展的目标、任务和路径。生态环境部、商务部联合印发《对外投资合作建设项目生态环境保护指南》，引导境外企业开展可持续基础设施投资和运营，不断提高项目环保管理水平，为新时期共建“一带一路”绿色高质量发展提供政策保障。

二是建立更加紧密的绿色发展伙伴关系。在习近平主席的倡议下，“一带一路”绿色发展国际联盟于 2019 年 4 月正式启动。3 年多来，联盟朋友圈不断扩大，目前已经有来自 40 余个国家的 150 多个中外合作伙伴加入联盟。围绕应对气候变化、生物多样性保护等重点议题，联盟开展了深入的专题研讨和联合研究，与“一带一路”绿色发展伙伴关系倡议、“一带一路”绿色投资原则等多个平台协同增效，成为中国参与全球环境治理的“国家名片”。

三是深化能源绿色低碳领域务实合作。中国持续深化可再生能源领域国际合作，光伏产业为全球市场供应了超过 70%的组件。近年来，中国在“一带一路”沿线国家和地区可再生能源项目投资额呈持续增长态势，实施了一批绿色、低碳、可持续的清洁能源项目，积极帮助有需要的国家和地区推广应用先进绿色能源技术，为高质量共建“一带

一路”提供绿色解决方案。

四是支持共建国家生态环境保护能力提升。实施绿色丝路使者计划和应对气候变化南南合作计划，为120余个发展中国家培训3 000余名生态环境保护和应对气候变化领域的官员和技术人员，已与29个“一带一路”国家签署应对气候变化南南合作文件并开展物资援助、低碳示范区建设等合作项目，帮助发展中国家提高应对气候变化能力。建设“一带一路”生态环境保护大数据服务平台、“一带一路”环境技术交流与转移中心，推进绿色低碳发展信息共享和环保技术在共建国家落地。

2022年12月，《生物多样性公约》（以下简称《公约》）第十五次缔约方大会（COP15）第二阶段会议将在《公约》秘书处所在地加拿大蒙特利尔召开，中国将继续作为主席国，领导大会实质性和政治性事务。中国一直不遗余力地发挥主席国的领导和协调作用，推动各方为达成“框架”相向而行。目前，“框架”谈判已进入最后冲刺时刻，我们呼吁各方积极践行共商共建共享的全球治理观，进一步强化达成“框架”的政治意愿，展现协作精神、务实态度和必要的灵活性，共同推动在关键议题上达成共识，以顺利达成雄心和务实平衡的“框架”，携手构建更加公正合理、各尽其能的全球生物多样性治理体系，推动COP15第二阶段会议取得圆满成功。

“知者行之始，行者知之成。”在高质量共建“一带一路”过程中，中国始终注重将绿色发展理念贯穿其中，与各方携手建设更紧密的绿色发展伙伴关系。一系列绿色项目有效助力了当地可持续发展，为推进全球环境治理、构建人与自然和谐共生的地球家园作出了实实在在的贡献。

作为共建“一带一路”绿色发展的重要技术支撑单位，生态环境部对外合作与交流中心（以下简称中心）在国际公约履约、区域及双多边合作、产业技术交流、政策研究以及能力建设等领域为生态环境部开展国际合作提供支持与服务，是我国开展生态环境保护对外合作与交流的重要平台。中心近年来持续推动“一带一路”绿色发展国际联盟做实做深，推进“一带一路”生态环境保护大数据服务平台共建共享，持续实施绿色丝路使者计划，承担的中国—东盟、中国—上海合作组织、澜沧江—湄公河、中非环境合作等框架下的生态环境保护合作工作，为绿色丝绸之路合作提供重要的区域支点。

共建“一带一路”跨越不同地域、不同发展阶段、不同文明，共建“一带一路”绿色发展面临的风险挑战依然突出，生态环境保护国际合作水平有待提升，应对气候变化约束条件更加严格。面对全球环境与气候治理的新形势，笔者就后疫情时代推动共建绿色“一带一路”高质量发展，共促绿色发展繁荣提三点建议。

一是强化合作引领，推进共建国家绿色低碳发展优势互补。依托绿色联盟等多边合作平台，帮助共建国家政府、金融机构和企业等各相关方对接合作需求、挖掘合作潜能、凝聚合作共识，推动共建国家实现绿色发展优势互补。

二是探索绿色创新，加强绿色丝绸之路重点领域合作实践。要以绿色能源、绿色金融等重点领域的合作为抓手，持续推动清洁能源产业技术合作，提升共建国家绿色投融资能力，支持共建国家实现低碳发展目标。

三是推动互惠共享，打造绿色“一带一路”建设务实成果。推动绿色项目落地实施，与共建国家分享更多可推广、可复制的绿色解决方案，切实提升共建国家人民的获得感与幸福感，为绿色“一带一路”合作凝心聚气。

绿色丝绸之路建设蕴含着推动全球低碳转型的巨大潜力。共建绿色“一带一路”国际论坛以“后疫情时代高质量共建绿色‘一带一路’”为主题进行交流和对话，具有非常重要的意义。期待与各位代表就推进绿色丝绸之路建设进行更深入的对话，凝聚绿色共识，共促绿色发展。

助推绿色“一带一路” 共谋全球环境治理

联合国环境规划署驻华代表 涂瑞和

联合国环境规划署是联合国系统牵头负责环境事务的权威机构，其使命和职责是对全球环境状况作出评估和展望，设定全球环境议程，推动国际环境治理体系发展，支持各国政府制定环境政策和法律法规，提高各利益相关方和社会组织的环境意识，发起全球环境领域的各项倡议和行动，从环境维度促进可持续发展目标的实现。2022 年距联合国召开首次人类环境会议和联合国环境规划署成立已过了 50 年，笔者愿在此分享一些全球环境保护的进展和挑战。

1972 年，联合国在瑞典斯德哥尔摩召开了人类环境会议（以下简称斯德哥尔摩会议），标志着人类对环境问题的“觉醒”，环境问题开始登上国际舞台，全球环境治理开始起步。斯德哥尔摩会议的主题“只有一个地球”今天仍然非常切合实际——地球是我们人类唯一的家园。联合国环境规划署和 6 月 5 日“世界环境日”的设立就是斯德哥尔摩会议的产物。

斯德哥尔摩会议召开 50 年来，全球环境治理取得不少值得骄傲的进展。

一是斯德哥尔摩会议之后，各国政府纷纷设立专门负责环境事务的专门机构。50 年前，绝大多数人没听说过气候变化这个词，当前已经有不少国家将环境专门机构的名称更改为环境与气候部，或者气候变化部。

二是全世界已有 100 多个国家将“环境权”写入宪法；2022 年 7 月底，联合国大会通过了一项决议，明确“享有清洁、健康和可持续的环境是一项普遍人权”。各国也制定了许多相应的保护环境法律法规。

三是国际性会议陆续召开，如 1992 年在里约热内卢举行联合国环境与发展大会、2002 年在约翰内斯堡举办了可持续发展首脑会议、2012 年在里约热内卢召开了地球峰会，2022 年为纪念斯德哥尔摩会议召开和联合国环境规划署成立 50 周年在斯德哥尔摩举办了名为“斯德哥尔摩+50”的会议等，这些会议凝聚了各国、各利益相关方的共识，提高了各国、社会各界的环境意识，推动了各项保护环境的规划计划的实施。

四是各国政府在联合国相关机构支持下签署了多项影响力大、具有深远意义的全球环境公约，如《联合国气候变化框架公约》及其《京都议定书》《巴黎协定》，《联合国防治荒漠化公约》，《生物多样性公约》，《濒危野生动植物种国际贸易公约》，《保护野生动物迁徙物种公约》，《保护臭氧层维也纳公约》，《关于持久性有机污染物的斯德哥尔摩公约》,《关于汞的水俣公约》,等等。

《保护臭氧层维也纳公约》和《关于消耗臭氧层物质的蒙特利尔议定书》被认为是全球环境治理体系最成功的多边环境协定:自 2000 年以来,臭氧层逐渐恢复,预计北半球臭氧层能在 2040 年前完全恢复,南半球臭氧层将在 2060 年前恢复。这是当代版的“女娲补天”故事。中国为保护臭氧层作出巨大贡献:中国淘汰消耗臭氧层物质(ODS)的量占所有发展中国家淘汰总量的一半左右。

五是联合国环境规划署发起了淘汰含铅汽油的倡议,得到各国积极响应,经过 20 多年的努力,终于在 2021 年底前成功实现全球完全淘汰含铅汽油。

全球环境治理能取得进展或成功的基础是坚持多边主义和国际合作精神。

全球环境治理经过了 50 年,人类面临的挑战依然非常严峻:全球整体环境状况比 50 年前更趋恶化,预计联合国 2030 可持续发展目标中的各项指标大概只有 10%能实现。第五届联合国环境大会通过的联合国环境规划署 2022—2025 年中期战略认为,人类可持续发展进程面临三大全球环境危机:一是气候变化,二是生态系统退化和生物多样性丧失,三是污染和废物。这三大危机相互关联,一个危机的加剧会导致另外两个危机升级,反之,一个危机的缓解会促进另外两个危机的缓解。

在气候变化方面,全面梳理和分析格拉斯哥《联合国气候变化框架公约》第二十六次缔约方大会(COP26)前后世界各国自主贡献的减排承诺,笔者发现其与《巴黎协定》确定的 2℃升温的目标相差甚远,距离 1.5℃升温目标差距就更大了。2022 年世界多地被热浪“袭击”和极端天气屡屡创纪录。因俄乌冲突造成的能源供应紧缺,导致一些国家重启煤电,这些都给气候变化进程带来新的不确定性。

在生态系统退化和生物多样性保护方面,地球上 75%的土地和 2/3 的海洋已经被人为改变;当前近 100 万物种面临灭绝的风险,约占人类已知物种总量的 1/8。2022 年 10 月 13 日世界自然基金会发布的《地球生命力报告 2022》显示,人类活动导致全球野生动物种群数量比 1970 年减少 69%。《生物多样性公约》制定的 2020 年保护目标一共有 20 个指标,评估结果表明,没有 1 个指标是完全实现的,部分实现的指标也仅有 6 个。

污染和废物直接影响着人类和生态系统健康:人类排放的污染和丢弃的废物遍布整个地球,甚至无常住居民的南极、北极腹地都能检测到污染物;仅空气污染每年就造成 600 万~700 万人缩短寿命。大量的重金属、化肥和农药随着农业排水进入江河湖泊,进入海洋,严重影响海洋生态系统,大洋深处很多地方都有海漂垃圾和废塑料,海洋中出现了很多缺少生命的“死水区”。

产生这三大危机的根本原因是经济增长不平衡、财富分配不公平、人类不可持续的生产和消费方式。

从全球环境治理的角度来分析，有以下几个方面的问题仍需解决：一是欠缺强大的政治意愿、政治领导力不足；二是全球环境治理体系的有效性有待加强；三是各国的能力不同，多数发展中国家缺乏相应的经济实力和技术能力；四是在实施层面，共识和分歧并存，共识体现在大家都意识到了“保护全球环境确实非常重要，大家都要采取行动”，分歧在于“谁多干些，谁少干些”“谁多出一些资金，谁可以少出一些资金”；五是重视保护目标的制定而轻视保护目标的可实现性和具体贯彻落实措施；六是在减排与适应两大主题中，重减排轻适应。

在《联合国气候变化框架公约》下，发达国家承诺2020年前每年调动1 000亿美元气候援助资金支持发展中国家，但实际状况是，根据经济合作与发展组织的统计，2016—2019年发达国家提供给发展中国家的气候援助资金为585亿～796亿美元，并且这些资金当中既包括私营部门资金，也包括发达国家提供的气候贷款，而非此前承诺的赠款。

2022年3月举行的纪念联合国环境规划署成立50周年特别会议和6月举行的纪念斯德哥尔摩人类环境会议50周年的“斯德哥尔摩+50”会议给我们一些鼓励：各方普遍的共识是，我们需要采取紧急、更有效的行动去落实和实施各方已经达成目标，我们需要行动，行动，再行动；落实，落实，再落实。可是半年以来，落实的行动还是很少。现在评估，若《巴黎协定》顺利实施，预计到2030年全球排放量比现在减少40%，现在统计出来的各国的排放量加起来只减少1%。

2022年2月，第五届联合国环境大会上通过了一项新的控制塑料污染的决议，未来它将发展成一项控制塑料污染公约，这也给我们带来了新的希望。

自2020年9月习近平主席在联合国大会宣布“3060”双碳目标以来，中国政府各相关部门、各地方、企业界、大学、研究院、智库等应对气候变化、推进温室气体减排的工作达到了“高铁速度”，各部门、各地区、各行业、各社会团体都积极行动起来采取有效措施促进减排。

中国推进绿色发展和低碳转型、实现“双碳”目标过程中，积累的良好实践和成功经验具有全球性意义。联合国环境规划署期待中国继续大力做好国内减污、降碳、改善环境质量、生态修复、促进绿色发展方面的工作，同时向发展中国家，尤其是“一带一路”沿线国家，分享良好实践和成功经验，帮助发展中国家加强环境治理能力建设、开发应用实用绿色、低碳清洁的技术。联合国环境规划署执行主任多次表示，联合国环境规划署愿意支持中国向国际社会分享良好实践。

汇聚民间力量　加强交流合作

中国民间组织国际交流促进会副秘书长　王　珂

2013年，习近平主席提出共建“一带一路”的倡议。截至2022年，共建“一带一路”取得一系列新进展，收获一系列新成果，得到国际社会的高度关注和大力支持，成为深受欢迎的国际公共产品和国际合作平台。

习近平总书记在中国共产党第二十次全国代表大会上的报告中指出，必须牢固树立和践行绿水青山就是金山银山的理念，站在人与自然和谐共生的高度谋划发展。中国式现代化是人与自然和谐共生的现代化，可以说，生态文明建设是中国共产党为人民谋幸福、为民族谋复兴、为世界谋大同的新思想和新作为。

推进共建“一带一路”绿色发展，是践行绿色发展理念，推进生态文明建设的内在要求；是积极应对气候变化，维护全球生态安全的重大举措；是推进共建绿色“一带一路”高质量发展、构建人与自然生命共同体的重要载体，需要各国、各界的共同努力。

民间组织是推动经济社会发展、参与国际合作和全球治理的重要力量，笔者所在的中国民间组织国际交流促进会（以下简称交流促进会）是中国最大的国际交流类社会组织联合体。多年来，交流促进会积极推动中国的社会组织参与联合国可持续发展大会、联合国气候变化大会等重要的多边活动，同各国合作伙伴开展保护生态环境和应对气候变化等方面的务实合作。在2022年举办的《联合国气候变化框架公约》第二十七次缔约方大会上，交流促进会推动中国十多家社会组织到埃及参会，与国内外合作伙伴共同发出了加强应对气候变化国际合作的民间声音。

接下来，交流促进会愿同共建“一带一路”国家的朋友们加强交流合作，汇聚民间智慧和力量，共同应对我们面临的全球性挑战。为此，笔者提供以下建议：

一是坚持以人民为中心，推动务实合作成果更好地汇集共建国家民众的声音；

二是坚持真正的多边主义，凝聚共建绿色“一带一路”的国际合力；

三是坚持务实合作，为共建国家发展和全球发展提供新的机遇。

继往开来，交流促进会将坚定地贯彻落实中国共产党第二十次全国代表大会关于绿色发展的重大部署，深化同各国各方的交流合作，携手推进共建绿色“一带一路”，为共同创造人类更加美好的明天作出更大的贡献。

携手共促柬中友谊　实现绿色低碳发展

柬中关系发展学会会长　谢莫尼勒

2009 年 12 月，中国江西省九江学院、柬埔寨王家研究院等合作建立了柬埔寨首家孔子学院。2009 年，笔者创办了柬埔寨王家研究院并于 2009—2017 年担任柬埔寨王家研究院院长。其间，每次到访九江学院，笔者都会在南昌住几天，和中国朋友一起四处逛逛。

南昌和江西的美丽风景一直让笔者难以忘怀。中国人民自古就坚持人与自然和谐共生的理念。笔者是哲学博士，多年来专注于研究中国哲学。笔者个人认为，道家学派创始人老子提出的“道法自然”的意思就是世间万物都要遵循自然的法则，人和自然是不可分割的。

2005 年，习近平主席提出“绿水青山就是金山银山”。这一理念不断发展，越来越多的中国人自觉贯彻和落实它。大家都深刻地认识到，好的生态环境蕴藏着无限的价值，森林是水库、钱库、粮库、碳库。

全世界都清楚地记得，2022 年 10 月 16 日，习近平主席在中国共产党第二十次全国代表大会开幕式上提出，推动绿色发展、推进美丽中国建设。中国始终坚持“绿水青山就是金山银山”的理念，让生态环境更美好，天更蓝、山更绿、水更清。

过去十年，中国已成为全世界最大的造林国，造林面积占全球造林总面积的 25%。营造、保护森林也助力了生物多样性保护。大熊猫已不再是世界濒危动物。中国人民竭尽所能保护亚洲象的举动也成为全球热点。

过去十年，中国在减少温室气体排放和促进清洁能源使用方面公众参与度呈指数级增长。中国每年减少碳排放 2.94 亿 t，减少煤炭消费 14 亿 t。这还只是开始。

过去十年，“绿水青山就是金山银山”的理念深入人心，绿色生活、清洁低碳已成为越来越多中国人的选择。

过去十年，中国人像保护眼睛一样保护生态环境，像对待生命一样对待生态环境。

在以习近平同志为核心的党中央的坚强领导下，中国在保护生态环境，满足人民需求和实现人与自然和谐共生方面作出了巨大的成绩。全世界都见证了中国发挥的榜样作用，如在坚持不懈推动绿色发展、实现联合国 2030 年可持续发展目标方面发挥的作用。作为中国的“钢铁”朋友，柬埔寨一直在研究和实施绿色发展战略，以帮助柬埔寨人民改变生活方式，吸引更多的游客前往柬埔寨这个神奇王国。

感谢中国生态文明研究与促进会、中国和平发展基金会、北京平澜公益基金会、昆明云迪行为与健康研究中心、广州冰川环境咨询服务有限公司等中国伙伴与柬中关系发展学会的密切合作，帮助柬埔寨完成了许多绿色发展项目。

打造技术转移创新体系　服务共建“一带一路”绿色发展

一带一路环境技术交流与转移中心（深圳）主任　禹芝文

本文从打造绿色“一带一路”国际合作高端平台和绿色技术转移创新体系等方面，介绍一些笔者自己的想法和见解。

首先，介绍一下一带一路环境技术交流与转移中心（深圳）。2017 年，生态环境部与深圳市人民政府联合成立了一带一路环境技术交流与转移中心（深圳）（以下简称一带一路中心）。一带一路中心着力打造绿色技术创新“硅谷”和生态环境保护国际合作“高地”，是首家服务绿色“一带一路”建设的国家级实体平台。中心发展宗旨为落实联合国 2030 年可持续发展议程，发挥深圳先行示范作用，开展绿色技术合作交流，集聚国内外优势资源，带动产业、技术和项目转移。一带一路中心深度参与“一带一路”绿色发展国际联盟的相关活动，成为“一带一路”绿色发展国际联盟“环境质量改善与绿色城市”专题伙伴关系的中方召集单位。

一带一路中心的发展建设得到了国家的高度重视和有力支持。2017 年，一带一路中心作为 25 个重大项目之一被纳入生态环境部发布的《“一带一路”生态环境保护合作规划》。2019 年，又被纳入第二届“一带一路”国际合作高峰论坛成果清单。2022 年 3 月，国家发展和改革委员会、生态环境部等四部门联合发布的《关于推进共建“一带一路”绿色发展的意见》中明确要求，“加强‘一带一路’环境技术交流与转移中心（深圳）示范作用”。以上内容充分说明，一带一路中心使命光荣，职责重大。

2022 年，世界地缘政治局势紧张，疫情反复延宕，气候变化、战争、粮食和能源等多重危机叠加，世界经济脆弱性更加凸显，共建“一带一路”国际环境也日趋复杂。同时，“一带一路”共建国家协调经济社会发展与资源环境保护的要求更加强烈，绿色丝绸之路建设面临着重要机遇。“一带一路”倡议为全球经济增长和绿色转型提供了新的驱动力。

面对挑战与机遇并存的世界大变局，一带一路中心围绕服务生态文明和绿色“一带一路”建设的根本目标，全力落实国家有关政策要求，在打造生态环境国际合作高端平台、构筑绿色技术转移体系、构建绿色技术孵化体系、推动中国生态文明理念与技术“走出去”等方面取得了积极进展。

一、打造绿色“一带一路”国际合作高端平台

一是举办“一带一路”绿色创新大会。自 2019 年起，举办了三届“一带一路”绿色创新大会，邀请国内外政府官员、专家学者、联合国环境规划署等国际组织、行业龙头企业代表参会，生态环境部领导每年都出席大会，共同探讨生态环境与绿色低碳发展政策和技术合作，分享绿色实践经验，“一带一路”绿色创新大会已逐渐成为“一带一路”绿色发展交流与合作的国际品牌活动。

二是举办绿色产业创新创业大赛和“一带一路”绿色故事短视频大赛。绿色产业创新创业大赛筛选评估国内外优秀绿色技术，积极支持和推动其孵化、落地应用和“走出去”，为中国生态文明和绿色“一带一路”建设提供了有力的技术支撑。截至 2022 年，绿色产业创新创业大赛已成功举办 3 届。一带一路中心通过举办“一带一路”绿色故事短视频创作大赛，分享传播生态文明理念和建设成就，讲好“一带一路”生态环境保护故事，促进“一带一路”共建国家民心相通。绿色产业创新创业大赛和“一带一路”绿色故事短视频创作大赛相关工作正在有序推进，计划近期举办颁奖仪式。

三是组织开展能力建设活动。承办生态环境部“绿色丝路使者计划”相关活动，组织开展“一带一路”生态环境保护能力建设培训和共建、共营、共享专题对话系列活动，培训国内外学员超 1 500 人，覆盖 25 个国家；12 次参与商务部、国家发展和改革委员会援外培训授课，获东南亚、非洲、拉丁美洲等地 21 国近 300 名参训学员高度肯定。

四是拓展合作伙伴网络。联络大使，走进领事馆，开拓“走出去”“引进来”第一线资源。与德国、新加坡、罗马尼亚、科威特四国驻外大使举办交流会，探索借助使馆一线优势和桥梁作用，精准对接国外合作需求。积极对接荷兰、新加坡、德国、泰国等国驻广州总领馆，举办中荷建交 50 周年系列活动对接洽谈会，推动国内外企业技术交流。

五是在国际上宣传中国绿色发展经验。在全球城市框架下开展了构建深圳碳中和绿色竞争力的评估工作，系统总结了深圳在政策制定、绿色建筑、绿色交通、清洁能源、生物多样性保护等领域的成就和经验。成果之一《应对气候变化的深圳实践》宣传册被中国代表团带到了英国格拉斯哥，在 2021 年《联合国气候变化框架公约》第二十六次缔约方会议（COP26）期间被广泛传播。2022 年，这本宣传册又被带到了埃及《联合国气候变化框架公约》第二十七次缔约方会议（COP27）上。深圳和中国低碳发展经验得到了国际社会认可。

二、建立绿色技术转移创新体系，促进技术“走出去”

一是构建国际合作网络，探索“抱团出海”机制。依托央企国企的海外渠道，设立

老挝、德国、巴西、新加坡等海外创新中心。与德国海外联盟商会等海外机构建立联络渠道，与泰州科技、跨境创新工坊等海外供应链企业、跨境电商等多类型涉外企业紧密对接，打通出海通道。

一带一路中心持续提升服务企业出海的咨询能力，提供“走出去”的政策、资金及财商法税“一揽子”解决方案，降低中小企业出海风险。借力央企国际全球布局网络资源，联动中小企业，联合开展产品推广和技术转移工作，共同开拓海外市场。

二是落地标志性示范成果。联动央企参与孟加拉达舍尔甘地 50 万 t 污水厂运维项目，为孟加拉国提供污水处理和污泥处置技术支持。在外交部和生态环境部指导下，实施中国—南盟城镇水环境治理技术示范项目，为孟加拉国水务局援助水质监测设备。助力中国锂电池企业“走出去”，协助深圳锂电池企业与捷克能源企业开展合作。

三、建立技术孵化和投资体系

一带一路中心积极推进全资子公司、绿色产业基金、技术孵化基地和产业园区建设。为技术孵化、产业化应用和投融资提供全方面支持。积极响应国家“双碳”战略，积极推进国家气候投融资促进中心建设。在深圳市生态环境局支持下，成立了深圳国家气候投融资促进中心筹建办公室，对接深圳气候投融资项目库建设和运营工作，开展气候投融资项目遴选，投融资对接等业务。一带一路中心也在推进绿色丝路股权投资基金建设。

下一步，一带一路中心将继续发挥绿色技术交流与转移创新平台的作用，完善“一带一路”绿色技术转移体系、技术孵化服务体系、技术投资体系，为共建绿色“一带一路”贡献力量。

深入理解中国生态文明观 高质量共建绿色“一带一路”

巴基斯坦亚洲生态文明研究与发展研究院院长 沙克尔·艾哈迈德·拉迈

《联合国气候变化框架公约》第二十七次缔约方会议（COP27）已经结束，会议讨论了气候变化和环境保护相关问题。本文将介绍高质量共建绿色“一带一路”的想法是如何诞生的？其背后蕴含的哲学思想，以及中国想要实现的更大愿景是什么呢？

正如习近平主席所说，要把生态文明建设摆在全局工作的突出位置。习近平生态文明思想是马克思主义基本原理同中国生态文明建设实践结合、同中华优秀传统文化相结合的重大成果。如果要深入理解习近平生态文明思想，就必须先明白几大理念。第一，社会主义生态文明观。中国正努力实现人与环境、地球的和谐共生。中国认为人与自然是生命共同体，人与自然息息相关。第二，坚持可持续发展理念。经济发展和生态环境保护是辩证统一的。两者的平衡需要好的体制机制，好的体制机制可以确保经济发展和生态环境保护相辅相成，齐头并进。第三，生态、生计统一。这是一个非常有趣的概念。人们生活水平和经济条件提高后，对优美生态环境的需要也日益增长。

如何才能满足上述需求呢？伟大的习近平主席指出，只有实行最严格的制度、最严密的法治，才能为生态文明建设提供可靠保障。习近平主席还指出要严守生态保护红线。好的生态环境不仅关乎中国，也关乎全球。生态环境与全世界的利益息息相关。因此习近平主席倡导全世界各国携手合作，共谋全球生态文明建设。

为此，习近平主席提出新发展理念。新发展理念是中国未来发展模式的基石，其中包括创新、协调、绿色、开放、共享五大理念。中国通过改革体制机制，制定政策和行动计划，确保实现高质量绿色发展。

习近平主席在不同场合倡导全球合作，共谋生态文明建设。中国共产党和习近平主席致力于让中国成为世界榜样，为此中国已开始推动实现高质量绿色发展。

中国正推进循环经济，向传统线性经济告别。线性经济模式中，我们用完即扔，而循环经济要求实现资源的可持续利用。这是非常独特的经济发展模式，让外界对中国未来如何实施充满期待。

中国也提出了具体的减排目标。中国的《“十四五”工业绿色发展规划》指出，到2025 年，单位工业增加值二氧化碳排放降低 18%，规模以上工业单位增加值能耗降低

13.5%。此外中国大力推动资源回收利用产业发展，预计到 2025 年，回收行业的交易额将达到 7 730 亿美元左右。这些都是重大举措。除此之外，中国正准备打造综合立体交通网，贯彻绿色发展理念，依靠科技赋能，推进绿色低碳发展。

下面谈一谈中国植树造林的成绩。过去 40 年里，中国人工林面积稳居全球第一位。1976 年，中国的森林覆盖率为 12.6%；2022 年，达到 24%。这意味着过去 46 年，中国植树造林面积达到 115 万 km^2，比很多国家的国土面积还大。

中国不仅在国内采取诸多措施，也向全世界发出了倡议，并不断复制成功经验。首先，中国提出了“一带一路”倡议，该倡议包括绿色发展、减少贫困、互联互通、造福人类等各方面内容。虽然初期，绿色投资占比只有 38%，但到 2019 年，绿色投资占比已经达到 58.8%。这是一个巨大的转变。中国也在建设不同的经济走廊。以中巴经济走廊为例，中国正不断增加对太阳能和水电站的投资。如 2019 年，中国、巴基斯坦两国同意投资 19.8 亿美元在巴基斯坦建造水电站。除了中巴经济走廊，还有很多别的绿色投资案例，在此不再赘述。总而言之，中国正不断增加绿色投资，促进绿色低碳发展。这些都是良好的开端。

不仅如此，习近平主席在第二届“一带一路”国际合作高峰论坛上表示，要本着开放、绿色、廉洁理念，推动共建“一带一路”沿着高质量发展方向不断前进。此外，在“一带一路”国际合作高峰论坛分论坛上“一带一路”绿色发展国际联盟正式成立。“一带一路”绿色发展国际联盟是推动实现绿色“一带一路”的领军机构，它们正在实施包括大数据服务平台建设、交通灯项目等在内的很多绿色举措。

中国不仅在说，还在付诸行动。除了“一带一路”倡议，中国还致力于应对气候变化。例如，中国将向发展中国家提供“6 个 100”项目支持，其中包括 100 个生态保护和应对气候变化项目。此外，中国还提出了全球发展倡议，倡议提出重点推进减贫、发展筹资、互联互通等，而应对气候变化也是该倡议的核心之一。

在《生物多样性公约》第十五次缔约方大会上，习近平主席表示，中国将率先出资 15 亿元人民币，成立了昆明生物多样性基金。这些都是中国为保护生态环境、促进绿色发展实施的重大举措。最后笔者还想强调以下几点：第一，如果我们梦想拥有一个繁荣美丽和平的世界，我们必须爱护生态环境，否则一切将只是空想。第二，习近平主席指出，生态环境保护和经济发展是辩证统一、相辅相成的，良好生态环境是最公平的公共产品，是最普惠的民生福祉。

"一带一路"清洁生产与低碳发展

南昌大学资源与环境学院院长 石 磊

中国工程院于 2018 年启动了"一带一路"倡议研究课题。在课题启动时，我们主要是从贸易和技术合作的角度来分析"一带一路"发展所面临的新机遇和新挑战。2018 年到 2022 年仅过去了 4 年，但这 4 年世界和中国都发生了巨大的变化，产生变化的主要原因有三个：第一个是疫情的暴发；第二个是中美分化，这种分化已经从贸易领域深化到技术产业领域；第三个是俄乌战争。现在看来，当初分析的环境准入、软硬件体系建设、组织实施等挑战虽然基本侧重于战术执行层面，但新变化的产生更加凸显了战略研究的重要意义。

在识别出新机遇和挑战后，我们认为生态环境保护合作要从技术链的角度推进，首先是开展对工程技术的评估，筛选出生态环境领域有合作可能的技术清单；其次是技术展示推介、技术援助示范；最后是推广应用。孟加拉帕德玛水厂和"一带一路"沿线的新能源建设都是这方面的成功例子。

在战略研究中，课题组识别出了一些重要的任务，包括打造生态环境保护国际合作绿色通道、编制国际合作技术路线图等。在技术领域，课题组认为应优先开展生态环境监测技术与设备的国际合作，这是摸清环境底牌的硬件基础。关于大气、水和固体废物方面的技术合作，课题组细化了技术清单。

由于"一带一路"国家的资源禀赋、产业结构、发展水平各不相同，合作十分必要。课题组将"一带一路"国际合作分成了八大技术领域，分别是新能源、基础设施、气候变化、工业清洁生产与循环经济、减灾防灾、水资源、环境治理、自然资源利用。本文简单介绍其中三个领域。

第一个是新能源技术。世界光伏产业中，光伏组件 70%是中国生产的，"一带一路"沿线有很多国家适合发展光伏或其他新能源产业，因此清洁能源技术也是我们研究的重点。

第二个是工业清洁生产与循环经济技术。这与课题组正在开展的课题密切相关，课题组重点梳理了钢铁、石化、水泥、造纸、纺织五大行业，对这五大行业做了比较清晰的技术梳理。

第三个是气候变化适应性与韧性提升技术。这是一个非常重要的技术领域，尤其是在"双碳"背景下。我国现在还是重减排轻适应，在碳达峰实现之前主要任务还是减排，但在碳达峰之后，适应性和韧性提升技术就会变得非常重要。并且，“一带一路”沿线有很多国家是生态环境特殊的地区，所以韧性提升技术非常关键。

接下来简单介绍一下课题组正在开展的课题——“‘一带一路’沿线典型重污染行业清洁生产技术比较与应用联合研究”。这个课题着重研究清洁生产，尤其是工业领域的清洁生产。20 年前，笔者曾拜读涂瑞和发表的有关清洁生产国际动态的文章，了解到工业发展存在一些痛点问题需要寻求环境与经济“双赢”的解决方案。以此为借鉴，课题组从经济发展和环境保护两个维度去研究清洁生产的必要性。课题组要做的就是发掘经济和环境协调发展的条件、产生的具体效应，研究能否通过“一带一路”的共建体现生态环境保护和经济发展的辩证统一。

由于项目负责人复旦大学的王玉涛老师拥有生物专业背景，在前文提到的课题组进行技术梳理的五大行业中，课题组选择造纸作为重点研究行业。课题组建立了造纸行业清洁生产全球数据库和基于生命周期的清洁生产评价方法，评测了“一带一路”国家造纸行业的清洁生产水平及污染转移情况。基于建设的全球数据库，我们对全球 30 个主要的制浆造纸生产与消费国做了分析。分析结果表明，除制浆造纸生产环节外，前端的土地利用变化造成的碳排放及后端的循环再生环节产生的碳排放占到了产品整个生命周期的一半以上，这表明对造纸行业的清洁生产的研究不应该局限在生产环节，对产品全生命周期的研究非常重要。

践之于行　共促民心相通

北京平澜公益基金会创始人　邱莉莉

北京平澜公益基金会已经在全球开展了5年民心相通工作。其中很多都和生态环境有关，下面跟大家分享一下北京平澜公益基金会所做的工作。

北京平澜公益基金会成立的目的是希望在全球发生重大灾祸时保证中国的社会组织不缺位。而发生灾祸时的应急工作包括了应对生态危机和环境危机。2022年在中共中央对外联络部（以下简称中联部）等有关部门的支持下，北京平澜公益基金会获得了联合国咨商地位，在日内瓦拥有了一个办公室和一些全职工作人员，开展了对联合国的外交工作。

目前，北京平澜公益基金会在全球进行的项目基本上都与原来的活动式、运动式援助不同，尽量在项目基地国设立办公室，实施长期项目。目前除了日内瓦，北京平澜公益基金会在坦桑尼亚美丽的乞力马扎罗山脚、黎巴嫩都设有办公室，负责一些难民救助工作等。2021—2022年，北京平澜公益基金会持续不断地对阿富汗进行援助；还在中联部的支持下执行了柬埔寨排雷项目，向当地捐赠了太阳能路灯和污水处理设备。

虽然北京平澜公益基金会是一个刚成立了5年的新组织，但是比较活跃，目前在亚洲开展了很多援助行动，例如在泰国进行洞穴救援，对巴基斯坦洪灾给予援助、对阿富汗地震开展援助、协助柬埔寨开展排雷工作和帮助泰国进行海岸巡护等。北京平澜公益基金会还一直在支持联合国环境规划署的“小炉灶”项目。

北京平澜公益基金会是一个行动力特别强的组织，或是由所在有国别的办公室统筹，或是从中国派救援队救援，或是与外交使团以及侨团的配合，他们也给了很多帮助，在许多灾难中都发挥了作用。

2019年非洲遭受历史少见的飓风袭击，莫桑比克、津巴布韦和马拉维3个国家受灾。北京平澜公益基金会在津巴布韦有一个主要进行生物多样性保护和反盗猎工作的办公室，工作人员具备综合性的救援能力，他们迅速行动起来参与救援。之后北京平澜公益基金会又从中国派出一支6个人的专业救援队，和国家救援队一起进入了莫桑比克，协助他们进行救援。而在马拉维，北京平澜公益基金会在当地没有工作人员，所以在使团协助下基金会向当地居民援助了粮食。

虽然北京平澜公益基金会的行动力很强，但我们更注重防控，在这方面也形成了一些有益的经验，篇幅有限此处不做展开。除此之外，我们还在进行能力建设工作。2020年中国山火扑救过程中伤亡了很多消防救援人员，刚好笔者也是蓝天救援队的创始人，那年清明节北京平澜公益基金会发动了全国各地的救援队，组织约 20 万名应急志愿者，总共 2 000 多支队伍，开展预防山火的应急演练。北京平澜公益基金会也为多地的消防救援人员提供培训服务。因为很多地方消防队伍不具备综合救援能力，基金会将培训重点从救火变为现在的综合救援培训。

“路漫漫其修远兮”，很多工作要一点点做，目前中国的社会组织在全球援助中力量还略显不足，项目的数量、资金的体量还远远不够，需要一步步加强。在各部门的支持下，北京平澜公益基金会马上就会拥有自己的远洋医疗船。关于海洋保护，北京平澜公益基金会期待未来拥有远洋船之后，可以配合有关部门开展工作。在“一带一路”共建工作中，我们发觉在社会和环境问题上都可能遇到很大的障碍和阻力。在克服这些障碍和阻力的过程中，北京平澜公益基金会希望能作出回应，尤其是公益和慈善方面的回应。

“一带一路”倡议下培养老挝研究生的江苏新模式探索与实践

河海大学世界水谷研究院执行院长　黄德春

在过去十多年中，河海大学响应国家“一带一路”倡议，在东盟十国留学生培养方面做了有益的实践和探索，在此跟大家进行交流分享。

在东盟十国中河海大学主要选择了老挝进行教育合作，尽管老挝面积不大，但它是我们“一带一路”倡议的南向通道必经之地，也是澜沧江—湄公河合作机制的重要发起国。2021 年底，中老铁路的通车对整个东盟地区的影响重大、意义深远。党的十九大之后，习近平主席首次出访就选择了老挝，提出了携手打造中老命运共同体的构想。

中国和老挝两国一衣带水，澜沧江—湄公河作为纽带，连接了中国、老挝、缅甸、泰国、柬埔寨、越南六个国家。水电是该地区主要能源之一，澜沧江—湄公河的 23 条支流有 17 条流经老挝，所以老挝是其主要流经国，该河流对老挝的贡献度也最大。老挝大力发展水电，提出了做“东南亚的蓄电池”的构想。河海大学的校友参与了老挝境内大多数电站的建设，与老挝建立了非常深厚的合作关系，这为河海大学后来与老挝进行教育合作打下了良好的基础。现在分四个方面对教育合作情况加以介绍。

一是研究生教育“走出去”。东南亚国家基础教育水平整体相对比较弱，非常缺乏研究生层次的高素质人才。中资机构承担建设的水利大坝工程在工程结束后“交工交不了钥匙”是目前普遍存在的问题。

河海大学以国家“一带一路”澜沧江—湄公河合作为引领，依托河海大学的管理学、经济学、水利工程、环境工程等强势学科，与中国电力建设集团、老挝国立大学、老挝国家电力公司、中国工商银行万象分行等机构合作，采取校企融合、送学上门的方式，针对老挝人才需求，提供定制化的高端人才培养服务。启动了博士、工商管理硕士（MBA）、工程硕士三个项目。博士项目在当地招收 17 名主要来自老挝国家部委和优秀国企的博士生。MBA 项目主要依托老挝国家电力公司，培育了 50 余名中层管理人员。工程硕士项目则是主要面向驻老挝中资机构的管理人员。

围绕在老挝进行的这些人才培养项目，从招生到培养再到导师管理，形成一系列的制度和完整的组织体系。在老挝，围绕人脉相通、教育相连，构建了“政产学研金文”融合的合作协同网络，形成了面向海外需求，定点投放，境外办学的新模式。针对不同的项目河海大学进行精准分类，依托机构定制。在实施过程中实现了校企合作、产教融合。

二是研究生培养改革取得积极成效。目前 17 位博士生大多已经毕业，他们中包括了目前许多在老挝国家工商委、国家电力公司、财政部、能源矿产部、自然资源与环境部、投资计划部、中国工商银行万象分行等机构工作的业务型领导和专家。河海大学的培养模式得到了中国教育部的表彰，教育部专题报道了河海大学海外办学、推动人才本土化培养的经验。

河海大学的 MBA 项目通过了国际工商管理硕士协会（AMBA）组织的多次认证，笔者陪同 AMBA 认证委员会的 Andrew Lock 先生专程去过老挝，检查了河海大学的教学培养过程。该项目还获得了“一带一路”水与可持续发展科技基金、丝路基金等的资助，新华网、凤凰网、老挝国家通讯社等多家媒体也对该项目进行了多次报道。河海大学在当地成立了河海大学海外中心（老挝）、河海大学老挝校友会，这些组织在推进合作中发挥了非常大的作用，也推动了河海大学与老挝国立大学、沙湾拿吉大学的合作。

教育合作项目促进了中老之间的科研合作。这几年河海大学先后获得了澜沧江—湄公河合作领域的国家社会科学基金重大项目 3 项，创建了教育部国际河流创新团队、江苏省澜湄合作创新团队等，出版了数部专著，发表了大量的文章，产生了一批合作成果。河海大学还推进了国内地方政府、企业与老挝的合作，如南京江宁开发区、常州高新区与老挝万象省或沙湾拿吉省等建立了政府间合作；南瑞集团、南钢集团等实现了与当地企业的对接，推进了两边的互动和交流。

在非政府教育外交和水外交方面，河海大学拜访了几任老挝国家领导。2018 年，还在老挝万象省主办了第四届“世界水谷”论坛，该论坛参会嘉宾超 800 人，反响非常好。

三是研究生培养创新。河海大学的教育模式的一个特点是主动“走出去”，形成一种“政产学研金文”融合的协作模式。老挝的能源和矿产部、国家工商会、投资计划部、财政部等政府部门，中国电力建设集团、老挝国家电力公司等企业，老挝国立大学等高校，南京水利科学研究院、老挝国家社会科学院等科研机构，中国工商银行万象分行、老挝证券交易所等金融机构给予了河海大学很大支持，中国新闻社和丝路传媒等媒体也积极参与其中。

另一个特点是形成海外研究生培养的“轻资产”办学模式，规避了风险。河海大学实际投入的是“零资产”，主要成本是差旅费和教师的相关教学研究费用。教学场地都是当地资源，师资出自河海大学和老挝当地大学。七八年前我们已形成线上线下相结合的教学模式，形成由中老双方共同建立的导师团队，每年安排学生来南京，进行教学、论文指导并组织学生到当地企业进行参观交流。东南亚人民非常尊师重教，所以教师对老挝的印象也很好，还常到当地国家领导人家里做客，增进了感情和友谊。

四是未来的推广模式。习近平总书记曾经指示，讲好中国故事、传播好中国声音，向世界展示真实、立体、全面的中国。因此，河海大学形成了这种模式北上、南下、东连、西进的构想。北上是向俄罗斯和蒙古发展；南下的发展目标是东盟十国；东连是要逐渐将这种模式推广到日韩；西进的路线是沿着中亚、西亚，一直到非洲。目前，我们跟泰国、柬埔寨、越南、马来西亚等国的大学和企业建立了合作关系，在非洲也招收了不少留学生。实际上，从20世纪90年代到2010年，河海大学的国际合作基本上是与西欧、北美、日韩等发达国家共同开展的。2010年以来，河海大学开始转变海外合作发展方向向发展中国家推进得比较快，这也契合了国家“一带一路”倡议。

为大道之行　中国水务的至善初心和绿色行动

中国水务集团有限公司董事　王小沁

笔者作为中国水务集团有限公司（以下简称中国水务）董事、深圳金达环境控股有限公司（以下简称金达环境）董事长、深圳市生态环境科学促进会会长就如何推动共建绿色“一带一路”高质量发展阐述一下自己的见解。

笔者认为，共建绿色“一带一路”高质量发展是一个宏大又很实际的议题。我国在倡议建设“一带一路”、构建“人类命运共同体”等事关可持续发展的行动中，秉持着一个重要的理念——“同行天下大道，共创光明未来”。中国共产党第二十次全国代表大会上的报告中提出了“只有各国行天下之大道，和睦相处、合作共赢，繁荣才能持久，安全才有保障……中国坚持绿色低碳，推动建设一个清洁美丽的世界”。此外，还对生态文明建设、绿色低碳发展作了丰富的阐述。笔者认为，共建绿色“一带一路”的目标非常明确，就是相关国家和地区的政府、企业和人民要齐心协力同行大道。

中国水务作为中国公共事业领域的重要建设者之一，是在香港交易所上市的国际化公司，也是践行大道的“积极分子”。近 20 年来，中国水务致力投资兴建和经营水务项目，业务覆盖了自来水、直饮水供应，城市排水管网运维、污水处理、水环境综合治理、水务设施建设、设备生产、节能环保等城市涉水业务的全产业全链条，服务人群达 3 000 多万。

企业是一个微观角色，在践行大道过程中，需要付诸具体行动。为践行绿色发展理念，助力生态文明建设，中国水务开展了很多工作，包括发布《中国水务“碳达峰、碳中和”实施计划纲要》，并从提高清洁能源使用比例、全面推广自来水和管道直饮水高质量发展、打造绿色工厂、强化资源利用，以及加强宣传引导等维度来落实该文件。

以全面推广管道直饮水高质量发展为例。大家知道，生产桶装水、瓶装水的过程会大量消耗水资源。有报道显示，每生产 1 L 瓶装水至少消耗 17.5 L 自来水；同时，使用后的塑料瓶也会污染环境，形成的微塑料还会威胁人体健康。中国水务与日本东丽等顶尖的膜生产企业合作，以全球领先的管道直饮水技术和服务，减少了瓶装水、桶装水的使用，同时解决了普通自来水管道二次污染和不循环的问题，也避免了大规模的水厂、市政道路管网改造带来的浪费。这是变革性的节水行动、减塑行动和绿色行动。而且这样生产的管道直饮水 pH 可调控，更有益于保护用户身体健康，提升了用户的生活品质。目前，中国水务已在全国 100 多个城市建成 1 200 多个直饮水项目，对促进当地经济社会高质量发展、赋能人民美好生活发挥了重要作用。同时，中国水务还推动数百个水厂充分利用厂区空间，采用“自发自用、余量上网”的模式建设光伏发电项目，强化资源利用、打造绿色工厂。

此外，中国水务还建设、运营了上百个污水处理项目，为城市和乡村的工业污水、生活污水处理提供精细化、极具竞争力的服务，切实助力各地生态环境治理。值得重点分享的案例是金达环境在广东惠州大亚湾石化区采用建设—拥有—经营（BOO）模式，进行的工业废水处理项目，中国水务与埃克森美孚、科莱恩、普利司通、LG 集团等数十家欧美、日韩企业保持着紧密的环保合作；我们投资近 9 亿元，承接了国家重点能源项目——埃克森美孚惠州乙烯项目的配套污水处理设施建设和运营，处理产生的中水将输回埃克森美孚惠州乙烯项目，进行多达 6 次的循环利用。该项目不仅开创了境内大型石化工厂污水处理完全外部委托的先河，也成为中外企业绿色环保合作的典范。

中国水务长期以来坚持“以水为本、达善社会”的理念。水务和水务环保是投资重、见效慢、周期长的行业，但我们依旧矢志不渝、热衷于此，始终以资本向善，选择以影响力投资的方式、坚持长期主义的理念投身其中。中国水务也因此获得多项“绿色认证”：被《香港经济日报》评为“2021—2022 年度杰出 ESG 企业”，被全球最大的指数公司明晟（MSCI）授予 ESG BBB 的评级，被亚洲开发银行授予“水务韧性奖”，荣获“金港股年度颁奖盛典——最佳基建及公共事业公司”奖项，获得“财经长青奖——可持续发展普惠奖”等荣誉。由此可见，中国水务是践行“大道”的“积极分子”。

2022 年 6 月，深圳金达环境与“一带一路环境技术交流与转移中心（深圳）”签署了战略合作协议，聚焦水务/环保技术合作、市场投资、经验输出等，助力“一带一路”建设发展。“志合者，不以山海为远。”正如中国水务与跨国企业联手共促生态环境高水平保护的生动实践，笔者相信，只要“一带一路”国家和地区凝聚共识，携手同行大道，秉持至善初心，扩大开放合作，就必能共同实现更高质量的绿色可持续发展！

十二、生态美学论坛

加强中国生态文化的培育和促进

生态环境部总工程师、水生态环境司司长
中国生态文明研究与促进会会长
张　波

2022年闭幕的党的二十大提出了一个很重要的理念，就是建设人与自然和谐共生的现代化。过去我们讲人与自然和谐共处，现在讲人与自然和谐共生，这是哲学理念上的巨大进步，是人类文明发展的重要成果。这种理念只有转化成全社会的共同行动，才会真正实现我们希望的人与自然和谐共生的现代化。理念和行动之间需要文化发挥的作用，因此我们要大力培育生态文化和促进其发展，通过文化的作用，让党的二十大提出的理念和要求，变成每个人自觉的认识、自觉的理念、自觉的行动。

第一，文化与艺术工作者要有使命感。在强调“生态优先”时，还要注意“以人为本”，需要统筹兼顾处理好两者的关系。中国的生态有中国的地域特征，中国人更是受中国的历史和文化影响有自己的特点。所以讲好中国故事，既要虚心学习借鉴发达国家的经验，更要立足中国的国情、聚焦中国的问题、阐述中国的经验，着力建设有中国特色的生态文化体系。

第二，既然要培育和促进生态文化建设，就要深刻认识和把握生态规律。文化表达的背后应当有生态规律的支撑，而不仅仅是套用生态的概念。如果脱离了生态规律来表达生态文化，就很有可能变成哗众取宠，甚至可能借用生态的概念和形式做了破坏生态的事情，引导公众产生不正确的生态行为，这是不可取的。

第三，生态文化的培育和发展，一定要深入实际。生动鲜活的生态文明故事发生在社会的各个阶层、各个角落，只有深入一线、深入人心，才能比较好地了解中国生态文明故事是怎么发生的，感悟生态保护与政治、经济、文化、社会间的脉络联系。中国生态文明的故事很精彩！这些年，我国的水环境质量和大气环境质量有了很大的变化，公众获得感、幸福感、安全感有了明显提升。环境改善的背后是保护行动。保护与发展常常是有冲突的，那么中国是如何进行博弈的？又是如何统筹兼顾，既实现了环境改善，又实现了经济增长，还保持了社会稳定？这些成绩的获得都是很不容易的。只有真正了解了其中具体、生动、深刻的社会实践，才会由内向外产生强烈的文化表达激情，这样表达出来的生态文化才是有力量的，才是感染人的。

生态美学建设的南昌探索与实践

南昌市人民政府副市长 龙国英

生态文明建设是习近平总书记念兹在兹的“国之大者”，党的十八大以来，在习近平生态文明思想的科学指引之下，祖国的天更蓝、山更绿、水更清。党的二十大报告指出，尊重自然、顺应自然、保护自然，是全面建成社会主义现代化国家的内在要求，必须牢固树立和践行“绿水青山就是金山银山”的理念，站在人与自然和谐共生的高度来谋划发展。

生态美学反映当代中国人与自然和谐共生的美学精神，是一种反映社会主流价值取向的话语体系，是新时代具有标志性的美学形态，新时代生态文明与美丽中国建设的伟大目标和伟大实践，为中国生态美学发展提供了充分的理论营养与巨大的发展空间。

南昌自古就有“襟三江而带五湖，控蛮荆而引瓯越”的美誉，赣江、抚河、玉带河、锦江、潦河纵横交错；东湖、西湖、青山湖、艾溪湖、象湖、军山湖、青岚湖等数百个大小湖泊如明珠点缀。

南昌一直坚持“绿水青山就是金山银山”的理念，以打造江西省国家生态文明试验区南昌样板为目标，以打好污染防治攻坚战为重点，持续深入开展蓝天、碧水、净土保卫战，推进城乡人居环境整治，积极稳妥地推进碳达峰碳中和，先后获得了“国际湿地城市”“国家森林城市”“国家水生态文明城市”等荣誉称号。

目前，全市建有 2 处国际重要湿地、4 处省级重要湿地、5 处省级湿地公园、1 处县级湿地保护区。南昌辖区内的鄱阳湖的水域面积占整个鄱阳湖的近 1/3，每年在湖区越冬的候鸟种群多、数量大，种群最大时可以达到 18 万只。南昌作为东亚、澳大利亚候鸟迁徙的中转站，为全球数十万只水鸟、95%以上的东方白鹳、98%以上的白鹤提供了越冬的迁徙地。

如今走在南昌的街头，处处绿水成荫。集休憩、观赏、生态、健身、娱乐于一体的绿地，凸显“绿肺”功能的城市湿地，真正为市民创造了一个开窗有景、出门见绿的宜居环境。更多的绿色资源走进群众生活，增添了市民亲近自然，享受园林生活的获得感。

南昌区位优势明显，历史文化底蕴深厚，山、水、林、田、湖、草、沙资源丰富，发展生态美学大有可为，希望领导、专家不吝赐教、传经送宝，为推动、发展、完善南昌的生态美学，建设美丽南昌，提供更多的智力支持。

生态语境下的生态美学

著名生态环境媒体人、中国环境报社原社长兼总编辑　杨明森

本文的主题是“生态语境下的生态美学”，演讲前笔者想先请大家闭上眼睛，在脑海里想象这么一幅画面：有一座山，山上有林，林下有河，河边有田。

同是这座山，从不同角度来考察，结果是不一样的。经济学家看到了可利用的自然资源，环境学家看到了不一样的生态系统。管理者想的是由谁来保护和经营，而更多人看到的是风景。经济学家、环境学家和管理者再一抬头，也觉得这是一道风景。

一座山，怎么就变成了风景呢？

这是一个关于美的问题。把山定义为自然资源和生态系统，有技术依据，可证实、可证伪、可量化。美，似乎不能。那么，美是什么呢？“你不问，还明白，一问，反而糊涂了。”这不是笔者的回答，是著名美学家朱光潜先生论美和美学的一句名言，原句应该出自黑格尔的《美学》。黑格尔最终也给出了一个观点，美是理性的感性显现。之后，又出现了不少新主张。比如，狄德罗说，美是关系；车尔尼雪夫斯基说，美是生活。早于黑格尔很多年的亚里士多德说，美是一种善；亚里士多德的老师柏拉图则假借自己老师苏格拉底的语气说，美是难的。

我们的至圣先师孔子认为，里仁为美。孔子的再传弟子孟子认为，充实之谓美。后来的荀子认为，全粹为美。

一直到现在，美、美的本质等问题，仍然活跃着各种想象。一座山何以成为风景，是可以作出不同解释的。

其一，这座山无所谓美丑，美是人对山的评价。山是客观存在，美却是被人的主观所赋予。所以，同一座山，有人说美，也有人说一般。

其二，这座山的美，本质归结于山的某些自然属性和社会属性。没有客观的美，人依靠什么去评价？美是客观的，有客观规律可以把握。

其三，这座山的美，既有主观性，也有客观性，是主观与客观的统一。客观存在的山只具备了美的条件，只有加上人的审美意识，美才能产生。

其四，这座山的美，是客观存在，但不是自然现象和自然属性，而是社会现象和社会属性。美，独立于人的主观意识之外，又不能脱离人类社会。

以上解释的主要思想，来自当代中国美学的四大流派：美是主观的，美是客观的；美是主观与客观的统一；美是客观性与社会性的统一。

综合起来可以发现，这片风景是由自然的山和人的审美活动共同创造的。“审美主体+审美对象+审美活动”三者缺一不可。研究这座山的美，就必须走进一门学科——生态美学。

之所以是生态美学，不是自然美学或者山水美学，主要因为生态美学更强调人的参与，注重人与自然的良性互动。眼前的山，已然不是原始状态，尤其那片田，更是人为开垦形成的。生态美学视野里的自然，是人工扰动过、留下人类活动印记的自然。这就不仅仅是看见了，而是已经走进了。

最能体现生态美学这个特征的，是生态文学。正如环境生态学主要研究变化了、受损了的生态环境一样，生态文学面对的是变化了或者正在变化中的自然。可以说，生态文学主要关注的不是生态环境，而是生态环境问题。生态文学描写的自然，是社会发展变化中的自然；生态文学描写的人，是自然变化中的人。只写自然或者只是借景抒怀，而不涉及自然变化中的人，虽然可以成为优秀的山水文学，但不是生态文学。

同时，生态美学也不同于环境美学。正如生态与环境可以相提并论，却非完全等同。生态强调要素与要素的联系，看重事物间的关系；环境也讲要素之间的联系，但首先关注要素自身的功能和变化。两者同样重要，又有各自独立的存在意义。基于这样的逻辑，可以看到生态美学关注的对象及其边界，就是人与山水林田湖草沙构成的生命共同体。

生态美学的哲学基础是生态文明，生态美学研究所向往的社会目标也是生态文明。在生态文明的语境下，生态美学主要具有四重基本内涵：和谐共生、万物有序、生生不息、有节有度。

生态美学的第一重基本内涵：和谐共生。

地球是一个巨大的共生有机体，自然界是万物共生的神奇存在。生物多样性是地球生态系统可持续的基础、人类生存和发展的基础，也是地球之所以美丽的主要条件。

所谓共生，是指不同物种之间形成的紧密互利共存关系。没有共生现象，地球就不会存在生命。在共生的方式中，有的不同物种相互依赖，分开了，彼此都不能生存，这叫作互利共生。有的两个或几个物种生活在一起，对一方有利，对其他方无害，这叫作偏利共生。

偏利共生的受益方离开共生生物，即使能够存在，生存质量也会大打折扣。比如中药黄芪，人工种植的药效不如野生的。影响黄芪品质的，除了施用化肥、农药等因素，还有一点非常重要，就是失去了共生植物，包括草木樨、白莲蒿、蓝花棘豆、委陵菜、牡蒿、黄毛辣豆、地八角、桂竹香、秦艽、黄芩、远志、北柴胡等，都可以有，就是不能都没有。

如果把自然界看作一个整体，那么人与自然之间是什么样的共生关系呢？应该更倾向于偏利共生。人类的出现，是自然界演化的结果，人也是地球生态系统的一部分。离开自然界，人类将无法生存；没有人类，自然界照样很好。

所以，人类一直在探究和反思自己与自然的关系。中华传统文化对此贡献的巨大智慧，可以概括为一个关键词，就是天人合一。这个概念最早由道家提出，儒家进一步强化，使之成为儒家思想的经典组成部分。儒释道在很多哲学问题上，观察的角度不一样，得出的结论也不同，而“天人合一”这个理念，儒释道都非常赞同和推崇。

人与自然的关系，或者说人与天的关系，是生态美学的母题。只有正确把握人与自然的关系，才能理解生态美，欣赏生态美。中华传统文化和西方美学史都有在学界很有影响的观点，认为美是和谐。万物各得其和以生，各得其养以成。人与自然各美其美，美美与共。万物共生，和谐共生，构成天地人间最美景象。生态之美，美在多样，美在和谐，美在共生。保护生态的本质是保护生物多样性，促进人与自然和谐共生，这也就相当于维护生态美。破坏多样性，破坏人与自然的和谐共生关系，不仅损害人类生存条件，还将直接伤害美。如果生存难以为继，那么美将无从谈起。

生态美学的第二重基本内涵：万物有序。

自然界的安排，最合理、最恰当，最有秩序。爱尔兰作家奥尼尔说，万物皆有序，无人能主宰。大自然的每种形态，都有必然的秩序逻辑，而良性和非良性，是人类依据实用标准作出的功利划分。适宜生存和发展的，人类称为良性，否则就是不好或者恶劣的。而无论人类喜欢还是不喜欢，大自然的秩序都不会改变。大自然的变化，同样也是有秩序的，不以人的意志为转移。有些自然现象，人类觉得乱了秩序，但自然界都有自己的节奏，遵循着自己的秩序。人类可以通过努力减轻或减缓变化的负面影响，但改变不了变化的进程。

从美学的高度来观察，秩序就是一种美。老子也认为，美是秩序，秩序即美。审美可以让人超越实用功利，从更高层面感受美、把握美。在生态美学看来，四时更迭、月圆月缺，乃至疾风暴雨、巨浪排空，都充满了老子所阐述的秩序美。自然界的秩序美深刻影响了人类的社会生活，秩序也成为社会美的重要表现形式。人类还经常从自然界的秩序中得到灵感，创作出具有秩序美特征的诗歌、音乐、建筑等艺术作品。

秩序就是规律，就是老子说的道。“人法地，地法天，天法道，道法自然。”世间万物都要遵从自然规律。所谓“独立而不改，周行而不殆”，指的也是规律。自然界是不停运动的，运动是有规律的，规律是不可违抗的，人类只能一步步地去认识和利用。人类的开发活动要遵循自然规律，生态修复也要遵循自然规律，不应把自己的意愿强加给自然。在与自然界互动并且不断探索自然规律的过程中，人类越来越深刻地感受到了自然的伟大和自己的渺小，感受到了自然在审美意义上的崇高。这种崇高感，来自大自然的壮阔，也来自大自然规律的不可抗拒。崇高引起的审美愉悦，是先惧后喜，再是敬畏。因为人类是自然界的后来者，且大自然有太多未知乃至不可抗力，所以对自然充满敬畏。心中有敬畏，看山是神奇的，看水是圣洁的。心中有敬畏，言有止，行有戒，做事讲边界，做人守底线。心中有敬畏，精神世界就更接近山水，心灵就充盈，就干净，就更能感受自然的美、生态的美。

生态美学的第三重基本内涵：生生不息。

“一生二，二生三，三生万物。”大自然是动态增长的，这是一条根本性法则。在人类出现之前，地球上各种植物与微生物就不断地进行光合作用，吸收和转化太阳的能量，使地球越来越肥沃，使人类和其他生命得以繁衍。我们的先哲称之为生生不息。马克思则称之为自然增长力。今天的大自然仍在动态增长，否则我们数量不断增长的人类将面临灾难性的生存危机。

这种生生不息的自然增长力，表现在人类社会，就是对增长、对发展的不懈追求。一切站在增长反面的力量，无论是思想观念还是社会制度，都是与自然规律和历史规律相对立的。动态增长所呈现的，是生生不息的生命之美。生生不息是中西方美学最显著的特征之一，为艺术带来常变常新的强大活力。中西方美学都认为，生生不息的生命力是自然和人类持续发展、不断进化的根本动力。“天地之大德曰生”“生生之谓易”“天行健，君子以自强不息”。《周易》的这些名句，充分体现了古人对生命力的感悟与赞美。

请注意，这只是生生不息的第一个法则，同样还有另一个不可抗拒的法则，即增长一定是动态循环的。动态增长与动态循环缺一不可。自然界原本没有废物，一个物种的废弃物就是另一个物种的养料。人类食用了粮食蔬菜，粪便又回到土地；燃烧了秸秆，草木灰再回田肥田。人从自然界获得的物质能量，要回到循环大系统。增长的结果必须是自然界可以接纳的。工业化不可避免地造成排放，所以现代人类必须低排放、低耗能，必须发展循环经济。如果只增长，不循环，地球将无法消纳增长带来的废弃物。所谓循环经济，目的是循环，经济只是实现循环的手段。

在生生不息的高度层面，生态美学与生态科学不期而遇。两者都坚决反对人类中心主义，也不赞成极端保护主义；两者都倡导在保护和恢复生态过程顺应自然，尽可能做到“无为”，也主张在利用自然过程中要积极有为。

生态美学的第四重基本内涵：有节有度。

如果说和谐共生、万物有序、生生不息三条描述的是审美客体，那么有节有度这一条针对的是审美主体。

人类生存于天地之间，必须依赖自然。依赖的具体方式是利用自然。人对自然的态度，包括审美态度，集中表现于怎么利用自然。应该怎么利用自然呢？核心就是一个字“度”。

对自然，一定要取之有度。把握了这个度，就有了回旋的空间，就可以进退自如，也才可能长久持续。度，是中华传统生态文化的精华，也是生态美学的精华。

所谓度，就是分寸。

人对自然的态度，本质是人生态度。中国人做人、做事，特别讲究分寸。恰到好处、恰如其分、不走极端、留有余地等。其思想理论集中体现为中庸、中庸之道。孔子说，“君子中庸，小人反中庸”。朱熹解释认为，中庸，就是无过无不及。

分寸的反面是极端。做人走极端，人生是悲剧；做事走极端，结果也是悲剧；对自然采取极端态度，最终必定遭受严酷报复。

所谓度，就是节制。

取之有度，源于用之有节。人类追求自由与幸福的权利，只能限制在生态环境承载能力的范围内。人的物质欲望，必须有节制，必须接受自然法则的约束，不能贪婪，不能放纵。老子说，“祸莫大于无敌”。没有约束，是最大的祸患。白居易在《策林》中说：“天育物有时，地生财有限，而人之欲无极。”节制物质欲望，是人类的永恒话题。

节约、节俭，不只是习惯，更是品德。一个人，如果懂得适可而止，善于节制物欲，那么起码具备了向善、向美和成就大事的基本素质。不能节制物欲，便无以修身，无以齐家，无以治国平天下。当然，也就无从谈美。

所谓度，就是权衡。

由于自然资源有限，争夺自然资源几乎成了常态。人与自然的关系，实质是人与人的关系；人与人的关系，利益问题最纠结。处理利益关系，关键在于平衡。平衡和公平的那个点，就是恰当的度。

有节有度是人生态度，有节有度是行为哲学，有节有度是审美前提。如果一个人被贪欲迷住，就看不到真正的美。欣赏美的最大障碍，不是缺少情趣，而是有太多贪欲。

地方重塑
——公共艺术中的生态理念

上海市文联第八届主席团副主席
国际公共艺术协会副主席、发起人　汪大伟

地方重塑这个概念出自 2011 年由中国《公共艺术》杂志、美国《公共艺术评论》杂志，以及利物浦双年展三方共同发起的“国际公共艺术奖”的评选会。在评选的过程中，评委对“好的公共艺术”的评判标准有很大争论，经过反复斟酌最后采纳了中方提出的将“地方重塑”功能作为公共艺术的核心价值的理念。

对公共艺术的解释众多，其中的一种解释就是公共艺术是公共空间的艺术，这种解释只说对了一半，另一半涉及其社会意义和功能。因此我们提出了“地方重塑”的概念。笔者认为应该把公共艺术所具备的“地方重塑”功能作为公共艺术的核心价值。

笔者将“地方重塑”分解成两个词来谈。一是“地方”。这里的地方实际上是指具有人文属性的公共空间，它区别于自然空间和个人空间，可分为物理空间、人文空间和社会空间。二是“重塑”。重塑和营造是完全不同的概念，营造是从无到有的建设，而我们提出的重塑，则是针对原有空间存在问题的改造。地方重塑是以艺术的方式和语言来解决具有人文属性的公共空间出现的这样或那样的问题，这也是公共艺术区别于其他艺术的基本属性。

在城镇化进程当中，地方出现了一系列问题，其主要表现为发展水平与现实需求的不平衡，而这种不平衡体现在自然生态的失衡、人文生态的失衡，以及社会环境的失衡中。

下面有几个案例跟大家分享一下。

（1）第一届国际公共艺术奖亚洲地区的获奖案例——四川美院虎溪校区的规划、建设项目。

四川美院虎溪校区设在大学城中，这座大学城中有七八所院校。其他学校把整个山削平，湖填掉，并铺上了水泥马路。而四川美院对这个地块进行了改造，依托原有的地理地貌规划建设了新校区，这个校区将原住农民转编为职工，将农民种的植物用于校园的绿化，成就了四川美术学院的自然环境之美。原来在城市中的四川美院每年花很多的钱让学生到农村体验生活，而新校区把美术教育置于农村的生活体验空间中，很好地解决了土地流失的农民的生计问题。更有意思的是，绿化所种植的油菜花、水稻都成了他们食堂的餐品。在四川美院开研讨会时，他们常常给兄弟院校送些农副产品作为礼物。农村生活和校园生活融为一体，和谐共存。

（2）第五届国际公共艺术奖非洲地区的获奖案例——《瓦尔卡·沃特水塔》。

《瓦尔卡·沃特水塔》是艺术家阿图罗·维托里的作品，从 2015 年至今还在不断建造。其放置地点是埃塞俄比亚南部加莫戈法地区的多尔兹社区。这里每个村落山上都建了一个看似是艺术作品，实际上却具有实用功能的沃特水塔。这个塔的设置就是解决非洲干旱缺少饮用水的问题，每座塔都建在山坡上，利用山上白天与晚上温差大的特点，收集空气中的冷凝水，把集聚的冷凝水收集到下面的储存井中。利用自然环境中的物质和当地的气候特点，非常有智慧地解决了干旱地区的饮水问题，这样一口井就可以提供 150 人的饮用水。这个塔不仅成了人们的取水口，也成了人们社交的公共空间。在这个空间中，人们开展公共文化活动、娱乐活动、教育活动，这个塔也成了村民的文化中心。

（3）获得第一届国际公共艺术奖亚洲地区提名奖的案例——浙江玉环县山里村规划与环境设计。

浙江省玉环县是一个三面环海的半岛，以打鱼为生，山里村位于岛中央的山地之上，有 200 余户人家，年轻人都外出后，这里成了空壳村。公共艺术团队到山里村以后，用了 3 个月时间和他们商量、策划，把原有的长势不好的玉米田，重新规划为一年两季轮种的油菜花和葵花田。春季漫山遍野的油菜花盛放，吸引了大量游客，每天山里村接待游客将近 1 万人，这个村成为旅游观光的中心区。很多年轻人回来了；因为有了人流，资本跟进，农家乐也开起来了。同样的山，做一些改动，就转变了原有的生产方式，从农业转为旅游服务业后，马上就成了美丽乡村。这里也成为公共艺术助推乡村振兴的典型案例。

案例引起了很多公共艺术家的关注，他们到那里参观交流。在山里面布置了一些卡通的小玩偶，把自然景观和人文景观融为一体，又打造了一批旅游打卡地。用柴火做的狮子王、儿时的跷跷板成为村民休闲娱乐的设施。

村里还开了一家玩具交换商店，城里的孩子去那里把自己玩过的玩具留下，村里的孩子把制作的玩具也放在那里，这样就形成了以物换物的交流空间。玩具交换商店还成了农民展览摄影摄像作品的展览空间和对外交流的空间。

（4）第四届国际公共艺术奖欧亚地区获奖案例——生物多样性之塔。

欧洲的一个生态组织在社区与当地居民建立了一个合作组织，该组织在居民区里建了一个生物塔，他们的建设理念就是希望建立一个关于生物多样性的聚合生态空间，把他们的厨余垃圾堆放在那里沤肥生虫，以此引来鸟类，于是鸟在塔上面筑巢，再把使用所沤肥料种植的植物移植到塔里，营造出一个生物多样性丰富的环境，更重要的是，当地人将这个塔建成了一个宣传介绍生物多样性保护、认识各种生物、了解生态系统规律的实践场所，这里还开设了普及生物多样性知识的课堂。生物塔让更多的居民了解生物多样性知识，保护自己身边环境，让他们认识到不仅生物存在多样性，文化也是多样的，只有尊重生物多样性、文化的多样性，才是一个和谐的社区。

以公共艺术的制度来看，让居民甚至处于空间中的每个人都成为这个作品的主人十分重要，公众的参与实际上比艺术家的独立创作更重要，居民是公共艺术的主角，艺术家只是为居民提供专业辅导的辅导员，让居民在艺术创作中得到精神上的提升，成为艺术的主人，这既是公共艺术的基本要求，又体现了艺术的公共性。

接下来这个案例非常有名，很多人都知道，这就是纽约高线公园。这个案例 1999 年开始建设至今仍未完工，曼哈顿有一条铁路，这条铁路是通向港口的，主要用途是把加工好的肉运到港口。随着城市化进程的加快，铁路就被废弃了，废弃的遗址被建成了高架公园，这是一个非常典型的工业遗存改造案例。

另一个同类案例是上海杨浦滨江改造案例。20 世纪，中国工业多集中在上海，而上海工业多集中在杨浦，这些工业化遗址之前大部分废弃了，现在把滨江打通，将之还原给城市和市民，用艺术的方式和语言激活了城市的消极空间。

篇幅有限，笔者不做更多的展开。

笔者今天分享这些案例的目的是什么？什么才是理想的生态环境？人与自然友好可持续的生存状态，以及人与人的和谐共处，才是人们希望的绿色生态环境。自然生态、人文生态、社会生态三位一体统筹考虑问题的方式，才是公共艺术以艺术的方式和语言解决公共问题的基础。

因地制宜、因人而异、因势利导，是公共艺术的方法论。让人人都追求并获得绿色、和谐、可持续的幸福感就是公共艺术的绿色生态理念。

生态语境与国家形象

著名诗人、词作家、剧作家，文化创意策划人 朱 海

对于生态文化的发展，笔者深有体会，下面介绍一下笔者的亲身经历，首先讲笔者在文艺创作中发生的与生态相关的故事。2008 年奥运会开幕式上，关于用什么样的方式开场曾有很多的方案，最终的结果大家都看到了。到 2022 年举办冬奥会时，大家在问“我们拿什么开场”这个问题时，参与者几乎异口同声说道，以一个符合生态美学的理念来开场。我们以二十四节气这一农耕文明的节气为主题来开场，这种方式达到的效果很好。

改革开放以来，中国举办了 3 次亚洲大型体育盛会。第一次是北京亚运会，当时开幕式中，生态文化相关的内容占比不到 10%；20 年之后的广州亚运会上，生态文化相关内容的占比达到了 40%。本来计划在 2022 年举行，后推迟到 2023 年的杭州亚运会的开幕式中，80%以上的内容以“绿水青山”为主题，这体现了一个民族在前进过程中，生态文化的重要性。

笔者认为生态文明的基础是生态文化，生态文化的基础是生态文艺。我们在文艺节目创作时能最直接地感受到文明的变化。笔者在鸟巢（国家体育场）参与了 2021 年庆祝建党 100 周年大型文艺演出的创作。当时，中央有关部门要求活动总时长不超过 110 min，最好在 100 min 以内。在 100 min 内把中国共产党的百年历史讲清楚，这意味着 1 min 说一年。当时我们定的初步目标是给所有北京能够承接演出的场所做方案，做了 12 个版本，选择的地点包括长城、人民大会堂、国家大剧院等。最终，有关领导确定活动在鸟巢举办，鸟巢空间很大，大到什么程度？要看到对面的道具都要用望远镜。1 万人分布到场地上，基本上是散兵游勇。在方案制定过程中，我们自觉践行要把绿色中国的变化写到 100 年中，尤其要写到新时代的十年之中的目标。

为了体现“绿水青山”这 4 个字，一批策划人从党的十八大开始，在反法西斯战争胜利 70 周年、中国共产党成立 90 周年、改革开放 40 周年、中华人民共和国成立 70 周年等重要时间节点，先后用了 4～5 次大型的国家活动来呈现绿水青山，经过反复尝试，效果都不尽如人意，这些关于绿水青山的作品既没有留下一段美轮美奂的舞蹈形象，也没有留下一首脍炙人口的歌曲。我们反复寻找能发挥环保的榜样作用、体现环保的精神的方法，一直思考怎样把绿水青山体现出来。正因为不断积累，在庆祝中国共产党成立 100 周年的文艺演出《伟大征程》中，笔者在生动展现绿水青山的同时表现了天人合一

的中国传统哲学思想。我们用 2 天时间联系上了在“天上”的宇航员，实现了“天人合一”的愿望。

生态语境与国家形象有密切关系。中国在世界各国眼里是发展最快的，老百姓生活福祉的提升也是最快的。但是由于历史原因和我们文化艺术的表现力，世界并不了解我们，而且在很多时候认为我们是环境的破坏者，或者是在以损害环境为代价赢得自身发展。但在鸟巢的演出得到了所有外国使团的高度赞扬，甚至他们的反响要好于国内媒体，因此，我们一直在想，党的十八大以来，新时代文化艺术最重要的任务应该就是对绿色中国、习近平生态文明思想的表达了。

未来，如果中国的文艺界诞生不出影响世界的伟大的生态美学作品，那么笔者觉得我们这代人是有罪的，也是无法向后人交代的。西方有很多著名作家，包括许多获得诺贝尔文学奖的作家都写过一两部甚至多部关于生态文明的作品，而我们现在的作家却写得很少。笔者写的第一部作品《命运》，主题就是环保，讲绿水青山可持续发展。但逐渐就写不动了，总觉得这个题材不好看，不像爱情题材受欢迎，因为环保的理念比较难通过表演传递，演员也觉得演得很累。当然后来笔者还是坚持创作，最终形成了三部曲——《命运》《道路》《奋斗》。时代、国家、民族一直期待着伟大的以生态文明为主题的文艺作品的诞生，这需要大家一起努力。

艺术赋能乡村生态

著名艺术策展人　苏　冰

从 2014 年开始，笔者陆续拜访了全国 140 多位艺术家的工作室，参观了各地的艺术集聚区。在此过程中，无意间接触到了很多的乡村项目。

近两年全国举办了几个跟乡村有关的艺术节，如 2021 年江西景德镇的“艺术在浮梁”、广东南海的大地艺术节，这些艺术节的举办都与乡村振兴有着千丝万缕的联系。

在全世界知名度很高与乡村有关的活动——日本越后妻有大地艺术祭。

越后妻有大地艺术祭，3 年一届，从 1996 年开始到现在，总共举办了 7 届，以山为舞台。在过去的 20 年里，上百个乡村因此被记录下来。该艺术祭是北川富朗的代表作，以 760 km^2 土地为舞台，是当今世界规模最大、水准最高、影响力最广的艺术节。

以艺术为路标进行山林巡礼。亲近自然，活用旧物品，创造新价值。全世界将近 1 000 位艺术家、设计师、建筑师参与了越后妻有大地艺术祭，中国的艺术家蔡国强老师就参加过该活动。该项目充分挖掘了当地的本地文化。

越后妻有大地艺术祭有一点做得特别好，那就是充分发挥志愿者团队的力量，艺术祭志愿者团队叫作小蛇队，这么多年的“实战”证明，志愿者对整个艺术祭助力特别大。

越后妻有位于日本的北方，因天气特别寒冷形成了留守人群，而且其中大部分是老年人，每年有很多老年人因为抑郁症而自杀。在越后妻有大地艺术祭持续 20 年的影响下，当地因抑郁症自杀的比例大幅下降。艺术祭在经济、人气、旅游、文化各方面都带动了当地的发展。

继越后妻有大地艺术祭之后，日本又举办了与之齐名的濑户内海国际艺术节，艺术节的举办使当地成了世界艺术旅行者的胜地，2016 年该活动聚集了 34 个国家的 226 位艺术家。多年的积累，协同合作的社群共治模式，撑起了可持续发展的网络。新的信任、新的生态、新的经济，带来了新的希望，艺术成为路标，让大家恢复了对土地的信心，充满笑容的新故乡正在形成。

这些年笔者做了一些与乡村振兴相关的项目，也一直在思考一个问题，中国是否会出现“濑户内海”呢？答案是不会，中国会形成独具中国特色的艺术，赋能乡村振兴的新生态。

当发现全国各地都在推动乡村振兴时，笔者考察了很多地方。通过艺术家的作品，我们可以看到“星星之火，可以燎原”。艺术家、知识分子很早开始关注乡村的话题，2007 年欧宁在安徽省碧山村、2011 年艺术家渠岩在许村、2018 年阮仪三在福建都做了乡村艺术项目。

中国艺术界一直在进行艺术振兴乡村的尝试。2019 年同济大学在金山水库村做的田园实验中，把田野作为舞台进行田野实验，汇集了装置、绘画、涂鸦等多种艺术形式。人们在村庄里建了艺术家中心、还制订了驻地计划，开发了公共艺术区。在现在各地的乡村振兴项目里面都有这样类似的业态。在宁波中岙村，艺术家顾奔驰创作了一个名为《血脉相连》的装置作品。在这个作品的创作过程当中，很多村民与艺术家一起共同创作。当时笔者也来到了这个村庄，看到一名 80 岁的老者也加入了创作，我们一直讲艺术的生命力，在老者身上，我们看到了村民对土地的热爱，看到了艺术的生命力，看到了乡村的生命力！

也正是基于这样的目的，笔者多年来行走于乡村间，生活、创作于乡村中，与长期关注乡村的艺术家、创意人交流，进行乡村考察与艺术实验。

自 2019 年末以来，疫情使人们所熟悉的关于城市的一切确实都有所不同了，当我们把目光投向乡村时发现，乡村也在不断被重新定义。在这个不确定的时代，当一切都充满未知，乡村在某种程度上，是当下“后疫情”时代最切实的精神出路，也是“元气”之根的一种深切寄望。

山水之间
——中国人的精神故里

当代艺术家　蒋昀格

本文的题目是《山水之间——中国人的精神故里》。这个主题源自笔者对生命以及对宇宙的理解，也源自笔者对本民族文化的认同。

笔者做过街头采风，让不同职业的人描述出来他们心中最美的景色，结果不同的人描述的景色是不同的：有的像神仙居住的地方；有的有温暖的阳光普照大地；有的是人与动物和谐相处的美好景象；有的如田园生活般惬意又有如仙境般的高山流水；有的则是安居乐业的现代童话世界。这些就是笔者几年前在北京的街头创作的采访作品——《天堂》。

每个人都拥有自己的心灵净地，也有属于自己的精神家园。笔者用这种充满主观色彩的问题向不同的人发问，会得到不同的回答，通过他们的描述，不同的心灵家园就展现在了眼前，然后笔者再根据描述画出草图，最后通过计算机制作呈现出他们描述的"天堂"图景。接下来笔者列举几个案例与大家分享。

一名年龄大概 50 岁的清洁工，给我们描述的"天堂"就是一条黄金大道，从地上一直延伸到天上，路的两边都是美景，还有仙女在奏仙乐，这是具有中国传统色彩的祥和的场景；

19 岁的大学生描述的"天堂"，是一个既神秘又幸福、温暖的地方，金色的阳光普照大地，人与动物和平共处；

一位大学食堂员工描述了充满了生机的"天堂"景象：四季如春，百花盛开，祥和安宁，有山清水秀的自然风光，天空、白云，湖里的鱼、湖面的丹顶鹤，楼亭、仙女、鲜花一切她所理解的美好都在这里出现；

一位市场销售人员描述的"天堂"男耕女织，一派恬静安逸、鸟语花香的盛世田园景象；

一名房地产中介公司的职员描述的"天堂"有瀑布、湖泊、楼亭，还有穿着绫罗绸缎的仙女和志同道合的友人；

一名房地产销售人员描述的场景和职业有关，他描述出来的"天堂"就是现代豪华别墅在金光灿烂的云层里，周围所有的动物与人平和相处。

从不同的人对“天堂”的描述可以看出，无论是什么样的身份、有什么样的世俗欲望，对“天堂”的描述都是人与自然和谐相处，都是祥和安宁、悠然自得的世界。这是大家共同的理想，也是当下人们对精神家园最朴实的塑造。那么上千年的时间里，在工业高度发达的今天，怎样处理人与自然的关系呢？笔者用“和”这个字概括对世界的理解。

比如，“天人合一”“和实生物”都来自道家思想，“和合共生”“和而不同”更是把这种人与自然的关系思想运用到人与人的关系、人和国家的关系、国家与国家的关系中。

人们在修建自己的房子时，通常遵循背山面水、负阴抱阳规则，尽可能“依山就势，因地成形”，这就反映出人与自然和谐统一的原则。

中国园林的建造本质上就是古人为表达对自然的崇拜进行的遵循自然而高于自然的创造。高度浓缩了人造自然景观的设计理念——“虽由人作，宛如天开”，这是建造的最高精神境界。

中国文化中对自然的代称是“山水”，所以艺术家画山水也是在画自然，是在理解自己与自然之间的联系、连接。

山水孕育我们的文化，而在我们的文化里，山水是灵魂，自山水进入了人类的文化圈，就成为直接关照对象。“寄情山水，隐逸江湖”是中国文人的一大梦想。

山水既是一种文化符号，也是一种文明符号，它勾勒出中国古代文人或曲折或直白的心路历程，道出了中国古代文人的情操。山水有地上之山水，有画里之山水，有胸中之山水，山水已经成为中华民族的文化基因，是中国文人最大的精神寄托。

如《千里江山图》，它所描绘的山与水就象征着我们的民族精神，山是信仰的场所，水是文化的源泉。

山水文化是我国传统文化的重要组成部分，不仅是一种文人抒发情怀的渠道，更是饱含文化情思的喻体，是生命的根本，渗透进了中国文化的各个方面。

下面笔者要介绍一下自己的作品，阐述一下笔者是怎么从自然的元素、内心的归属和信仰中找到灵感的。

笔者心里的山不是普通的山。在家乡祭祖时，每人都烧一炷香。香寄托哀思，也承载着期望，一根一根香积少成多形成一座山，就像一个个力量微弱的个体众志成城形成的伟力，那是笔者心中的山，是最坚实有力的存在，代表大家共同的追忆和理想形成延绵不绝的情感联结和文化认同。那山与祠堂门前的湖水，相映成像，形成镜像的湖水和青山也成了我们共同的精神家园。

所以笔者设计了这样的山：作品的上半部分代表山体，用竹签缠绕丝线形成彩色竖条，然后这些竖条聚合成了一座座山，作品的下半部分是山在水中的镜像，它是柔软且可聚可散的，笔者把相应颜色的丝线一层层重叠地挂起来，像流苏一般虚虚实实，当流苏垂在地上，铺满地面就形成了流淌的水面和水波。

在这个系列的作品中，流苏像是一道柔软的屏障，它可聚可散、似形非形，虚实交错，人看不清这个世界，而世界也看不清流苏背后的人的欲望，垂流而下的流苏也是山体的倒影，是在镜像空间里的不同状态。《千里江山图》标志着宋代文人治理的巅峰，如果说山的坚不可摧来自人的信仰和注视，那么当山体被流苏解构成水，柔顺的外表下，人的内心却变得更加无坚不摧，因为已经没有任何力量能够阻止它流向大海。上善若水，水用它的柔软来塑造它与世界的关系，它从不主动攻击，却总能在最后的战役中胜出。这就是水的精神。山为阳，水为阴，阴与阳构成了太极。

当“众艺”遇见“众益”

“绿动未来”环保公益平台首席运营官 刘子惠

在从事生态保护事业的这 8 年，笔者进过深山，也到过荒漠，见识过大自然的盛美，也目睹过它不堪的一面。8 年间，笔者不断思考人与自然的关系，思考生态美学与生态保护之间的关系。这也是本文内容的核心：什么是生态美学？要怎么应用到实践中？

孔子曾言“可以参赞天地之化育”，笔者相信生态美学就是秉承着这样的一种理念诞生的美学。生态美学研究的是人与自然、人与社会、人与人、人与自身之间的审美互动。人类之所以被称为“天地之心”“万物之灵”，就是因为我们有能力清醒而自觉地考察自身审美活动对生态环境的负面影响，去反思和批判审美活动对环境的破坏。而笔者希望的是，通过生态美学的发展最终能够达到“万物并育而不相害”的和谐状态，比如在泰山九女峰书房中可观赏到泰山云海的波澜壮阔美景，而泰山九女峰书房如一朵悬停于山间的飘浮云絮，这是我们认为很典型的生态美学作品，也是许多人眼中生态美学的代表。如果泰山变了，那么这件生态美学作品还存在吗？还能否称为生态美学作品？

再看新疆伊犁赛里木湖畔，中式美学与大自然融为一体，而若是干涸的、被沙尘暴吞噬的赛里木湖呢？ 如何保护这样的美景，是“绿动未来”环保公益平台一直思考的问题，也是我们努力的方向。

作为“绿动未来”环保公益平台的负责人，令笔者引以为傲的是这 8 年来，我们在促进生态与美学和谐发展的道路上一直未曾停下脚步，一直在探索着如何将美与生态保护相结合，如何用美学去唤醒人们的生态保护意识。

而这个探索成就了“众艺”与“众益”的 3 次相遇。

“绿动未来”环保公益平台首次将美学与生态保护相结合，发起了“绿动万里，艺呼百应”线上活动，包括与生态保护相关的艺术品的展示及义拍、艺术家直播分享等内容，相应的收入反哺到活动当中。“众艺”与“众益”的首次相遇就碰撞出了绚丽的火花。

第二次的相遇，我们将之前的经验运用于实体建设之中，建设了绿动未来环保艺术主题馆，让小朋友用艺术的手法向大家讲述如何保护生态环境。以下介绍两件作品让大家感受一下。

第一件作品为《水密码》，这件作品的灵感来源于被浪费的水资源，尺寸远超常规的水龙头，流出像素化的水，抽象地呈现，形成巨大的反差与视觉冲击力，用大体量带来的震撼去展现这触目惊心的浪费。“绿动未来”环保公益平台邀请年轻艺术家进行创作，可以看出他们的艺术语言与传统的艺术不太一样。

第二件作品反映了荒漠化的问题，那些原本应该装满白色大米的粮食容器中，如今装满白色的细沙，这对生态保护的警示意义不言而喻。

我们希望把更多的艺术形态纳入活动中，如我们把儿童剧融入环保项目中。“绿动未来”环保公益平台开启了五年环保计划，联动开心麻花制作《三只小猪》，打造自有环保卡通人物小青蜂，在全国开展 20 场环保公益儿童剧巡演，首次将生态保护教育的课堂搬上了剧院的舞台，让孩子在生态保护活动中获得更多的乐趣和体验感。

2022 年大家很不容易，但“绿动未来”环保公益平台还是坚持做这件事情，后来还联手奥飞娱乐，将小青蜂与喜羊羊、超级飞侠、贝肯熊组成“绿动联盟”，走进 5 个省

10 个城市，开启了沉浸式环保公益儿童剧全国巡演，让孩子们在儿童剧的世界里感受生态保护的重要性，实现真正意义上的"环保艺教"，以美为契机，拓展了生态美学跨界的深度和广度。

"绿动未来"环保公益平台于 2015 年在人民大会堂启动，自创办以来，秉持着创新、协调、绿色、开放、共享的发展理念，鼓励全民参与，开启了"人人参与、人人传播、人人受益"的"众益"模式；借助新媒体凝聚全社会的力量共同传播，让每个微小的绿色创想和公益实践展现出更大的价值，进而推动中国生态保护公益事业的发展。

"绿动未来"环保公益平台从2015年启动上线到2022年，累计发布环保公益项目1 153个，主题环保活动 91 场，开展线上活动 238 次，足迹遍及全国 106 个省市，涉及植树防沙、海洋保护、垃圾分类、环保教育、湿地保护、清洁水源等多个环保领域，带动超10 万人线下参与环保公益，让百万人接触到环保公益，树立起环保意识。

"绿动未来"环保公益平台得到了社会力量及公益名人、社会组织的支持。最后，一句话结束：爱，让我们坚定地走出每一步。爱，让我们走到了一起！

艺术与生态融合
——云堡未来市打造艺术栖息地

云堡未来市品牌总监　李　博

云堡未来市，就名字来讲大家比较陌生，它是一座艺术文创园区，位于上海市美丽的松江区。1 000 年前，当时还没有上海，就有了“松江府”，所以松江区又被称为“上海之根”，可谓“先有松江府，后有上海滩”。在松江有上海唯一的一座山——佘山，其周边自然资源丰富，代表着 5 000 年历史的广富林遗址、上海的辰山植物园都在此地，因这样美丽的环境，松江又有“花园之城”的美誉。

有一位闻名遐迩的古代画家——朱耷，他是“八大山人”之一，在画和书法方面师承松江区的董其昌，并且终成一代大师，笔者常想是不是因为他们生活在环境这么优美的地方才让他们的画成为不朽之作。

云堡未来市艺术文创园区位于佘山脚下、人文历史底蕴深厚、生态环境优美的上海松江区。园区的定位是创新型城市美育综合体，占地总面积 2 万 m^2。

从空中俯瞰云堡未来市，两面环河，花海成片，5 000 m^2 的休闲绿地绿意盎然，可以休憩和露营，也可以举办大型户外展览空间。从远处远眺，园区高点就是佘山主峰，在那里松江大美风光尽入眼帘，就像画家潘思同的油画《佘山脚下》所呈现的—— 一派田园风光。

云堡未来市是多元复合型园区，里面为年轻人、艺术家等喜爱艺术的人提供了多元的业态。其中，“五维一体”的艺术生态空间，从悠游、艺术、盛筵、创意、阅读五个维度的生态概念打造艺术生活共同体，集美术馆、书店、餐饮、潮玩、艺术众创、美学生活等诸多业态于一体，呈现跨界沉浸式体验。

云堡未来市与周边环境的相互赋能、基础设施与环境协调联动，联系起城市居民、自然及当地历史人文，打造艺术与生态融合的艺术栖息地，为周边社区营造良好的文艺生态。

“文化兴市，艺术建城。”今天的城市发展已经步入“美学时代”。在这样的趋势下，以发掘、塑造、传播“城市之美”为宗旨的城市美育综合体应运而生。城市美育综合体是由“城市教育综合体”演变而来的，是指在规划区域内，以“美育”为主题，以一站式展览、研学、体验、游览及多元生活美学场所为配套，聚合优质美育资源，为青少年及大众审美教育和综合素养的提升提供多元化、全方位服务的复合体。

云堡未来市就是这样一个城市美育综合体。在“美学时代”，我们的城市正在成为一座“无墙的美术馆”。云堡未来市作为城市美育综合体的代表，是表达属地身份认同与文化价值观的重要媒介，目前云堡未来市正通过有效地调动社会各方资源，以“润物细无声”的方式，让“美”成为城市发展、创新的动力。

云堡未来市充分利用地铁下部空间营造大片绿地，与地铁环境协调，利用草坪打造生态休憩区、公共艺术互动展示区（“艺块野”）。如今，5 000 m^2 的“艺块野”是园区最大的户外艺术装置聚集地，翠绿色的草坪与头顶呼啸而过的地铁 9 号线遥相呼应，形成一道独特的风景线。

莫奈是法国著名印象派画家，他晚年一直在自己经营的吉维尼花园中作画，这座花园成了莫奈晚年灵感源泉。在园区里，云堡未来市借鉴莫奈的吉维尼花园，打造了中国版的吉维尼花园。沿河岸构建了生态漫步休闲区，那里有近 30 种珍稀花卉品种，如蓝雪花、翠芦莉、香彩雀等在莫奈画中出现的花卉，在花园中都可以看到。

云堡未来市努力通过实践构建审美关系，使自然从“潜在”的审美对象变为“显在”，人则在“自然人化”的过程中成为审美主体，从而为生态审美提供了主客体基础。

云堡未来市还设有上海艺术百代美术馆，该美术馆是一家致力于红色文化、江南文化、海派文化传承与弘扬的主题性美术馆。由上海市教育委员会、上海市文化和旅游局、上海市松江区人民政府联合主办的“城·长——人民城市主题艺术展”在这里举办。画展里有很多的画作、摄影作品、艺术装置作品，反映了生态环境保护这一主题。

以下分享一些生态美学作品。《海上时节》组画共计 24 件作品，表现的就是具有上海特色的二十四节气城市景色和场景，作者是艺术伉俪汪凯民、林凡，画作代表了他们对上海二十四节气的优美景观的理解和感受。

著名画家周春芽的作品《桃花春色》，有别于中国传统画里桃花的娴静、温柔。他笔下的桃花，特别鲜艳、热烈、充满生命气息，充分表达了画家对自然美的感受，通过自然美传达了他对生态美学的感受。

第二届 RABOR 国际公共艺术与设计节将在云堡未来市举办。这届艺术节上的“重头戏”就是由上海大学国际公共艺术研究院策划的“国际公共艺术奖”10 周年特展，特展上会展出来自全球的优秀作品。

其中，有一些作品就是围绕生态文化主题展开的。笔者在这里简单介绍一下。

第一件作品名为《北上朝圣》，创作团队沿着雅加达海岸线徒步 42 km，在徒步的过程中对当地的社区、人、在地的文化进行研究和记录，他们走过的路线由于过度开发，出现了很多生态环境保护方面的问题。作者希望以看似简单的徒步旅行，展现和倡导形成城市发展与自然生态环境保护之间的和谐关系。

第二件作品来自印度加尔各答，名为《洛伊》，这件艺术装置用的材料是源于自然的竹子、藤条、布料及绳索等，使用与之匹配的编织、搭建、捆扎和吊挂等工法呈现，给大家提供了一个空间，不仅是膜拜的空间，也是让当地人感受节日文化和进行社交的空间。

第三件作品名为《水与土：国王十字池塘俱乐部》，通过水下植物和湿地循环过滤和净化池塘内的水，形成一套天然的闭环系统。

第四件作品叫作《住在上海的植物》。建于 1920 年的上海水泥厂 2010 年被迁走，植物迅速占领了这片土地。创作团队辨认出在这里“居住”的 20 多种乡土及外来植物，建立一个植物园，并在此基础上与上海的年轻学者合作，开设网络公开课，从生态、历史、建筑、美学等多学科视角探讨植物与人类的关系。这件作品充分体现了公共艺术的开放性，我们每个人都可以参与到这个项目中。在南昌，笔者认为也可以创作一件作品——《住在南昌的植物》，让我们的孩子辨认植物，有助于我们的孩子更加了解我们身处的环境，更好地认识我们的城市。只要有一双发现生态之美的眼睛，任何地方都能成为我们亲近自然的地方。

每个人与自然环境息息相关，艺术有助于人们从自然审美中，自觉地养成生态环境保护意识。云堡未来市作为城市美育综合体，也将以艺术之名，对话自然与生命，让生态美育更加深入人心，这也是我们的使命。

如何打造“生态审美与生态实践多元交融”的艺术栖息地？

笔者认为，生态美学并非“无人的美学”，而是以构建更为健康、有序的“自然的人化”模式为前提，实现“人的自然化”。这就如同寄情于山水自然的古今艺术家，他们游目骋怀于万物之间，独有一种“天人合一”的创作灵感，他们超越工具理性的规训与裹挟，回归个体感性的本真状态，建立了人与自然浑然一体、相互交融的情感联系，这是“人的自然化”的最好代表，这就是云堡未来市希望为艺术家、为喜爱艺术的人们，营造的一方艺术栖息之地，让我们每个人在与自然的生命对话中，找寻那个本真的自我。在那一刻，艺术与生态将达到一种最完美的和谐统一。

绿色、宜居、和谐　山水武宁的生态美学

江西省九江市武宁县委副书记、县长　张宇峰

本文以“绿色、宜居、和谐，山水武宁的生态美学”为题，从武宁优势、武宁实践、武宁思考三个方面与大家做个分享交流，不妥之处，敬请批评指正。

首先讲武宁优势，近年来在习近平生态文明思想的指引下，我们坚定不移走好生态优先、绿色发展之路，在生态文明建设上赢得了先发优势，这里笔者用“1、2、3、4”四个数字向大家介绍。

“1”：拥有庐山西海一湖清水。全省唯一山岳湖泊型5A级旅游景区庐山西海近80%水域位于武宁境内，是武宁优质生态产品可持续供给的资源宝库。

“2”：武宁曾被两位重量级领导点赞。一位是时任国务院总理温家宝，15年前亲临武宁视察，欣然题赠“山水武宁”。另一位是省委书记易炼红，曾盛赞武宁是一座“人在画中的城市”“全域都是5A级景区”。

“3”：武宁处于南昌、武汉、长沙三个省会城市3小时经济圈内，具有发展为大中城市后花园、休闲养生度假胜地的潜力，为优质生态产品开发利用，提供了潜在的广阔市场。

“4”：环境4类关键性指标持续优良。武宁湿地保护率高达84.73%；森林覆盖率75.96%，水质常年达地表水环境水质Ⅰ类标准：$PM_{2.5}$浓度18 $\mu g/m^3$，空气优良率95.5%；全县生态保护红线范围占市域面积的52.07%，拥有全国罕见的“桃花水母”、野生千年红豆杉和白领长尾雉等多种动植物界“大熊猫”，先后获得国家生态文明建设示范县、国家生态保护与建设典型示范区、国家森林城市等60多项国家级、省级荣誉。

当然，生态环境好不足以概括生态美学的丰富内涵。下面，笔者重点介绍2个关键词和4项率先探索。

2个关键词就是“宜居、和谐”。我们以城市为载体，把城市打造成人与人、人与自然和谐共生的美丽家园。我们致力于呈现人与自然之间的和谐之美。将山水元素巧妙融入城市风光，将县城内朝阳湖、沙田河及外湖庐山西海连通，建成“武宁之窗”、环城滨湖景观带、湖滨北路生态修复及景观提升工程，以“枕山、环水、见城”的方式呈现“山在城中、城在水中、人在画中”的山水画卷。我们还致力于呈现人与人之间的宜居之乐。以创建全国文明城市为抓手，坚持创建为民、创建惠民，在老城做装修工，在新城做绣花匠，在湖边做手艺人，着力解决群众急难愁盼问题，积极培育文明风尚，实现

城市外在美与内在美的有机融合。

“4 项率先探索”指的是近年来武宁县在全省乃至全国争第一、创唯一的探索。例如，2017 年 4 月 1 日在县级层面率先建立起林长制，2022 年武宁也因“林长制首创之地”的殊荣承办全国首届林长制论坛。又如，率先在全国建立了生态产品价值转化中心，仅在试点村长水村，就为村民发展产业发放生态资源类贷款 1.95 亿元。再如，在省内率先成立“多员合一”生态管护员队伍，这一做法入选了《国家生态文明试验区改革举措和经验做法推广清单》。

武宁县还在全省率先打造“万村码上通 5G+长效管护”平台，将全县 1 942 个自然村庄连成一张网，给宜居宜业、和美乡村装上“智慧脑”、安上“千里眼”。

党的二十大深刻指出中国式现代化是人与自然和谐共生的现代化，这为我们开展生态美学建设提供了根本遵循，就如何构建新时代生态美学新形态，笔者围绕武宁实践，总结了以下“三个结合”。

1．坚持人类主体与自然主体相结合。传承传统哲学“天人合一”的思想，紧扣习近平总书记提出的“人与自然生命共同体”理念，从整体上把握人类与自然的辩证关系。

2．坚持生态价值与审美价值相结合。充分挖掘生态系统深层的、内在的“美”，实现生态价值的可感可知，推动生态价值与审美价值乃至经济价值的相互联系、相互转换。

3．坚持把准方向与把握机遇相结合。既要坚定走好绿色发展之路，持之以恒推进生态文明建设，也要把握碳达峰碳中和、国家生态文明示范区建设等国家重大战略机遇，不断探索先行、争做示范，走出一条具有武宁特色的发展新路。

十三、区县长论坛

在区县长论坛上的致辞

南昌市委常委、市人民政府常务副市长　胡晓海

尊敬的侯立安院士、刘青松副会长、钱勇主任、郑光泉专员，各位领导、各位专家、各位来宾：

今天，非常高兴和来自全国各地生态文明建设领域的领导、专家以及媒体朋友们相聚在赣水之滨，共襄生态盛会、共话绿色发展、共启美丽未来。在此，我谨代表南昌市委、市政府，向出席论坛现场的各位领导、专家和嘉宾表示热烈欢迎，对长期以来关心、支持南昌生态文明建设的各位朋友表示衷心的感谢！

生态文明建设是习近平总书记念兹在兹的“国之大者”，也是南昌多年来孜孜不倦推动的“市之要事”。党的十八大以来，在习近平生态文明思想的科学指引下，南昌始终坚持“绿水青山就是金山银山”理念，以打造江西国家生态文明试验区“南昌样板”为目标，深入开展污染防治攻坚战，持续打响蓝天、碧水、净土保卫战，守护好了南昌的蓝天白云、绿水青山，先后收获了“国家园林城市”“国家森林城市”“国家水生态文明城市”“国际湿地城市”等多张国家级、世界级生态名片。

县域是中国未来生态环境治理的重点区、难点区，同时也是落地“绿水青山就是金山银山”理念、发展生态经济的主阵地。近年来，南昌坚持在县域生态文明建设和低碳发展领域深耕细作，以重塑生态文明时代城乡关系，创新县域生态文明建设路径为主线，不断探索新模式、新制度、新做法，县域生态文明建设取得丰硕成果，累计创建国家级生态示范区 1 个、国家生态文明建设示范市县 1 个、国家级生态乡镇 5 个。南昌市南昌县、高新区成功入选全省第一批碳达峰试点县区（开发区），经开区连续两年获得“绿色低碳示范园区”称号。

此次论坛对我们来说是一个非常宝贵的学习机会，让我们能够近距离与相关领域的领导和权威专家进行交流探讨，聆听智慧声音，汲取真知灼见，为继续深入实践“绿水青山就是金山银山”理念，推动县域生态文明建设拓宽视野，夯实理论根基。南昌市将努力与全国各兄弟城市一道，在共同推动县域生态文明建设的新征程上踔厉奋发、勇毅前行，为建设人与自然和谐共生的美丽中国而不懈奋斗。

最后，预祝本次论坛取得圆满成功！祝愿各位领导、各位来宾、各位朋友身体健康、工作顺利！希望你们在南昌度过一段美好的时光！

谢谢大家！

在中国生态文明论坛南昌年会区县长论坛上的致辞

江西省生态环境厅党组成员、正厅长级生态环境监察专员　郑光泉

尊敬的侯立安院士、钱勇主任、刘青松副会长、胡晓海常务副市长、林鸿嘉副市长，各位专家、领导、嘉宾、朋友：

大家上午好！

在全党全国深入学习贯彻党的二十大精神之际，很高兴与大家相聚在英雄城南昌，共同学习贯彻习近平生态文明思想，共话美丽中国建设，共筑县域绿色低碳发展新模式。受生态环境厅党组书记、厅长徐延彬委托，我代表江西省生态环境厅，对各位远道而来的嘉宾、代表表示诚挚的欢迎！对中国生态文明论坛南昌年会区县长论坛的召开表示热烈祝贺！

在生态环境部精心指导下，我们在南昌接续举办这个全国性的生态文明领域专业论坛，充分体现了部党组对江西生态文明建设和生态环境保护工作的大力支持和帮助。论坛经过十届成长，经过各位精心培育，已经枝繁叶茂、硕果累累，持续传递着习近平生态文明思想的思想伟力、真理伟力和实践伟力。

党的十八大以来，江西省委、省政府深入贯彻习近平生态文明思想和习近平总书记视察江西重要讲话精神，牢记“打造美丽中国‘江西样板’”的殷殷嘱托，大力推进国家生态文明示范区建设，深入打好污染防治攻坚战，扎实推进长江经济带“共抓大保护”攻坚行动，加快提升城市功能品质，深化城乡环境综合整治，美丽中国“江西样板”呈现新气象。全省森林覆盖率稳定在63.1%。2021年，全省空气优良天数比例达到96.1%，国考断面水质优良率为95.5%，生态环境质量保持在全国前列。赣鄱大地“开窗见绿、推门见景”，所到之处都是令人心旷神怡的美丽画卷。

新征程赋予新使命，习近平总书记在党的二十大报告中提出，要推动绿色发展，促进人与自然和谐共生。绿色发展是新发展理念的重要组成部分，绿色是生命的象征、大自然的底色，更是美好生活的基础、人民群众的期盼。推动绿色低碳发展是国际潮流所向、大势所趋，绿色经济已经成为全球产业竞争的制高点。这次区县长论坛以“构筑县域绿色低碳发展新模式”为主题，对县域生态文明建设模式进行探析，这场高规格、高水平的学术盛宴必将助推县域生态文明建设。

“志合者，不以山海为远。”区县长论坛给我们提供了一个绝好的合作交流平台，让我们坚定信心、同心同德，埋头苦干、奋勇前行，把生态文明建设和生态环境保护事业不断推向前进，为建设美丽中国作出新的更大贡献！

“庐山天下悠、三清天下秀、龙虎天下绝”，江西风景独好，欢迎各位领导、专家、代表多到江西走走、看看。最后，衷心祝愿各位专家、领导和同人在江西期间工作顺利、心情舒畅、身体健康！预祝本届论坛取得圆满成功！

谢谢大家！

南昌年会区县长论坛致辞

中国生态文明研究与促进会副会长兼秘书长 刘青松

尊敬的各位领导、各位专家、各位来宾、各位朋友：

大家上午好！

我很高兴和大家相聚在英雄城市南昌，共同参加中国生态文明论坛南昌年会区县长论坛。首先，我谨代表中国生态文明研究与促进会（以下简称研促会）对论坛的召开表示祝贺，对各位远道而来的朋友表示欢迎，对大家一直以来对研促会和中国生态文明论坛年会的关心支持表示衷心的感谢！我还要向本届年会区县长论坛的协办单位先河环保，对本届论坛的大力支持表达诚挚的谢意！

郡县治则天下安，县域强则国家强。县域作为城市与农村的过渡点和接合点，涵盖城镇与乡村，上承省市、下领乡镇，既是推进国家治理的基本依托，也是发展经济、改善民生的基础单元，是我国国民经济发展的重要组成部分和战略基石。当前，我国社会经济发展进入了新常态，经济发展的内在支撑条件和外部需求环境都发生了深刻的变化。

与此同时，我国在工业化、城镇化快速发展的情况下开启了降碳进程，降碳任务之重、时间之紧前所未有。在“双碳”目标下，在经济低碳转型的大背景下，科学有效推动县域经济发展，以创新驱动县域经济转型升级、产业转型升级是县域经济发展的突破方向。推动县域经济高质量发展，建立健全绿色低碳循环发展经济体系，需要新型基础设施建设的加持。当前，我国县域经济发展也面临着许多亟待解决的问题，突出体现在经济结构转型压力大、新型城镇化发展滞后、资源环境约束加强等方面。要破解这些难题，就需要不断健全党委领导、政府主导、企业主体、社会组织和公众共同参与的现代环境治理体系。

各位来宾、各位朋友！加快推进县域绿色发展，是生态文明建设的关键环节，也是其至关重要的微观基础。不断夯实这一基础，全社会必须形成最广泛的绿色共识、汇集最强大的绿色合力，不断提高县域生态文明水平，才能给子孙后代留下天蓝、地绿、水净的美好家园。

希望各位领导、各位专家在今天的论坛上，畅所欲言，借此难得的机会，为我国县域绿色转型，迈向高质量发展之路提供良策，为习近平生态文明思想在县域层面不断开花结果，提出路径、模式。研促会愿与社会各界一同携手，为全面加强生态文明建设、推动绿色发展作出更大贡献，为不断满足人民群众日益增长的优美环境需要，持续作出努力！

谢谢大家！

河湖水中新污染物中长期防控对策

中国工程院院士
中国人民解放军火箭军工程大学教授、博士生导师 侯立安
火箭军后勤科学技术研究所所长

随着经济社会的发展，水中频繁监测出抗生素、微塑料等化学品，这类物质已经成为一类不可忽视的新污染物，给饮用水带来潜在的风险，使保障饮水安全面临巨大挑战。鉴于此，党中央、国务院高度重视新污染物治理，习近平总书记多次召开会议并作出重要指示批示，在党的二十大报告中也指出，开展新污染物治理。2021 年 5 月，国务院办公厅发布的《新污染物治理行动方案》推动水污染治理逐步进入新污染物治理的新阶段。

什么是新污染物？实际上这一概念是由西班牙学者首次提出的，最开始的提法是新兴污染物，后来被称为新型污染物。在 2022 年的《政府工作报告》中这类污染物被统称为新污染物。新污染物是指具有生物毒性、环境持久性、生物累积性等特性的有毒有害物质，主要包括抗生素、微塑料、全氟化合物、内分泌干扰物四大类，其“新”主要体现在两个方面：一是相对传统的污染物而言，它是较新的污染物；二是新污染物的种类繁多且其种类还可能会持续地增加。随着对新污染物健康危害研究的不断深入和环境监测技术的不断发展，可能被识别出的污染物还会持续地增加。

基于此，重点强调以下三个方面的内容。

第一，河湖水新污染物的污染现状及治理存在的问题。河湖水中新污染物分布的区域广，地域化特征非常明显，与人类活动和季节等因素有一定的关系，大致呈东部高、西部低、下游高于上游的特点。我国内分泌干扰物主要分布在沿海地区和中部地区，在京津冀等区域分布密集，呈现西低东高的特征。微塑料主要分布在东南沿海地区，污染水平呈现南高北低，东高西低的特征，像广州珠海流域这类地区在一定时间内都维持着较高的浓度。抗生素水平最高的区域可能在辽河和海河流域，黄河、松花江和开都—孔雀河流域抗生素污染程度相对较低。就内分泌干扰物而言，南亚印度和南美洲的巴西是典型的内分泌干扰物水平整体较高的国家。

河湖水新污染物治理存在一些挑战：一是法律法规和标准体系建设基本处于空白期。在新污染物治理有关法律法规和政策方面，虽然我国正在逐步推进体制机制改革和相关科学研究等，但系统性的新污染物体系建立方面仍有待进一步努力。二是新污染物

检测技术仍是短板，新污染物定性、定量分析难度大，特别是定量分析，目前的检测技术大多包含萃取、净化等多个步骤，操作烦琐。传统的随机采样等操作容易产生时间差，监测难使对新污染物的系统研究相对较少。三是新污染物风险评估体系建设难度大，缺少多污染物复合影响的评价，无法对新污染物或衍生物进行潜在的风险评估，缺乏相应的预测模型。河湖水新污染物聚集，对环境过程的影响更加复杂，难以进行全生命周期风险评估。四是新污染物去除技术的工程应用仍需推动。新污染物与传统污染物有根本的区别，传统分析方法、手段和处置措施难以简单移植到新污染物治理中，现有新污染去除技术大多仍停留在实验阶段，尚未进行实际运行规模的应用，存在落地难的问题。

第二，新污染物控制技术的研究进展。一是吸附技术，利用多孔固体回收或去除污水中新污染物，具有处理效果好、操作方便、便于打理的优势，但仍面临如何重复利用等与处理传统污染物相同的问题。二是分离技术，分离技术是利用多孔或无孔膜截留水中污染物实现净化的方法，具有操作简单、污染物去除力高、占用空间小等优点。新型分离膜，如含纳米颗粒的混合基质膜、有机共价框架膜、吸附分离膜等，展现出远超传统聚合物膜的优秀性能。经过实验室的实验，对新污染物有良好的分离效果。三是高级氧化技术，该技术利用强氧化性的自由基和非自由基降解新污染物，可以破坏新污染物结构，提高新污染物可生物降解性，也可以彻底氧化分解有毒新污染物。高级氧化技术，主要包含臭氧氧化、光催化氧化、硫酸盐氧化等方法。四是微生物处理技术，该技术具有简单实用、二次污染少的优点，主要包括生物反应器法等。还有一些组合工艺，组合生物处理技术降解新污染物的同时会产生一系列的分解和氧化产物。五是耦合氧化技术，技术主要用于降解水中新污染物，特别是抗生素，能延缓污染，同时解决回收难的问题，将此应用于新污染物治理，具有广阔的应用前景。六是生态修复技术，它是以生物修复为基础，结合物理修复和化学修复，通过优化组合以较低成本达到最佳效果的一种综合性的新污染物治理方法。习近平总书记在福建当省长时，曾经为一个菌草技术颁发了一项发明奖，该技术在世界范围内 100 多个国家广泛推广和应用，菌草的特点是长得快，在恶劣的环境或条件下也可以生长，这就是植物生态修复技术的典型应用。

第三，河湖新污染物的控制对策。首先要立足于新污染物治理总体思路，从源头控制、过程管控、检测方法、方法评估、末端治理、新基建、智慧水务平台的建设等方面，全方位地制定新污染物的控制策略。借鉴欧盟等发达国家的全生命周期风险理念，建立配套的新污染物管控制度，包括新污染物分类、管理、排放与转移登记等，构建各个层面的协调机制，国际社会、国家、地方和专家各方统筹联动。污水处理厂实际上也是新污染物的主要来源，必须严格控制，避免河湖水中出现新污染物引起水环境安全问题。瑞士、美国、英国对污水处理厂典型的新污染物进行去除，去除率高达 80%，并以此作为深度处理工艺评判的标准。但我国尚未制定针对新污染物的污水处理厂的限制排放标准。另外，要科学制订行动方案，加强新污染物过程管控，大力发展绿色制造技术，加强对新污染物使用的全过程管控，生产全过程尽可能不使用有毒的化学材料，减少化学品泄漏，提高资源回收利用率，减少新污染物对人类和周围环境的危害。

要全面推进新污染物调查研究，建立化学物质环境监测。要开展生产和使用信息调查，调查化学物质产量、用量，在重点领域推进新污染物的监测、防治试点和风险评估工作。利用互联网等加快构建一体化水质智慧监测平台，实现对河湖水中新污染物的种类、浓度、变化趋势等信息的在线查询和共享，为河湖水新污染物的监管和决策提供准确的技术支持。整合分析化学和生物学分析方法，采用多模型联动混合的方法，建立复合环境评估风险体系，考虑环境质量、暴露情况、环境风险、受体易损性等，汇聚科研优势，开展多学科、多领域协同攻关、协同增效，突破河湖水新污染物治理相关技术的研发和应用壁垒。

另外，新基建对一体化水质智慧监测平台的建设非常重要。新基建将大数据中心、人工智能融入一体化水质智慧监测平台中，围绕智慧生产、营销、客服等板块，建立成熟的水务物联网，从而达到安全利用水资源的目的。新污染物控制的总体策略要从科技攻关、法规制定、人才培养、公众引导四个方面来实现。在科技攻关方面，要加强重点专项的研究，推动产学研用结合；在法规制定方面，加强政府和行业的主导作用，制定具有中国特色的方案和标准；在人才培养方面，建设跨学科队伍、完善人才体系，发展新污染物防控专业队伍；在公众引导方面，要完善公众制度，加强科普宣传、提高公众对新污染物的认识。

在河湖水新污染物防治过程中要以风险评估、末端治理为手段，加强科技支撑和政策执行，开展新污染物治理的探索和示范性工作，以新基建为支撑建立平台，以宏观微观结合、长线短线结合、纵向横向结合的方式，打通管控路径，制订行动计划，构建管理体系，聚焦关键技术，做好重点示范，持续推进建立新污染物治理的长效机制。

我国“双碳”战略实施与区县绿色低碳发展路径

生态环境部国家应对气候变化战略研究和国际合作中心战略规划部主任、副研究员 柴麒敏

党的二十大报告中首次写入了碳达峰碳中和的中长期目标，碳达峰碳中和已经成为我国人与自然和谐共生的中国式现代化新征程的一项重要任务。党的二十大报告是目前关于气候变化、“双碳”等篇幅最大的党的全国代表大会报告。报告对我国开展的系统性工作，给出了一系列推进生态优先、节约集约、绿色低碳发展的方向性指引。要求碳达峰碳中和工作与我国具体实际结合起来，坚持先立后破，要有计划、分步骤地实施好相关行动。

习近平总书记在主持中共中央政治局集体学习时提到，“十四五”时期，我国生态文明进入以降碳为重点战略方向、推动减污降碳协同增效、促进经济社会全面绿色转型、实现生态环境质量改善由量变到质变的关键时期。2030 年距现在不到 8 年时间，在碳达峰过程中有很多重要的制度、顶层设计需要在此期间逐步落地。“十四五”时期被习近平总书记称为碳达峰的关键期和窗口期，“十四五”规划纲要和中央会议多次提到，要把完善对能源消耗总量和强度的调控，逐步转向碳排放总量和强度“双控”制度，未来政策的导向要从控制能源总量向控制碳总量转变，以碳排放为标尺，优化地方发展过程中的能源、资源利用。在此过程中，也要考虑我国的资源禀赋和阶段性的特点，逐步加快规划建设新型能源体系。此外要强调完善重要的制度，如碳排放统计核算制度、碳排放权市场交易制度等，提升生态系统碳汇能力等。

“十四五”时期应对气候变化迈入了新征程，外部形势、国内发展条件都发生了新的深刻的变化，各行各业也在“双碳”目标的指引出现了很多新的发展趋势。

国家目前正在构建“1+N”政策体系，该政策体系体量较大，涉及面也非常广，与以往的政策有非常大的区别。在国家层面，“1+N”的政策体系中的具体政策有近 40 项。国务院国有资产监督管理委员会要求 2022 年底以前所有的央企按要求提出碳达峰实施方案，包括江西在内，地方也在制定自己的“1+N”相关政策。从国家到地方，省部级以上涉及“双碳”的政策数量将达 300 多个，数量之多、涉及面之广是以往没有的。目前，这类政策主要包含了三个层面的内容。

一是由中共中央、国务院发布的《关于完整准确全面贯彻新发展理念做好碳达峰碳中和工作的意见》及由国务院单独印发的《2030 年前碳达峰行动方案》。这两个文件是

管总管长远的，重在提出原则和主要目标，统一在“双碳”目标实施过程中各方的意见，同时对下一步工作作出展望。在过去的两年中，碳达峰碳中和工作有些地方快、有些慢，存在把长期工作短期化的误区，要加以提醒。重点领域的规范、方案的制定，关系着应对气候变化工作的诸多方面，尤其是能源领域，因为化石能源应用是碳排放的主要来源。

二是工业政策。工业碳排放占到全国的70%～80%，欧美国家工业碳排放占全国的30%左右，约70%的碳排放主要来自生活消费领域，因此他们很多减排的经验不能直接照搬到中国。除工业和信息化部等发布的《工业领域碳达峰实施方案》这一总体方案外，四个重点的耗能行业（钢铁、建材、石化和有色金属）也提出了具体的技术绿色低碳转型路径和政策实施方案。此外，这类政策还涉及城乡建设、交通运输、农业等方面。城乡建设既涉及城镇建设，也涉及乡村振兴过程中，农业农村现代化发展遇到的与排放有关的问题。在交通运输方面，尽管目前城乡建设与交通运输的碳排放量加起来仅占全国碳排放量的30%左右，但这两个领域的增速非常快，特别是随着老百姓生活水平、收入水平的提高，这部分的排放量未来预期增长空间是比较大的。农业主要涉及非二氧化碳等温室气体的减排，在农业生产中除二氧化碳排放外，还有水稻种植产生的甲烷排放、动物肠道发酵产生的甲烷排放、氮肥产生的氮氧化物，以及动物粪便发酵等产生的非二氧化碳温室气体排放。中国处在一个碳污共治的阶段，与欧美不太一样，欧美自20世纪70年代以来，先解决了常规污染物的问题，再应对气候变化，解决温室气体排放问题。中国现阶段两项工作是并行的，前期是污染防治牵引作用更强，特别是针对大气污染物、细颗粒物的治理，出台了很多源头方案，对减碳的协同作用比较强。下一步像习近平总书记在中共中央政治局集体学习时讲到的，将以降碳为重点战略方向。特别是碳达峰之后，碳排放进入稳中有降阶段即进入总量时代之后，要从源头上减少排放。

三是重点支撑保障性政策，这类政策与工业政策不同，一般不会有特别明确的目标，主要作用是赋能，为很多政策的实施、重点任务的部署提供支撑，其中包括了财政、金融、价格、绿色消费、碳汇能力提升、科技创新、统计核算、标准计量、人才培养、国民教育体系建立等手段。比如在金融方面，目前由央行牵头推出了碳减排货币支撑工具，这项政策在很大程度上利用了再贷款的政策，以比较低的再贷款利率为碳减排机构，提供优质的、低成本的绿色信贷支持。从2021年11月提出以来，累计发放低息贷款3 000多亿元，对地方推动绿色低碳转型起到了支撑作用。其差异化的利率降低了我国在绿色领域的投资成本。在建设人才国民教育培养体系方面，目前已经有十几所高校建立了碳中和的研究院或学院，这些院校也在进行相应的学科体系建设，比如清华大学、人民大学都在其优势领域建立了与碳中和相关的学科。

习近平总书记一直提及的碳达峰碳中和是对我国治国理政能力的一次大考，希望各级领导干部能提升抓绿色低碳发展的本领，出台了与干部培训、教育等相关的文件。党的方针路线、目标愿景提出后，干部就是决定性因素，特别是负责具体实施和推动工作的领导干部，他们对“双碳”工作的认识和把握直接决定了这项工作后续的成效。

我国并不是这个阶段才推动绿色低碳转型，在过去 3 个五年规划中，自下而上推动了很多创新探索，比如在全国推动了 87 个低碳省区和低碳城市试点及超过 50 个低碳工业园区试点工作。由于政策已进入实施阶段，各级政府在此方面都开展了各有侧重、各具特色的探索和实践，目前可将其归纳为四大类。

第一类是从产业入手，既包括绿色产业的发展，如新能源、风电光伏、储能、氢能、绿色建筑材料等的发展；也包括传统产业的转型，如钢铁、石化化工、有色金属、建材等能源利用率的提升，新的绿色低碳技术的应用涉及很多重点领域，如降碳减污、协同增效过程，低碳工业园区建设等。

第二类是从能源角度出发，我国不同新能源分布各有特点，西北、西南，风光水资源丰富；东部地区有大型能源基地，如东部沿海的大型海上风电基地、飘浮式光伏基地、核电基地等，这些大型基地也是各地未来建设的重要方向。此外，各地还有很多因地制宜的新能源政策，如全线推进屋顶分布式光伏、发展生物燃料、绿电制氢产氨和新型化学储能等。

第三类主要关于碳汇能力提升，我国很多区县生态环境保护得很好，森林的覆盖率也比较高，在这些区域要重点推动森林碳汇、海洋蓝碳，以及碳汇计量监测交易，在乡村振兴和生态价值实现过程中充分发挥森林、海洋等的碳汇的作用。

第四类是生活消费普惠类，包括老百姓绿色出行、低碳产品的消费等，鼓励公众共同参与碳普惠机制的创新。由于江西省宜宾县锂资源非常丰富，因此与生产新能源汽车核心零部件——动力电池的头部企业等开展了深度合作。江西省新余市也在利用国内锂资源进行深度加工。浙江嘉兴正在进行“双碳”示范点建设，如嘉兴港区的化工园区，就特别强调产业布局，由于港区内化工企业比较多，所以污水处理强调减污的同时降碳，一个办法解决两个问题，在末端采取了降低排放等一系列措施。宁波眉山新区是新划出来的区域，它属于港口型经济，在开发过程中特别强调绿色物流、绿色交通、零碳绿色港口。

国际上许多国家为完成“双碳”目标都采取了单边措施，如碳关税壁垒等，这要求很多出口产品在未来一定要实现较低的碳足迹，因此产品生产过程中碳排放的问题必须得到解决。国内目前正在进行多方面探索，像宜宾开发区充分发挥在绿电方面的优势，开发区使用的能源 80%以上都为绿色电力，入驻园区的企业，自然而然就实现了减排，这对有这类需求，特别是目前在国际产业链中承受减排压力较大的企业具有很好的赋能作用。苏州的一个工业园区与电力企业合作，利用数字化平台开展相关普惠机制的建设，量化分布式光伏发电并给予经济激励，推动当地的中小企业和个人、家庭在减排方面的行为。

习近平总书记在福建任省委副书记时就为厦门同安指出了一条绿色发展之路，现在同安也在进行绿色金融方面的创新，如乡村振兴碳汇贷，把碳汇和茶农的绿色增收结合了起来。长三角正在进行绿色低碳一体化的先行示范区建设，在上海的青浦区、江苏的乌江区、浙江的嘉善县系统化地推动“双碳”工作，还发布了《长三角生态绿色一体化发展示范区碳达峰实施方案》，提出了一系列能源产业、城乡建设、交通运输方面的举措，特别提出通过重点领域低碳科技联合攻关，进一步发挥绿色技术科技成果转移转化综合性服务平台的作用，推动共建生态绿色一体化发展示范区。云南的宁洱县把高山现代农业和光伏产业结合起来，淘汰了很多燃气锅炉，还与福建一样，把碳汇和绿色金融结合起来，在乡村振兴过程中，与很多国内专业的机构开展了战略合作。云南举办的中国青年 SDG 创新挑战赛在活动中实现的碳中和，非常具有示范意义。

对推动“双碳”目标落地增效，笔者想提几点建议：一是深入学习贯彻党的二十大精神，深入理解“双碳”及其相关表述的要义，实施创新驱动的“双碳”行动，讲好新时代区县绿色低碳转型的新故事。很多区县都是经济强县，在新产业布局、绿色低碳产业布局等方面都有非常好的基础。二是区县政府提高绿色公共服务的水平，建立健全减缓和适应气候变化的具体工作机制，注重对市场机制、公众参与等创新手段的运用。企业是实现“双碳”目标的市场主体，政府搭台通过激励、约束政策推动企业更好更快地发展，加强对零碳智能技术的产业转换，特别是“坡长雪厚”的赛道，如新型电力系统、新能源汽车、零碳园区建设运营、碳资源化利用等更应大力支持。

评价“双碳”政策好不好只有一个标准，就是它有没有赋能区县经济的高质量发展。政府要与企业一起合作，为产业和金融提供优质、低成本的碳中和解决方案，增加绿色投资和绿色就业，与区县的老百姓共同分享绿色经济带来的收益。

美丽中国内涵及建设进程评估规范

中国科学院地理科学与资源研究所科研处处长、研究员　王振波

本文主要介绍中国科学院正在进行的美丽中国建设进程评估。在此介绍一下关于美丽中国的内涵及建设进程评估的相关规范。

关于美丽中国从以下四个方面展开。

首先是背景。在党的十八大报告提出美丽中国这一新词汇后，党的十八届三中全会通过的《中共中央关于全面深化改革若干重大问题的决定》进一步提出要紧紧围绕建设美丽中国深化生态文明体制改革，推动形成人与自然和谐发展的现代化建设新格局。2018 年 5 月，在全国生态环境保护大会上，习近平总书记明确提出了建设美丽中国的时间表和路线图。确保到 2035 年，生态环境质量实现根本好转，美丽中国目标基本实现。到 21 世纪中叶，物质文明、政治文明、社会文明、生态文明、精神文明全面提升，绿色发展方式和生活方式全面形成，人与自然和谐共生，生态环境领域国家治理体系和治理能力现代化全面实现，建成美丽中国。建成美丽中国既是实现中国“两个一百年”奋斗目标的新路径，也是稳固大国地位和实现中华民族伟大复兴中国梦的重要目标。意义非常重大、任务非常艰巨、时间也非常紧迫。

其次是美丽中国的概念。美丽中国这一概念的形成过程是国家经济发展方式转变的过程，也是中国特色社会主义的建设过程，还是中国特色社会主义理论体系完善的过程。分阶段来看，改革开放初期，物质文明、精神文明两个文明一起抓，就已经出现了美丽中国概念的萌芽。党的十三届四中全会之后提出了经济建设、政治建设、文化建设“三位一体”总体布局。党的十六届六中全会明确了构建社会主义和谐社会在中国特色社会主义事业总体布局中的地位，政治建设、经济建设、社会建设、文化建设“四位一体”的总体布局发展成型。党的十八大报告明确提出，把生态文明建设放在突出地位，融入经济建设、政治建设、文化建设、社会建设各方面全过程，努力建设美丽中国，实现中华民族永续发展。至此美丽中国“五位一体”的理论基础基本形成，也实现了经济增长方式从粗放型向集约型的发展转变。

美丽中国是一个非常宽泛的概念，美丽中国的建设是落实生态文明思想、推进国家可持续发展、提升可持续发展能力和质量的阶段性战略部署。从学术角度来讲，可以从两个层次理解美丽中国，一是广义层面，二是狭义层面。

从广义来讲，美丽中国的建设要在特定时期内，遵循国家经济社会可持续发展的规

律、自然资源永续利用规律和生态环境保护规律，将经济建设、政治建设、文化建设、社会建设和生态文明建设“五位一体”总体布局落实到具有不同主体功能的空间上，形成山清水秀、国富民强、人地和谐、文化自信、政治稳定的建设新格局，这是实现“两个一百年”奋斗目标和走向中华民族伟大复兴中国梦的必经之路。落后贫困的不是美丽中国，繁荣昌盛但环境遭受污染的同样不是美丽中国。只有实现“五位一体”总体布局，才能真正实现美丽中国的建设目标。

从狭义来讲，美丽中国建设现阶段的主要目标还是生态环境建设。在该狭义概念中，既强调创造更多的物质财富和精神财富，满足人民群众对物质生活的追求，还要生产更多的优质生态产品来满足人民对美好生活的需求。所以狭义概念比广义概念更聚焦于生态环境建设。

从理论角度来讲，笔者一是提出一个理论——人地和谐共生。它的出现吸取了人类发展历史中的经验和教训，人类不能把自然当作奴隶，也不能做自然的奴隶，人与自然之间要和谐，应该和睦相处、相得益彰。美丽中国建设正是寻求人与环境和睦共处的最佳手段。人地关系实际上是人地和谐共生理论的核心要素间的关系，也是人与自然关系的一部分，是从人类起源到现在一直存在的一种客观、本源的关系，是一种相互共生、相互影响的关系。人类开发利用自然资源，反过来自然资源又制约着人类社会经济的发展，人与自然之间要保持协调和共生，这是该理论的基础。

三种关系构成了人地和谐共生理论的理论基础。一是地与地的关系，即自然与自然的关系，强调人类利用自然时，要保持自然环境之间的生态平衡和协调共生，不得以牺牲一地为代价达到优化另一地区的生态环境的目的。这一点在流域层面体现得更为淋漓尽致，比如上游要发展，就可能会破坏生态环境，影响下游发展。现在的一系列政策、方案和战略，就是为了保护上游的生态环境，给下游的生态环境发展保留空间。二是地与人的关系，强调人在开发利用过程中，不能超过自然界本身的能力，现在我们提出的经济社会发展、城市发展必须要在水资源、土地资源等自然要素的阈值内进行，如果超过阈值，就意味着破坏了整个生态环境的可持续性。三是人与人的关系，强调在开发过程中，人与人之间要保持和睦、相互包容、同心协力，不能把自然界作为个人获得利益的载体，要以社会和谐为目标来处理好人与人之间的关系、社会团体与团体之间的关系、国家与国家之间的关系、民族与民族之间的关系。

再次是搭建了理论框架——“五位一体”美丽论。根据美丽中国的广义概念和“五位一体”的总体布局，可以将生态经济建设作为核心要素，与生态环境之美、绿色发展之美、社会和谐之美、文化传承之美和体制完善之美构成了“五位一体”的美丽中国建设理论框架。总体来看，这个框架以生态环境为核心，生态环境是人类生活的载体，如果生态环境恶化了，人类就难以生存。外围第二个圈是绿色发展、文化传承和体制完善，它们是生态环境的三个重要支撑。再外围以生态绿色发展、文化体制完善为基础，形成的社会和谐之美，有实现社会和谐的目标和路径。整体来看，美丽中国的理论框架外围还需要外部环境的支撑，如中国传统文化、人与自然和谐的习近平生态文明思想和“四个全面”战略布局等，世界发展的趋势和“五位一体”总体布局，最终将改变无序开发的现状，与外围支撑共同构成美丽中国建设的理论框架体系。

为了使这个理论框架落地，我们需要把这些要素落在国土空间中，需要进行区划和评估。不同区域，人地现代化的需求也不一样，必须综合考虑当前的自然地理区划、人文地理区划、主体共同区划等，制定承载与融合地理全要素的美丽中国综合区划，融合全国不同区域的美丽中国进程评估方案，选取适用的评估方法，科学构建美丽中国的大框架，确定美丽中国建设的重点区域、发现重点问题，因地制宜地总结出重点区域美丽中国建设的模式、布局、路径和阶段性路线。从理论上，我们认为应该从科学区划和建立科学评估体系的角度来实现美丽中国。所以我们开展了相关美丽中国的建设评估工作，2020 年 2 月 28 日国家发展和改革委员会发布了《关于印发〈美丽中国建设评估指标体系及实施方案〉的通知》，该文件源于我们在科学研究中发现的美丽中国建设中存在的一些问题。在 2022 年依据该通知，开展了试评估，制定了指标体系的工作。按照习近平总书记努力打造“青山常在、绿水长流、空气常新的美丽中国”的重要指示精神，根据“五位一体”总体布局和建成富强、民主、文明、和谐、美丽的社会主义现代化强国的奋斗目标，深入践行习近平生态文明思想，体现通用性、阶段性和不同区域的特性要求，聚焦生态环境良好、人居环境整洁等构建评估体系，结合实际分阶段提出全国各省预期目标，由中国科学院作为第三方机构负责开展美丽中国建设评估，评估到 2035 年结束。

美丽中国建设评估的目的是科学地量化美丽中国建设进程和美丽程度，系统发现美丽建设过程中存在的问题和潜在的风险，正确引导各地区因地制宜，加快推进美丽中国建设，最终实现城乡空气清新、水体洁净、土壤安全、生态良好、人居整洁的美丽中国建设目标，为该目标提供科学支撑，也为推进生态文明建设提供科学的依据。

最后是美丽中国建设的原则。一是目标导向、突出重点；二是要立足国情；三是全国适用、体现差异，突出主要特色。美丽中国建设的评估体系根据国家发展和改革委员会发布的通知包括五个大的目标——空气清新、水土洁净、土壤安全、生态良好和人居整洁，其下有 22 个具体指标，各个相关部门根据分工提供各指标的数据。

另外，在美丽中国建设评估过程中，评估目标和差异目标由各个部委根据工作职责，综合考虑我国发展阶段、现状，对标先进国家，分阶段提出 2035 年美丽中国的预期目标，还要根据各地区经济发展水平等因素，和地方共同商定。另外，此评估的对象是自治区、直辖市，从 2023 年开始开展第一次评估，五年规划结束时再开展一次。目前已经形成比较完善的数据体系，同时具备了问卷调查采集的第一手数据。我们还建立了数据库，以及手机 App 导入系统，可以直接进行系统评估。我们对采集的基础数据进行分析，对线上数据进行处理，对评估指标进行量化，对全国通用指标、分区差异性指标，采取了不同的量化识别方法，对指标体系的权重进行确定。分区差异性指标进行评价时，如需加入一个或多个特征性指标，也可以采用相关的方法对系统进行修正。全国通用指标是由各个部委根据工作职责分析后确定的总体目标。分区差异性指标是根据地方各个省、市、区相关情况确定的目标。按照五大目标划分单项美丽指数，最终形成每个地区的单项美丽指数和综合美丽指数体系。当前我们还在制订工作方案、组织队伍，按照进度进行调研，正式评估阶段再根据相关的数据资料、指标体系进行评估，制作评估报告提交相关管理部门。

对美丽中国美丽建设评估我们运用软件系统，分六个层次进行试点评估，对差异性指标优选方法进行了确定。在国家发展和改革委员会的指导下，设立了包括评估小组、美丽评估办公室等在内的组织框架。确定了评估团队的遴选程序和遴选原则，保质保量完成了国家任务。经过综合考虑，我们把地理专业作为主导专业，整合中国工程院和高校力量开展评估工作。另外，我们还借助了各部委研究机构的力量，充分调动地方发展改革部门的积极性，评估团队一般由 10 个组成，现在我们正在为正式评估做准备，2022 年 11 月 3 日国家发展和改革委员会组织了启动会，对之前制定的 22 个美丽中国评估指标根据大会精神进行了丰富和完善，2023 年将正式开展评估，希望各位领导和专家提出建议。

$PM_{2.5}$与臭氧协同控制初探

中国环境科学研究院研究员、大气污染源排放与控制研究室主任　张新民

我国自 2013 年以来，在大气污染防治方面取得了非常显著的成果。特别是在 GDP 增长 71%的基础上，我国实现了多种污染物的下降。以下以北京的试点为例，介绍中国在大气污染防治方面的成功经验。

北京在取得颗粒物污染显著改善的成果的同时，也发现了新的问题——臭氧为首要污染的天数越来越多。如何协同控制 $PM_{2.5}$ 和臭氧污染，进一步改善环境空气质量？这是当前困扰我们的难题。

臭氧“在天为佛，在地为魔”。在地面，臭氧“魔性”到了什么程度呢？从 2017 年、2020 年夏天的污染情况来看，京津冀及周边地区臭氧污染相对较重，连片污染现象非常突出。从年平均浓度来看，我国臭氧浓度相对稳定，总体污染状况以轻度污染为主。由此可见，臭氧作为首要污染物的天数越来越多，甚至在有些北方城市，全年的首要污染物也变成了臭氧。臭氧污染与其他污染物相比更难控制，因为无法找到直接排放源。臭氧是二次污染物，所以来源非常复杂，有在本地生成的，也有在其他地方生成传输来的，还有可能，是其他地方产生的臭氧前体物在输送到当地在过程中一路生成的。在这种情况下，有没有可能把臭氧和 $PM_{2.5}$ 进行协同控制呢？从来源看，臭氧是二次污染物；$PM_{2.5}$ 既有一次排放，如电厂排放的细颗粒物，还有一部分是二次生成的，一部分是无机组分，如硝酸根、硫酸根等，还有一部分是有机组分。现在研究表明机动车排放对 $PM_{2.5}$ 的贡献越来越大，主要依据的就是无机组分；有机组分主要为二次有机气溶胶，其贡献率为 20%～50%，但这一比例在不同的地区差异比较大，比如南方地区常年温度偏高这一比例也偏高，而东北地区温度较低在冬季这一比例比较低。根据以上内容分析，$PM_{2.5}$ 和臭氧有一部分来源是相同的，如果从这些排放源入手，就可以达到“双赢”的目的，既可以控制臭氧，又可以控制 $PM_{2.5}$。中国工程院对《大气污染防治行动计划》的实施效果进行了评估，该文件主要是减少了 $PM_{2.5}$ 里面的无机部分，有机部分几乎未减少，甚至有增加。从环境空气质量来看，氧化物总量是在下降的，一次排放 $PM_{2.5}$、二氧化硫总量降速非常明显，但 VOCs 排放量还处于高位。而且其来源非常复杂，既有人为源，也有天然源。因此 VOCs 的减排任务非常艰巨。

习近平总书记非常关注生态文明建设，提出要加强污染物协同控制。“十四五”规划基于协同控制的需要，把 VOCs 总量减排 10%作为目标之一。从世界范围来看，VOCs

治理不是中国特色、中国创新，最早可以追溯到美国洛杉矶光化学烟雾事件。在该事件中，当时当地一年有 230 天是雾霾天，前后经历了较长时间才有所改善，而我国的快速响应速度和改善效果充分体现了中国特色——能够在短时间内集中力量办大事。当时的洛杉矶还催生了一个职业，卖新鲜空气，可见当时污染之重。美国最初控制 VOCs 也是为了改善臭氧污染情况。在这方面，国内也做了很多的尝试，以下介绍几个案例。

第一个案例是在鹤壁市。鹤壁市是一个非常美的城市，历史悠久，鹤壁市位于山脉与平原交界的地方。以前认为这是福地，但现在扩散条件差成了比较突出的问题。从发电量来看，鹤壁市发电量是用电量的两倍多，向外输送了电力；另外，由于地理位置，鹤壁市的二次污染问题比较突出。总体来说，当地大气污染本地污染贡献相对较少，这说明要更努力，才能解决区域污染问题。鹤壁在河南省中排放量相对较小，但是部分区域单位面积排放量比较大，企业少但比较集中。针对这种情况，为了协调经济发展和环境保护，有针对性地控制污染物的排放，使排放小的企业可以正常生产，笔者团队做了一些探索和尝试。通过分析讨论，在 2021 年夏季笔者团队对臭氧天气分级管控提出了富有建设性的想法，依据企业排放 VOCs 的臭氧生成潜势和空间位置进行精准施策和管控治理。在 2022 年夏季攻坚方案更注重措施的落地和具体实践，笔者团队联合行业专家对企业进行技术帮扶，为企业答疑解惑，真正做到送知识、送温暖，整个过程只进行调研和技术帮扶，不涉及执法，起到了很好的效果。也受到了企业的热烈欢迎，虽然有时只是解决了一个小问题，却可以帮助他们摆脱能耗和效率问题带来的困扰，通过技术帮扶环境质量也得到了改善。鹤壁市环境空气质量正在逐年向好，$PM_{2.5}$ 和臭氧实现了协同治理。

第二个案例是在西咸新区，它位于西安和咸阳中间的国家经济开发区。我们首先根据对臭氧的敏感性的研究和对周边污染源的空间定位，制定了夏日管控策略并运用走航和执法联合等手段，尝试对农业源防治、绿化工作以及渣土车管理工作等的管控内容进行修订。从结果来看，臭氧最大值和最小值有所降低。剔除气候影响外，改善幅度在 30% 左右。相关工作笔者团队写成了专报，由黄润秋部长进行了签批，他建议推广该经验，各地克服畏难情绪，要坚信臭氧可防可控。

科学研究是一方面，真正落地还得靠地方领导和一线同志们的努力。特别是现在争议很多、轰轰烈烈开展的 VOCs 治理，如果企业在治理 VOCs 的同时又产生臭氧和氮氧化物，这个技术是否就不行了？笔者认为还得看应用场景。我们也在各地进行了实测，有些治理效果非常好，有些则不尽如人意。对于治理效果，我们最关心的是处理效率和处理成本。另外，还要注意，在控制过程中，一定不能只控制 VOCs，氮氧化物的控制也是非常关键的，这与我们所处的社会发展阶段、排放特征等密切相关。

现在关于臭氧的研究非常多，结论也丰富多彩。不同的方法都会有各自的优缺点，比如基于环境观测的研究结果和基于排放源的研究结果有时候是矛盾的。这种情况反而是正常的，每个研究都是真实的。VOCs 目前可以定量测定 1 000 多种物质、定性测定 3 000 多种物质，而我们通常能监测到的污染源排放的 VOCs 最多也仅有 100 多种物质，这很可能是由于有些 VOCs 活性很强，还未检测到就反应完了，因此源排放清单也有一定的误差，所以双方结果会出现一些差别。在研究和为管理提供支撑的过程中，要注意多源验证，保证大方向是对的。比如在鹤壁市进行的臭氧敏感性分析，从这个分析来看，控制氮氧化物见效更快，但从减排比例来看，氮氧化物和 VOCs 的减排比例为 1∶2 时控制效果更明显，那么到底如何减排？注重源头减排、注意精准减排才是硬道理。

我们要辩证看问题，很多城市需要进行试验和总结，哪种方法对自己更有效。臭氧污染是个复杂的问题，控制任务艰巨，但大家也不要灰心，假如对氮氧化物进行控制，是一个非常漫长的过程，我们可以从另一方面进行尝试，可能效果会更明显。可以根据排放量或成本来抉择，虽然很难，但大家齐心协力，还是有办法解决污染问题的。

环境大数据支撑环境空气质量持续改善的城市实践

生态环境物联网与大数据应用技术国家地方联合工程研究中心主任 潘本锋

河北先进环保产业创新中心有限公司（以下简称公司）成立于 2019 年，是集环境质量监测管理技术服务与智能环境监测设备研发、设计、生产、销售于一体的高新技术企业。公司自成立以来，一直从事环境质量监测技术服务和智能环境监测设备的设计、研发、生产及销售。目前已研制出环境数据全生命周期管理技术、基于特征污染因子的污染物源解析方法、减排量动态测算技术、空气质量减排可视化评估技术、基于机器学习的污染溯源技术、温室气体排放实时监测技术等关键技术。公司紧密围绕“十四五”时期生态环境保护工作发力点“提气、降碳、强生态，增水、固土、防风险”，依托现有海量生态环境数据开展生态环境物联网与大数据应用研究，助力打造环境质量持续改善和经济协调发展的绿色生态城市。

下文将围绕环境大数据如何支撑地方环境空气质量改善展开介绍。

大数据应用的基础是大数据统计。系统通过整合相关部门大气污染防治工作相关基础数据和业务数据，以一张图为载体，整合包括气象数据、地理信息数据、空气质量数据、移动源数据、扬尘数据等政府关注的数据信息。大数据应用的关键是深度挖掘环境数据之间的关系，以摸清底数、智慧诊断、精准溯源、有效治理、持续改善为核心，运用大数据分析技术，全面掌握区域生态环境质量、污染源排放、污染区域分布、预警预报、溯源解析、治理过程评估及减排评估数据，促进污染防治从末端治理前移到污染溯源、报警和源头防控。

臭氧浓度超标是一个不争的事实，很多专家进行了模型的分析，公司运用统计的手段，分析了全国 337 个城市的臭氧浓度和氮氧化物浓度的关系。大数据必须有足够多的样本数据，在这里将臭氧数据分成了两类，臭氧的年均评价达标的城市的数据和超标的城市的数据，分析结论是氮氧化物浓度与臭氧浓度的达标和超标呈明显的正相关关系。同样，公司也统计了超标天数。有 129 个城市臭氧浓度超标天数在 10 天以下，其氮氧化物的平均浓度为 20 mg/m^3，58 个城市臭氧浓度超标天数为 10 天到 20 天，其氮氧化物的平均浓度为 25 mg/m^3，有 42 个城市臭氧浓度超标天数为 40 天以上。由此可见，随着臭氧浓度超标天数上升，氮氧化物的浓度也是一路上升的，臭氧的浓度也好，超标天数也好，与氮氧化物浓度都呈正相关的。

污染物之间如何实现协同控制？臭氧的污染程度与哪些参数有关？除二氧化氮外，

臭氧超标是否与 $PM_{2.5}$ 和 PM_{10} 也相关？是否是 $PM_{2.5}$ 的改善导致了臭氧的上升？从全国来看臭氧与 $PM_{2.5}$ 高度相关，所以臭氧与 $PM_{2.5}$ 必须协同控制。公司统计了 6 项指标的分布规律，其中 $PM_{2.5}$、氮氧化物、臭氧、PM_{10} 四项指标在空间上具有相当高的一致性。大数据还有一个应用是源解析，源解析可以定量反映 $PM_{2.5}$ 来源。我们还在运用污染物的理化特性信息，进行大数据分析。另外，$PM_{2.5}$ 相关数据中有很多粒径方面的信息，现在借助大数据手段可以把这些信息有效地应用起来，工地扬尘、道路扬尘、餐饮排放、工业排放，每个源排放的颗粒物粒径信息都是不一样的，把城市的平均粒径分布信息与不同源的粒径信息进行匹配，就可以定量反映出一个城市内不同源对污染的影响。举几个实际案例，在河北石家庄市，我们分析了氮氧化物与臭氧的关系，通过对 5 年内数据的分析发现，早上 6 时到 7 时的二氧化氮浓度与当天臭氧超标与否紧密相关，如果当天二氧化氮浓度达到 60 mg/m^3 以上，臭氧超标概率在 50%以上，这个规律主要用于预警和预报。

臭氧浓度超标还受气象因素影响，在什么样的气象条件下，臭氧浓度容易超标？风向、风速等因素与臭氧浓度超标与否是否也有密切的关系？大量数据的分析可以帮助我们进行预警预报和应急减排。如河南的一座城市就通过粒径监测，定量确定区域内颗粒物的来源，该市运用粒径监测手段，基于粒径谱的分布，通过模型算法，得出 PM 主要来源于扬尘，扬尘贡献占比为 35.5%，这些信息有效指导了减排和管控。此外通过物理特征信息，还可以对一些重点区域和重点事件的原因进行分析，如发现某个点位，凌晨 3 时到 6 时时，总是有颗粒物上升的现象，通过粒径特征的分析，在这个时段内，PM_4～PM_7、PM_7～PM_{10} 的上升是最显著的。PM_{10} 和 $PM_{2.5}$ 的总体浓度可能只上升了 1～2 倍，但 PM_4～PM_7、PM_7～PM_{10} 分别上升了 4～5 倍。同时这种上升还伴随其他参数的上升，如二氧化氮，通过分析就能初步判断该污染是施工造成的。这就是大数据的分析应用。

最后，介绍一下大数据支撑在地方生态环境改善工作中的实际应用。

2021 年，石家庄市围绕空气质量综合指数退出全国重点城市排名后十位这一目标开展了大量的工作，我们于 2021 年 8 月参与到这项工作中，见证了整个过程。总体来说，政府与专家组坚持用最严格的措施、最精准的管控、最铁腕的执法推进大气污染综合治理攻坚行动，全力以赴抓执行、抓落实，推动了空气质量持续改善。

在污染天气应对方面，石家庄市充分利用各类在线监测数据，精准发现“病灶”（如应急减排措施落实不到位），开展“点穴式”执法，既提高了监管效能，又减少了对依法生产、依规排污企业的打扰。进入秋冬季以来，石家庄市共经历了 6 次重污染天气过程。因为实施了精准管控，所以应对效果比较显著：污染峰值明显降低、污染过程持续时间明显缩短、污染影响范围明显缩小。石家庄市主要做了四个方面工作：一是搭建了数字化的蓝天云平台，二是对重点企业提出了减总量的要求，三是抓重点源排放——控扬尘，四是分时分区抓夜间减排，这四个方面的工作支撑了空气质量的改善。

石家庄蓝天云平台运用了大数据的算法，进行了大数据的应用，尤其是对石家庄的污染物与污染参数之间的相关分析、污染物与气象参数之间的相关分析、污染物空间分布的相关分析，全部实行自动化分析。在减总量方面，把企业排污的数据、环境质量数据、企业环保设施数据、企业生产设施数据、企业用电数据全部集中到平台，形成数字监控手段，从而实现了大数据综合应用。减总量是改善空气质量的最根本手段。为保证2022 年初时的空气质量，要求各区域减排，笔者团队通过企业的排污数据、环保设施数据、用电数据以及监控数据，确保企业的排污总量下降 30%左右，污染物总量的减排有效地保障了空气质量的改善。在控扬尘方面，粒径监测手段定量解析了颗粒物的来源，结果显示石家庄 PM_{10} 还是以粗颗粒为主，扬尘的污染对 PM_{10} 的贡献达到了 42%。这说明依然存在一次污染的问题，针对这种情况对辖区内 14 类扬尘源进行清单式管理，针对不同的污染源（包括道路、工地、机动车等）的扬尘进行扬尘管控专项行动，过程中增加了量化的考核手段，如对每个工地、企业安装的监测系统进行量化考核，对每条道路定量观测等，从而有效地管控治理了扬尘污染。在抓夜间减排方面，氮氧化物的排放在某些区域和某些时段还是非常严重的，氮氧化物的排放源多为移动源、工业源等，夜间管控对未来的环保工作来说还是一个重点。在削高值方面，要解决的问题是“农村包围城市”的问题。要建立长效的管控机制，构造行业、属地（包括公众）参与的环境管控机制，该机制包括环境问题的发现、上报、流转、督办、反馈，以及考核问责环节。为了保证机制有效运行，配套智慧监管平台，所有的环节都在智慧监管平台系统中自动进行，同时也打造了公众参与平台，让社会公众参与环境问题的发现、上报，真正打造了智慧监管、信息化监管系统，提升了监管的效率。

政府紧抓实干的一系列攻坚举措，推动了石家庄市大气环境质量持续改善。2021 年，石家庄市圆满实现空气质量综合指数退出全国重点城市排名后十位这一目标。

牢记总书记嘱托 以示范创建为抓手 全力建设“美丽南阳”

河南省南阳市生态环境局党组书记、局长 刘建光

尊敬的各位领导、各位专家：

非常荣幸作为地方代表参加本次论坛，衷心感谢各位领导和专家对南阳市的指导、关心和帮助，听了专家、领导以及同行们分享的理论成果和宝贵经验，我受益匪浅。也借此发言机会，向各位嘉宾汇报一下我们的工作。

南阳市是国务院批复确定的中部地区重要的交通枢纽，是豫鄂陕交界地区的区域性中心城市，也是南水北调中线工程核心水源和渠首所在地，生态资源富集，生态环境高度敏感。2021 年 5 月，习近平总书记在南阳视察，强调要从守护生命线的政治高度，切实维护南水北调工程安全、供水安全、水质安全，嘱托南阳市要把水源区的生态环境保护工作作为重中之重……坚定不移做好各项工作，守好这一库碧水。习近平总书记的重要讲话和指示精神是南阳市深入打好污染防治攻坚战、争创国家生态文明建设示范区的根本遵循和行动指南。我们以习近平总书记重要讲话和指示精神为总纲领、总指引，以创建国家生态文明建设示范区为主要抓手，全力建设“美丽南阳”。

一、坚决扛起南水北调水质安全的政治责任

南阳市始终把服务南水北调“国字号”工程作为政治责任，展现河南形象、体现南阳担当。一是坚持保护丹江口水质。统筹推进水源、水权、水利、水工、水务“五水综改”；实现水资源配置、水生态修复、水环境治理、水灾害防治的“四水同治”。深化河长制“四制四化”，落实好“河长+检察长”“河长+警长”“塘长制”等机制。实施“互联网+护水”机制，建设水源区“空天地潜”一体化监测系统，切实筑牢保护水源地的坚实屏障。二是不让一滴污水进入丹江。2018 年，南阳市发生跨省转移危险化学品倾倒淇河环境污染事件，南阳市“以空间换时间，以时间保安全”，成功阻断污染源扩散，丹江口水库未受到一点污染，由此形成的“南阳实践”被写入生态环境部印发的《流域突发水污染事件环境应急“南阳实践”实施技术指南》，并在全国推广。三是确保一渠清水安全北送。2021 年全市 32 个国控、省控断面达标率 100%，优良比例达 93.8%，优于全省平均水平 17 个百分点，全市集中式饮用水水源地水质达标率 100%，2022 年以

来，全市河流国控、省控断面全部达到Ⅲ类水质标准。南水北调中线水源地水质稳定保持在Ⅱ类水平，累计送水超过 500 亿 m^3。

二、奋力实现南阳生态文明建设新跨越

高位推动国家生态文明示范区建设工作。成立了由市委书记任政委、市长任指挥长，市“四大班子”领导任副指挥长的高规格生态文明示范创建工作指挥部，先后两次召开市、县、乡、村四级“四大班子”领导参加的高规格全市污染防治攻坚暨创建国家生态文明建设示范市誓师大会，高标准对标对表创建要求，推动南阳生态文明建设迈上新台阶、实现新成就。一是生态环境质量持续改善。2020 年，国家考核断面水质优良比例由 2016 年的 90%上升到 2020 年的 90.8%；省定责任目标断面水质优良比例由 2016 年的 78.5%上升到 2020 年的 89.3%。“十三五”大气总量减排任务全部完成，2021 年全市优良天数达到 268 天，超出省定目标 31 天，空气质量实现了“两降一升”，完成了国家下达的 2021—2022 年秋冬季大气污染防治目标任务。土壤污染防治攻坚战全面展开。全市受污染地块、受污染耕地安全利用率达到 100%。2022 年至目前全市大气、水、土壤攻坚工作全部进入全省第一方阵，为历年来最高水平。二是区域绿色发展水平不断提升。南阳市依托良好的自然生态资源，大力推进生态产业化大发展，“南阳月季”品牌蓄力发展，艾草产业向“世界艾乡”的目标稳步推进。以宛西制药等龙头企业为引领，中医药产业朝着千亿级规模迈进。2021 年，内乡县实现畜牧业生产产值 44.33 亿元，同时全县域 5 条主要河流水质监测断面水质常年好于地表水Ⅲ类标准，实现了产业发展和环境保护的“双赢”，内乡县受邀在全国农业农村生态环境管理培训会上交流经验。三是人民群众获得感、幸福感不断增强。南阳市先后获得“中国优秀旅游城市”“全国文明城市”“国家园林城市”“国家森林城市”等称号，百城建设提质工程与文明城市创建工作统筹推进，城市路网、水系、环境不断改善。全力打造绿色出行典范。深入推进“无废城市”建设，成功入围“十四五”时期 100 个“无废城市”建设名单，城市固体废物管理水平和循环经济发展水平不断提升。围绕中心城区白河流域环境治理，谋划生态环境导向试点项目，成功入选全国第二批生态环境导向的开发（EOD）模式试点。

三、全面推进生态环境治理体系和治理能力现代化水平不断提升

不断健全完善生态文明制度体系，形成“源头预防、过程控制、损害赔偿、责任追究”这一全链条制度体系，加快解决突出的生态环境问题，破解发展“瓶颈”。一是生态文明制度体系不断完善。2020 年，颁布河南省内首部生态文明建设地方性法规《南阳市生态文明建设促进条例》，2022 年率先围绕水源地保护制定《南阳市南水北调中线工程水源地水生态环境保护职责清单》，明确各县市区党委政府和市直属部门的责任，凝

聚合力，确保南水北调水源地水质安全。聚焦打赢蓝天保卫战，出台实施《南阳市县市区、乡镇（街道）环境空气质量排名暨奖惩办法》《南阳市中心城区大气污染防治网格设置暨考核办法》。二是奖惩制度不断生效。研究制定《南阳市地表水环境质量综合排名奖惩暂行办法》《南阳市水环境质量生态补偿暂行办法》，创新实施日预警、周排查、月研判、季讲评“四个一”工作机制。出台《南阳市大抓落实快抓落实狠抓落实 22 条措施》和《南阳市“不作为、慢作为、乱作为”处理办法（试行）》，在深入推进污染防治工作上狠抓反面典型。三是持续推进“依法治污、铁腕治污”，以最严格制度和最严密法治保护生态环境。成立南阳市生态环境保护督查整改中心，完成中央、省政府交办问题整改 3 068 件。“十三五”时期以来，全市共查处纠正各类环境违法行为 7 384 起，关停取缔各类企业 1 479 家，停产限产 478 家，下达行政处罚决定 2 668 件，罚款 1 356.7 万元，移交公安部门涉嫌环境违法犯罪案件 548 起。开展生态环境领域专项巡察，推动整改环境污染问题 1 794 个，解决群众合理诉求 787 个，推动办理涉环保治安和刑事案件 244 件。南阳市生态环境治理体系不断完善、治理能力稳步提升，为“美丽南阳”建设提供了基础支撑和有力保障。

这次获得国家生态文明建设示范区命名，是南阳市在习近平总书记视察南阳一周年后交出的一份政治答卷，也是生态环境领域落实习近平总书记重要指示精神的标志性成果。获得命名后，南阳市感到肩上的责任更重了，但全市上下推动生态文明建设的动力也更足了。“士不可以不弘毅，任重而道远”。下一步，南阳市将进一步深入学习贯彻习近平生态文明思想，在生态环境部的大力支持和关心下，将建好国家生态文明建设示范区作为推进 “美丽南阳”建设新征程的起点，将创建工作的各项要求进一步落实落细，以高标准完成创建任务为目标，持续深化创建工作，进一步总结提炼，打造生态文明建设的“南阳样板”“南阳模式”。最后，诚挚地邀请各位领导、专家到南阳莅临指导，谢谢大家！

习近平生态文明思想的靖安实践

江西省靖安县委书记 曾 海

靖安是人口小县、生态大县，地处赣西北，距南昌 37 km，全县面积 1 377 km^2，人口 16 万，全县森林覆盖率 84.25%。近年来，靖安县坚持以习近平生态文明思想为指引，深入贯彻新发展理念，探索出“一产利用生态、二产服从生态、三产保护生态”绿色发展模式，走出了一条生态保护与经济发展共赢之路。其先后获评江西首个“国家生态县”、全国首批“国家生态文明建设示范县”和“‘绿水青山就是金山银山’实践创新基地”等“国字号”荣誉，连续 8 年获得全省综合考核先进。特别是在 2018 年全国生态环境保护大会上，靖安绿色发展模式得到了习近平总书记点名表扬，为靖安县生态文明建设指明了前进方向、注入了强大动力。下面，笔者就靖安县围绕践行习近平总书记的肯定，所做的新探索、新实践作简要介绍。

一、围绕建设美丽中国，始终坚持生态立县战略，一张蓝图绘到底

党的二十大报告中指出，中国式现代化是人与自然和谐共生的现代化，必须牢固树立绿水青山就是金山银山的理念，站在人与自然和谐共生的高度谋划发展。一直以来，靖安县始终坚持把生态文明建设贯穿经济社会发展各领域、全过程。2001 年在全省率先确立“生态立县”战略，提出宁可经济发展慢一点，也绝不能破坏来之不易的生态建设成果，绝不走先破坏、后治理的老路，绝不吃祖宗饭、断子孙路。历届县委坚守生态底线，先后确立了“白云深处，靖安人家”“一产助推旅游、二产服从生态、三产激活全局”“有一种生活叫靖安”等一系列发展思路和战略定位，并不断完善、不断升华。2021 年换届后，靖安县传承过去好的发展思路，结合新形势、新要求，提出奋力建设“双一流”靖安的奋斗目标，“双一流”即山清水秀的一流自然生态和风清气正的一流政治生态。生态文明成为靖安经济社会发展的最强音，深入干部群众骨髓，成为全县上下的共识和自觉行动。

二、围绕“山水林田湖草沙”，打好生态保护组合拳，建设中部地区最美“绿心”

习近平总书记指出，要像保护眼睛一样保护生态环境，像对待生命一样对待生态环境。靖安是国家重点生态功能区，拥有九岭山、三爪仑等 4 个国家级、省级自然保护区、

森林公园，靖安县始终把生态保护作为首要任务，不断推进生态文明环境体系和治理能力现代化。一是探索多规合一。重金聘请中国科学院战略所高标准编制了《靖安高质量推动绿色发展“十四五”规划》，明确了生态、生产、生活空间，生态保护红线面积占全国总面积的51.2%，所有产业项目围绕生态定位，致力把靖安打造成为全省乃至全国有影响力的绿色发展标杆。二是创新体制机制。创新实施智慧化的“生态卫士”综合执法改革，整合森林公安、水利、自然资源、林业、生态环境、农业农村、市场监督管理等部门的分散交叉职能，做到河长、林长、路长等多长合一，形成一张县乡村一体、公检法贯通、政企民携手，横向到边、纵向到底的生态保护网，实现对自然生态要素全方位管控和便捷高效的系统治理。全县空气质量优良天数比例达 98.3%，断面水质常年保持在Ⅱ类地表水标准以上，县域生态环境质量管理考核连续 3 年位居全省第一。探索建立区域联防联控共治体系，实行生态保护对赌制度，与周边县签订生态补偿协议，上游护清水，下游给补偿，已累计获得补偿资金 1 200 万元，北潦河被评为“全国示范河湖”，北河被评为“长江经济带最美河流”。不断开创生态保护新模式，一期投入 4 100 多万元建成江西省首个森林航空护林直升机场——靖安机场，建立生物多样性红外线监测站和救助站，实行大小河流禁捕，开展娃娃鱼人工增殖放流，构建“空天地”立体保护体系。三是严格过程管控。在全省率先编制实施了《靖安县建设项目环境保护负面清单》等，全县各项规划、招商引资、项目建设严格落实负面清单要求，提前介入把好准入关口，坚决杜绝“两高一低”项目。近年来，我们先后否决了印染、铅蓄电池等项目 160 多个，累计婉拒外来投资 280 多亿元，牢牢守住了生态环境质量只能变好、不能变坏的底线。

三、围绕“绿水青山就是金山银山”，开创“绿水青山”和“金山银山”转化新赛道，持续释放生态红利

习近平总书记强调，“绿水青山就是金山银山”，阐述了经济发展和生态环境保护的关系，指明了实现发展和环境保护“双赢”的新路径。靖安县围绕“绿水青山”和“金山银山”双向转化，深入践行绿色发展模式，入选江西省首批大健康产业试点示范县，以大健康产业统领三产发展，形成三产融合发展的新赛道。一产利用生态发展精致农业。丰裕生态产品，因地制宜规模化发展白茶、椪柑、娃娃鱼、中草药等特色种养。打造数字农业，建设了质量监控、质量检测、质量追溯、品尝体验“四大体系”，全县 90 个农产品获得“三品一标”认证，认证面积 27.23 万亩。靖安县被评为国家有机产品认证示范创建区、全省绿色有机农产品示范县。塑造农业品牌，“靖安白茶”被列为国家地理标志保护产品，品牌价值位居全国第二；靖安娃娃鱼被中国科学院命名为“江西大鲵”，靖安县认定为我国首个遗传身份明确、野外稳定繁殖的大鲵纯种种群所在地。二产服从

生态打造低碳工业。大力发展以生物医药、医疗器械、健康食品为主的绿色工业，建设了 5.36 km^2 的大健康产业小镇，投资 4 亿元启动了大健康产业服务中心、二期标准厂房等项目建设，引进了上海高科、中德泊尔、乔家栅等 23 家行业头部企业落户。同时，建成了亚洲最大的抽水蓄能电站——洪屏电站，成立了规模 5 000 万元绿色产业发展基金，出台安全环保达标贷，支持传统产业转型升级，全县规模以上工业企业超过 80%是绿色低碳企业，被评为江西首个绿色低碳工业示范县。三产保护生态壮大全域旅游。持续擦亮国家全域旅游示范区品牌，先后投资 280 多亿元，建成了 8 个山岳峡谷型景区、7 个人文景区、10 个户外娱乐项目，20 多个度假项目。2022 年重启了三爪仑创 5A 工作，全力补齐全域旅游短板，创新建成智慧旅游疫情管控平台，实现"疫情防得住、旅游放得开"。2022 年 1—10 月全县旅游接待游客 1 023 万人次，旅游综合收入 58 亿元，成为江西首批"风景独好"旅游名县。

四、围绕人民日益增长的美好生活需要，唱响"有一种生活叫靖安"品牌，不断提高群众幸福感

习近平总书记指出，良好生态环境是最公平的公共产品，是最普惠的民生福祉。靖安县在发展中坚持生态惠民、生态利民和生态为民，实现宜居宜业宜游的一流人居环境，让群众共享发展成果。一是作美城乡环境。把县城当作"第一景区"打造，率先在全省编制完成县级城市更新规划，累计投入 59.4 亿元实施了城市功能与品质提升行动，引进蓝城、绿地、南大一附院、南昌交通学院等项目落户，被评为国家园林县城、省级文明城市和卫生县城。将村庄当景点打造，率先在全省实施镇村生活污水处理工程，投入 3 亿元建成污水处理站 230 座，实现重点自然村全覆盖。投入 7 亿元实施全域村庄整治工程，建成美丽宜居示范乡镇 4 个、美丽宜居示范村庄 52 个、美丽宜居示范庭院 5 600 余户，入选江西首批美丽宜居示范县。二是做强乡村产业。组建乡村投资公司，搭建"两山平台"，全力盘活山水林田湖和宅基地等乡村闲置资源资产，推动资源变资产、资金变股金、农民变股东，建立县、乡、村共同推动乡村经济发展利益联结机制，已盘活乡村闲置资源资产 65 个，实施相关项目 30 余个，带动相关村增收 3 万元以上。出台民宿发展扶持政策鼓励群众参与，全县民宿数量达到 740 家，床位 2.5 万张，户均收入 16 万元以上，特别是靖安中源乡，夏季平均气温 19℃，没有湿气和蚊子，90%农户参与旅游服务，每年都有 3 万多名游客长住，成为远近闻名的大众创业康养度假小镇。三是树立文明新风。靖安县既注重生态环境"外在美"，更追求生产生活方式"内在美"。深入实施城乡文明素质提升工程，总结提炼出"崇文尚德、勤廉奋进、担当实干"的靖安人精神，全力打造"靖安人"品牌，激发群众荣誉感、自豪感。把生态文明宣传纳入移风易俗乡风文明建设行动，率先在全国开展农村生活垃圾分类和资源化试点，在所有行政村设立"垃圾兑换超市"，让村

民得实惠转观念，使政府花小钱办大事。常态化开展“好人宣讲”“环保志愿者靖安行”“清河行动”等一系列活动，让生态文明成为靖安人的自觉行动。

靖安县深深感到，“人不负青山，青山定不负人”，只有坚持走生态优先、绿色发展之路，才能把生态优势、资源优势转化为经济优势、发展胜势，才能让好山好水给老百姓带来好生活。下一步，靖安县将进一步围绕习近平生态文明思想，持续在学懂弄通做实上下功夫，深刻领会中国生态文明论坛南昌年会精神，向兄弟县市学习，不断提升生态文明建设成果，努力探索更多可复制、可推广的靖安实践。

"国字号"生态名片谱写美丽上犹新篇章
——上犹县创建国家生态文明建设示范县典型事迹

江西省上犹县人民政府副县长　刘小林

上犹县地处赣江支流章江源头，是江西省西南部的重要生态屏障，生态环境保护责任重大。全县面积 1 543 km^2，辖 6 镇 8 乡、131 个行政村 16 个居委会，总人口 33 万。近年来，上犹县委、县政府深入贯彻习近平生态文明思想和习近平总书记视察江西重要讲话精神，牢固树立"绿水青山就是金山银山"的理念，以前所未有的决心和力度抓环保、强生态，大力实施生态保护工程，全面推进生态环境综合治理，着力构建绿色产业体系，逐步走上了生态与经济融合发展的新路子。

上犹县先后获评全国全面推进河（湖）长制工作先进集体，成功入选江西省首批美丽宜居示范县、江西省第三批绿色低碳试点县（市、区），连续两年登上中国最美县域榜单，2021 年成功创建第五批江西省生态县（市），2022 年，上犹县入选第六批国家生态文明建设示范区。这些成绩的取得，得益于国家、省、市生态环境部门的亲切关怀和大力支持，得益于上级党委、政府的高度重视和正确领导，得益于上犹县全体党员干部群众的密切配合和共同努力。这既是对上犹县生态文明建设和绿色发展工作的一种肯定，也是对上犹县下一步工作的鼓舞和激励，是推动上犹县生态文明建设再上新台阶的动力。

一、牢牢扛起保护一江清水政治责任，生态优先、绿色发展成为共识共为

作为老区、山区、库区县，上犹县资源比较缺乏，经济相对落后，但良好的生态环境却是上犹县最响亮的名片。上犹县委、县政府和全县人民十分重视和珍惜这片青山绿水，把生态保护上升到发展战略、发展定位的高度，把上犹定位为赣州重要的功能新区和休闲度假的后花园，提出了建设革命老区高质量发展生态示范县、打造对接融入粤港澳大湾区"桥头堡"生态经济合作示范区的战略目标，在规划、考核、投入、制度等方面给予了充分保障。

在规划方面，上犹县高标准、高规格编制了生态县建设规划，实施了林地保护利用、水土保持、饮用水水源地保护等一系列专项规划，推动补齐了一批生态县创建工作中的短板。把全县85%的土地面积划定为生态保护空间、49%的土地面积划定为生态红线，用大部分面积保护生态，用小部分面积集聚人口和产业发展，最大限度地减少发展对生态环境的负面影响。

在考核方面，坚持“保护也是政绩”的理念，建立了以生态为导向的差异化考核机制，生态文明建设工作占党政实绩考核的比例大于20%；明确县、乡、村三级生态环境保护主体责任，在督查监管上“一竿子插到村”，构建起“三横一纵”网格化管理机制。同时，积极开展生态乡（镇）、生态村（社区）创建活动，成功创建省级生态乡镇11个、省级生态村3个、市级生态村67个。

在投入方面，“十三五”时期，在县财力有限的情况下，投入超过20亿元，实施了饮用水水源地保护、章江源头保护、山水林田湖草综合治理、人居环境整治、工业园区污水处理、城乡居民生活污水处理等一系列生态环境保护工程，为生态文明建设工作提供了强力保障，成功争取到“长江经济带绿色发展专项”，成为全国唯二、全省唯一获批的项目。

在制度方面，整合公安、生态环境、自然资源、林业、水利、农业农村等执法力量，执法区域涵盖全县14个乡（镇）及工业园区，解决了以往生态执法力量分散、威慑力不够的问题，实现了生态执法从“九龙治水”到“拢指成拳”的有效转变。在落实河（湖）长制方面，对赣江源头保护区216 km^2进行专门保护，全县37条河流设立了县、乡、村级河长291名，聘请了河道水库管理员460名、生态环境监察员431名，河（湖）长制已从过去的碎片式、区域性向系统性、全域性覆盖。

二、举全县之力打好治山理水组合拳，生态环境质量不断巩固提升

英稍片区大力实施了治山治水生态保护工程，全方位、立体式加强生态保护和建设力度，精心呵护这片不可复制的青山绿水。

一是在提升生态环境上积极做“加法”。着力推进森林绿化、美化、彩化建设，近3年完成低质、低效林改造14.1万亩，森林彩化4.0万亩，修复退化林2.1万亩，新增丰产林、重点防护林、国家战略储备林等6.3万亩，综合治理水土流失218.6 km^2，森林面积、活立木蓄积量稳步增长，森林覆盖率稳定在81.4%。同时，注重山水林田湖草沙生态修复与治理，城市公共绿地、公共小游园覆盖了所有社区、小区。高品质建成15 km生态岸线、南湖等3个湿地公园、鸟鸣涧等5个国家级省级地质公园，城市建成区绿地率达37.19%、绿化覆盖率达42.17%，人均公共绿地面积达到22 m^2，成功入选了全省乡村森林公园试点建设县、省级森林城市。

二是在环境综合整治上主动做“减法”。主要突出以下几个重点：

治水。以阳明湖、南河湖为重点，大力开展湖面综合整治工作，网箱、水上餐馆、不达标船只、散小企业全部清理，把阳明湖、南河湖周边 5 km 范围内全部划入畜禽禁养区，真正做到了“不让一家水上餐馆留在库中，不让一户渔民住在水中，不让一片污染物漂在湖面、不让一滴污水流入上犹江”。同时，因地制宜实施农村生活污水治理，建制镇建设了污水集中处理设施，县城、工业园区污水处理实现了全覆盖，努力从源头上防控河湖污染，河流水系水质达到Ⅰ～Ⅱ类标准，出境断面水质常年保持优良，水质综合指数常年列全省前 5 名、全市第 1 名。2019 年上犹县获评全国“农村黑臭水体治理试点县”。

治土。在城镇，结合“创文”“创卫”工作，全面实施了对污水排放、白色污染等的专项治理，建成了生活垃圾填埋场，城市生活垃圾无害化处理率达到 100%。在农村，广泛开展了清洁田园、清洁家园、清洁水源“三清洁”专项行动，全面规范完善了农村生活垃圾治理基础设施建设，建立了户分类、村收集、乡转运、县处理的农村生活垃圾治理体系，按农村人口 10‰的标准配齐保洁员，实现了农村垃圾治理全覆盖。

净空。加大对企业排放、工地扬尘、餐饮油烟、畜禽养殖等重点行业和领域的治理力度，页岩砖厂、石板材企业、涉磷排放企业得到集中整治，可养区规模养殖场全面升级改造，$PM_{2.5}$浓度逐年下降，空气质量常年保持在优等水平，2017 年成功入选“中国天然氧吧”。

三、大力构建绿色产业体系，生态优势加快转化为发展优势

积极构建绿色产业体系，努力打通“绿水青山”和“金山银山”间的转换通道，促进生态优势转变为经济优势，使县域经济牢固矗立在绿色产业发展的基础上。一是大力发展生态工业。严格把好项目准入关，杜绝引入化工类企业以及高污染、高排放企业。近年来，上犹重点培植以物理加工为主的新材料产业作为首位产业，杜绝产业发展对水质、土壤、空气造成污染。二是大力发展以旅游为龙头的现代服务业。上犹充分发挥资源优势，打造了“一条鱼、一幅画、一块石、一杯茶、一泓温泉、一列火车”等生态旅游名片，着力推进产业与生态深度融合，休闲度假、文化旅游、体育运动、健康养生、精品民宿等新业态蓬勃发展。三是大力发展生态休闲农业。坚持生产标准化、产品品牌化、基地景区化，重点打造了犹石嶂生态农业园等一批农旅结合示范点，重点发展茶叶、油茶、蔬菜、花卉苗木等产业，富硒品牌逐步打响。

与此同时，上犹县园区、城区、景区均按照生态绿色的理念来规划和建设。一是建设生态工业园区。充分利用荒山荒地，依山就势梯级开发，全面推进管网、路网、美化、绿化等基础建设，坚决清退闲置、污染、高耗能项目，引导企业在绿色建材、高分子复合材料等生态节能领域进行合作，进一步延伸产业链。二是建设山水旅游城市。按照土地利用“护山保水”、空间组织“依山傍水”、建筑布局“显山露水”的思路，把城区每个项目当作景点来打造，把整个县城当作景区来建设。三是打造生态休闲度假胜地。重点打造了“生态休闲度假百里长廊”，吸引了上犹阳明国际赛车谷、南湖国际垂钓基地、众合养生谷、天沐温泉、赏石文化城、桃花源等20个亿元以上项目落地建设。

四、积极促进绿色生态理念融入生产生活，生态成果实现全民共享

加强生态保护、加快绿色发展的目的，是要更好地实现绿色成果全民共享。一是立

足长远，积极培育全民生态环境保护意识。上犹县持续深入开展“六五环境日”“低碳环保·绿色出行”“小手拉大手·环保一起走”“白色污染治理”“人放天养、增殖放流”等活动，使绿色发展理念进入千家万户。

二是坚持问题导向，主动回应群众所盼所想。上犹县积极推进“创文”“创卫”和城乡环境整治工作，以整治城乡环境“脏、乱、堵、差、污”问题为重点，有效治理了水土流失、农村生活污水、农村河道淤堵、农村面源污染等问题，从源头上守护了生态环境这个最普惠的民生福祉，通过开展生态创建工作，上犹县生态保护制度得到了进一步完善。

生态文明建设永无止境，上犹县将继续发扬“工匠精神”，将深入践行习近平生态文明思想，持续加强生态文明建设，巩固提升生态环境质量，扎实推进生态保护和可持续发展，切实把生态优势转化为发展胜势，让上犹绿色发展的家底更加殷实、更可持续，努力打造美丽江西“上犹样板”。

十四、农业农村环境治理论坛

推进生态文明建设　改善农村人居环境

南昌市人民政府副市长　王　强

生态文明建设是习近平总书记念兹在兹的“国之大者”。党的十八大以来，在习近平生态文明思想的科学指引下，祖国的天更蓝、山更绿、水更清。“物华天宝、人杰地灵”的南昌，坚持“绿水青山就是金山银山”理念，以打造江西国家生态文明试验区“南昌样板”为目标，以打好污染防治攻坚战为重点，持续深入开展蓝天、碧水、净土保卫战，推进城乡人居环境整治，积极稳妥推动碳达峰碳中和，努力建设“山水豫章郡、活力英雄城”，守护好了南昌的蓝天白云、青山绿水，守护好了南昌的鸟语花香、田园风光，先后被评为国家园林城市、国家森林城市、国家水生态文明城市、国际湿地城市。

习近平总书记在党的二十大报告中强调，加快提升环境基础设施建设水平，推进城乡人居环境整治。改善农村人居环境，是对农村居民美好环境需求的积极回应，事关广大农民的根本福祉、农民群众的健康和美丽中国的建设。近年来，南昌市认真践行习近平生态文明思想，以农村人居环境整治、农村路域环境整治、农业特色产业提升“两整治一提升”行动为主要抓手，着力打造共同富裕样板村和乡村振兴示范村，持续推进农村生活垃圾治理、农村“厕所革命”和农村生活污水治理等工作，农村环境变得优美宜居宜业，老百姓满意度不断攀升。下一步，我们将认真向出席此次论坛的领导、专家和同人学习，汲取此次论坛汇聚的智慧，加强对“绿水青山就是金山银山”理念的探索实践，踔厉奋发、勇毅前行，与各地一道共同推进农业农村环境治理工作，努力建设人与自然和谐共生的美丽中国。

2022 年中国生态文明论坛年会举办地选在南昌，既是给南昌提供了一次聆听各位领导和专家传经送宝、学习各地生态文明建设宝贵经验的机会；也是全国生态文明建设者对南昌进行实地考察，为南昌生态文明建设提出“真知灼见”的大好机会；还是我们展现英雄古城、山水绿城、活力智城风貌的一次好机会。“千里逢迎，高朋满座”，南昌自古就有热情好客的美誉，欢迎各位领导和嘉宾在南昌多走走、多看看，探寻一个历史文化与现代气息浑然一体、佳山丽水与名胜古迹交相辉映、自然风光与民俗风情相映成趣的英雄城南昌，也趁此良机实地感受一下初冬时节的江南。

构建宜居宜业新乡村 打造美丽中国的“江西样板”

江西省生态环境厅党组成员、副厅长 舒飞庚

江西“六山一水二分田，一分道路和庄园”，是一片红色、绿色、古色、金色交相辉映的神奇土地。红色江西，这里有中国革命摇篮井冈山、人民军队摇篮南昌、共和国摇篮瑞金、中国工人运动摇篮安源、中国改革开放思想萌发地“小平小道”，跨越时空的井冈山精神、苏区精神、长征精神是我们党砥砺初心使命的精神标识和丰厚滋养，也是中华民族的宝贵精神财富。绿色江西，全省森林覆盖率稳定在 63.1%，生态环境质量持续保持全国前列，开窗见绿、推门见景，到处是令人心旷神怡的美丽画卷，习近平总书记赞誉“庐山天下悠、三清天下秀、龙虎天下绝”。古色江西，这里有千年名楼滕王阁、千年瓷都景德镇、千年书院白鹿洞、千年道教祖庭龙虎山，陶渊明、欧阳修、曾巩、王安石、杨万里、朱熹、汤显祖等江西籍宗师名家灿若群星、彪炳史册。金色江西，“十三五”时期，全省地区生产总值从全国第 18 位上升至第 15 位。2022 年上半年，全省生产总值（GDP）同比增长 4.9%、列全国第 3 位，江西持续厚植生态底色、奏响绿色崛起最强音。

江西是农业大省，农业比重大、农村地域广（约有 1.7 万个建制村）、农民数量多，村民居住点多且分散，农村污染防治任务重、难度大。省委、省政府高度重视农业农村环境治理，实施“1+4”农业农村污染治理专项行动，印发畜禽养殖污染防治、农药化肥减量化、水产养殖污染防治、农村生活污染防治 4 个专项行动的行动方案，省政府出台《江西省农村生活污水治理行动方案（2021—2025 年）》，并召开全省农村生活污水治理工作现场推进会。省生态环境厅创新实践“农水农治、农水农用”的工作思路，强化技术指导，推动出台农村生活污水污染物排放标准以及 4 个相关配套技术指南等地方标准体系的建立，因地制宜、分类施策推进农村生活污水治理工作，助力秀美乡村建设；全省各地充分发挥主观能动性以及民间智慧，涌现了萍乡上栗桥头资源化利用模式、上栗泉塘分散治理模式、景德镇乐平港下村人工湿地与生态景观融合集中处理模式等一大批农村生活污水治理典型案例。截至目前，全省累计完成 5 019 个行政村环境整治，农村生活污水治理率 29.35%，高于中部地区平均水平。这些成绩的取得，是江西省委、省政府坚决贯彻落实习近平总书记关于“三农”工作重要论述的结果，同时也离不开生态环境部领导的关心指导，离不开各兄弟省份的传经送宝，离不开各位领导、专家的大力支持。

站在新起点，开启新征程，迎接新挑战。江西省将深入贯彻习近平生态文明思想和习近平总书记视察江西重要讲话精神，认真学习贯彻落实党的二十大精神，按照刚才钟斌副司长的讲话要求，用好本次论坛年会成果，聚焦“做示范、勇争先”的目标要求，不断巩固农村环境整治成效，努力构建更加宜居宜业新乡村，打造美丽中国“江西样板”。

建设乡村生态文明　推动实现乡村振兴

中国生态文明研究与促进会副秘书长　于绪文

农为邦本，本固邦宁。农业和农村生态文明建设是我国生态文明建设的重要组成部分。习近平总书记指出，“从中华民族伟大复兴战略全局看，民族要复兴，乡村必振兴”。2022 年中央一号文件更是把乡村生态振兴摆在乡村振兴的重要位置，这对新时代、新阶段的农业农村生态环境治理具有重要的指导意义。在习近平生态文明思想的指导下，在党和国家一系列政策的推动下，农村生态文明建设已经取得明显成效。农村生态环境质量明显好转，农业生产环境持续改善，有力保证了国家经济社会的整体稳定发展。

“十四五”时期，是我国全面推进乡村振兴、加快农业农村现代化的新阶段，也是农村生态文明建设的战略机遇期。我们要紧紧抓住这一关键时期，不断加大力度推进农业生产绿色低碳转型，推进农业农村绿色振兴。不断加强农业农村环境治理的力度，使农村经济社会高质量发展和生态环境高水平保护协同推进。不断提升农业农村生态环境治理体系和治理能力现代化水平。不断提高乡村高质量发展的含“金”量，加强农村生态保护，加快美丽乡村建设。

做好农业农村环境整治，是生态文明建设的关键，也是事关民族复兴的重要环节。我们必须全力以赴地不断完善各方面工作，在全社会各领域、各行业不断形成更加广泛的共识、汇集更加强大的合力，实现我国农业农村环境治理水平的不断提升。

确保能够给子孙后代留下一个清洁美丽的世界，为民族的未来播撒下绿色洁净的种子，是我们这一代人不可逃避且必须努力实现的任务。在此，笔者希望各位领导和专家能够不吝真知灼见，畅所欲言，为农业农村环境治理提供良策，共同探索路径。中国生态文明研究与促进会愿与社会各界一同携手，为全面加强生态文明建设、推动绿色发展作出更多贡献，为建设天蓝、地绿、水净的美丽中国持续努力！

从美国的原位污水治理看中国的农村污水治理模式

中国人民大学低碳水环境技术研究中心主任　王洪臣

本文主要介绍三个方面的问题，一是笔者对我国农村污水治理模式的困惑，二是分析了发达国家的原位污水治理模式及其发展趋势，三是我国农村污水治理主流模式。

我国农村污水治理模式有哪些？主流模式是什么？这两个问题目前存在的分歧较多。出现这种情况的客观原因是我国幅员辽阔，东、西、南、北、中各地区差别较大，但主观上还是认识问题。农村有污水吗？农村污水需要治理吗？治理模式应采用单户模式还是集中模式？是全村大集中还是分几个片区的小集中？灰水、黑水是分别处理处置还是合并处理？污水资源化在哪个阶段进行好？源头资源化好还是经过深度处理以后再进行资源化好？对这些问题的认知目前高度不一。下面，笔者对应该采用单户原位分散治理还是集中治理这个问题的认识简单介绍一下。

西方对农村污水多采用原位污水治理。其原因是西方农村居民居住地比较分散，都是独栋建筑，院子较大，考虑隐私，户与户之间会保持一定距离，污水集中收集较困难。不同于西方，中国的农村首要考虑安全，户与户之间距离近，大多就隔着一堵墙。以美国为例，该国农村地区污水治理有五种模式，三种都是集中处理模式，应用于比较敏感的水环境周围，但这样的处理站全美只有 1 万多座，规模在日几十吨到几千吨。另两种是原位治理，各家各户自己治理，处理量大、覆盖面广，全美国有 2 000 万户采用该模式处理污水。这 2 000 万户的原位就地处理技术叫 OWTS（onsite wastewater treatment systems），由化粪池和土壤渗滤池串联而成，也就是污水经过两格化粪池后渗到地下，渗滤池设计有六种不同形式。这个系统始创于 20 世纪 70 年代，到 80 年代开始规范，发布了设计手册。2 000 万个家庭使用了这种模式处理污水，但随着使用时间越来越长，很多地区出现了黑带，从地表就能看出成片的黑带，对土壤和地下水造成了污染。据评估，这类污水渗到地下成了美国地下水第三大污染源。针对这一状况，美国一些地区开始考虑修正这种污水的原位治理模式，他们提出了化粪池改下水道计划（septic to sewer），把污水引到下水道输送到污水处理厂集中处理，目前这一计划已在很多州展开。其中，开展工作最早的是佛罗里达州维罗海滩（Vero beach）地区，这个地区最先发现了地下水与土壤的严重污染，于 2016 年开始进行化粪池改下水道计划。这个地区在佛罗里达的中南部，当地有 3 万户居民由于高度分散，采用原位治理，到现在已经改造 20% 的住户，计划到 2025 年改造住房比例达到 50%，2030 年全部完成改造，所有分散污水接入新（扩）建的污水处理厂统一处理。最近当地政府提出了加速推进化粪池改下水道计划。化粪池改下水道主要采用压力收集系统，在每家每户建设一个潜污泵站，把污水泵送到污水处理厂。该地区测算结果显示，压力收集系统投资是传统重力收集系统的1/3，这是采用压力系统的主要原因。笔者于2019年调研了这个地区的改造，发现他们在家安装的小微水泵做得精致巧妙，是专门研发制造的，不易堵塞、无故障时间长。我国没有这个需求，所以也没有这么小的水泵，如果有需求，相信也会做得很好。维罗海滩地区把3万个家庭的污水集中到一个新建的、处理能力几千吨的污水处理站，这个处理站对出水水质标准要求很高。美国研究显示，最经济的方式是25～100个家庭的污水集中起来单独建一个污水处理站。化粪池改下水道计划的技术路线是明确的，效益也比较好，但在美国要推动一件事比较难，取消化粪池，建一个泵站，把污水抽到污水处理厂，这个计划在公众中引起的争论比较大，争论的焦点是成本分担问题。不管怎么争论，政府还是综合各方的意见尽最大的努力去推动。我们再看看日本的净化槽模式，日本有15%的人居住在乡村，这些人中有5%采用集中处理模式处理污水，这里的集中处理设施是指处理能力几十吨的污水处理站，能处理中国一个村的污水。居住在乡村地区的剩余的95%的人采用原位治理，也就是净化槽技术，日本乡村地区共建成了800多万个净化槽。笔者2016年去日本考察时，日本政府表示，净化槽是在财政困难时期对污水进行分散治理的临时对策，政府也很清楚这种高度分散的家家户户单独治理的模式处理效果是比较差的，他们计划等政府财政状况好转以后再把污水收集起来进行集中治理，遗憾的是，财政状况至今仍未改善。

美国与日本等国家的实践表明，污水集中治理是农村污水治理的发展趋势，能集中则集中；但污水收集管网建设需要投资，因此，受经济条件限制暂时不能集中，也要在规划上为以后集中留余地。分散治理节约投资，但治理效果大打折扣。我国很多地方使用的化粪池没有出口，以后集中时就比较难处理。一些地区把灰水、黑水完全分开，黑水定期用车辆拉运，这也给以后集中处理增加了难度。从美国的情况看，现在中国收集管网投资比较大的一个原因是我们把城市普遍采用的重力排水系统机械地移植到了农村。一个几百人的村庄，每天污水几十吨，却采用DN300以上的管道且埋深很深，导致投资巨大。污水压力收集系统、真空排水系统、WHO推荐的小口径重力排水系统都是农村污水收集系统的好选择，可以大大降低投资，但现实中应用较少，值得我们反思。

创新实践农水农治、农水农用
梯次推进江西省农村生活污水治理

江西省生态环境厅土壤生态环境处处长　张英剑

江西省位于长江中下游南岸，全省总面积为 16.69 km^2，辖 100 个县（市、区），目前全省共有 1.7 万个行政村。2021 年末，全省乡村常住人口 1 741 万人，占比 38.5%。全省丘陵山地分布广泛，农村人口多，村民居住点多分散。因地制宜开展农村生活污水治理工作，改善农村人居环境，助力乡村振兴是江西省努力的方向。

“十三五”末期，江西农村污水治理率略高于中部平均水平，2020 年为 20%。截至 2022 年底，江西累计完成了 5 019 个建制村环境整治，已建农村生活污水处理设施 7 600 座。“十四五”时期国家给江西省定的目标是污水治理率达到 30%，江西省自我加压，力争达到 40%。在快速推进这项工作的同时，我们也遇到了不少的困难和挑战，当然这些问题中有些也可能具有共性，比如对部分设施建设的必要性和迫切性论证不够、建设资金不足、管理能力和水平跟不上等，造成了部分设施运行不正常、“晒太阳”的问题。当然，江西省有决心也有信心，在“十四五”时期一一解决这些问题。

江西省的信心和决心来自以下几个方面。

一是习近平生态文明思想的科学指引，特别是习近平总书记关于“三农”工作的重要论述。江西省农村环境治理工作围绕着三个目标开展，那就是农村美、农业强、农民富，这是我们工作的总目标，也是农村生活污水治理目标。

二是生态环境部领导的关心和指导，2022 年 8 月生态环境部黄润秋部长在江西调研，他强调治理农村生活污水是实施乡村振兴战略的重要任务，要根据农村区位条件、污水处理规模和排放趋向等，选择好符合当地实际的处理方式，因地制宜推进农村生活污水处理。

三是省领导的高度重视和高位推动，江西省把农村生活污水治理工作纳入了污染防治攻坚战和乡村振兴战略，将农村环境整治和美丽乡村建设一体化推进实施，2019 年江西省成立了包括农村专业委员会在内的 10 个专业委员会，大力推进 30 个专项行动实施。

2022 年，叶建春省长深入基层调研，在村里查看污水收集及处理成效，他指出，要建管并重，完善投入和管理机制，切实把好事办好，实事办实，让群众在满满的获得中感受到美美的幸福。2022 年 9 月 29 日，省政府组织召开了全省农村生活污水治理现场

推进会，总结成效，分析问题，部署工作，吹响了整个“十四五”期间的农村生活污水治理的集结号。

在工作中，江西省逐步形成“农水农治，农水农用”的新思路。按照“以实为基、以用为本、以效为先”的原则开展农村生活污水治理工作。这一原则强调了实事求是、实用、实效，在全国推进会上获得了生态环境部领导的充分肯定。江西省通过一手抓建设、一手抓改造实现双提速，通过质量和数量“两手抓”，努力让农村生活污水治理成为实实在在的民生工程。

在工作中，江西省搭建了信息化管理平台，不断提升管理能力与水平，经过近几年的探索和实践，组织开展多轮排查，对全省进行摸排，收集数据，不断夯实基础，基本摸清了全省农村生活污水治理情况。同时，江西省基本构建了农业农村生态环境管理“四梁八柱”体系，发布了“一个方案、一个标准、四个指南”。一个方案就是省政府印发的《江西省农村生活污水治理行动方案（2021—2025 年）》，为各地开展工作提供了行动指南，同时还制定了《江西省农村生活污水处理设施水污染物排放标准》，并配套制定了四个技术指南，覆盖了污水处理设施和处理工艺、施工与竣工验收、后期运行维护等全流程，也为全省农村生活污水治理、监管、运维等提供了依据。

在工作中，江西省不断探索工作方法，特别是在农村生活污水现场检查方面，基层同志总结出“望闻问切”四步法，通过查看设施、闻进出水味道、问当地农户、核对进出水监测情况等判断农村生活污水治理效果，这一套方法基本能判断出现场情况。同时江西省还积极探索多种治理模式，经过这几年的实践，我们考虑农村与城镇的距离、经济可行性等因素，尝试了很多方式，也对成果进行了梳理和总结。目前，全省的污水治理设施中，采用集中式治理的大概占 50%，采用分散式治理的占 48.7%。在处理工艺方面，主要运用人工湿地工艺，该工艺占 31%。

实践中，江西省积极发现和总结一些经验。比如萍乡桥头村的工作模式，实现了农村生活污水、废水变肥水的资源化利用，受到生态环境部的高度肯定，向全国介绍了经验。这个案例的成功之处在于破解了农村生活污水治理工作怎么开展的问题和污水治理成本高的难题，这个案例中的治理费用主要用于管网建设（包括收集管网等），回答了农村生活污水到底是污水还是肥水的问题，充分展现了“农水农治，农水农用”的根本宗旨，为果园菜园提供了优质肥料。

另一个项目是在宜春上高县的分散式污水治理设施，这是针对分散的居民，为节省管网建设费用、保护水资源环境、实现高效利用开展的探索，这个案例解决了管网建设费用过高的问题，提供了良好的工程实践。而在金溪县采用了“EPC+O”（设计、采购、施工、运营一体化）的形式，保障了设计、施工、运营责任的连续性，避免了由于不同单位分别中标造成的责任互推、工作脱节，使工程质量更有安全保障，提高了资金的使用效率。

全力推进农业面源污染治理
打造“绿水青山就是金山银山”“湖州样板”

浙江省湖州市生态环境局党委委员、副局长　崔　侃

湖州市位于浙江省北部、太湖南岸，是环太湖地区唯一因湖得名的城市，市域面积 5 820 km^2。辖吴兴、南浔 2 个区，德清、长兴、安吉 3 个县和南太湖新区，常住人口 340.7 万。2021 年，全市地区生产总值 3 644.9 亿元，同比增长 9.5%。先后被列为国家绿色金融改革创新试验区、国家创新型城市、全国文明城市，成为全国首个入选生态文明先行示范区的地级市。近年来，随着工业和城镇点源污染治理工作的逐步深入，农业面源污染在污染排放总量中比例逐年上升，作为“绿水青山就是金山银山”理念的诞生地，湖州市把全力推进农业面源污染治理工作写入了重要议事日程。下面，笔者从两个方面作简要介绍。

一、主要做法和成效

按照《浙江省农业面源污染治理与监督指导实施方案》《浙江省农业农村污染治理攻坚战行动方案（2022—2025 年）》等文件精神，湖州市对照职责分工，市生态环境局开展了以下三个方面的工作。

（一）建立了立体化的面源源头减排体系，将源头减量作为治本之策

一是深入开展“肥药两制”改革。集成推广应用有机养分替代、测土配方施肥、新型肥料和肥水一体化技术，建立健全农作物病虫害监测预警信息体系，推进统防统治与绿色防控有效融合，主要农作物测土配方施肥技术覆盖率达 93.24%。加快推动跨地区、跨层级、跨平台数据对接、信息互通和资源共享，加快实现肥药“进—销—用—回”闭环管理。到目前为止，全面落实全市 2 844 家规模以上农业追溯主体和 511 家农资经营主体上线“浙农优品”应用。全市三县两区均入选第二批“全国农作物病虫害绿色防控整建制推进县”名单。二是着力推进土地流转。近年来，湖州市通过政策引导、创新机制、培育主体、两区推动等有效手段，大力推进全市农业用地土地流转，由农村合作社和种粮大户开展统一的科学、精准施肥施药，有效控制了农民散户随机、盲目地施肥施药，从源头上有效减少农业面源污染。截至 2021 年底，全市土地流转面积 110 万亩。三是稳步推进废弃物资源化回收利用。近 3 年全市秸秆综合利用率分别达到 96.49%、

96.81%、97.49%，初步形成了以秸秆机械化粉碎还田为主，能源化、原料化、饲料化、基料化占比逐年提高，收储运体系逐步完善的秸秆综合利用新局面。加快农药废弃包装物回收处置。规范回收处置监管流程，提升回收仓储设施规范化水平，全市建立县区级归集点 5 个，回收点 630 个，实现全域覆盖。四是逐步完善生态补偿机制。湖州市人民政府分别与长兴县、德清县和安吉县人民政府共同建立东、西苕溪流域上下游横向生态补偿机制，实现东、西苕溪流域上下游横向生态补偿全线贯通。探索建立了县域内流域上下游生态补偿机制，安吉县财政每年安排 7 200 万元，涉及流域所在乡镇每年自筹 120 万元，根据水质考核情况，开展生态补偿工作。健全了对河口水库和赋石水库等水源地水库的生态补偿机制，补助资金直接用于区域内水质考核奖励、封山育林补助、生态保护工程配套等与水源保护相关的经费支出。

（二）建立了产业匹配的面源污染治理模式，将有效治理作为重中之重

一是低山丘陵茶叶种植氮磷流失控制模式。针对安吉县茶园等主要作物的面源污染问题，湖州市以小流域治理为抓手，从“优质高效、环境友好、生态治理”这一综合要求出发，以土壤肥力调查为基础，依据土壤-植物系统养分平衡的基本原理，提出平衡减量施肥-配植增绿的经济林水土氮磷流失控制技术和以“源头减量、截流促渗、末端消纳”为核心的水源涵养与水土氮磷流失控制技术模式，为安吉县农业面源污染治理工作提供了强有力的科学支撑。在此基础上，湖州市发布了地方标准——《生态茶园建设与管理技术规范》，这是我国首个生态茶园建设标准。二是农田尾水生态沟渠拦截模式。湖州市在农业“两区”（粮食生产功能区、重要农产品保护区）、永久基本农田保护区、重点饮用水水源保护区等区域，保护农田生态系统整体性、生物多样性等，因地制宜，兼顾农田排水、污染拦截和美丽田园建设，大力推动农田氮磷生态拦截沟渠建设。截至 2022 年底，全市累计建成农田氮磷生态拦截沟渠 57 条，总长 65 949.3 m，覆盖农田面积 48 243 亩。三是太湖流域特种水产尾水生态治理。坚持“治水倒逼促转型、生态优先兴渔业”的原则，着力提升渔业水域生态环境。牵头起草省级地方标准《淡水池塘养殖尾水处理技术规范》（DB33/T 2288—2020），制定《湖州市淡水池塘养殖尾水处理工艺》，明确了工程设计、主要设施和设施面积占比等工艺要求，最终形成“三池两坝一渠一湿地”等治理模式，全市完成 56 万亩渔业尾水治理工作。四是养殖粪污资源化利用模式。坚持“以地定养、以养肥地、种养对接”的种养结合制度，持续示范推进“主体小循环、园区中循环、县域大循环”的模式。湖州市以规模养殖场为重点，加快推广异位发酵床治理模式、粪便罐式发酵装备，并开展农牧对接绿色循环体建设。全市 555 家规模养殖场均已配套粪污贮存、处理、利用设施，规模养殖场粪污处理设施装备配套率达到 100%，规模养殖场畜禽粪污综合利用率达 99.63%。

（三）建立全面覆盖的面源监测与评估机制，将监测管控作为有力保障

一是完善与利用现有监测能力。湖州市已基本建立了以国控、省控、市控、县控水质断面监测为基础的农业面源污染监测体系。目前，全市有 80 个地表水河流水质监测监控点位，空间布局合理，基本覆盖了全市所有需重点监测的农业面源污染点位。通过完善的地表水水质监测体系，真实客观地反映了全市农业面源污染的情况。在 80 个监测点位中，国控点位均建成水质自动监测站，省控点位每月进行手工监测，市控、县控点位每两个月进行一次手工监测。二是开展重点监测示范区建设。按国家农业面源污染治理试点方案要求，安吉县从 2022 年初开始每月开展县域地表水水质采样监测，监测点位 54 个，涵盖了安吉县的上、中、下游的干流及主要支流和重点小流域，其中 9 个为重点区域、流域出入口点位，同步开展水文水质监测。根据前期监测结果，在上游和下游分别设置 1 个小流域和 5 个重点监测点位开展长期定位监测，明确不同类型面源污染排放情况，为治理工作提供科学依据。三是加快数字化改革，数字赋能现代农业。以数字化改革为引领，推进农业产业大脑建设，“农废回收”“畜禽粪污治理”“白茶大脑”等应用已纳入“浙农优品”“浙农牧”等数字化应用场景，系统构建“肥药两制”数字化管理平台，实现施肥施药信息形成完整、闭合的数据链。德清县建设“水产养殖尾水治理监管平台”，对全县 1 522 个治理点进行智能化管理，实现养殖尾水监管数字化动态监测、信息化监督管理。四是开展面源绩效评估工作试点。在安吉县目前的工作基础上，率先开展面源绩效评估工作试点，用污染削减总量、削减率、单位面积削减量、主要污染类型、污染指标、单位削减量经济投入、经济影响（正负）、可接受度，以及技术可操作性等包含不同功能的指标，来表征安吉县农业面源污染防治工作在环境效益、社会经济和政策管理方面的现状，直观反映面源污染治理工作成效。

二、经验总结

湖州市切中农业面源污染治理要害，打开高效农业、绿色发展的新局面。

一是切实加强统筹协调，“重治理”与“重监管”双管齐下。一方面，全面提升农业面源污染治理水平；另一方面，推动建立监督指导农业面源污染治理的工作机制。2021 年，全市地表水县级以上控制断面水质符合地表水Ⅰ类、Ⅱ类、Ⅲ类标准的比例分别为 2.5%、41.3%、56.2%；满足功能要求监测断面比例为 100%，与上年相比上升 1.2 个百分点。全市 5 个县级以上集中式饮用水水源地水质优良，达标率为 100%。农村地区黑臭水体消除率达到 80%，农村集中式饮用水水源地规范化整治完成率达到 80%，村庄水环境质量得到极大改善。

二是坚持高效生态方向，“保生态”与“增效益”“双赢”。谋划设计并打出了“肥药两制”改革、畜牧业转型升级、农药废弃包装物全域回收处置、农田氮磷生态拦截系

统建设等系列“组合拳”，既是“生态牌”又是“效益牌”。2021 年，湖州市农业产值比上年增长 4.1%。种植业产值增长 2.1%；牧业产值增长 14.4%；渔业产值增长 5.4%。实现了农业产值稳步增长。同时，近 5 年以来累计减量不合理施用的化肥 9 124 t（折纯）、农药 2 807.1 t，2021 年全市化肥、农药施用量分别为 36 648 t、2 451 t。截至 2022 年底，全市化肥施用强度降至 16.15 kg/亩，位列浙江省第二位；农药施用强度降至 0.142 kg/亩，列浙江省第五位，实现了农业丰产丰收和生态价值“双赢”。

三是立足湖州发展实际，“站高位”与“创特色”始终引领。2014 年 5 月 30 日，国家六部门联合下发了《浙江省湖州市生态文明先行示范区建设方案》，标志着湖州成为全国首个地市级的生态文明先行示范区。2016 年，湖州市首批荣获“国家生态市”称号，并成为全国唯一一个国家生态县区全覆盖的地级市。2017 年，被评为国家生态文明建设示范市和“绿水青山就是金山银山”实践创新基地，是全国唯一获得两个荣誉的设区市。2022 年 8 月 15 日至 16 日，太湖南岸，群贤毕至，胜友如云，以“科技创新 绿色低碳”为主题的“2022 中国绿色低碳创新大会”在浙江省湖州市举办。

怀着殷切期盼和执着追求，湖州走在了生态文明建设的最前沿，对这座城市来说，生态先行是一种担当，更是一种承诺。2015 年，市人大常委会决定将每年的 8 月 15 日设为“湖州生态文明日”，这在全省尚属首次。2016 年 7 月 1 日，全国首部生态文明示范区地方性法规——《湖州市生态文明建设先行示范区建设条例》正式实施。2018 年 7 月，地方标准《生态文明示范区建设指南》在湖州正式发布，这是全国首个生态文明示范区建设地方标准。当前，湖州全面启动了“在湖州看见美丽中国”实干争先主题实践，以此作为加快建设生态文明典范城市的总载体，在生态价值转化、低碳技术创新、绿色“智”造变革等方面集中发力。

新余市渝水区畜禽养殖污染治理典型模式

江西省新余市渝水区委常委、区政府党组副书记、副区长　何耐平

新余市是工业强市、区域小市、山水美市。渝水区是新余市城区所在地，是全国产粮大县和畜牧大县。截至 2021 年底，全区生猪存栏 51.8 万头，全年生猪出栏 90.0 万头。针对辖区内养殖业“量大面广”的特点，坚持立法先行、科学谋划、明确规范、集中处置、强化执法，解决了全区养殖粪污污染等突出环境问题，农村人居环境焕然一新，全区实现了规模养殖场粪污处理设施配套率 100%、粪污资源利用率 90%以上的目标。出境水断面水质由 2017 年的地表水Ⅲ类水质稳定提升至地表水Ⅱ类水质。

（一）坚持立法先行。2018 年 8 月，新余市人大常委会公布《新余市畜禽养殖污染防治条例》，对辖区内所有畜禽养殖污染进行管理，将畜禽养殖污染防治工作纳入政府绩效评价考核体系，压实县级政府责任。明确由农业农村部门负责畜禽养殖监督管理，生态环境部门负责畜禽养殖污染防治统一监督管理，发改、财政、自然资源、住建、城市管理、水利、林业、市场监督管理等部门按职责分工，负责畜禽养殖污染防治相关工作。明确要求养殖场（户）建设与养殖规模相配套的用于雨污分流和粪污收集、贮存等的设施。

（二）科学规划布局。制定《新余市生猪养殖业发展规划》，调优畜禽养殖布局，按照布局合理化、生产规模化、养殖绿色化的要求，加强规划引导，调整优化畜禽养殖布局，引导养殖业从禁养区向可养区转移、从养殖密集区向环境容量大的区域转移（明确全市生猪出栏量控制在 180 万头，其中分宜县 35 万头、渝水区 53 万头、高新区 27 万头）。根据社会发展和环境承受能力，落实养殖总量控制，加强新（扩）建养殖场的审批和监管，在保障畜牧产品有效供给的前提下，促进畜牧业生产健康、稳定、可持续发展。

（三）健全标准规范。新余市先后印发《新余市规模畜禽养殖场生态化改造技术指南》《新余市规模畜禽养殖场生态化改造验收办法》《新余市规模化猪场生物安全管理规范》《新余市沼液安全农用规范》《新余市畜禽养殖粪污第三方处理运行管理办法》《关于畜禽养殖场执法标准、流程及处罚依据》等标准规范，对畜禽养殖粪污处理设施建设、验收，沼液，农用，第三方运维以及现场执法检查等进行了明确的规定，以提高养殖场（户）运营、市场化运行机制以及执法检查的规范性和科学性。

（四）推进粪污全收集。依托畜禽粪污生态循环“N2N”资源化利用模式（以农业

废弃物处理中心和有机肥生产中心为核心，联动上游 N 家养殖企业和下游 N 家种植企业），形成种养结合的链条，实现畜禽粪污全收集、全转运、全利用，破解畜禽养殖污染问题。畜禽粪污养殖场加装自动刮粪板，建设畜禽粪污储存池和事故池（建设成本 600～800 元/m^3），实现粪尿全收集。粪污集中处理中心与各养殖户签订畜禽粪污全量收集协议，由集中处理中心负责上门转运（转运成本 20 元/t，养殖户支付 10 元/t，其余 10 元由地方政府补贴，具体补贴方式见以下文），采用“四联单”确保养殖量、粪污产生量、储存量、转运量能相互印证，由粪污集中处理中心、养殖户、农业农村部门、生态环境部门各执一单，防止畜禽粪污偷排乱放污染环境实现粪污全转运。全利用是指将畜禽粪污转运至罗坊沼气供气站、南英沼气发电站和鹄山沼气发电站，沼液用来制成沼气或发电，沼气向罗坊镇集镇 6 000 余户居民供气，年发电可达 3 000 万 kW·h，年处理养殖废弃物约 60 万 t，处理病死猪 10 万头，沼渣部分生产固态商品肥 5 万 t、液态肥 58 万 t。

这种模式有两个优势，一是有利于节省养殖成本，以 1 万头养殖规模的养殖场为例，粪污储存池和事故池建设成本仅为粪污处理设施的 1/10，而且不需要后期运行维护，养殖户接受程度高；二是有利于环保执法检查，采用“四联单”作为畜禽粪污收储转运的记录台账，便于采用非现场执法、零接触执法等方式检查核对粪污去向，能够解决畜禽养殖场进场检查难等问题。

（五）构建多元化经济激励政策。针对畜禽粪污资源化的三个主要去向制沼气、沼气发电、生产商品有机肥，制定多元化的经济激励政策。在基础设施建设方面，对铺设沼气管网给予 300 元/m 的补贴，对新接入的用户给予 3 000 元/户的补贴。在沼气发电方面，将沼气供气和发电纳入行业主管部门常态化监管范围，参照天然气设立沼气供气维修基金，标准为 0.3 元/m^3，政府、企业和用户各出 0.1 元/m^3，这一基金用于对公共危旧沼气供气设施进行维修更新。在畜禽粪污集中处置方面，针对已经投入运营的第三方集中处理中心，在没有享受国家电网补贴政策的情况下，2023—2025 年连续 3 年给予 0.1 元/（kW·h）的资金补助。在商品有机肥推广使用方面，鼓励政府涉农项目和种植主体从有机肥定点协议供肥企业购买有机肥，凡一次性购买有机肥 10 t 以上按 200 元/t 给予补助，年补助总额不超过 800 万元。

（六）强化考核压实责任。建立畜禽养殖废弃物处理和资源化考核制度，全面落实属地管理责任制度、养殖场主体责任制和部门监管责任制度，下达《新余市畜禽养殖废弃物处理和资源化利用目标管理（2017—2020）责任书》。各级政府对辖区内畜禽养殖污染整治及粪污资源化利用负总责，明确企业法人是粪污治理的第一责任人，年出栏 5 000 头以下的养猪场全部实现网上申请环保登记备案，5 000 头以上的全部依法开展环境影响评价。此项工作已纳入市政府对县区政府（管委会）的绩效考核，建立了责任制和责任追究制。同时，新余市渝水生态环境局成立了专项检查组，将全区规模化养殖场纳入日常环境执法监管范围，每月抽取 15%的规模化养殖场进行检查，对与畜禽粪污收集、贮存、处置情况相关的各项台账资料进行检查，重点查处偷排、漏排情况，严厉打击违法行为，确保畜禽粪污不外排，防止污染环境。

荣成市农村生活污水治理经验做法

山东省荣成市环境监控中心主任、正高级工程师　迟万强

荣成市是山东省所辖县级市，隶属山东省威海市，地处山东半岛最东端，三面环海，常住人口 73.82 万。多年来，荣成市委、市政府高度重视生态文明建设工作，先后获得“全国文明城市”“国家生态市”“国家环境保护模范城市”“国家生态文明建设示范市”“中国人居环境范例奖”“全国绿色发展百强县市”等称号。2020 年，荣成市农村人居环境整治工作成果被国务院通报表彰。近年来，荣成市深入贯彻“绿水青山就是金山银山”的理念，以美丽乡村示范区建设为主线，创新性地将污水治理与农村改厕结合起来，着眼于打通污水处理“最后一公里”，构建覆盖城乡的污水收集处理体系，助力改善城乡生态环境，努力补齐影响群众生活品质的短板，塑造提升“自由呼吸·自在荣成”的城市形象。

一、强化全市统筹，构建顺畅高效的推进机制

2016 年，荣成市委、市政府出台了《荣成市农村厕所改造与污水处理实施方案》，将农村厕所改造与镇村污水处理设施建设统筹考虑，实现农村改厕和镇村污水处理设施统一规划、统一建设、统一运行、统一管理考核，推动镇村污水全部达标排放。多年来荣成市始终坚持梯次推进生活污水治理，实现全市农村生活污水处理全覆盖，将生活污水治理作为新型城市化建设和城乡发展的重中之重，统筹纳入乡村振兴战略中。

一是政府主导，强化宣传工作。成立农村生活污水治理工作领导小组，建立联席会议制度，强化督导调度、研判推进和管理考核，形成“一级抓一级、层层抓落实”的工作格局。各区镇，以及生态环境、住建、财政、农业农村等相关部门，通过会议发动、登门入户等多种形式，广泛宣传农村生活污水治理的意义、知识、政策等，使农村生活污水治理工作家喻户晓，并通过舆论宣传和政策引导，激发群众主动参与的积极性，动员社会各方面关注和支持，营造良好的社会氛围。在市广播电视台、新闻中心开辟专栏，采用政策解读、现身说法、效果对比等形式，从正反两方面加强宣传，形成正确的舆论导向。

二是合理规划，确定最佳模式。按照“高标准、严要求”的原则，坚持因地制宜、分类指导，统筹考虑村居地质条件、撤并规划、污水总量、污水处理工艺等因素，确定各村污水处理设施建设模式，先进行小范围试点、后期大范围推广，做到“分村定位、

一村一案”。截至目前，荣成市已投资 14 亿元，在全市建设了 3 座市级、4 座区级、52 处镇村污水处理设施，全市 532 个村庄进行了生活污水治理，完成农厕改造 12.9 万户，建设运行户型污水处理器 577 台，22 个镇街驻地全部建成污水处理设施，污水日处理能力达到 24.5 万 t，配套管网总里程达 1 200 多 km。对城区、镇区周边的 48 个村庄，强化配套污水管网扩面延伸，将生活污水引入已有的大管网集中处理；为距离大管网较远、排水较为集中的 11 个新型社区，铺设污水管网，建设集中式污水处理设施处理污水；对排水较为分散的 204 个村庄，灵活采用生物膜、活性污泥等技术，建设并运行户型污水处理器；对污水集中收集困难的 511 个村居，全部建设三格化粪池、铺设污水管网，采用收集拉运处理方式实现污水转运处理。

三是一体保障，实施差异补贴。市政府将农村生活污水治理工程列为政府投资项目，建设资金纳入年度预算，分别用于集中采购设备和结算工程款项，年底按照各区域财政情况结算，超额部分由各镇街负责，不增加农民负担。在建设方面，污水处理设施按沿海镇 30%、内陆镇 70%的比例补贴，户型污水处理器购置费用市财政全额补贴；收集转运村庄按照每户 650 元的标准，由市财政补贴。在运行方面，荣成市于 2014 年出台了《关于推行城乡污水处理一体化管理的意见》，积极探索社会化运作模式，引进中国水务集团、新加坡环亚水务公司等大企业，采用建设—经营—转让（BOT）模式建设运营污水设施；鼓励市内骨干企业对自有污水处理厂实行资源共享，将周边污水纳入其中进行一体化处理，荣成市在技术改造、管网配套、价格补贴等方面给予政策扶持。市财政每年投入的各项污水处理费用在 7 200 万元以上。城区污水处理厂，污水处理费从自来水费中提取，差额部分由市财政全额补贴。镇级污水处理厂（设施），已建成的污水处理厂（设施）由镇街升级改造完成后移交中国水务集团统一运营，新建的污水处理厂（设施），建成一座、移交一座、运行一座，在运行费上实行差异化补助，沿海经济强镇市财政补助 50%，其余镇街市财政全额负担。村级污水处理设施和户型污水处理器由中国水务集团统一运营，运行费用由市财政按 70%的比例补贴，其余费用由镇街补贴。

二、严格规范管理，打造质量过硬的民心工程

农村生活污水治理，事关群众的切身利益。在实施的过程中，要注重抓好“四项规范”。

一是物料招标规范。由市住建部门周密设计标书，明确耗材技术参数、供货节点，市财政、审计、公共资源交易中心等部门全程参与监督，坚持“一把尺子卡到底”，从源头上保证质量。

二是施工队伍规范。所有参加投标的施工队伍，必须具备相应的资质和诚信等级，还必须参加相关部门组织的专业技术培训，培训合格方可进行施工。在工程推进、督导

检查、考核验收、工程实施、图纸设计、工程进度安排、工程招投标、质量监督监理、工程验收评估等方面做好质量把关。

三是施工操作规范。成立了技术专家指导组，开展现场演示，划分了监管网格，明确了条块监管职责，出现质量问题一律予以倒查追究、严肃处理。

四是工程验收规范。成立了农村生活污水治理验收小组，凡达不到验收标准的，一律限期整改，综合验收合格率低于 90%的镇街，暂缓供应耗材和发放补贴，直至整改达标。

三、坚持一体运营，建立健全长效管护机制

把建立农村生活污水治理长效管护机制作为推进城乡基本公共服务均等化的重要任务。在农村生活污水处理设施后续管护中，树立“三分建、七分管”的理念，将建后管护作为农村生活污水治理工作的关键和项目建设的延伸，推动长效管护机制全面稳定运行。

一是健全管护机制。2016 年，荣成市出台了《荣成市农村厕所改造与污水处理实施方案》，建立了全市统一的镇村污水处理设施建设运行管理机制，将农村改厕污水全部收集处理、资源化利用。将全市划分为 6 个片区，投资 500 多万元增设 6 处农村生活污水管护站，配备各种吸污管护车辆 37 辆、管护人员 130 多人，投资 110 多万元建成了农村生活污水管护智能管理平台，对全市镇村污水处理设施运行情况进行实时监控，及时收集反馈污水集中收集拉运信息。持续优化增加手机扫码上报等服务功能，进一步缩短管护时限，打造受理、派遣、处置、反馈 8 h 应急响应机制，确保污水池满前抽取、不外溢。

二是完善运行模式。荣成市在设计试点村居生活污水出水标准时，参照了城市污水处理厂出水标准。在后期实际运行过程中，发现农村生活污水进水指标较高而且水质、水量不稳定，在没有其他外水调节的情况下，小型污水处理设施出水很难达到城市污水处理厂的出水标准。经过多次调研，运营单位根据不同村居的进水水质调整污水处理方式，运用在污水处理设施前端增加厌氧池、采用双处理工艺、增设调节池增加污水停留时间、冬季集中收集拉运等方式，彻底解决农村小型污水处理设施进水量少、指标高、冬季出水不达标等问题。

三是细化考核办法。市政府成立由生态环境、住建、财政、农业农村等部门参与的联合考核小组，制定了统一的考核办法和实施细则，将所有设施的运转率、出水达标率、抽取及时率、群众满意度等指标作为考核检查的重要内容，考核结果作为经费拨付的重要依据。通过建立起制度化、常态化的污水处理运行机制，确保农村生活污水治理得好、用得好。

“乡村美不美，重点先看水。”荣成市农村生活污水经过集中收集和高效处理，杜绝了随意排放的现象，有效地保护了农村土壤及地下水。生活污水由无序漫流的废水变成使农村环境更优美的景观水、保障生态系统良性循环的生态水，以及农业灌溉和农民增收的致富水，擦亮了荣成市乡村振兴战略的生态宜居品牌。

建设和美乡村 打造农业农村环境治理“湾里样板”

南昌市湾里管理局党工委书记，博士、教授 龚志强

一、湾里发展思路

湾里立足自身生态本底优势，明确今后发展的总体思路就是“打造一园三区，建设幸福湾里”：一园即打造城市中央公园，三区即高颜值的生态旅游区、高质量的生态经济区、高标准的生态居住区。

一是打造高颜值的生态旅游区。湾里将以争创国家全域旅游示范区、国家级旅游度假区“双创”工作为龙头，加快建设一批地标式、打卡式、体验式景观和有规模、有品质的文旅项目，加快构建“处处是美景、各地皆可玩”的全域旅游发展格局，用3年左右的时间奋力把湾里建设成具有区域性影响力和吸引力的旅游度假目的地，用5年左右的时间建成具有全国影响力和吸引力的旅游度假目的地。

二是打造高质量的生态经济区。依托湾里生态、交通、区位优势，坚持“产业生态化、生态产业化”，全力做强文旅康养、数字经济、低碳工业和生态总部等生态产业，加速“绿水青山”向“金山银山”的转换，努力把湾里建设成生态效益、经济效益双提升的高质量的生态经济区。

三是打造高标准的生态居住区。湾里将持续完善城市功能与品质、改善人居环境，努力让生活在湾里的人民既享受优越生态环境，又共享城市便利，打造“山居不离城”这一城市品牌，真正让住在湾里成为一种自豪、一种荣耀、一种幸福。

打造“一园三区”归根结底就是建设幸福湾里。幸福湾里是一个生态优良、景色秀丽、产业兴旺、平安和谐、富有活力、宜游宜学宜业宜居的新湾里。

湾里围绕总体发展思路，全力构建“双核引领、四片轮动、五镇并进”的空间发展格局。双核：一是指城市文旅消费集聚区，湾里大力发展城市旅游，推动以磨盘山为中心的旅游景区、特色商业街区和运动休闲小镇发展；二是指梅岭云端景区，湾里以索道建设为契机，整合资源建设梅岭云端景区，打造南昌城市观景平台和城市会客厅，使其成为引领湾里旅游迅速崛起的核心增长极。四片轮动，即全力推动山下城区、山上洗药湖、山中梅岭太平、山北罗亭四大片区联动发展、交相辉映。五镇并进，即打造招贤休闲运动小镇、梅岭国际研学小镇、太平慢生活小镇、罗亭鲜花小镇、洗药湖康养小镇五个特色小镇。

二、农村环境治理经验做法

近年来，湾里围绕“打造一园三区，建设幸福湾里”的总体思路，强力推动农村人居环境整治，实现农村面貌美丽蝶变，主要可总结为三大转变。

（一）坚持以点扩面，从“局部美”迈向“全域美”。一是秀美村庄越来越多。先后高标准建成农村人居环境整治提升村 44 个、精品村 17 个、8 个共同富裕样板村、2 个乡村振兴示范村。二是短板弱点越来越少。全面补齐乡村治理短板，推动实施新农村建设、农村生活污水治理、农村垃圾分类、旱厕消除、生猪禁养、村庄亮化、农村改厕、消灭空壳村、农村集体产权制度改革、禁燃禁放、殡葬改革、六长共治“十二个全覆盖”，绣出美丽乡村宜居图。三是特色亮点越来越亮。全力打响了“湾里人家”民宿品牌，盘活农村闲置房屋和宅基地 4.34 万 m^2，精心打造岭溪谷、半朵悠莲、楠树坪等 50 余家民宿，其中有“湾里人家”精品民宿 28 家，形成了布局合理、特色鲜明的民宿聚集区。

（二）坚持常态长效，从“一时美”走向“四季美”。一是抓组织保障，确保“有人办事”。成立了以笔者担任组长、分管领导任副组长的农村人居环境整治工作领导小组，坚持以考促评，构建“领导带头抓、部门联动抓，属地主体抓”的工作格局，倒逼责任落实。二是抓经济保障，确保“有钱办事”。始终坚持“舍得投入、多元投入”，做到了上级争资、局级保障、属地配套、村级自筹、乡贤资助“五级共筹”，累计筹资 1.1 亿元，确保“有米下锅、有钱办事”。三是抓机制保障，确保“有方法办事”。按照科学确定管护范围、管护标准、管护责任、管护经费、考核奖惩的“五定包干”长效管护要求，全面推行全域第三方农村环境综合治理市场化，上线运行“万村码上通”5G+长效管护信息化平台，推动农村人居环境管护向专业化、标准化、规范化、智慧化迈进。

（三）坚持内外兼修，从“环境美”跨向“生活美”。一是“双美行动”全面推进。持续推进“双美行动”，精心打造美丽村庄 53 个、美丽庭院 514 个，评选星级美丽村庄 34 个、星级美丽庭院 167 个，营造“村村竞美丽、户户争出彩”的浓厚氛围。二是“美丽”经济全面发展，坚持村村有景、村村有业，精心培优做大特色果业、高山茶叶、中药材产业；培育特色农家乐 130 余家，形成太平湾头、泮溪、招贤乌井等一批农家乐产业集群；行政村成立村集体股份经济合作联合社，实现全部村集体经营性经济收入超 20 万元。三是“崇美”乡风全面盛行。通过基层自治、考评机制、身边榜样充分调动村民积极性，通过制定“村规民约”“家风家训”，开展“积分兑奖”“美在身边”等活动，让群众成为乡村治理的参与者、监督者和受益者。

三、下一步工作计划

党的二十大报告提出“全面推进乡村振兴”，“建设宜居宜业和美乡村”。湾里将抢抓“强省会”战略机遇，以“打头阵、当先锋、作表率”的担当作为，奋力打造新时代乡村振兴“湾里样板”。一是持之以恒扮美乡村环境。以“双创”工作为引领，持续提升乡村颜值与品质；深入开展“两整治一提升”行动，全力建设一批共同富裕样板村、乡村振兴示范村。二是持之以恒兴旺乡村产业。继续培优做大水果、花卉、中药材、茶叶等特色农业产业，打响湾里农业品牌；继续建设一批省、市现代农业产业园，打造更多特色农业产业聚集区；继续举办一系列农业节庆活动，推动“农业经济”转向“美丽经济”。三是持之以恒富裕乡村农民。继续大力打响“湾里人家”民宿品牌，发展农家乐产业，形成一批民宿、农家乐产业集群以带动更多农民就业；继续做强旅游品牌、做大旅游市场、做旺旅游人气，真正让湾里群众吃上致富“旅游饭”，助推乡村全面振兴。

从源头抓起　实现垃圾的无害化处理

中国小康建设研究会城乡人居环境提升工作委员会秘书长
顺天（北京）环保科技有限公司董事长
甄成君

笔者是一名老环保人，多年来以企业创始人的身份投身于祖国生态文明建设和环保事业的前线，感受良多。随着经济持续增长，这几年中国生态文明建设、环保事业、乡村振兴、人居环境整治提升进入发展的"快车道"。生活垃圾无害化源头化处理工作也越来越迫切、越来越深入，成为各级政府部门都非常关注的重点，这两年顺天（北京）环保科技有限公司在内蒙古自治区、新疆维吾尔自治区完成了几个相关项目，这几个项目都得到了当地政府的认可，尤其是 2022 年上半年在新疆维吾尔自治区昌吉回族自治州玛纳斯县包家店村落地的"无害化处理中心"项目，不仅得到了县政府的肯定，更得到了全疆住建部门的关注，6 月 22 日，在新疆维吾尔自治区住房和城乡建设厅领导的带领下，全疆各地、州、市住建部门负责人前往现场观摩和交流。

这些项目的成功落地，让笔者更有信心和使命感，本文从生活垃圾源头化整治、无害化处理对城乡人居环境整治提升的作用的角度，进行介绍。

首先，人居环境整治提升是乡村振兴的关键抓手。它是社会问题，也是经济问题。纵观欧美国家的发展历史，可以看出，它是社会经济发展到一定水平的必然选择，是经济由粗放式增长向集约型增长、由小康型社会向共同富裕型社会转变的重要推动力。

通过这几年的一线工作，笔者总结了目前生活垃圾处理工作的问题。

问题一：按照全国生活垃圾逐渐实现零填埋的要求，源头化、无害化处理势在必行（各级政府和主管部门正有意识去改变观念，做一些实实在在的工作，找寻可行的市场化解决方案，但目前还没有出现得到更广泛认可的模式）；

问题二：垃圾分类工作（减量化、资源化的关键）虽然已经开展多年，投入了大量人力、物力，但因为多种原因（没有成熟的源头化、无害化处理设备是关键原因）许多地方出现先分后混的现象，劳民伤财，需要彻底解决；

问题三：虽然各级地方财政每年投入垃圾处理的相关费用持续增加，但在财政收入增长有限的情况下，对垃圾处理形成一定的资金制约，各级政府有推动相关工作市场化的要求。

总体来说，政府和市场都需要创新的技术、设备、模式，来彻底改变现有的城乡垃圾处理模式，创造一体化的、能够从根本上高效解决城乡垃圾源头化、无害化处理问题的办法。

下面笔者从以下几个方面对行业发展进行分析。

一、政策层面

2021 年 12 月，中共中央办公厅、国务院办公厅印发《农村人居环境整治提升五年行动方案（2021—2025 年）》（以下简称《行动方案》）。《行动方案》明确提出全面提升农村生活垃圾治理水平，健全生活垃圾处置体系，根据当地实际情况，统筹各级设施的建设和运营，改进农村生活垃圾收集、转运、处置设施和模式，因地制宜采用小型化、分散化、无害化处理方式，降低收集、转运、处置设施建设和运行成本，构建稳定运行的长效机制，加强日常监督，不断提高运行管理水平。

2022 年中央一号文件中，明确指出推进生活垃圾源头分类减量，加强村庄有机废弃物综合处置利用设施建设，推进就地利用处理。生活垃圾源头化无害化处理，顺应政策，是大势所趋，势在必行！

二、经济和社会效益层面

目前，我国广大农村地区的生活垃圾处理模式主要为“村收集、镇运输、县处理”，这种作业模式流程长是单向非闭环模式，因此，在实际的操作过程中，存在诸如二次污染、运营成本高、管理效率低等问题。

要想根本解决乡村生活垃圾处理中存在的种种问题，就得从源头抓起，从源头实现垃圾分类，从源头进行无害化处理，这样的闭环模式减了传统模式的中间环节，使得垃圾不落地、不出村成为现实。而要实现有效的农村生活垃圾源头化处理，小型化、无害化生活垃圾处理设备是必不可少的，也是解决问题的关键所在。

顺天（北京）科技有限公司生产的“环宝壹号”生活垃圾处理设备正是在这样的背景下研发生产出来的，它采用低温磁化裂解技术，真正做到了生活垃圾的源头无害化处理，“环宝壹号”生活垃圾处理设备的优点如下。

（1）设备在使用过程中，全程封闭且处于微负压无氧状态（采用低温磁化裂解专利技术），不会产生有毒有害物质，环保安全；

（2）运行成本低，满负荷运转一天只需用电 40 kW·h（配套光伏发电设备就可以自给自足）；

（3）垃圾减量效果好，200 t 垃圾经过处理后，最终变成 1 t 陶瓷灰；

（4）可实现资源再利用，产出的陶瓷灰加工后可用来制作道路吸水砖；

（5）垃圾日产日销，科学解决垃圾处理“最后一公里”问题。

实现农村生活垃圾处理方式的变革，将收获显著的社会和经济效益，其中社会效益具体表现在以下几个方面。

（1）杜绝了垃圾填埋对土地和地下水资源的破坏和污染；

（2）杜绝了在中转压缩环节产生渗滤液，避免了垃圾二次运输过程中造成的滴跑、渗漏等二次污染；

（3）因为垃圾不出村，有效地斩断了传染性病毒的传播路径；

（4）每年减少碳排放约 9 万 kg，为早日实现“双碳”目标添砖加瓦。

践行新安江生态补偿机制
打造农村生活垃圾治理“黄山模式”

安徽省城建设计研究总院院长、教授级高工　吴东彪

一、安徽省基本情况

2017 年安徽省开始对农村垃圾、污水和厕所进行综合治理，统称“三大革命”，经过 5 年努力，目前在乡镇垃圾处理设施、处理能力和队伍建设等方面都取得了比较好的成绩。作为中部地区中第一个通过国家十部委组织的农村垃圾治理验收的省份，目前的垃圾治理率已经超过 90%，根据第三方评估结果，安徽省的农村垃圾治理效率名列第一，满意度达到 91%，这说明安徽省的农村生活垃圾治理工作得到老百姓的充分肯定。

安徽省的垃圾处理设施是城乡统筹管理的，所以安徽省的垃圾治理工作是按照国家制定“村收集、镇转运、县市处理”的基本路线来推动的，目前推动的效果比较好。

二、主要做法

一是加强组织领导，按照自然年可以将安徽省 2010 年至今的生活垃圾治理工作分为三个阶段：第一阶段，从农村清洁工程到“三线三边”工程（铁路边、公路边、河湖以及景区边），安徽省按照《国务院办公厅关于改善农村人居环境的指导意见》，确定了安徽省的农村垃圾治理技术路线。第二阶段，2017 年通过进行农村厕所、垃圾、污水“三大革命”，从总体上推进了城乡人居环境的改善，并为此出台了一系列文件。第三阶段，在 2018 年安徽省制定了《安徽省农村人居环境整治三年行动实施方案》，进行人居环境精准整治，2019—2021 年安徽省及时整理、研究和改进具体措施，发布了相应的文件。为了配合管理工作，形成了规划一张图，安徽省的“十二五”规划、“十三五”规划、“十四五”规划，都对城乡基础设施建设进行了详细部署，取得了良好的效果。

二是安徽省城建设计研究总院编制了技术指引，填补了国家住房和城乡建设部、农业农村部、生态环境部相应规范标准的空缺。在生活垃圾转运站、非正规垃圾点治理、农村垃圾治理等方面安徽省都制定了相应的规范标准，并已经按这些规范标准要求治理完毕，通过了生态环境部门的验收或检查。由此可见，各地市甚至省要结合自身的情况编制一些适合本地区、切实可行的规范。

安徽省行业标准、地方标准出台以后，总院及时去各地进行宣传，促进县、乡、镇干部对国家、省和地市规范和标准的了解和理解。规范开展验收工作，验收标准必须一致，所以安徽省制定了统一的标准，各个市县必须进行统一的验收，目前这项工作已基本完成。

三、黄山市农村生活垃圾治理 PPP 项目的经验分享

黄山市农村生活垃圾治理政府与社会资本合作（PPP）项目是习近平总书记亲自倡导，亲自指导，并对试点成果给予充分肯定的全国首个跨省流域生态补偿改革试点。浙江和安徽两省分别于 2012 年 9 月和 2016 年 12 月签订生态保护补偿协议，并且在 2012—2014 年、2015—2017 年、2018—2020 年接续开展了 3 轮试点，新安江水质变差的趋势得到根本扭转，形成了新的模式，成为全国流域生态环境治理的标杆，在全国 13 个流域 18 个省份得到了推广。

黄山市委、市政府从区域差异性、技术可行性、模式有效性和管理规范性的角度出发，大胆创新、科学选择运营模式，决定在黄山市全域对农村生活垃圾治理采取 PPP 模式进行整体推进。选择黄山市全域（三区四县）为试点区域的原因有四个：一是难度大，黄山市村庄分散、垃圾量少，生态环境敏感度高，环卫设施选址困难；二是资金少，大量设施设备须维修更新；三是易推诿，黄山市乡、镇、区、县交界处划分不清、地面水域职责划分不明；四是目标高，黄山市正在发展全域旅游、打造生态型国际化世界级休闲度假旅游目的地城市，对环境质量要求较高。

在这个项目当中，社会资本占 80%，政府资本占 20%，成立黄山中环洁城市环境管理有限公司，服务范围覆盖 101 个乡镇 688 个行政村、6 800 余个大大小小的自然村落、660 余条河流，水域总长 3 658 km，首期投资 2.12 亿元，项目合作期限为 15 年，总投资额约 5.21 亿元。项目中大大小小的垃圾清运船舶使用了 157 艘，一线作业人员有 4 000 多名。这个项目包括收集、转运、无害化处理设施的改造，建立了相应的收集机制，实施闭环管理，实现了全域垃圾 100%收集转运和无害化处理。值得一提的是项目打造了智慧化引领、系统化运营、品质化服务、社会化共建的环境治理“黄山模式”，建立了相应的考核机制和体系，实行了落地设备属地化管理，发挥了社会舆论的监督作用，在不断强化内部考核机制的同时，也加强了政府和公众对治理工作的监督，实现了项目的共建、共治、共享。

在新技术应用方面，依托智慧平台，从小后台、大中台到强前台实现了智慧管理体系的建设，利用大数据实现多维全域的管控，为精准调度、立体调度创造了基本条件。建立了水陆空全方位的监管模式，有效地调配了作业要素（包括物资、设备等）。项目将黄山市划分为 7 000 多个网格，将网格划分体现在移动端应用中方便现场监测。围

绕水域水质保障制定了应急处理方案，开通了垃圾运输的物流通道，保证垃圾向焚烧场、有机垃圾处理点安全转移。

这个项目解决当地的就业超过 4 000 人，精准扶贫千余户，环卫一线员工权益得到了妥善保障，建立共建共治共享新机制，项目取得了较好的生态效益、社会效益和经济效益。黄山市是国际性的旅游度假地，现在更多游客更愿意到各个乡镇去走走看看，乡镇旅游实际已占到全市旅游的 2/3，10 多万名农民从旅游业中获得了收益，年收入超过 50 万元的集体经济已经达到 18 个，取得了很好的增收效果。为“绿水青山就是金山银山”、绿色发展等理念提供了很好的实践经验，也推动了生态的产业化和产业的生态化。

关于农村黑臭水体综合治理技术的研究与探讨

中科宇图资源环境科学研究院常务副院长　张学清

我国河湖的治理还有很大的提升空间。整个水环境治理是系统工程，涉及山水林田湖草沙生命共同体。要想把水环境治理好，就必须统筹水资源、水生态、水环境，协同共治。近几年出台了农村黑臭水体治理的相关国家政策说明了国家对此的重视。2019年7月发布的《关于推进农村黑臭水体治理工作的指导意见》要求在2035年前基本消灭农村黑臭水体，未来还有很大的市场空间。

农村黑臭水治理还有很多问题，总结起来大概体现在三个方面：一是缺乏统筹考虑，各自为政，容易出现跨界污染。二是数据孤岛现象比较严重，对决策支撑不足。三是生态环境部门人员编制比较少，信息化平台使用不够熟练。从监测监管和污染治理两方面考虑，以智慧监管为抓手，充分利用各种高科技监测手段，采集数据并分析原因，找到原因之后采用靶向性的治理策略和手段进行治理，在治理完后还要有专家服务团队提供技术支撑，形成长效保障机制，这样才能实现测得准、算得清、管得住、治得好的目标。

为了提升各级环保机构作战能力，智慧监管是必不可少的，它从“精准监测、精准研算、科学管控、及时处置、闭环评估”的基本原则出发进行监管，而靶向治理主要是从控源截污和净化修复方面进行治理。控源截污需要相关的设备自动判断进水水质情况，如应用雨污分流智能排口，实现“晴天不排水，雨天无污水”。在农村生活污水治理中常用一体化污水处理设施，该设施可以和雨污分流智能排口技术相结合，将多余污水直接纳入一体化处理设施中处理。考虑到地域环境不同，该设施在北方多为地埋式，南方多是地上式。

在各地调研时，笔者发现农村部分地区多是单门独户，管网建设基础费用太高，对于设计出水标准要求不是太高的情况，结合当地实际，可以用分散式净化槽处理污水，达标出水可考虑用于农田灌溉等。

在众多净化修复技术中，有一种高效复氧技术，该技术能够使氧气高效地溶于水中形成超饱和状态，并将水中的高浓度溶解氧转化成活性氧，创造充分的好氧环境，高效去除水中各种污染物，有利于改善水体的生态环境。该技术具有以下特点。

（1）高效富氧，高效降低COD、氨氮。

（2）绿色环保，不添加化学药剂，无二次污染。

（3）投资、运行费相对较低，主要为电费支出。

（4）占地面积小，只占用河坡，无须征地移民。

（5）施工周期短、运行维护简便，快速见效。

该技术有车载式、固定式两种模式。主要工艺流程是从下游取水，通过高效富氧技术快速充氧，然后排到上游河道里，在提高水体流动性的同时进一步增氧，加强水体自净能力，使黑臭水体治理能够快速取得成效，同时保证长治久清，达到“引小水治大水”的目的。

另一种技术——生态透水坝技术主要优势为投资成本低，对河道原生环境影响较小。该技术基于生态修复理念，适用于流速较缓、污染较为严重的中小型河流，通过铺装高比表面积的生物填料，在水体形成生态原位修复微环境，可以有效降低水体中的氮、磷浓度，并且建立长效保护机制。

在河道治理工程完工之后还要建设完善后期运维服务机制，即把各类组织纳入管理模式中，充分发挥其能动性，实行上下联动，有效保障农村治水项目顺畅运行。

总结起来，围绕农村黑臭水治理，要实行两手抓的策略，一方面采用高效富氧、生态透水坝等技术组合，营造一个富氧的水体环境，加速污染物降解的生物化学过程，强化水体的自净能力；各类技术可拆分、可组合，做到靶向性治理，同时辅以河湖生态修复，使目标水质净化提升。

另一方面基于空天地一体化的智慧管控平台，采用卫星遥感数据反演分析、无人机监管等高科技手段，及时发现问题，再融合地面监测站数据和当地实际情况，做好重点时段提醒、每日研判分析、每周研判分析等，监测、管控、应急预警一张图展示，做到精准研判、实时监控、数据溯源可控，形成长效保障机制。

十五、闭幕式

在生态文明论坛南昌年会接旗仪式上的致辞

济南市人民政府副市长　任庆虎

尊敬的张波会长，各位领导、女士们、先生们、朋友们：

大家上午好！

当前，正值全国上下深入学习宣传贯彻党的二十大精神之际，第十届中国生态文明论坛在英雄城南昌成功举办，凝聚了绿色发展共识，取得了一批丰硕成果。在此，我谨代表济南市政府向承办会议的南昌市政府、江西省生态环境厅表示衷心的感谢，对大会的成功举办表示热烈的祝贺！

中国生态文明研究与促进会决定将济南作为第十一届论坛的承办城市，这既是一份荣誉，也是一份责任。作为第一座承办年会的北方城市，我谨代表济南市政府，感谢中国生态文明研究与促进会的厚爱与信任，感谢各兄弟城市的支持和帮助，我们将认真学习、借鉴历届年会举办城市，特别是南昌市的成功经验，努力把 2023 年济南年会办成一届生态文明盛会。

泉城济南，南依泰山，北跨黄河，特有的地域特点构建起“绿水如眸、青山如黛”的生态基底。济南泉水甲天下，趵突泉等 1 000 余处泉水星罗棋布，赋予了济南有别于其他城市的独有魅力和生态文化。“四面荷花三面柳，一城山色半城湖”，作为全国首批历史文化名城，山泉湖河城浑然一体的生态优势，是济南最亮丽的城市名片，彰显出美丽泉城的特色风貌，也塑造出生态文明建设的厚实底蕴。

“凡益之道，与时偕行。”在习近平生态文明思想的指引下，新时代的济南御风而行！近年来，成功创建 5 个国家生态文明建设示范区和 1 个“绿水青山就是金山银山”实践创新基地，入选首批全国海绵城市建设试点城市，是评全国第一个水生态文明城市试点，实现了全国文明城市年度测评“四连冠”，生态济南绿色基调愈加浓厚，人与自然和谐共生的美丽画卷已经全面铺展开来。

万里黄河，奔涌向前！2021 年 10 月 22 日，习近平总书记在济南主持召开深入推动黄河流域生态保护和高质量发展座谈会，擘画了宏伟蓝图，指明了努力方向。作为黄河流域中心城市，今天的济南，市域面积超过 1 万 km^2，常住人口超过 1 000 万人，地区生产总值突破 1.1 万亿元，综合实力和发展能级迈上了新台阶。位于黄河岸边的济南新旧动能转换起步区，是继雄安之后全国的第二个起步区，从开局起就坚定不移走生态优先、绿色发展的现代化道路，一座规划面积为 798 km^2 的未来希望之城正在崛起于黄河之畔。

中国式现代化是人与自然和谐共生的现代化，济南将深入学习贯彻党的二十大精神，以筹办 2023 年中国生态文明论坛为契机，始终坚持生态优先、节约集约、绿色低碳发展路径，全力开启阔步迈向高质量发展的新征程。

“有朋自远方来，不亦乐乎？”在此，我谨代表千万热情好客的济南人民，向各位领导、各位朋友发出诚挚邀请，2023 年我们相聚泉城，筑梦绿水青山，续写生态华章！

谢谢大家！

十六、南昌宣言

生态文明·南昌宣言

在全国上下深入学习贯彻党的二十大精神之际，来自全国生态文明建设和生态环境保护领域的同人，相聚在山清水秀、人杰地灵的红色英雄城南昌，围绕“生态文明·绿色发展　建设人与自然和谐共生的美丽中国”主题，召开中国生态文明论坛南昌年会，分享经验，展示成效，凝聚共识，推进实践，我们深感使命光荣，责任重大。

党的十八大以来，在习近平生态文明思想指引下，生态文明建设被大力推进，采取一系列战略性举措，推进一系列变革性实践，实现一系列突破性进展，取得一系列标志性成果，生态文明制度体系更加健全，污染防治攻坚向纵深推进，绿色、循环、低碳发展迈出坚实步伐，生态环境保护发生历史性、转折性、全局性变化，我们的祖国天更蓝、山更绿、水更清。同时，我们也面临不少困难和问题，生态环境保护任务依然艰巨。党的二十大提出，以中国式现代化全面推进中华民族伟大复兴，深刻阐述了中国式现代化是人与自然和谐共生的现代化，对生态文明建设和生态环境保护作出重大战略部署，提出一系列新目标、新论断、新举措，充分展示了党中央推进生态文明和美丽中国建设的坚强意志和坚定决心。

中国式现代化既要创造更多物质财富和精神财富以满足人民日益增长的美好生活需要，也要提供更多优质生态产品以满足人民日益增长的优美生态环境需要。必须牢固树立和践行“绿水青山就是金山银山”理念，站在人与自然和谐共生的高度谋划发展，坚持山水林田湖草沙一体化保护和系统治理，统筹产业结构调整、污染治理、生态保护、应对气候变化，协同推进降碳、减污、扩绿、增长，推进生态优先、节约集约、绿色低碳发展。

我们共同倡议：

坚持人与自然和谐共生。人与自然是生命共同体。要尊重自然、顺应自然、保护自然，弘扬生态文化，坚持可持续发展，坚持节约优先、保护优先、自然恢复为主的方针，像保护眼睛一样保护自然和生态环境，把经济活动、人的行为限制在自然资源和生态环境能够承受的限度内，给自然生态留下休养生息的时间和空间，建设人与自然和谐共生的美丽中国，实现中华民族永续发展。

践行“绿水青山就是金山银山”理念。绿水青山既是自然财富，又是社会财富、经济财富。要坚持保护生态环境就是保护生产力、改善生态环境就是发展生产力，多谋打基础、利长远的善事，多干保护自然、修复生态的实事，多做治山理水、显山露水的好事，积极探索推广“绿水青山”转化为“金山银山”的路径，完善生态保护补偿制度，推进产业生态化和生态产业化，促进生态产品价值实现。

推动生态环境质量持续改善。生态环境没有替代品，用之不觉，失之难存。要坚持精准治污、科学治污、依法治污，以更高标准打好蓝天、碧水、净土保卫战，保护海洋生态环境。加强污染物协同控制、源头防控，统筹水资源、水环境、水生态治理，开展新污染物治理，提升环境基础设施建设水平，推进城乡人居环境整治，建设美丽乡村，严密防控环境风险，统筹山水林田湖草沙系统治理，提升生态系统多样性、稳定性、持续性，持续推进生态环境治理体系和治理能力现代化。

促进经济社会发展全面绿色转型。推动经济社会发展绿色化、低碳化是实现高质量发展的关键环节。要坚持减污降碳协同增效，加快推动产业结构、能源结构等调整优化，发展绿色交通。实施全面节约战略，推进各类资源节约集约利用，推进区域再生水循环利用，加快构建废弃物循环利用体系，建设“无废城市”。完善绿色金融体系，发展绿色低碳产业，倡导绿色消费。积极稳妥推进碳达峰碳中和，推动建设绿色“一带一路”和清洁美丽世界。

加强美丽中国建设示范引领。深入推动生态文明建设示范区、生态工业园区、“绿水青山就是金山银山”实践创新基地建设，扎实开展美丽河湖、美丽海湾保护建设和推广宣传，充分发挥中国生态文明奖先进集体、先进个人和绿色中国年度人物的榜样示范作用。坚持顶层设计和地方实践相结合，通过生态文明示范建设和美丽中国地方实践，引导各地积极探索生态优先、绿色发展的高质量发展新路子，以示范成效不断彰显习近平生态文明思想的实践力量。

江西牢记习近平总书记殷殷嘱托，积极利用绿色生态这一最大财富、最大优势、最大品牌，探索出一条生态与经济协调发展的新路，国家生态文明试验区和美丽江西建设迈出新步伐。南昌聚焦“作示范、勇争先”的目标要求，坚定不移走生态优先、绿色发展之路，“山水名城、生态都市”实现新突破，为中国生态文明建设作出生动而鲜活的诠释。

生态文明创伟业，绿色发展向未来。我们要深入学习宣传贯彻党的二十大精神，坚持以习近平新时代中国特色社会主义思想特别是习近平生态文明思想为指导，始终保持加强生态文明建设的战略定力，坚定不移走生产发展、生活富裕、生态良好的文明发展道路，以生态环境高水平保护推动经济社会高质量发展，为实现人与自然和谐共生的中国式现代化，为全面建设社会主义现代化国家、全面推进中华民族伟大复兴作出应有贡献！